普通高等教育"十一五"国家级规划教材

（高职高专教材）

物理化学

第三版

关荐伊　崔一强　主编

马丽雅　副主编

吴晓明　主审

U0367216

化学工业出版社

·北京·

《物理化学》重点阐述物理化学基本概念、基本理论及其在生产中的有关应用。全书共分十二章，内容包括：气体、热力学第一定律、热力学第二定律、多组分系统热力学、相平衡、化学平衡、电化学、化学动力学、表面现象、胶体化学、实验基础知识与实验技术、基本实验。章末有阅读材料、练习题，以强化理论在实际中的运用。

《物理化学》可作为高职高专化学、化工类及相关专业的教学用书，也可供其他从事化学化工类及相关专业的人员参考。

图书在版编目（CIP）数据

物理化学/关荐伊，崔一强主编 . —3 版 . —北京：化学工业出版社，2018.5（2023.2 重印）

普通高等教育"十一五"国家级规划教材

ISBN 978-7-122-31762-9

Ⅰ.①物…　Ⅱ.①关…②崔…　Ⅲ.①物理化学-高等学校-教材　Ⅳ.①O64

中国版本图书馆 CIP 数据核字（2018）第 053052 号

责任编辑：于　卉　　　　　　　文字编辑：林　媛
责任校对：边　涛　　　　　　　装帧设计：关　飞

出版发行：化学工业出版社（北京市东城区青年湖南街 13 号　邮政编码 100011）
印　　装：涿州市般润文化传播有限公司
787mm×1092mm　1/16　印张 17¼　字数 456 千字　2023 年 2 月北京第 3 版第 3 次印刷

购书咨询：010-64518888　　　　　　售后服务：010-64518899
网　　址：http://www.cip.com.cn
凡购买本书，如有缺损质量问题，本社销售中心负责调换。

定　　价：39.50 元

前　言

　　《物理化学》（第三版）是针对高职高专学校化工类专业编写的物理化学教材，内容包括：绪论、气体、热力学第一定律、热力学第二定律、多组分系统热力学、相平衡、化学平衡、电化学、化学动力学、表面现象、胶体化学、实验基础知识与实验技术、基本实验、附录等内容。

　　此次修订是在保留第二版整体框架不变的基础上，对部分内容进行了修改，注意与实际应用的结合，并保持与时俱进，在例题、习题及阅读材料中融入了物理化学理论与应用的新成果。重点修订内容如下：

　　1. 简化了理论论述，增加了应用性内容。针对高等职业教育对化学、化工类各专业人才培养的需要，重点阐述物理化学基本概念、基本理论及其在生产中的有关应用。

　　2. 调整练习题类型，练习题各章统一为思考题、填空题、选择题及计算题四种类型，并补充修改了习题内容。

　　3. 实验部分精简为十个实验内容，增加预习指导及实验数据记录表格和数据处理部分内容，更便于学生预习。

　　4. 配备电子课件，包括每章的学习目标、阅读材料、习题讲解答案、实验录像、实验仪器使用方法等内容。

　　《物理化学》（第三版）的修订主要由承德石油高等专科学校的关荐伊和马丽雅负责执笔，刘云鹤、薛伟、高洪成参加了编写修订。具体分工为：绪论、第十一章和附录由关荐伊修订，第一、第四、第五章由马丽雅修订，第二、第三、第十二章由刘云鹤修订，第六、第九、第十章由薛伟修订，第七、第八章由高洪成修订。

　　由于编者水平有限，书中不妥之处在所难免，恳请广大读者批评指正。

编　者
2018 年 1 月

第一版前言

本书是在"全国高职高专制药工程专业教材建设工作会议"上确定的制药类系列教材之一，是根据制药工程教学计划及教学基本要求编写的，可作为全国高职高专制药类及其相关专业物理化学课程的教材，适合课时在 80 学时左右。

本教材以培养高等技术应用型人才为目标，贯彻实际、实践、实用的原则，内容注重与生产实际紧密结合。按照"以应用为目的、必需够用为度"的原则，针对性地选择实用性、应用性较强的内容，删去繁琐的理论推导和说明，融入现代科技新知识、新成果和新技术，拓宽学生的知识面，注重学生创新能力的培养，为学生后续课乃至终身学习奠定基础。

在教材内容的选取上，重概念的建立和结论的应用。重点讲明基本定律与基本公式的物理意义及使用条件，并配以相应的例题、习题和练习题。全书包括五篇内容，第一篇为化学热力学基础，包括气体、热力学第一定律和热力学第二定律；第二篇为化学热力学应用，包括多组分系统热力学、相平衡、化学平衡与电化学；第三篇为化学动力学与催化作用；第四篇为表面现象与胶体化学；第五篇为物理化学实验，包括实验基础知识与实验技术及基本实验。教材结构紧凑，内容简练、全面。为适应各相关专业的需要，编写时力求由浅入深、循序渐进，并适当扩展某些内容。书中标有"*"的为选学和自学内容。

全书共分十三章，其中第一章、第二章、第三章、第十二章、第十三章由太原科技大学逯宝娣编写；第四章、第五章、第六章由河北化工医药职业技术学院崔一强编写；第七章、第八章、第九章由河北工业职业技术学院刘风云编写；绪论、第十章、第十一章由承德石油高等专科学校的关荐伊编写。全书由关荐伊、崔一强统稿，河北化工医药职业技术学院吴晓明主审。参加审稿的还有承德石油高等专科学校马丽雅、刘云鹤等。编者对各位提出的宝贵意见和建议深表谢意。本书的编写得到了化学工业出版社及高职高专制药技术类专业规划教材编审委员会的有关领导和同志的关心和指导，在此一并表示衷心的感谢。

限于编者的水平，定有不少疏漏，恳请同行和读者批评指正。

编　者

第二版前言

本书自第一版出版以来，得到许多院校的欢迎，通过对读者使用情况的调查，我们得到了各院校的支持并收集了宝贵的意见和建议。根据读者的意见以及高职高专的人才培养目标，编者对教材进行了修订。借此机会对使用和提出宝贵意见及建议的院校表示由衷的感谢！也希望大家继续使用和关注本教材，欢迎继续提出宝贵意见。

本次修订的原则是根据学校的使用情况及教学需要对原教材内容进一步取舍，优化内容结构，突出高职高专层次的特点，以"必需、够用"为度，并订正原教材中的疏漏。教材原有的框架基本不变，调整了部分内容顺序，其中重点修订以下几点：

1. 全书共分十二章内容，将原书中第八章和第九章合并，删去原书中第一至五篇标题，将原书中每篇的学习目标分解到每章的学习目标，按章确定学习目标更便于学生学习掌握。

2. 针对原书中每章后面有思考题，每篇后面有练习题，读者认为使用起来不方便，本书修改后将思考题和练习题合并到每章后面，使内容层次更加清晰，学生使用更加方便。

3. 对原书中部分章节的标题及存在的疏漏之处进行了修订，并补充了部分数据。

本书的修订主要由承德石油高等专科学校关荐伊教授和河北化工医药职业技术学院崔一强教授负责执笔。

由于编者水平有限，虽对本书第一版进行了修订，但书中不妥之处在所难免，诚请有关院校和广大读者批评指正。

编　者

2009 年 10 月

目 录

绪 论

物质的变化形式包括物理变化和化学变化。任何化学变化的发生，总是伴随有物理变化，例如，化学变化中出现的热、电、光、声等物理现象。反之，物理变化也可能导致化学变化的发生，例如加热、通电、光照、电磁场等又可引起化学变化，或影响化学变化的进程。化学变化和物理变化有紧密的相互联系，人们在考察、研究这种联系的过程中，逐步形成了物理化学这门学科。

物理化学是化学学科的一个重要分支，是从物理变化和化学变化的联系入手，运用物理学的理论和手段探索化学变化的基本规律的一门学科。

一、物理化学课程的主要任务

物理化学课程的主要任务有以下三个方面。

1. 化学反应进行的方向和限度，是化学热力学要解决的问题

在一定条件下，一个化学反应能否发生？向哪个方向进行？进行到什么程度为止？外界条件如温度、压力、浓度等因素的变化对化学反应有什么影响？化学反应的热效应和可利用的能量是多少？这些问题都是化学热力学的研究范畴，它主要解决化学反应的方向和限度的问题，即化学反应的可能性问题。

2. 化学反应的速率和机理，是化学动力学研究的问题

解决化学反应的快慢和实现过程的具体步骤，外界条件（如浓度、温度、压力、催化剂等）对反应速率有何影响？反应的机理（历程）是什么？如何控制反应使之按预期的方式进行等问题。这类问题属于化学动力学的研究范畴，它主要解决化学反应的速率和机理问题，即化学反应的现实性问题。

3. 物质的结构与其性能之间的关系，是结构化学研究的内容

人们在实践中越来越感觉到仅仅认识物质的性质是远远不够的，只有从本质上弄清楚物质的内部结构与其性质的关系，才能真正理解化学变化的内因。现代生产和科技的发展，要求提供具有各种特定性能的材料，如耐高温、耐低温、耐高压、耐腐蚀性等材料。要解决这些问题，就必须了解物质内部结构与性质间的关系，从而探索、合成具有特殊功能的新材料。关于物质的微观结构的研究，构成了物理化学的第三部分内容，即结构化学。

根据高职高专人才培养目标的要求，本书只涉及前两部分内容。

二、物理化学与生物技术和制药工程

物理化学是一门重要的基础学科，内容严谨，逻辑性强，是研究化学变化规律的科学。在生物、电子和计算机时代，物理化学所具有的基础性、理论性、先导性和综合性的特点，使之成为生物技术和制药工程发展的一块重要基石，在生物化学、药物学、药物合成反应、药物过程原理与设备、化学制药工艺与反应器、现代药物分离与纯化技术等许多领域中起着重要的作用。例如生物化学中的生物合成、分解和相互转化中的能量转换规律，生物化学实验中的电泳法进行大分子物质的分离、制备等需要胶体化学知识。相平衡理论为制药过程中

的精馏、吸收、萃取、干燥、结晶、冷却等单元操作打下了基础。非平衡态热力学的建立为说明生物进化、生命体的变化提供了理论基础。酶催化动力学、药物效应动力学、药物降解动力学、药物代谢动力学、污染物在环境中的运动迁移等研究更是直接采用了物理化学中化学动力学的理论和方法。模拟光合作用、模拟生物固氮等研究为生物技术的发展开辟了新的天地，而这些研究都离不开物理化学。总之，物理化学与制药工程、生物技术相互交叉、渗透、结合，发展出许多边缘学科，有了重大的突破。

三、物理化学的研究方法

物理化学是一门自然科学，一般科学研究的方法对物理化学都是完全适用的。如事物都是一分为二的，矛盾的对立与统一这一辩证唯物主义的方法；实践、认识、再实践这一认识论的方法；以数学及逻辑学为工具通过推理由特殊到一般的归纳及由一般到特殊的演绎的逻辑推理方法；对复杂事物进行简化，建立抽象的理想化模型，上升为理论后，再回到实践中加以检验这种科学模型的方法等，在物理化学的研究中被普遍应用。

热力学是以大量粒子组成的宏观系统作为研究对象，以经验概括出的热力学第一定律、热力学第二定律为理论基础，引出或定义了热力学能、焓、熵、亥姆霍兹函数、吉布斯函数，再加上 p、V、T 这些可由实验直接测定的宏观量作为系统的宏观性质，利用这些宏观性质，经过归纳与演绎推理，得到一系列热力学公式或结论，用于解决物质变化过程的能量平衡、相平衡和反应平衡等问题。这一方法的特点是不涉及物质系统内部粒子的微观结构，只涉及物质系统变化前后状态的宏观性质。实践证明，这种宏观的热力学方法是十分可靠的，至今未发现过实践中与热力学理论所得结论相反的情况。

化学动力学所用的方法则是宏观方法与微观方法的交叉、综合运用，用宏观方法构成宏观动力学，用微观方法则构成微观动力学。

四、物理化学课程的内容和学习方法

物理化学是化工、轻工、石油、冶金、材料、医药、环境、铸造和地质等专业的一门重要基础理论课。对于培养工程技术应用人才的高职高专院校来说，化学热力学和化学动力学应当是物理化学的两个重要内容，是解决生产实践和科学实验中有关化学过程的方向、限度、速率和机理问题所必需的基础知识。因此，热力学基础和化学动力学仍将在物理化学课程中占有相当重要的分量。化学平衡和相平衡是化学热力学原理对化学变化和相变化的具体应用，它们通过研究化学能与热能之间的转化规律解决这两种变化的方向和限度问题。研究化学现象与电现象之间关系的内容是电化学。物质当其处在两相界面或处于高度分散状态时，将表现出许多特殊的性质，这些现象已被广泛应用于化工、石油、轻纺、生物、制药和环境科学等领域。界面科学和胶体化学将介绍界面现象与分散现象的理论和实践。物理化学课程的上述内容主要涉及宏观领域的变化。近代自然科学的发展驱使物理化学从宏观深入到微观，以便逐步揭示宏观现象的微观本质。

与其他几门基础化学课相比，学生们普遍感到物理化学难学。其实，只要找到正确的学习方法，学好物理化学也是不难的。现针对本课程的特点，提出几点学习方法供读者参考。

（1）要准确理解基本概念　物理化学涉及很多概念，这些概念都是十分严格的。只有准确理解其真实含义和数学表达式，了解它们的使用范围才能正确地加以应用。

（2）要区别对待重要公式和一般公式　物理化学的公式比较多，学习时要区别哪些是重要公式，哪些是一般公式。重要公式是需要记住的，对一般公式只需理解它的推导过程，了解公式的适用条件，不要求强记。

（3）正确对待数学推导　物理化学相对于其他基础化学课来说，要较多地用到数学知识，应当始终明白，数学推导在这里仅仅是一种工具，不是目的。为了得到一个重要公式，一些数学上的演绎是必不可少的。但是，一定不要被推导过程所迷惑。重要的是搞清推导过程所引入的条件，因为这些条件往往就是最终所得公式的适用范围和应用条件，它比起推导过程本身要重要得多。

（4）认真进行习题演算 如果只阅读教科书而不做习题是学不好物理化学的，演算习题不仅可以帮助学生记住重要公式和熟悉其适用条件，锻炼运用公式的灵活性和技巧，更重要的是可加深对物理化学概念的理解。物理化学的某些概念是很抽象的，单靠文字定义很难理解它的含义。习题演算可以把抽象的概念具体化，而且同一概念可以在不同类型的习题中从多个角度去深入而全面地加以理解。因此，必须重视习题演算这一培养独立思考能力的环节。

（5）重视物理化学实验 物理化学是理论与实验并重的学科。实验课可进一步培养学生分析、解决实际问题的能力和独立工作能力，进而加深对抽象理论的理解。有的学校已将物理化学实验单独设课，足见其重要性。

物理化学的学习方法还有很多，这里不再赘述。读者可以在学习实践中总结一套适合自身特点的方法。

──【阅读材料】────

物理化学的发展史

人类有史以来，就有了"冷"与"热"的直觉，但对"热"的本质的认识始于 19 世纪中叶，在对热与功相互转换的研究中，才对热有了正确的认识。1840～1848 年，迈耶（J. R. Mayer）和焦耳（J. P. Joule）的实验工作为此做出了贡献，从而为能量守恒定律即热力学第一定律的实质的认识奠定了实验基础。此外，19 世纪初叶，蒸汽机已在工业中得到广泛应用，1824 年，法国青年工程师卡诺（S. Carnot）设计了一部理想热机，研究了热机效率，即热转化为功的效率问题，为热力学第二定律的建立奠定了实验基础。此后（1850～1851 年）克劳修斯（R. J. E. Clausius）和开尔文（L. Kelvin）分别对热力学第二定律作出了经典表述；1876 年，吉布斯（J. W. Gibbs）推导出相律，奠定了多相系统的热力学理论基础；1884 年，范特霍夫（J. H. van't Hoff）创立了稀溶液理论并在化学平衡原理方面做出贡献；1906 年，能斯特（W. Nernst）发现了热定理进而建立了热力学第三定律。至此已形成了系统的热力学理论。进入 20 世纪以来化学热力学已发展得十分成熟并在化工生产中得到了广泛应用。如原料的精制、反应条件的确定、产品的分离等无不涉及化学热力学的理论。20 世纪 60 年代以来，计算机技术的发展为热力学数据库的建立以及复杂的热力学计算提供了极为有利的工具，并为热力学更为广泛的应用创造了条件。20 世纪中叶开始，热力学从平衡态向非平衡态迅速发展，逐步形成了非平衡态热力学理论。

化学动力学的研究始于 19 世纪后半叶。19 世纪 60 年代，古德堡（C. M. Guldberg）和瓦格（P. Waage）首先提出了浓度对反应速率影响的规律，即质量作用定律；1889 年阿伦尼乌斯（S. Arrhenius）提出了活化分子和活化能的概念及著名的温度对反应速率影响规律的阿伦尼乌斯方程，从而构成了宏观反应动力学的内容。这期间，化学动力学规律的研究主要依靠实验结果。20 世纪初化学动力学的研究开始深入到微观领域，1916～1918 年，路易斯（W. C. M. Lewis）提出了关于元反应的速率理论──简单碰撞理论；1930～1935 年，在量子力学建立之后，艾琳（H. Exring）、鲍兰义（M. Polanyi）等提出了元反应的活化配合物理论，试图利用反应物分子的微观性质，从理论上直接计算反应速率。20 世纪 60 年代，由于计算机技术的发展以及分子束实验技术的开发，把反应速率理论的研究推向分子水平，发展成为微观反应动力学（或称分子反应动态学）。20 世纪 90 年代，快速反应的测定有了巨大的突破，飞秒（10^{-15}s）化学取得了实际成果。但总的来说，化学动力学理论的发展与解决实际问题的需要仍有较大的差距，远不如热力学理论那样成熟，有待于进一步发展。

物质在通常条件下，以气、液、固等聚集状态存在，当一种以上聚集态共存时，则在不同聚集态（相）间形成界面层，它是两相之间的厚度约为几个分子大小的一薄层。由于界面层上不对称力场的存在，产生了与本体相不同的许多新的性质——界面性质。若将物质分散成细小微粒构成高度分散的物质系统，或将一种物质分散在另一种物质之中形成非均相的分散系统，则会产生许多界面现象。如日常生活中人们接触到的晨光、晚霞，彩虹、闪电，乌云、白雾，雨露、冰雹，蓝天、碧海，冰山、雪地，沙漠、草原，黄水、绿洲等自然现象和景观以及生产实践和科学实验中常遇到的纺织品的染色、防止粉尘爆炸、灌水采油、浮选矿石、防毒面具防毒、固体催化剂加速反应、隐形飞机表层的纳米材料涂层、分子筛和膜分离技术等，这些应用技术都与界面性质及分散性质有关。总之，有关界面性质和分散性质的理论与实践被广泛地应用于石油工业、化学工业、轻工业、农业、农学、医学、生物学、催化化学、海洋学、水利学、矿冶以及环境科学等多种领域。现代物理化学已从体相向表面相迅速发展。

第一章 气 体

学习目标

1. 掌握理想气体的状态方程和模型。
2. 理解真实气体 p、V、T 行为和状态方程。
3. 了解对比状态原理，学会使用压缩因子图。

第一节 理想气体状态方程

通常用气体物质的量（n）、气体体积（V）、气体所处的压力（p）和温度（T）四个物理量来描述其宏观状态。气体的 p、V、T、n 四个量之间存在着一定的关系。表达这种关系的方程称为状态方程。

一、理想气体状态方程

经过长期的实践和研究，人们发现在压力较低时，描述气体宏观状态的物理量 p、V、T、n 之间存在如下关系

$$pV = nRT \tag{1-1}$$

式中　p——气体压力，Pa；

　　　V——气体体积，m^3；

　　　T——热力学温度，K，与摄氏温度的关系为 $T/K = 273.15 + t/℃$；

　　　n——气体的物质的量，mol；

　　　R——摩尔气体常数，$R = 8.314 J/(mol \cdot K)$。

实践证明，气体压力越低，对式(1-1)符合程度越高。人们把在任何温度、压力下均严格服从式(1-1)的气体称为理想气体，式(1-1)称为理想气体状态方程。

因为 $n = m/M$，则式(1-2)可表示为

$$pV = \frac{m}{M}RT \tag{1-2}$$

式中　m——气体质量，kg；

　　　M——气体摩尔质量，kg/mol。

又因为密度 $\rho = m/V$，故式(1-2)可写成

$$pV = \frac{\rho V}{M}RT$$

所以

$$\rho = \frac{pM}{RT} \tag{1-3}$$

式中　ρ——密度，kg/m^3。

【例题 1-1】 某制氧机每小时可生产 101.325kPa、25℃ 的纯氧 $6000m^3$，试求 24h 该制氧机可生产多少吨氧气？

解 $p=101.325\text{kPa}$，$T=273.15+25=298.15\text{K}$，$V=6000\text{m}^3$，$M=32\times10^{-3}\text{kg/mol}$

根据式(1-1)得，每小时生产氧的物质的量为

$$n=\frac{pV}{RT}=(101.325\times1000\times6000)/(8.314\times298.15)=2.45\times10^5\text{mol}$$

质量为：$m=nM=2.45\times10^5\times32\times10^{-3}=7.84\times10^3\text{kg}=7.84\text{t}$

24h 生产纯氧的质量为：$7.84\times24=188\text{t}$

【例题 1-2】 用管道输送甲烷，设管内压力为 200kPa，温度为 298K，试求管道内甲烷密度。已知甲烷的摩尔质量为 $16.04\times10^{-3}\text{kg/mol}$，此时气体可作为理想气体处理。

解 根据理想气体状态方程有：

$$pV=nRT=\frac{m}{M}RT$$

$$\rho=\frac{m}{V}=\frac{pM}{RT}=\frac{200\times10^3\times16.04\times10^{-3}}{8.314\times298}=1.295\text{kg/m}^3$$

二、理想气体的微观模型

在任何温度和压力下都能服从理想气体状态方程的气体，必须具备如下微观特征：

① 分子本身没有体积；

② 分子间没有相互作用力。

符合以上特征的气体为理想气体模型。

理想气体模型是一种人为的模型，实际是不存在的。建立理想气体模型是为了在研究中使问题简化，而实际问题可以通过对这一模型的修正得以解决。

理想气体是不存在的，真实气体只有在高温、低压下才可近似地看作理想气体。因为低压时，气体分子间距离较大，其分子本身的体积与气体体积相比较可忽略不计；而高温时，分子运动速率较快，分子间作用力很小，也可忽略不计。

第二节 理想气体混合物的两个定律

一、分压定律

低压下气体混合物的总压等于组成该气体混合物的各组分的分压力之和，这个定律称为道尔顿分压定律。所谓分压力是指气体混合物中任一组分 B 单独存在于气体混合物所处温度、体积条件下产生的压力 p_B。道尔顿定律可表示为

$$p(T,V)=p_A(T,V)+p_B(T,V)+p_C(T,V)+\cdots$$

或
$$p=\sum_B p_B \tag{1-4}$$

对于理想气体混合物，在 T、V 一定的条件下，压力只与气体物质的量有关。根据式(1-1)有

$$n=pV/RT=n_A+n_B+n_C+\cdots$$
$$=\frac{p_AV}{RT}+\frac{p_BV}{RT}+\frac{p_CV}{RT}+\cdots$$
$$=(p_A+p_B+p_C+\cdots)V/RT$$

故有
$$p=p_A+p_B+p_C+\cdots \quad 或 \quad p=\sum_B p_B$$

这与低压下气体混合物道尔顿定律相一致。说明道尔顿分压定律适用于理想气体混合物

或接近理想气体性质的气体混合物。

气体混合物中组分 B 的分压力与总压力之比可用理想气体状态方程得出

$$\frac{p_B}{p} = \frac{n_B RT/V}{nRT/V} = \frac{n_B}{n} = y_B$$

即
$$p_B = y_B p \tag{1-5}$$

式中　y_B——组分 B 的物质的量分数。

式(1-5)表明，混合气体中任一组分的分压等于该组分的物质的量分数与总压的乘积。

【**例题 1-3**】　某烃类混合气体的压力为 100kPa，其中水蒸气的分压为 20kPa，求 100mol 该混合气体中所含水蒸气的质量。

解　$p = 100\text{kPa}$，$p(H_2O) = 20\text{kPa}$，$n = 100\text{mol}$，$M(H_2O) = 18 \times 10^{-3}\text{kg/mol}$

由式(1-5)得
$$y(H_2O) = p(H_2O)/p = 20/100 = 0.2$$

又
$$y(H_2O) = n(H_2O)/n$$

所以
$$n(H_2O) = y(H_2O)n = 0.2 \times 100 = 20\text{mol}$$

100mol 混合气体中水蒸气的质量 $m(H_2O)$ 为
$$m(H_2O) = n(H_2O)M(H_2O) = 20 \times 18 \times 10^{-3} = 0.36\text{kg}$$

二、分体积定律

低压气体混合物的总体积等于组成该气体混合物的各组分的分体积之和。这一经验定律称为阿玛格分体积定律。所谓分体积就是指气体混合物中的任一组分 B 单独存在于气体混合物所处的温度、压力条件下占有的体积 V_B。分体积定律可表示为

$$V(p, T) = V_A(p, T) + V_B(p, T) + V_C(p, T) + \cdots$$

或
$$V = \sum_B V_B \tag{1-6}$$

对于理想气体混合物，在 p、T 一定时，气体体积只与气体的物质的量有关。根据式(1-1)有

$$n = \frac{pV}{RT} = n_A + n_B + n_C + \cdots = \frac{pV_A}{RT} + \frac{pV_B}{RT} + \frac{pV_C}{RT} + \cdots$$

$$= (V_A + V_B + V_C + \cdots)\frac{p}{RT}$$

故有
$$V = V_A + V_B + V_C + \cdots \quad 或 \quad V = \sum_B V_B$$

显然，这与低压下气体的分体积定律相一致，说明阿玛格分体积定律适用于理想气体混合物或接近理想气体性质的气体混合物。

气体混合物中组分 B 的分体积和总体积之比，可用理想气体状态方程得出

$$\frac{V_B}{V} = \frac{n_B RT/p}{nRT/p} = \frac{n_B}{n} = y_B$$

即
$$V_B = y_B V \tag{1-7}$$

式中　y_B——组分 B 的物质的量分数。

式(1-7)表明，混合气体中任一组分的分体积等于该组分的物质的量分数与总体积的乘积。

三、混合物的平均摩尔质量

理想气体状态方程应用于气体混合物时，常常会涉及混合物摩尔质量的问题。

设有 A、B 两组分气体混合物，其摩尔质量分别为 M_A、M_B，则气体混合物的物质的量 n 为

$$n = n_A + n_B$$

若气体混合物的质量为 m，则气体混合物的平均摩尔质量 $\overline{M}$ 为

$$\overline{M} = \frac{m}{n} = \frac{n_A M_A + n_B M_B}{n} = y_A M_A + y_B M_B$$

气体混合物的平均摩尔质量等于各组分物质的量分数与它们的摩尔质量乘积的总和。通式为

$$\overline{M} = \sum_B y_B M_B \tag{1-8}$$

式中　y_B——组分 B 的物质的量分数，量纲为 1；

　　　M_B——组分 B 的摩尔质量，kg/mol。

式(1-8)不仅适用于气体混合物，也适用于液体及固体混合物。

【例题 1-4】　水煤气的体积分数分别为：H_2O，0.50；CO，0.38；N_2，0.06；CO_2，0.05；CH_4，0.01，在 25℃、100kPa 下，(1) 求各组分的分压；(2) 计算水煤气的平均摩尔质量和在该条件下的密度。

解　(1) 依据式 $y_B = V_B/V$ 可得水煤气中各组分的物质的量分数为

$y(H_2O) = 0.50$；$y(CO) = 0.38$；$y(N_2) = 0.06$；$y(CO_2) = 0.05$；$y(CH_4) = 0.01$

依据式(1-5)可得各组分的分压分别为

$$p(H_2O) = y(H_2O)p = 0.50 \times 100 = 50.0\text{kPa}$$
$$p(CO) = y(CO)p = 0.38 \times 100 = 38.0\text{kPa}$$
$$p(N_2) = y(N_2)p = 0.06 \times 100 = 6.0\text{kPa}$$
$$p(CO_2) = y(CO_2)p = 0.05 \times 100 = 5.0\text{kPa}$$
$$p(CH_4) = y(CH_4)p = 0.01 \times 100 = 1.0\text{kPa}$$

(2) 按式(1-8)可得水煤气的平均摩尔质量为

$$\begin{aligned}
\overline{M} &= y(H_2O)M(H_2O) + y(CO)M(CO) + y(N_2)M(N_2) + \\
&\quad y(CO_2)M(CO_2) + y(CH_4)M(CH_4) \\
&= 0.50 \times 18 + 0.38 \times 28 + 0.06 \times 28 + 0.05 \times 44 + 0.01 \times 16 \\
&= 23.68\text{g/mol} \\
&= 23.68 \times 10^{-3}\text{kg/mol}
\end{aligned}$$

依据式(1-3)水煤气在 25℃、100kPa 下的密度为

$$\rho = \frac{p\overline{M}}{RT} = \frac{100 \times 10^3 \times 23.68 \times 10^{-3}}{8.314 \times 298.15} = 0.96\text{kg/m}^3$$

第三节　真实气体

不遵守理想气体状态方程的气体即为真实气体。真实气体只有在高温、低压条件下，才能遵守理想气体的状态方程，而在其他条件下，真实气体将会偏离理想气体行为，对理想气体产生偏差。

一、真实气体的 p、V、T 性质

对于理想气体，当温度 T 恒定时，pV_m（V_m 为 1mol 气体的体积）为一定值（RT），即 pV_m 不随 p 而变化，但对真实气体而言，pV_m 却并非如此，若以 pV_m 为纵轴，以 p 为横轴作图，则理想气体的 pV_m-p 恒温线应为平行于横轴的直线，而真实气体的 pV_m-p 恒

温线则不是，如图 1-1 所示。图中曲线是一些真实气体在 0℃时的 pV_m-p 恒温线。从图中可以看出，真实气体的 pV_m-p 线对理想气体的 pV_m-p 产生了明显的偏差。当压力升高时，CH_4、CO、H_2、He 的恒温线明显偏离理想气体的水平线，且不同种类的气体，在相同 p、T 时的偏离程度不同，同一种气体 p 不同时，偏离程度也不同。这是由于各种真实气体分子间存在着作用力，分子本身也具有体积。在通常的分子平均距离下，分子间力多表现为引力，使真实气体比理想气体

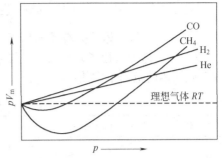

图 1-1 一些真实气体的 pV_m-p 恒温线

易于压缩，或者说，在相同的 p、T 条件下，真实气体的 V_m 应小于理想气体的 V_m 值。另外，因真实气体分子本身有体积，因而会减少气体所占体积中可以压缩的空间，这将使真实气体较理想气体难于压缩，或者说，在相同的 p、T 条件下，真实气体的 V_m 比理想气体的 V_m 大。上述两种后果相反的因素是同时存在的，真实气体 V_m 值与相同 p、T 条件下理想气体 V_m 值的差别是这两个因素共同作用的结果。同一种气体随压力条件的变化由 pV_m 小于理想气体到 pV_m 大于理想气体的情况，主要是上述两种相反因素中起主要作用的因素随压力变化而变化。此外，不同种类的气体，由于微观结构和性质的差异，导致相同条件下的偏差不同。

为了定量描述真实气体的 pVT 行为与理想气体的偏离程度，人们在理想气体状态方程中引入一个校正因子 Z，即可应用于真实气体。方程表示如下：

$$pV_m = ZRT \qquad (1-9)$$

或

$$pV = ZnRT \qquad (1-10)$$

则

$$Z = \frac{pV_m}{RT} \quad 或 \quad Z = \frac{pV}{nRT} \qquad (1-11)$$

该因子代表了气体的压缩性，故称为压缩因子。

二、真实气体状态方程

19 世纪后期，范德华针对真实气体对理想气体行为产生偏差的两个原因，即真实气体存在分子本身的体积和分子间作用力，对理想气体状态方程进行了修正。

因为理想气体状态方程中的体积为气体分子可自由运动的空间的体积，所以气体在高压时，分子本身的体积不能忽略，那么实际气体分子运动所达到的空间就等于容器体积减去分子本身的体积。若 1mol 某气体分子本身的体积为 b，则理想气体状态方程可修正为

$$p(V - nb) = nRT$$

式中 nb——体积修正项。

真实气体在高压时，分子间引力不容忽视。碰撞容器壁的分子受到内层分子吸引力的作用，此力称为内压力 p_i，p_i 的存在使气体的压力较理想气体压力要小，因而真实气体的压力为

$$p = \frac{nRT}{V - nb} - p_i$$

式中 p_i——压力修正项，其大小与分子密度 $\left(\dfrac{n}{V}\right)$ 的平方成正比，即

$$p_i \propto \left(\frac{n}{V}\right)^2 \qquad 或 \qquad p_i = a\left(\frac{n}{V}\right)^2$$

这样，经修正的理想气体的状态方程变成

$$\left(p + \frac{an^2}{V^2}\right)(V - nb) = nRT \tag{1-12}$$

式中　a，b——与气体种类有关的物理常数，统称为范德华常数。

　　式(1-12)称为范德华方程式。a 与分子间引力有关，b 与分子体积有关。表 1-1 列出了一些常见气体的范德华常数。

表 1-1　常见气体的范德华常数

气　体	$a/(\mathrm{m^6 \cdot Pa/mol^2})$	$b/(\mathrm{m^3/mol})$	气　体	$a/(\mathrm{m^6 \cdot Pa/mol^2})$	$b/(\mathrm{m^3/mol})$
He	3.44×10^{-3}	2.37×10^{-5}	NH_3	4.22×10^{-1}	3.71×10^{-5}
H_2	2.47×10^{-2}	2.66×10^{-5}	C_2H_2	4.45×10^{-1}	5.14×10^{-5}
NO	1.35×10^{-1}	2.79×10^{-5}	C_2H_4	4.53×10^{-1}	5.71×10^{-5}
O_2	1.38×10^{-1}	3.18×10^{-5}	NO_2	5.35×10^{-1}	4.22×10^{-5}
N_2	1.41×10^{-1}	3.91×10^{-5}	H_2O	5.53×10^{-1}	3.05×10^{-5}
CO	1.51×10^{-1}	3.09×10^{-6}	C_2H_6	5.56×10^{-1}	6.38×10^{-5}
CH_4	2.28×10^{-1}	4.28×10^{-5}	Cl_2	6.57×10^{-1}	5.62×10^{-5}
CO_2	3.64×10^{-1}	4.27×10^{-5}	SO_2	6.80×10^{-1}	5.64×10^{-5}

　　范德华方程式从理论上分析了真实气体与理想气体的区别，常数 a、b 则是通过实测 p、V、T 数据来确定，是一个半理论半实际的真实气体状态方程，只能在中压范围内较好描述真实气体的行为，且常数 a、b 的确定也较为复杂。那么能否寻求一种普遍化的方法来描述真实气体 p、V、T 的关系呢？这就需要从真实气体的共性——气体液化入手进行探讨。

第四节　气体液化

　　因为真实气体间存在分子间作用力，因此在一定温度范围内，只要施加足够大的压力，任何真实气体都可以凝聚成液体。这是真实气体区别于理想气体的特征之一。气体变成液体的过程称为气体液化。

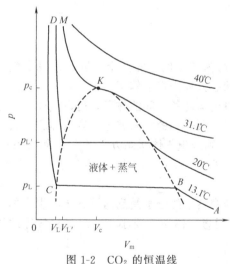

图 1-2　CO_2 的恒温线

　　人们在实验中发现，并不是在任意温度下加大压力都能使气体液化。只有将气体的温度降到某一温度之下时，加大压力才能使气体液化。人们把能使气体液化的最高温度称为临界温度，用 T_c 表示。真实气体的种类不同，其 T_c 值也不同。

　　现以 CO_2 的恒温线来说明真实气体的液化过程。图 1-2 所示为 CO_2 的恒温线。

　　众所周知，理想气体 $p\text{-}V_m$ 图中的恒温线是一条双曲线，而由图 1-2 可看出，CO_2 的恒温线分为三类，即 $t > 31.1℃$、$t = 31.1℃$、$t < 31.1℃$ 的三类恒温线。CO_2 的临界温度为 31.1℃。

　　（1）$t > 31.1℃$ 的恒温线　例如 40℃时，CO_2 的恒温线与理想气体的恒温线相似，近似于双曲线。此时恒温线成为光滑曲线，温度越高越接近理想气体，无论施加多大压力，CO_2（g）将不能再被液化。

　　（2）$t < 31.1℃$ 的恒温线　由图 1-2 可看出，温度低于 31.1℃ 的恒温线（如 13.1℃ 和 20℃）都反映出相同的规律。低压时 $p\text{-}V_m$ 关系曲线光滑，近似于双曲线。CO_2 保持着气

体的状态，压力升高到与温度相对应的某一数值时，曲线出现明显的转折点，进而出现一水平线段。开始出现转折点时对应的压力就是该温度下 CO_2 的饱和蒸气压。如 CO_2 在 13.1℃时的恒温线，AB 段表示 CO_2 完全是气体，水平线段 BC 则为气、液共存的情况，B 点是 CO_2 刚开始液化，C 点是 CO_2 全部液化，自右至左液体量逐渐增多，气体量逐渐减少，水平线段所对应的压力为 CO_2 在 13.1℃时的饱和蒸气压。当压力大于这一数值时，图中可见 p-V_m 关系变成一条极陡的曲线，这证明了液体的难以压缩性。

在指定温度下，当液体的蒸发速率与气体的凝结速率相等时，物质的状态不再随时间而变化，此时物质气、液平衡共存，人们称这个状态为饱和状态，液体为饱和液体，气体为饱和蒸气，饱和蒸气的压力即为液体的饱和蒸气压。温度一定时液体的蒸发速率一定，气、液平衡时气体的凝结速率也一定，且与蒸发速率相等，所以在指定温度下液体的饱和蒸气压有确定的数值。因为温度升高液体的蒸发速率加快，所以液体的饱和蒸气压随温度的升高而增大。可见，液体的饱和蒸气压是表示液体蒸发能力的一个物理量。由于液体的饱和蒸气压随温度升高而增大，所以在 $t<31.1$℃的条件下，不同温度的恒温线上的水平部分对应的压力随温度升高而上升；同时由于温度升高压力增大，饱和液体和饱和气体的密度也逐渐接近，其摩尔体积也逐渐接近，所以水平线的长度也随温度的升高而逐渐缩短，如图 1-2 中 20℃时的水平线段较 13.1℃时的短。当温度达到某一数值时，饱和液体和饱和气体的摩尔体积相等，如图 1-2 中的 K 点所示。

（3）$t=31.1$℃的恒温线 当 $t=31.1$℃时恒温线上的水平线段缩短为一点 K（见图 1-2），即恒温线上出现一转折点，在这一点上气体和液体的差别消失。在液化过程中不再出现明显的气液分界面，此点称为临界点。临界点所对应的温度就是临界温度（T_c），如 CO_2 的临界温度为 31.1℃，超过临界温度气体将不能液化。因此，临界温度是气体能够液化的最高温度。气体处于临界温度下，使气体液化所需的最小压力称为临界压力（p_c）；处于临界温度和临界压力下，气体的摩尔体积称为临界摩尔体积（V_c）。p_c、T_c、V_c 统称为临界常数，是物质的特征数值。表 1-2 给出了一些常见气体的临界常数。

根据上述对三种类型恒温线的分析，把 p-V_m 图上各温度下饱和蒸气的状态点连成曲线，将饱和液体的状态点也连成曲线，两曲线交于临界点 K，如图 1-2 中的虚线所示，称该曲线为饱和曲线。这样 p-V_m 图就被划分为三个区域：饱和曲线以内为气、液共存区，饱和气体线到 K 点后再连接 T_c 恒温线的右侧部分为气体区，左侧部分为液体区。由表 1-2 可以看出，不同种类气体的临界常数值不同，这反映了真实气体的个性，但所有气体在临界条件下都能被液化，这是气体的共性。实验中还发现不同种类气体的 Z_c（$=p_cV_c/RT_c$）值非常接近，这为进一步获取真实气体 p、V、T 行为的一些普遍化规律奠定了基础。

表 1-2 常见气体的临界常数

气 体	T_c/K	p_c/MPa	V_c/(10^{-5} m³/mol)	Z_c
He	5.3	0.299	5.76	0.299
Ne	44.4	2.76	4.17	0.312
Ar	150.8	4.87	7.49	0.291
H_2	33	1.30	6.50	0.308
N_2	126.2	3.39	8.95	0.289
O_2	153.4	5.04	7.44	0.294
CO	134.0	3.55	9.00	0.288
CO_2	304.2	7.38	9.40	0.274
H_2O	647.1	22.05	5.60	0.230
HCl	324.6	8.31	8.1	0.249
H_2S	373.2	8.94	9.85	0.284
NH_3	405.6	11.30	7.24	0.243
CH_4	190.7	4.596	9.88	0.298
C_2H_6	305.4	4.88	14.8	0.284

*第五节   压缩因子

理想气体状态方程是一个与气体个性无关的普遍化规律，而真实气体的状态方程含有与气体个性有关的常数（如范德华常数），此外真实气体状态方程在应用中很不方便。因而需要寻求一种既简单又能描述各种真实气体行为的普遍化规律。各种气体的性质不同，其 p、V、T 行为也不同，临界常数的不同也体现了这一点。但各种气体在临界点时都有着共同的特性——气、液不分，临界点即各种气体共同具有的一个以气、液不分为特征的状态。尽管各种气体分子结构不同，性质各异，但由表 1-2 可以看出大多数气体在临界点时压缩因子 Z 都非常接近，因此可以以临界常数作为衡量各真实气体 p、V、T 的对比尺度，引入对比参数。

$$p_r = \frac{p}{p_c}; \quad V_r = \frac{V}{V_c}; \quad T_r = \frac{T}{T_c} \tag{1-13}$$

式中 p_r——对比压力；

   V_r——对比体积；

   T_r——对比温度。

p_r、V_r 和 T_r 统称为对比参数。实验表明：各种真实气体在两个对比参数相同时，第三个也近似相等，此时气体处于同一对比状态，这一原理称为对应状态原理。由此可以看出：p_r、V_r 及 T_r 之间存在一个基本上能普遍适用于各种真实气体的函数关系。

对于 1mol 真实气体的 p、V、T 按式(1-13) 代入 $pV_m = ZRT$ 得：

$$p_r p_c V_r V_c = ZRT_r T_c$$

整理可得 $$Z = \frac{p_c V_c}{RT_c} \times \frac{p_r V_r}{T_r} \tag{1-14}$$

式中，$\dfrac{p_c V_c}{RT_c}$ 称为临界压缩因子，为一近似常数。而对应状态原理又证明各真实气体若具有相同 p_r、T_r 时就有相同的 V_r，因此，由式(1-14) 可知，各真实气体在同一对比状态时，就有相同的 Z 值，即 Z 具有普遍化。根据这一特性，就可以根据几种气体的实际数据求出其 Z 的平均值，作出具有普遍意义的压缩因子图，如图 1-3 所示。图中纵坐标为压缩因子 Z，横坐标为对比压力 p_r，各条线上相应于不同的对比温度 T_r。对于真实气体，由图 1-3 查出对应 Z 值，则其 p、V、T 关系应服从式(1-9) 或式(1-10)。用压缩因子图求算真实气体 p、V、T 的关系，比用真实气体状态方程方便得多，在工程计算上也有很大的价值。

【例题 1-5】   分别用 (1) 理想气体状态方程；(2) 压缩因子图，求算 40℃和 6060kPa 下 1000mol CO_2 气体的体积是多少？若已知实验值为 0.304m^3，试比较两种方法的计算误差。

解   (1) 按理想气体状态方程计算，得

$$V = \frac{nRT}{p} = \frac{1000 \times 8.314 \times (273.15 + 40)}{6060 \times 10^3} = 0.429\text{m}^3$$

(2) 用压缩因子图计算

查表 1-2 可得 CO_2 的 $p_c = 7.38 \times 10^6\text{Pa}$

   $T_c = 304.2\text{K}$

按式(1-13) 得 $$p_r = \frac{p}{p_c} = \frac{6060 \times 10^3}{7.38 \times 10^6} = 0.82$$

   $$T_r = \frac{T}{T_c} = \frac{313.15}{304.2} = 1.03$$

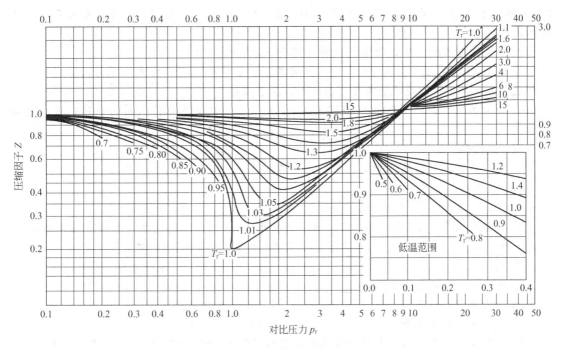

图 1-3 普遍化压缩因子图

由图 1-3 查得 $Z = 0.66$

由式(1-10) 得 $V = \dfrac{ZnRT}{p} = 0.66 \times 0.429 = 0.283 \text{m}^3$

若实验值为 0.304m^3，第一种方法的相对误差为

$$\frac{0.429 - 0.304}{0.304} \times 100\% = 41.12\%$$

第二种方法的相对误差为 $\dfrac{0.283 - 0.304}{0.304} \times 100\% = -6.91\%$

可见，在 6060kPa 下，用压缩因子图比理想气体状态方程要精确得多。

练习题

一、思考题

1. 物质的三种聚集形态在宏观和微观上有何区别？

2. 理想气体存在吗？真实气体的 p、V、T 行为在何种条件下可用 $pV = nRT$ 来描述？

3. 分压和分体积定律只适用于理想气体混合物吗？能否适用于真实气体？

4. 范德华方程式是根据哪两个因素来修正理想气体状态方程的？

5. 气体液化的条件是什么？

6. 为什么说压缩因子图具有普遍化的意义？

二、填空题

1. 2.0mol 理想气体在 25℃和压力为 96.6kPa 时所占的体积为_____ m^3。

2. 在 298.15K、400kPa 下，物质的量分数 $y_B = 0.4$ 的 5molA、B 理想气体混合物，其中 A 气体的分压力 $p_A = $_____。

3. 在恒定温度下，向一个容积为 2dm^3 的抽空容器中，依次充入初始状态为 100kPa、

$2dm^3$ 的气体 A 和 200kPa、$1dm^3$ 的气体 B。若两种气体均可视为理想气体，则容器中混合气体的压力为_____ kPa。

4. 对于混合理想气体，组分 B 的物质的量 n_B 应为_____。

5. CO_2 空钢瓶在工厂车间充气时（车间温度15℃）会发现，当充气压力表达到一定数值后就不再升高，而钢瓶的总重量还在增加，其原因是_____。

6. 在恒温 100℃ 下，用 101.325kPa 的压力对气缸内的饱和水蒸气进行压缩，当缸内的容积减至原来的 1/2 时，缸内水蒸气的压力为_____ kPa。

三、选择题

1. 两瓶温度不同的压缩氧气 A 和 B，A 的出口压力大于 B 的出口压力，因此，A 瓶中的气体密度要比 B 瓶中的_____。

① 大　　　　② 小　　　　③ 相等　　　　④ 不能确定

2. A 球中装有 1mol 的理想气体，B 球中装有 1mol 的非理想气体，两球中气体的 pV_m 相同，在小于 T_c、p_c 的温度、压力下，非理想气体将比理想气体的温度_____。

① 高　　　　② 低　　　　③ 相等　　　　④ 不能比较

3. 气体液化的必要条件是_____。

① 压力大于临界压力　　　　　　② 温度小于临界温度
③ 体积等于临界体积　　　　　　④ 加大压力

4. 若某真实气体的体积小于同温同压同量的理想气体的体积，则其压缩因子应为____。

① 等于零　　　② 等于1　　　③ 小于1　　　④ 大于1

5. 在下列有关临界点的描述中，不正确的是_____。

① 饱和液体和饱和蒸气的摩尔体积相等
② 临界点所对应的温度是气体可以加压液化的最高温度
③ 气体不能液化
④ 临界温度、临界体积和临界压力皆为恒定值

6. 为识别各类气瓶，实验室和实际生产中，在氢气钢瓶外表面上所涂的颜色为_____。

① 天蓝色　　　② 黑色　　　③ 深绿色　　　④ 白色

四、计算题

1. 在 0℃ 和 101.325kPa 下，CO_2 的密度是 $1.96kg/m^3$，试求 CO_2 气体在 86.66kPa 和 25℃ 时的密度。

$(1.54kg/m^3)$

2. 300K、101.325kPa 时，将一敞口容器加热到 500K，然后封闭其敞口，并冷却至原来温度，求这时容器内的压力。

$(60.795kPa)$

3. 27℃、100kPa 下，$0.1dm^3$ 含有 N_2、H_2、NH_3 的混合气体，经用 H_2SO_4 溶液吸收 NH_3 后，混合气体的体积减少到 $0.086dm^3$，试求混合气体中 NH_3 的物质的量及分压。

$(5.6\times10^{-4}mol，14kPa)$

4. 含有 $4.4g\ CO_2$、$14g\ N_2$ 和 $19.2g\ O_2$ 的混合气体，其总压为 2.026×10^5Pa，求各组分的分压。

$(1.69\times10^4Pa，8.44\times10^4Pa，1.013\times10^5Pa)$

5. 体积为 $5.00\times10^{-3}m^3$ 的高压锅内有 $0.142kg$ 的氯气，温度为 350K，试用范德华方程式计算氯气的压力。

(1.085×10^6Pa)

6. 试用压缩因子图求温度为 291.2K、压力为 15.0MPa 时甲烷的密度。

$(119kg/m^3)$

第二章 热力学第一定律

学习目标

1. 掌握热力学基本概念。
2. 掌握热力学第一定律及应用。
3. 学会热力学系统的热、功、热力学能变及化学反应热的计算。

热力学是研究物质的热现象、热运动的规律以及热运动和其他运动形式之间相互转化关系，以及在一定条件下的各种物理过程和化学过程进行的方向和所能达到的限度的学科。热力学的基础是热力学第一、第二和第三定律。本章介绍热力学第一定律及其应用。

第一节 基本概念

一、系统与环境

热力学中把选定的、作为研究对象的那部分物质称为系统。存在于系统之外、与系统密切相关的部分称为环境。系统与环境之间存在边界，这边界可以是真实的，也可以是想象的。

根据系统与环境之间物质和能量交换情况的不同，可将热力学系统分为三类。

（1）敞开系统　系统与环境之间既有物质交换又有能量交换的系统称为敞开系统。

（2）封闭系统　系统与环境之间有能量交换而无物质交换的系统称为封闭系统。本书中若不加特别说明，系统均为封闭系统。

（3）隔离系统　系统与环境之间既无物质交换也无能量交换的系统为隔离系统，又称孤立系统。

严格地讲，真正的隔离系统是不存在的，因自然界中一切事物都是相互联系的，真实系统不可能完全与环境隔绝，至少目前尚未有一种材料可制成隔离边界而消除重力的影响。

将存放于保温瓶中的水作为系统，若用软木塞塞紧瓶口，既防止水蒸气蒸发又避免热量的外传，此时，水可看作隔离系统；若打开瓶塞，水既可以蒸发又可通过空气传热，就构成了敞开系统；若将塞子塞严，而瓶胆的保温性不好，热量会通过空气外传，则系统为封闭系统。

二、状态和状态函数

描述系统状态的宏观物理量（如温度、压力、体积、质量等）称为系统的热力学性质，简称为性质。系统的性质按其特点可分为强度性质和广延性质。数值与系统中物质的量无关的性质称为强度性质。强度性质不具有加和性，如温度、压力、密度等。与系统中物质的量有关的性质称为广延性质。广延性质具有加和性，如体积、质量、热力学能等。两个广延性质的比值为一强度性质，如气体的质量（广延性质）与气体的体积（广延性质）的比值为气体的密度（强度性质）。

系统的状态是系统所有性质的综合表现。当系统的各种性质确定后，系统的状态就确定了；反之，当系统的状态确定后，系统的性质就具有了确定的数值。可见，系统的性质与状态间存在着单值对应的关系，所以，热力学性质又称为状态函数，即状态函数为状态的单值函数。

状态函数具有以下特征。

① 系统的状态确定后，所有状态函数都具有确定值，如水在温度 T 时处于汽、液平衡状态，其对应于温度 T 的饱和蒸气压具有唯一数值。

② 状态函数的变化值只与系统的始态和终态有关，而与变化所经历的具体步骤无关。如将一物料自 0℃加热到 80℃，其 $\Delta T = T_2 - T_1 = 80K$。$\Delta T$ 的数值与物料用什么热源来加热以及如何加热等具体步骤无关。

用数学方法来表示这两个特征，则可以说，状态函数的微小变化量是全微分。状态函数的环积分为零。

三、热力学标准态

许多热力学函数，如热力学能 U、焓 H、熵 S、吉布斯函数 G 等的绝对值是无法测量的，能测量的仅是当系统的温度、压力和组成等发生变化时这些热力学函数的改变值，而这些恰恰是人们所需要的。为此，必须为物质的状态确定一个用来比较的相对标准——热力学标准状态，简称标准态。热力学中规定：标准压力 $p^{\ominus} = 100kPa$，上标"$\ominus$"为标准态的符号。

液体（固体）的标准态：不管是纯液体（固体）B 或是液体（固体）混合物中的组分 B，都是温度为 T、压力为 $p^{\ominus}$ 下液体（固体）纯物质 B 的状态。

气体的标准态：不管是纯气体 B 或气体混合物中的组分 B，都是温度为 T、压力为 $p^{\ominus}$ 下且表现出理想气体性质的气体纯物质 B 的（假想）状态。

任何温度下都有标准态，标准态的压力已指定，所以标准态的热力学函数改变值与压力无关。通常查表所得热力学标准态的有关数据大多是 $T = 298.15K$ 时的数据。

四、热力学平衡态

当系统中的所有状态函数的数值不随时间发生变化时，称系统处于热力学平衡状态，简称平衡态。处于平衡态的热力学系统应同时具备下列三种平衡。

（1）热平衡　系统内各部分及系统与环境的温度相等，即无温差。

（2）力平衡　系统内各部分及系统与环境之间没有不平衡力存在，即无压力差。

（3）物质平衡　若系统内存在化学变化和相变化时，则这两类变化均应达到平衡，系统内部不再有物质的传递。

五、典型过程类型

在一定的环境条件下，系统状态所发生的一切变化均称为热力学过程，简称过程。实现过程的具体步骤称为途径。例如，在压力为 101.325kPa 下，25℃的水变成 100℃的水蒸气，就是一个过程，完成这个过程可以有下列两种不同的途径。

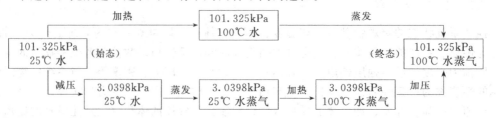

根据系统的性质变化和环境条件可以把过程分为许多种，典型的过程常有以下几种。

1. 恒温过程

系统的始态温度与终态温度相同，并等于环境温度且恒定的过程称为恒温过程，即 $T_1 = T_2 = T_{环} =$ 恒定值。如水在 $100℃$ 变成水蒸气的相变、气体的恒温压缩和恒温膨胀过程等。

2. 恒压过程

系统的始态压力与终态压力相同，并等于环境压力且恒定的过程称为恒压过程，即 $p_1 = p_2 = p_{环} =$ 恒定值。如水在 $101.325kPa$ 下变成水蒸气的相变、气体的恒压压缩和恒压膨胀等。

系统在变化过程中环境的压力不变，且只有终态压力与环境压力相等的过程称为恒外压过程。

3. 恒容过程

系统的体积保持不变的过程称为恒容过程（$dV = 0$），如理想气体同时改变 T 和 p 但体积不变的过程和在密闭刚性容器中发生的化学反应、液相反应等。

4. 绝热过程

系统与环境之间无热交换的过程称为绝热过程。如气体绝热膨胀、绝热压缩、绝热容器中发生的化学反应等。

5. 循环过程

系统从某一状态出发经过一系列的变化后又回到原来的状态的过程称为循环过程。由状态函数的特征可知，系统经一循环过程，其所有状态函数的变化值为零。

6. 可逆过程

系统由状态 A 按一定的方式变成状态 B 的同时，环境由状态 α 变成状态 β，如果系统由状态 B 恢复到状态 A，环境也由状态 β 恢复到状态 α，即系统恢复原状的同时，环境也恢复原状而没有留下任何痕迹，则系统内状态 A 变成状态 B 的过程称为热力学可逆过程，简称可逆过程。用任何方法都不能使系统和环境恢复原状的过程称为热力学不可逆过程。

可逆过程具有如下特点：

① 可逆过程是以无限小的变化进行的，整个过程的每一步都是无限接近于平衡的状态，可逆即平衡；

② 可逆过程的进行是无限缓慢的，要可逆地实现一个有限的过程，需要无限长的时间；

③ 可逆过程进行时系统的动力和阻力相差无限小，所以，可逆过程系统做功最多，环境消耗功最少；

④ 若变化按原过程的逆方向进行，系统和环境可同时恢复原状。

应当指出，可逆过程是一个理想过程，在自然界中并不存在。但是任何一个实际过程在一定条件下总可以无限地接近于这个极限的理想过程。例如，理想气体分别在恒温和绝热条件下，内、外压相差一个极小值 dp 时的过程称为恒温可逆过程和绝热可逆过程，液体在其沸点时的蒸发、固体在其熔点时的熔化都是可逆相变过程。

可逆过程是热力学中一个极其重要的概念，研究可逆过程的意义在于可将实际过程与可逆过程进行比较，从而确定提高实际过程效率的可能性。可逆过程中系统做功最多，环境消耗功最小，某些重要的热力学函数值，只有通过可逆过程方能求算，而这些函数的变化值在解决实际问题中起着重要作用。可逆过程中的物理量用下标"R"标记。

第二节 热力学第一定律

一、热和功

1. 热

系统与环境之间由于温差而引起的能量交换形式称为热。热以"Q"表示，单位为 J

（或 kJ）。热力学规定：系统从环境吸热取正值，即 $Q>0$；系统向环境放热取负值，即 $Q<0$。因为热是系统变化过程中与环境交换的能量，因而热总是与系统所进行的过程相联系，所以热不是状态函数，无限小的热以 δQ 表示，不是全微分。

2. 功

系统与环境之间除热以外的能量交换形式统称为功。功以"W"表示，单位是 J 或 kJ。热力学规定：系统从环境得功（环境对系统做功）取正值，即 $W>0$；系统对环境做功取负值，即 $W<0$。功也是与过程有关的量，它不是系统的状态函数。无限小的功以 δW 表示。

功可分为两大类：体积功和非体积功。系统在外压力作用下，体积发生改变时与环境交换的功为体积功，用 W 表示。除体积功以外的其他功称为非体积功，用 W' 表示。

体积功的定义式为

$$\delta W = -p_{外}\,\mathrm{d}V \tag{2-1}$$

在热力学的研究中，经常遇到体积功的求算问题。此时需要对体积功的定义式作定积分

$$W = -\int_{V_1}^{V_2} p_{外}\,\mathrm{d}V \tag{2-2}$$

若外压恒定，式（2-2）可写为

$$W = -p_{外}(V_2 - V_1) \tag{2-3}$$

式中　W——体积功，J（或 kJ）；

　　　$p_{外}$——环境压力，Pa；

　V_1,V_2——系统的始、终态体积，m^3。

式（2-1）～式（2-3）为体积功的计算通式。

【例题 2-1】　1mol 理想气体，始态体积为 $25\mathrm{dm}^3$，温度为 373.15K，分别经下列三种不同途径，恒温膨胀到终态体积为 $100\mathrm{dm}^3$ 时，求系统所做的功，其计算结果说明什么？

（1）在外压 $p_{外}=0$ 下膨胀；

（2）在外压等于终态压力下膨胀；

（3）先在外压等于体积为 $50\mathrm{dm}^3$ 时气体的平衡压力下膨胀到体积为 $50\mathrm{dm}^3$，然后再在外压等于体积为 $100\mathrm{dm}^3$ 时气体的平衡压力下膨胀至终态。

解　（1）$p_{外}=0$ 的过程即为自由膨胀过程

根据式（2-2）得

$$W_1 = -\int_{V_1}^{V_2} p_{外}\,\mathrm{d}V = -p_{外}(V_2 - V_1) = 0$$

（2）外压等于终态压力下的一次膨胀过程

$$W_2 = -p_{外}(V_2 - V_1) = -\frac{nRT}{V_2}(V_2 - V_1)$$

$$= -\frac{1 \times 8.314 \times 373.15}{100 \times 10^{-3}} \times (100-25) \times 10^{-3} = -2327\mathrm{J}$$

（3）分两次完成的膨胀过程

第一次在 $p'_{外}$ 下由 V_1 膨胀到 V'_2，第二次在 $p''_{外}$ 下由 V'_2 膨胀到 V_2，所以

$$W_3 = W'_3 + W''_3 = -p'_{外}(V'_2 - V_1) - p''_{外}(V_2 - V'_2)$$

$$= -\frac{nRT}{V'_2}(V'_2 - V_1) - \frac{nRT}{V_2}(V_2 - V'_2)$$

$$= -\frac{1 \times 8.314 \times 373.15}{50 \times 10^{-3}} \times (50-25) \times 10^{-3} - \frac{1 \times 8.314 \times 373.15}{100 \times 10^{-3}} \times (100-50) \times 10^{-3}$$

$$= -3102\mathrm{J}$$

比较以上计算结果可看出，由同一始态到达同一终态，过程不同所做的功不同，膨胀的次数越多做功越多。

二、热力学能

系统整体运动的动能、在外力场中的势能以及系统的热力学能构成了系统的总能量。在热力学中，由于研究的是宏观静止且忽略外力场作用的系统，所以不考虑系统的动能和势能，只注重其热力学能。

热力学能是系统内部各种能量的总和，用"U"表示。其由以下三个部分组成：

① 分子的动能，是系统内分子热运动的能量，是温度的函数；

② 分子间相互作用的势能，是分子间相互作用而具有的能量，是体积的函数；

③ 分子内部的能量，是分子内部各种微粒运动的能量与微粒间相互作用的能量之和，在系统无化学反应和相变化的情况下，此部分能量不变。

对于无化学反应的理想气体系统，因分子间无作用力，从而分子势能不存在，唯一可变的是分子的动能。所以，理想气体的热力学能只是温度的函数，即 $U=f(T)$。对于单原子分子理想气体，则有

$$\Delta U = \frac{3}{2}nR\Delta T$$

热力学能是系统内部各种运动形式的能量的综合表现，当系统的状态确定后，热力学能就具有确定的数值，且只有一个确定值。可见，热力学能是系统的状态函数，其数值的大小与系统的粒子数目有关，具有加和性，是系统的广延性质。

目前为止，系统热力学能的绝对值还无法确定，通常是应用热力学能的变化值来解决实际问题。

三、热力学第一定律

热力学第一定律即能量守恒定律，是人类长期实践的总结，其表述方法有多种，常见的有以下两种。

① 不供给能量而可连续不断产生能量的机器，称为第一类永动机，第一类永动机是不可能实现的。

② 自然界中的一切物质都具有能量，能量有不同的形式，可以从一种形式转化为另一种形式，在转化过程中其总值不变。

无论何种表述，其本质是相同的，那就是能量守恒。

设一封闭系统从环境中吸热 Q，环境对系统做功 W，系统状态发生了变化，热力学能由 U_1 变为 U_2，根据热力学第一定律，得

$$U_2 - U_1 = Q + W$$

整理得 $\qquad\qquad\qquad\qquad\qquad \Delta U = Q + W \qquad\qquad\qquad\qquad (2\text{-}4a)$

对于封闭系统的微小变化过程，则有 $\qquad\qquad dU = \delta Q + \delta W \qquad\qquad\qquad (2\text{-}4b)$

式(2-4a)、式(2-4b) 均为封闭系统热力学第一定律的数学表达式。表明封闭系统中热力学能的改变值等于变化过程中系统与环境交换的热和功的总和。

根据热力学第一定律可知，隔离系统热力学第一定律数学表达式 $\Delta U = 0$。

【例题 2-2】　某电池对电阻丝做电功100J，同时电阻丝对外放热 20J，求电阻丝的热力学能变。

解　$W = 100J$，$Q = -20J$，依据式(2-4a) 得

$$\Delta U = Q + W = 100 - 20 = 80J$$

在该过程中，电阻丝的热力学能增加了 80J。

第三节　恒容热、恒压热及焓

一、恒容热

系统进行不做非体积功的恒容过程时与环境交换的热，称为恒容热，用"Q_V"表示。

根据热力学第一定律 $dU = \delta Q + \delta W$，对于不做非体积功的恒容过程，因 $dV = 0$，故 $\delta W = 0$

则有
$$dU = \delta Q_V \tag{2-5a}$$

或
$$\Delta U = Q_V \tag{2-5b}$$

式(2-5b) 表明，恒容热等于系统热力学能的变化量。换句话说，在不做非体积功的恒容过程中，封闭系统吸收的热量等于系统热力学能的增量；系统所减少的热力学能全部以热的形式传给环境。

二、恒压热及焓

系统进行不做非体积功的恒压过程时与环境交换的热，称为恒压热，用"Q_p"表示。

根据热力学第一定律 $\Delta U = Q + W$，对于不做非体积功的恒压过程，体积功为 $W = -p_外(V_2 - V_1)$，则有
$$\Delta U = Q_p - p_外(V_2 - V_1)$$

又因为恒压
$$p_1 = p_2 = p_外 = 恒定值$$

故
$$\Delta U = Q_p - p_2V_2 + p_1V_1$$

则
$$Q_p = \Delta U + p_2V_2 - p_1V_1 = (U_2 + p_2V_2) - (U_1 + p_1V_1)$$

令
$$H = U + pV \tag{2-6}$$

则
$$Q_p = \Delta H \tag{2-7a}$$

或
$$dH = \delta Q_p \tag{2-7b}$$

人们将 H 叫做焓。由式(2-6) 可看出焓是系统的状态函数，等于 $U + pV$，无明确物理意义，是系统的广延性质，与热力学能具有相同的量纲。由于热力学能的绝对值无法测算，故焓的绝对值也无法测算，实际中只应用其变化值。式(2-7a)、式(2-7b) 表明：恒压热等于系统焓的变化量。换句话说，在非体积功为零的恒压过程中，封闭系统吸收的热量等于系统焓的增量；系统所减少的焓全部以热的形式传给环境。

对于理想气体
$$pV = nRT, \quad U = f(T)$$

所以
$$H = U + pV = f(T) + nRT = g(T)$$

可见理想气体的焓和热力学能一样，只是温度的函数，$H = g(T)$。对于单原子分子理想气体，则有

$$\Delta H = \frac{5}{2}nR\Delta T$$

需要指出的是：焓是系统的状态函数，只要系统状态发生变化，就有焓变 ΔH，并非只有恒压过程才有焓变，只是在恒压不做非体积功的过程中存在 $Q_p = \Delta H$ 而已。

$\Delta U = Q_V$ 和 $Q_p = \Delta H$ 两式的出现，给 ΔU 和 ΔH 的计算带来了方便，只要测得 Q_V 和 Q_p，即可得到 ΔU 和 ΔH。但是数值上的相等，并不等于性质上的等同，ΔU 和 ΔH 是状态函数变量，只与始终态有关，而热仍然是与过程有关的物理量。

【例题 2-3】　一定量的理想气体在 $1.01 \times 10^5 Pa$ 下，体积由 $10dm^3$ 膨胀到 $16dm^3$，实验测得吸热 700J，求该过程的 W、ΔU 和 ΔH。

解

| 一定量的理想气体
$p = 1.01 \times 10^5\,Pa$
$V_1 = 10\,dm^3$ | 恒压过程 | 一定量的理想气体
$p = 1.01 \times 10^5\,Pa$
$V_2 = 16\,dm^3$ |

根据式(2-3) 得

$$W = -p_外(V_2 - V_1) = -1.01 \times 10^5 \times (16-10) \times 10^{-3} = -606\,J$$

又　　　　$Q_p = 700\,J$

故　　　　$\Delta U = Q + W = 700 - 606 = 94\,J$

$$\Delta H = \Delta U + \Delta(pV) = \Delta U + p\,\Delta V = 94 + 1.01 \times 10^5 \times (16-10) \times 10^{-3} = 700\,J$$

可见　　　$Q_p = \Delta H$

第四节　热　　容

恒容热和恒压热虽然可通过实验测得，但在已知系统内物质热容的条件下，也可通过计算求得。

在不发生相变化和化学变化的条件下，封闭系统温度升高的数值与其吸收热量的多少成正比。比例常数为 $\overline{C}$，则有

$$\overline{C} = \frac{Q}{\Delta T} \tag{2-8}$$

定义 $\overline{C}$ 为平均热容，它的物理意义是：在 ΔT 温度区间内系统温度每升高 1K 所需的热量。温度区间不同，平均热容 $\overline{C}$ 也不同。因此，要求出某温度下的热容值，必须将温度区间选为无限小，即

$$C = \lim_{\Delta T \to 0} \frac{Q}{\Delta T} = \frac{\delta Q}{dT} \tag{2-9}$$

定义 C 为热容，单位为 J/K，其数值与系统的量有关。若热容除以质量，则称为比热容 (c)，单位是 J/(K·kg)；若热容除以物质的量，则称为摩尔热容 (C_m)，单位是 J/(K·mol)。在物理化学中一般指摩尔热容。

$$C_m = \frac{\delta Q}{n\,dT} \tag{2-10}$$

式中　C_m——摩尔热容，J/(K·mol)；

　　　n——物质的量，mol。

对于不做非体积功的恒容过程，$\delta Q_V = dU$，则式(2-10) 可写成

$$C_{V,m} = \frac{1}{n}\frac{\delta Q_V}{dT} = \left(\frac{\partial U_m}{\partial T}\right)_V \tag{2-11}$$

$C_{V,m}$ 称为恒容摩尔热容。

积分式(2-11) 得　　　　$$Q_V = \Delta U = \int_{T_1}^{T_2} nC_{V,m}\,dT \tag{2-12a}$$

若 $C_{V,m}$ 不随温度发生变化，则

$$Q_V = \Delta U = nC_{V,m}(T_2 - T_1) \tag{2-12b}$$

同理，对于不做非体积功的恒压过程，$\delta Q_p = dH$，则有

$$C_{p,m} = \left(\frac{\delta Q}{n\,dT}\right)_p = \left(\frac{\partial H_m}{\partial T}\right)_p \tag{2-13}$$

$C_{p,m}$ 称为恒压摩尔热容。

对式(2-13) 积分，得　　　　$$Q_p = \Delta H = \int_{T_1}^{T_2} nC_{p,m}\,dT \tag{2-14a}$$

若 $C_{p,m}$ 不随温度发生变化，则 $\qquad Q_p = \Delta H = n C_{p,m}(T_2 - T_1)$ (2-14b)

若 $C_{p,m}$ 随温度变化，在应用式(2-14a)时，则应考虑如下热容与温度的关系：

$$C_{p,m} = a + bT + cT^2 + dT^3$$

$$C_{p,m} = a + bT + c'T^{-2}$$

式中 a，b，c，d，c'——经验常数，其数值可在书后附录一及有关手册中查得。

在同一温度下，同一物质的 $C_{p,m}$ 和 $C_{V,m}$ 的数值往往不同，这是因为恒容过程无体积功，所吸收的热全部用来增加系统热力学能，而恒压过程所吸收的热，除增加系统热力学能外，还要对外做体积功。

当应用热容作 $\Delta H(Q_p)$、$\Delta U(Q_V)$ 的计算时，知道 $C_{p,m}$ 和 $C_{V,m}$ 的关系会给计算带来很大方便。

对于理想气体 $\qquad\qquad dU_m = C_{V,m}dT$

$$dH_m = C_{p,m}dT$$

根据焓的定义 $H_m = U_m + pV_m$，微分可得

$$dH_m = dU_m + d(pV_m)$$

又根据理想气体状态方程得 $\qquad C_{p,m}dT = C_{V,m}dT + RdT$

所以 $\qquad\qquad\qquad C_{p,m} = C_{V,m} + R$ (2-15)

式(2-15)为理想气体的 $C_{p,m}$ 与 $C_{V,m}$ 的关系式。

对于固、液态物质，因其体积随温度变化可忽略，故有

$$C_{p,m} \approx C_{V,m}$$ (2-16)

统计热力学证明，通常温度下，单原子分子理想气体系统

$$C_{V,m} = \frac{3}{2}R, \quad C_{p,m} = \frac{5}{2}R$$

双原子分子理想气体系统 $\qquad C_{V,m} = \frac{5}{2}R, \quad C_{p,m} = \frac{7}{2}R$

【例题 2-4】 3mol 双原子分子理想气体由 25℃加热到 150℃，试计算此过程的 ΔU 和 ΔH。

解 $n = 3\text{mol}$，$T_1 = 273.15 + 25 = 298.15\text{K}$，$T_2 = 273.15 + 150 = 423.15\text{K}$

$$C_{V,m} = \frac{5}{2}R, \quad C_{p,m} = \frac{7}{2}R$$

据式(2-12b)和式(2-14b)得

$$\Delta U = n C_{V,m}(T_2 - T_1) = 3 \times \frac{5}{2}R \times (423.15 - 298.15) = 7.79 \times 10^3 \text{J}$$

$$\Delta H = n C_{p,m}(T_2 - T_1) = 3 \times \frac{7}{2}R \times (423.15 - 298.15) = 1.09 \times 10^4 \text{J}$$

第五节　热力学第一定律的应用

一、理想气体 p、V、T 变化过程

1. 恒温过程

由于理想气体的热力学能和焓是温度的单值函数，所以理想气体的恒温过程

$$\Delta U = 0, \quad \Delta H = 0$$

根据热力学第一定律，得 $\qquad\qquad Q = -W$

对于理想气体的恒温恒外压过程，则有

$$W = -p_{外}(V_2 - V_1) = -p_{外}nRT\left(\frac{1}{p_2} - \frac{1}{p_1}\right) \tag{2-17}$$

对于理想气体的恒温可逆过程，因有

$$p_{外} = p \pm \mathrm{d}p \quad 或 \quad p_{外} \approx p$$

所以
$$W_R = -\int_{V_1}^{V_2} p_{外}\,\mathrm{d}V = -\int_{V_1}^{V_2} p\,\mathrm{d}V = -\int_{V_1}^{V_2}\frac{nRT}{V}\mathrm{d}V = -nRT\ln\frac{V_2}{V_1}$$

或
$$Q_R = -W_R = nRT\ln\frac{V_2}{V_1} = nRT\ln\frac{p_1}{p_2} \tag{2-18}$$

2. 恒容过程

由于系统的体积不变，故不做功，即 $W = 0$。若气体的热容不随温度发生变化，则由式（2-12b）得

$$Q_V = \Delta U = nC_{V,m}(T_2 - T_1)$$

按焓的定义 $H = U + pV$，则焓变为　　　$\Delta H = nC_{p,m}(T_2 - T_1)$

3. 恒压过程

不做非体积功的恒压过程，体积功为 $W = -p_{外}(V_2 - V_1)$。若气体的热容不随温度发生变化，则由式（2-14b）得　　　$Q_p = \Delta H = nC_{p,m}(T_2 - T_1)$

又按热力学第一定律得　　　$\Delta U = Q_p - p_{外}(V_2 - V_1) = nC_{V,m}(T_2 - T_1)$

【例题 2-5】 今有 4mol 某理想气体，在 1.013×10^5 Pa 下加热，使其温度由 298K 升至 368K。求下列各过程 Q、W、ΔU 和 ΔH。（1）加热时保持体积不变；（2）加热时保持压力不变。已知 $C_{p,m} = 29.29\,\mathrm{J/(K \cdot mol)}$。

解

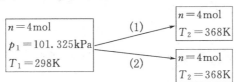

（1）恒容过程
$$W = 0$$
$$\Delta U = Q = nC_{V,m}(T_2 - T_1) = 4 \times (29.29 - 8.314) \times (368 - 298) = 5873\mathrm{J}$$
$$\Delta H = nC_{p,m}(T_2 - T_1) = 4 \times 29.29 \times (368 - 298) = 8201\mathrm{J}$$

（2）恒压过程
$$W = -p_{外}(V_2 - V_1) = -nR(T_2 - T_1) = -4 \times 8.314 \times (368 - 298) = -2328\mathrm{J}$$
$$Q = \Delta H = nC_{p,m}(T_2 - T_1) = 4 \times 29.29 \times (368 - 298) = 8201\mathrm{J}$$
$$\Delta U = Q + W = 8201 - 2328 = 5873\mathrm{J}$$

4. 绝热过程

对于封闭系统的绝热过程，因 $Q = 0$，则有

$$W = \Delta U \tag{2-19}$$

对于不做非体积功的理想气体绝热过程，则有

$$W = \Delta U = \int_{T_1}^{T_2} nC_{V,m}\mathrm{d}T \tag{2-20}$$

无论理想气体的绝热过程是否可逆，式（2-20）均成立。

若理想气体进行一微小的绝热可逆过程，则有

$$\delta W = \mathrm{d}U$$

所以
$$nC_{V,m}\mathrm{d}T = -p_{外}\,\mathrm{d}V = -p\,\mathrm{d}V = -\frac{nRT}{V}\mathrm{d}V$$

整理得
$$C_{V,m}\frac{dT}{T}=-R\frac{dV}{V}$$

通常温度下理想气体的 $C_{V,m}$ 为常数，故上式可积分如下：
$$\int_{T_1}^{T_2}\frac{C_{V,m}}{T}dT=-R\int_{V_1}^{V_2}\frac{1}{V}dV$$

得
$$C_{V,m}\ln\frac{T_2}{T_1}=-R\ln\frac{V_2}{V_1}$$

又因理想气体有 $\frac{T_2}{T_1}=\frac{p_2V_2}{p_1V_1}$，$C_{p,m}-C_{V,m}=R$，将此关系代入上式，则有
$$C_{V,m}\ln\frac{p_2}{p_1}=C_{p,m}\ln\frac{V_1}{V_2}$$

或
$$\frac{p_2}{p_1}=\left(\frac{V_1}{V_2}\right)^{C_{p,m}/C_{V,m}}$$

令 $\gamma=C_{p,m}/C_{V,m}$，称为热容商。则上式写为
$$\frac{p_2}{p_1}=\left(\frac{V_1}{V_2}\right)^{\gamma},\ p_1V_1^{\gamma}=p_2V_2^{\gamma}$$

或
$$pV^{\gamma}=常数 \tag{2-21}$$

以 $p=\frac{nRT}{V}$ 代入式(2-21)，得
$$\frac{T_1}{T_2}=\left(\frac{V_2}{V_1}\right)^{\gamma-1},\ T_1V_1^{\gamma-1}=T_2V_2^{\gamma-1}$$

或
$$TV^{\gamma-1}=常数 \tag{2-22}$$

同理，以 $V=\frac{nRT}{p}$ 代入式(2-21)，得
$$\left(\frac{p_1}{p_2}\right)^{1-\gamma}=\left(\frac{T_2}{T_1}\right)^{\gamma},\ p_1^{1-\gamma}T_1^{\gamma}=p_2^{1-\gamma}T_2^{\gamma}$$

或
$$p^{1-\gamma}T^{\gamma}=常数 \tag{2-23}$$

式(2-21)、式(2-22)、式(2-23)为理想气体绝热可逆过程方程式，表示理想气体绝热可逆过程中 p、V、T 的变化关系。

由于
$$p_1V_1^{\gamma}=p_2V_2^{\gamma}=pV^{\gamma}$$

所以，理想气体绝热可逆过程的体积功为
$$W=-\int_{V_1}^{V_2}pdV=-\int_{V_1}^{V_2}\frac{p_1V_1^{\gamma}}{V^{\gamma}}dV=\frac{p_1V_1}{\gamma-1}\left[\left(\frac{V_1}{V_2}\right)^{\gamma-1}-1\right] \tag{2-24}$$

或
$$W=\frac{p_1V_1}{\gamma-1}\left[\left(\frac{p_2}{p_1}\right)^{\frac{\gamma-1}{\gamma}}-1\right] \tag{2-25}$$

式(2-24)和式(2-25)是由可逆过程导出的，故只能适用于理想气体的绝热可逆过程。

还可以导出绝热过程体积功计算式的其他形式。

由 $\gamma=C_{p,m}/C_{V,m}$ 及 $C_{p,m}-C_{V,m}=R$，可得 $C_{V,m}=R/(\gamma-1)$，将此式代入式(2-20)，则有
$$W=\frac{nR(T_2-T_1)}{\gamma-1} \tag{2-26}$$

或
$$W=\frac{p_2V_2-p_1V_1}{\gamma-1} \tag{2-27}$$

理想气体绝热可逆过程的 ΔH 为 $\Delta H=nC_{p,m}(T_2-T_1)$

【例题 2-6】 1mol N_2（可视为理想气体）300K 时自 100kPa 膨胀至 10kPa，已知 N_2 的 $C_{p,m} = 29.1 J/(mol \cdot K)$，计算下列过程的 Q、W、ΔU 和 ΔH。（1）系统经绝热可逆膨胀；（2）系统经反抗 10kPa 外压的绝热不可逆膨胀过程。

解 因为绝热，两个过程的 $Q = 0$

（1）绝热可逆膨胀过程 $\gamma = \dfrac{C_{p,m}}{C_{V,m}} = \dfrac{29.1}{29.1 - 8.314} = 1.4$

由式（2-23）得 $\qquad T_2 = T_1 \left(\dfrac{p_1}{p_2}\right)^{\frac{1-\gamma}{\gamma}} = 300 \times \left(\dfrac{100}{10}\right)^{\frac{1-1.4}{1.4}} = 155.4K$

所以 $\quad W = \Delta U = nC_{V,m}(T_2 - T_1) = 1 \times (29.1 - 8.314) \times (155.4 - 300) = -3006J$

$\Delta H = nC_{p,m}(T_2 - T_1) = 1 \times 29.1 \times (155.4 - 300) = -4208J$

（2）不可逆膨胀过程，因外压恒定

所以 $\qquad\qquad W = -p_{外}(V_2 - V_1) = -nRp_{外}\left(\dfrac{T_2}{p_2} - \dfrac{T_1}{p_1}\right)$

又 $\qquad\qquad\qquad\qquad \Delta U = W$

所以 $\qquad -nRp_{外}\left(\dfrac{T_2}{p_2} - \dfrac{T_1}{p_1}\right) = nC_{V,m}(T_2 - T_1) \qquad 且\, p_{外} = p_2$

整理化简得 $\qquad T_2 = \dfrac{1}{C_{p,m}}\left(C_{V,m} + \dfrac{p_2}{p_1}R\right)T_1$

$$= \dfrac{1}{29.1} \times \left[(29.1 - 8.314) + \dfrac{10}{100} \times 8.314\right] \times 300 = 223K$$

则过程的 $\quad W = \Delta U = nC_{V,m}(T_2 - T_1) = 1 \times (29.1 - 8.314) \times (223 - 300) = -1601J$

$\Delta H = nC_{p,m}(T_2 - T_1) = 1 \times 29.1 \times (223 - 300) = -2241J$

二、相变过程

物质由一种聚集状态转变成另一种聚集状态的过程，称为相变过程。相变过程亦有可逆相变和不可逆相变之分。物质在相平衡温度和压力下进行的相变为可逆相变，不在相平衡的温度和压力下进行的相变为不可逆相变。如液态水在压力 $p = 101.325kPa$、温度 $T = 373.15K$ 条件下汽化过程为可逆相变，而液态水在压力 $p = 101.325kPa$、温度 $T = 313.15K$ 条件下进行的蒸发过程则是不可逆相变。相变过程的热称为相变热。由于大多数相变过程是一定量的物质在恒压且不做非体积功的条件下发生，所以，相变热数值上等于相变焓，可表示为

$$Q_p = \Delta_\alpha^\beta H \tag{2-28}$$

式中 $\quad \alpha$——相变始态；

β——相变终态；

Q_p——相变热，J（或 kJ）；

$\Delta_\alpha^\beta H$——相变焓，J（或 kJ）。

由于焓是广延性质，因此，相变焓与发生相变的物质的量有关，1mol 物质的相变焓称为摩尔相变焓，用 $\Delta_\alpha^\beta H_m$ 表示，单位为 J/mol 或 kJ/mol。

一些物质的标准摩尔可逆相变焓数据可由手册查得，在使用这些数据时要注意相变的条件以及所求相变过程是否与手册所给相变过程相一致。如，若已知 $\Delta_g^l H_m$，则 $\Delta_l^g H_m = -\Delta_g^l H_m$。

若系统发生不可逆相变，其相变焓可通过设计包含可逆相变过程的一系列过程来求得。

若系统在恒温、恒压条件下，由 α 相变为 β 相，其体积功为

$$W = -p(V_\beta - V_\alpha) \tag{2-29}$$

若 β 为气相，α 为凝聚相（固相或液相），因为 $V_\beta \gg V_\alpha$，所以

$$W = -pV_g \tag{2-30}$$

若气相可视为理想气体，则有

$$W = -pV_g = -nRT \tag{2-31}$$

系统在恒温、恒压且不做非体积功的相变过程中，其热力学能变为

$$\Delta_\alpha^\beta U = Q_p - p(V_\beta - V_\alpha)$$

或

$$\Delta_\alpha^\beta U = \Delta_\alpha^\beta H - p(V_\beta - V_\alpha) \tag{2-32}$$

若 β 为气相，则 $V_\beta \gg V_\alpha$，则

$$\Delta_\alpha^\beta U = \Delta_\alpha^\beta H - pV_g \tag{2-33}$$

若气相为理想气体，则有

$$\Delta_\alpha^\beta U = \Delta_\alpha^\beta H - nRT \tag{2-34}$$

【例题 2-7】 计算在 101.325kPa 下，1mol 冰在其熔点 0℃ 时熔化为水的 ΔU 和 ΔH。已知在 101.325kPa、0℃ 时冰的摩尔熔化热为 6008J/mol，0℃ 时冰、水的密度分别为 0.9168g/cm³ 和 0.9999g/cm³。

解 因为恒压热等于焓变，所以 1mol 冰熔化的相变焓等于冰的摩尔熔化热，即

$$\Delta_s^l H = Q = 6008J$$

据式（2-32）得热力学能变为

$$\Delta_s^l U = \Delta_s^l H - p(V_l - V_s)$$

又

$$V_l - V_g = \frac{18.02}{0.9999} - \frac{18.02}{0.9168} = -1.63 \times 10^{-6} m^3$$

所以

$$\Delta_s^l U = \Delta_s^l H - p(V_l - V_s) = 6008 + 101325 \times 1.63 \times 10^{-6} = 6008.2J$$

由以上计算可见，$\Delta_s^l U$ 与 $\Delta_s^l H$ 非常接近，可认为 $\Delta_s^l U \approx \Delta_s^l H$，即熔化过程的热力学能变和相变焓几乎相等。

【例题 2-8】 逐渐加热 1000kg、298K、500kPa 的水，使之成为 423K 的水蒸气，问需要多少热量。设水蒸气为理想气体。已知 $C_{p,m}$（水）＝75.4J/(mol·K)，$C_{p,m}$（水蒸气）＝31.4J/(mol·K)，水在 373K、101.325kPa 时的摩尔蒸发热为 40.7kJ/mol。

解

$$n = m/M = 1000/0.018 = 5.56 \times 10^4 mol$$

该过程为一不可逆相变过程，其相变热可通过设计一个包含有可逆相变的一系列过程求出，过程设计如下：

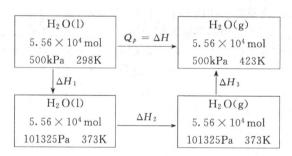

$$Q_p = \Delta H = \Delta H_1 + \Delta H_2 + \Delta H_3$$

$$\Delta H_1 = nC_{p,m}(\text{水})(T_2 - T_1)$$

$$= 5.56 \times 10^4 \times 75.4 \times (373 - 298) = 3.14 \times 10^8 J = 3.14 \times 10^5 kJ$$

$$\Delta H_2 = n\Delta_l^g H_m = 5.56 \times 10^4 \times 40.7 = 2.26 \times 10^6 kJ$$

$$\Delta H_3 = nC_{p,m}(\text{水蒸气})(T_2 - T_1)$$

$$= 5.56 \times 10^4 \times 31.4 \times (423 - 373) = 8.73 \times 10^7 J = 8.73 \times 10^4 kJ$$

$$Q_p = \Delta H = \Delta H_1 + \Delta H_2 + \Delta H_3$$

$$= 3.14 \times 10^5 + 2.26 \times 10^6 + 8.73 \times 10^4 = 2.66 \times 10^6 kJ$$

将 1000kg、298K、500kPa 的水变成 423K 的水蒸气，至少需要 2.67×10^6 kJ 的热量。

第六节　化学反应热

由于在化学反应系统中，反应物的总能量和产物的总能量不同，且常常伴随有气体的产生和消失，因此，反应过程中系统常以热量和体积功的形式与环境交换能量。但一般情况下，反应过程中的体积功在数量上与热相比是很小的，故化学反应的能量交换以热为主。若反应过程中释放热量，则称放热反应；若反应过程中吸收热量，则称吸热反应。研究化学反应热变化的科学称为热化学。热化学是热力学第一定律在化学反应过程中的应用。在化学制药生产中，工艺条件的拟定、反应设备的设计等，都需要热力学数据作为依据，因此有必要熟悉一些热化学的基本概念和基本计算。

一、基本概念

1. 反应进度

对于任一化学反应
$$a\mathrm{A} + d\mathrm{D} \longrightarrow e\mathrm{E} + f\mathrm{F}$$

此式为化学反应的计量方程式，也可写为
$$0 = e\mathrm{E} + f\mathrm{F} - a\mathrm{A} - d\mathrm{D}$$

或化简为
$$0 = \sum_{\mathrm{B}} \nu_{\mathrm{B}} \mathrm{B} \tag{2-35}$$

式中　B——反应物或产物；

ν_{B}——物质 B 的计量数，量纲为 1。对于反应物，ν_{B} 为负值；对于产物，ν_{B} 为正值。

式(2-35)为任意反应的标准缩写式。

常用反应进度来表示反应进行的程度或物质变化进展的程度，反应进度用符号"ξ"表示，其定义为
$$\xi = \frac{n_{\mathrm{B}}(\xi) - n_{\mathrm{B}}(0)}{\nu_{\mathrm{B}}} = \frac{\Delta n_{\mathrm{B}}}{\nu_{\mathrm{B}}} \tag{2-36}$$

式中　$n_{\mathrm{B}}(0)$——反应起始时刻，即 $\xi = 0$ 时 B 的物质的量，mol；

$n_{\mathrm{B}}(\xi)$——反应进行到 ξ 时 B 的物质的量，mol；

ξ——反应进度，mol。

对于同一化学反应方程式，用反应系统中任一反应物或产物的物质的量的变化值 Δn_{B} 来求算反应进度 ξ，所得数值相同，反应进度均为正值。
$$\xi = \frac{\Delta n_{\mathrm{B}}}{\nu_{\mathrm{B}}} = \frac{\Delta n_{\mathrm{D}}}{\nu_{\mathrm{D}}} = \frac{\Delta n_{\mathrm{E}}}{\nu_{\mathrm{E}}} = \frac{\Delta n_{\mathrm{F}}}{\nu_{\mathrm{F}}}$$

例如，反应

	$\mathrm{N_2(g)}$	$+3\mathrm{H_2(g)}$	$\longrightarrow 2\mathrm{NH_3(g)}$
起始时 n_{B}/mol	3.0	10.0	0
t 时 n_{B}/mol	2.0	7.0	2.0

$$\xi = \frac{\Delta n(\mathrm{N_2})}{\nu(\mathrm{N_2})} = \frac{\Delta n(\mathrm{H_2})}{\nu(\mathrm{H_2})} = \frac{\Delta n(\mathrm{NH_3})}{\nu(\mathrm{NH_3})}$$
$$= \frac{2.0 - 3.0}{-1} = \frac{7.0 - 10.0}{-3} = \frac{2.0 - 0}{2} = 1.0\,\mathrm{mol}$$

若化学反应计量方程式的写法改变，则 ξ 值也发生改变。如上述反应若写为
$$\frac{1}{2}\mathrm{N_2(g)} + \frac{3}{2}\mathrm{H_2(g)} \longrightarrow \mathrm{NH_3(g)}$$

则

$$\xi = \frac{\Delta n(N_2)}{\nu(N_2)} = \frac{\Delta n(H_2)}{\nu(H_2)} = \frac{\Delta n(NH_3)}{\nu(NH_3)}$$

$$= \frac{2.0-3.0}{-1/2} = \frac{7.0-10.0}{-3/2} = \frac{2.0-0}{1} = 2.0 \text{mol}$$

所以，在使用化学进度这个量时，必须指出反应的具体计量式。

2. 摩尔反应热力学能变和摩尔反应焓

在只做体积功的条件下，当一个化学反应发生后，若反应体系始态和终态温度相等，则系统与环境交换的热量，称为化学反应的热效应，也称反应热。

对于恒压反应过程，其反应热称为恒压热效应，$Q_p = \Delta_r H$，也称反应焓。

对于恒容反应过程，其反应热称为恒容热效应，$Q_V = \Delta_r U$，也称反应热力学能变。

焓和热力学能都是系统的广延性质，其大小与物质的量有关。将反应进度为1mol时反应的热力学能变和焓变分别写作 $\Delta_r U_m$、$\Delta_r H_m$，分别称为摩尔反应热力学能变和摩尔反应焓，单位为 J/mol（或 kJ/mol）。

化学反应热效应可用实验直接测定，通常在带有密闭反应器的量热计（氧弹式量热计）中进行（详见第十二章实验一），用此方法所测得的数据是恒容热效应，即 $\Delta_r U$。而大多数反应是在恒压下进行的，恒压热的数据更为常用，若知道 $\Delta_r U$ 和 $\Delta_r H$ 的换算关系，就可根据实验测得的 $\Delta_r U$ 数据求得 $\Delta_r H$。

根据焓变的定义 $\Delta H = \Delta U + \Delta(pV)$，如果是纯气相反应，且参加反应的物质为只做体积功的理想气体，则 $pV = nRT$。根据反应热的定义，对于在恒容恒温和恒压恒温条件下进行的同一反应来说，始态相同，终态产物和温度也相同，所以 $\Delta(pV) = \Delta n(RT)$，故

$$\Delta H = \Delta U + \Delta n(RT)$$

也可写为

$$\Delta_r H_m = \Delta_r U_m + \Delta n(RT) \tag{2-37}$$

式(2-37) 对理想气体反应严格符合。对于有气体参加的多相反应，反应中的纯液体或固体及溶液部分，体积变化极小，对 $\Delta(pV)$ 的贡献很小，可以忽略。因此，可认为 Δn 主要来自反应前后气体的物质的量的变化，这样，式(2-37) 又可写成符合各种情况的通式：

$$\Delta_r H_m = \Delta_r U_m + RT \sum_B \nu_B(g) \tag{2-38}$$

式(2-38) 是两种热效应的换算关系，式中 $\sum_B \nu_B(g)$ 只包含了反应系统中气体物质的计量数之和。当 $\sum_B \nu_B(g) > 0$ 时，$\Delta_r H > \Delta_r U$；当 $\sum_B \nu_B(g) < 0$ 时，$\Delta_r H < \Delta_r U$；当 $\sum_B \nu_B(g) = 0$ 时，$\Delta_r H = \Delta_r U$。

3. 热化学方程式

表示化学反应条件及反应热效应的化学计量方程式称为热化学方程式。其表示方法具体要求如下。

① 写出化学反应计量方程式，标明各物质的相态。气、液、固态分别用 g、l、s 表示。固体若有不同的晶型，则应标明晶型。

② 注明反应的温度和压力。以 $\Delta_r H_m$ 表示反应热效应时，应在 $\Delta_r H_m$ 后面用括号注明温度。参加反应的各物质处于标准态时，其热效应为标准热效应，则表示为 $\Delta_r H_m^{\ominus}$。$\Delta_r H_m$ 中的 r 表示化学反应，m 表示反应进度为1mol。

③ 将热效应的数值连同单位写在化学反应计量式的后面。

4. 物质的标准摩尔生成焓和标准摩尔燃烧焓

某一物质的焓的数值，无法测量，为了进行 $\Delta_r H_m$ 的计算，规定了一定温度的标准状态下的最稳定单质的焓值为零，某物质（B）在该温度的标准状态下的焓值被定义为：与一

个生成反应的标准摩尔反应焓的数值相等。该生成反应，是由最稳定单质作为反应物，B 物质作为唯一的产物；该反应方程式写法要求，B 物质的化学计量数为"1"；参加该反应的各个物质均处于各自的标准态。此生成反应的标准摩尔反应焓的数值就被定义为物质 B 的标准摩尔生成焓，用符号 $\Delta_f H_m^{\ominus}$（B，相态，T）表示，其中下标 f 表示生成反应，一些常用物质在 298.15K 时的标准摩尔生成焓 $\Delta_f H_m^{\ominus}$ 可在书后附录二中查到。

必须注意，如
$$CO(g) + \frac{1}{2}O_2(g) \longrightarrow CO_2(g)$$

$$C(无定形) + 2H_2(g) \longrightarrow CH_4(g)$$

两反应的标准摩尔反应焓不是 $CO_2(g)$ 和 $CH_4(g)$ 的标准摩尔生成焓，因 $CO(g)$ 和 C(无定形)都不是稳定单质，C 的最稳定单质是 C(石墨)。又如反应

$$2C(石墨) + O_2(g) \longrightarrow 2CO(g)$$

其标准摩尔反应焓也不是 $CO(g)$ 的标准摩尔生成焓，因为由最稳定单质 C(石墨)和 $O_2(g)$ 化合生成的不是 1mol 的 $CO(g)$。而如

$$H_2(g) + \frac{1}{2}O_2(g) \longrightarrow H_2O(l)$$

其标准摩尔反应焓，则是 $H_2O(l)$ 的标准生成焓，因为 $H_2(g)$、$O_2(g)$ 均为稳定单质，且化合生成的是 1mol 的 $H_2O(l)$。

某物质 B 的标准摩尔燃烧焓，等于某一特殊完全燃烧反应的标准摩尔反应焓。该完全燃烧反应反应物只有氧气和物质 B；此反应反应物 B 的化学计量数为"−1"；此燃烧反应产物为最稳定单质。所谓完全燃烧或完全氧化，是指燃烧物质变成了最稳定的氧化物或单质：如 C 变成 CO_2，H 被氧化成 H_2O，S、N、Cl 等元素分别变成 SO_2（g）、N_2（g）、HCl（水溶液）等。人为规定了最稳定的燃烧产物和氧气的燃烧焓为零。

由标准燃烧焓的定义可知，指定燃烧产物及氧气的标准摩尔燃烧焓为零。

必须指出，如
$$H_2(g) + \frac{1}{2}O_2(g) \longrightarrow H_2O(g)$$

$$NH_3(g) + \frac{5}{4}O_2(g) \longrightarrow NO(g) + \frac{3}{2}H_2O(g)$$

两反应的标准摩尔反应焓不是 $H_2(g)$ 和 $NH_3(g)$ 的标准摩尔燃烧焓，因为 $H_2O(g)$ 不是 H 的指定燃烧产物，$NO(g)$ 不是 N 的指定燃烧产物。又如反应

$$\frac{1}{2}C_2H_4(g) + \frac{3}{2}O_2(g) \longrightarrow CO_2(g) + H_2O(l)$$

其标准摩尔反应焓也不是 $C_2H_4(g)$ 的标准摩尔燃烧焓，因被燃烧物质 $C_2H_4(g)$ 不是 1mol。而反应
$$C(石墨) + O_2(g) \longrightarrow CO_2(g)$$

其标准摩尔反应焓是 C(石墨)的标准摩尔燃烧焓，因被燃烧物质 C(石墨)是 1mol，$CO_2(g)$ 是 C(石墨)的指定燃烧产物。

二、标准摩尔反应焓的计算

1. 盖斯定律

任何一个化学反应，整个过程是恒压或恒容时，不管是一步完成还是分几步完成，其热效应总值不变。这个结论称为盖斯定律。

盖斯定律是热力学第一定律的必然结果。因为在系统只做体积功的恒压或恒容条件下，反应热效应的数值取决于系统的始、终态，与过程无关。盖斯定律的重要意义在于使热化学反应方程式像代数方程式一样进行运算，非常方便地由已知反应的热效应求算一些难于测定

的反应的热效应。如反应

$$C(石墨) + \frac{1}{2}O_2(g) \longrightarrow CO(g)$$

其热效应就不易测定，因为很难使反应仅停留在CO(g)这一步，可根据盖斯定律解决这一问题。

$$C(石墨) + O_2(g) \longrightarrow CO_2(g) \tag{1}$$

$$\Delta_r H_{m,1}(298.15K) = -395.505kJ/mol$$

$$CO(g) + \frac{1}{2}O_2(g) \longrightarrow CO_2(g) \tag{2}$$

$$\Delta_r H_{m,2}(298.15K) = -282.964kJ/mol$$

式(1)-式(2)得

$$C(石墨) + \frac{1}{2}O_2(g) \longrightarrow CO(g) \tag{3}$$

$$\Delta_r H_{m,3}(298.15K) = \Delta_r H_{m,1}(298.15K) - \Delta_r H_{m,2}(298.15K) = -112.541kJ/mol$$

应用盖斯定律计算 $\Delta_r H_m$ 和 $\Delta_r U_m$ 时，反应在一步或几步完成时的条件要一致，物质的相态要相同。

2. 利用标准摩尔生成焓计算标准摩尔反应焓

现以葡萄糖在体内氧化供给能量的反应为例，说明如何利用标准摩尔生成焓计算标准摩尔反应焓。该氧化反应可由下列四种物质的生成反应，经代数运算而得出。

$$6C(石墨) + 6H_2(g) + 3O_2(g) \longrightarrow C_6H_{12}O_6(s) \qquad \Delta_r H_{m,1}^{\ominus} \tag{1}$$

$$O_2(g) \longrightarrow O_2(g) \qquad \Delta_r H_{m,2}^{\ominus} \tag{2}$$

$$C(石墨) + O_2(g) \longrightarrow CO_2(g) \qquad \Delta_r H_{m,3}^{\ominus} \tag{3}$$

$$H_2(g) + \frac{1}{2}O_2(g) \longrightarrow H_2O(l) \qquad \Delta_r H_{m,4}^{\ominus} \tag{4}$$

$6 \times (3) + 6 \times (4) - [(1) + 6 \times (2)]$，得

$$C_6H_{12}O_6(s) + 6O_2(g) \longrightarrow 6CO_2(g) + 6H_2O(l) \qquad \Delta_r H_{m,5}^{\ominus} \tag{5}$$

根据盖斯定律，反应式(5)的标准摩尔反应焓为

$$\Delta_r H_{m,5}^{\ominus} = (6\Delta_r H_{m,3}^{\ominus} + 6\Delta_r H_{m,4}^{\ominus}) - (\Delta_r H_{m,1}^{\ominus} + 6\Delta_r H_{m,2}^{\ominus}) \tag{6}$$

式中，$\Delta_r H_{m,1}^{\ominus}$ 为 $C_6H_{12}O_6(s)$ 的标准摩尔生成焓；$\Delta_r H_{m,2}^{\ominus}$ 为 $O_2(g)$ 标准摩尔生成焓；$\Delta_r H_{m,3}^{\ominus}$ 为 $CO_2(g)$ 标准摩尔生成焓；$\Delta_r H_{m,4}^{\ominus}$ 为 $H_2O(l)$ 标准摩尔生成焓。

由式(6)表明，该反应的标准摩尔反应焓等于其产物的标准摩尔生成焓总和减去反应物的标准摩尔生成焓总和。

由式(6)可类推出一般化学反应的标准摩尔反应焓的计算公式。若将化学反应写成如下通式

$$aA + dD \longrightarrow eE + fF$$

则该反应的标准摩尔反应焓为

$$\Delta_r H_m^{\ominus}(T) = [e\Delta_f H_m^{\ominus}(E,T) + f\Delta_f H_m^{\ominus}(F,T)]_{产物} -$$

$$[a\Delta_f H_m^{\ominus}(A,T) + d\Delta_f H_m^{\ominus}(D,T)]_{反应物}$$

或

$$\Delta_r H_m^{\ominus}(T) = \sum \nu_B \Delta_f H_m^{\ominus}(B,相态,T) \tag{2-39}$$

【例题 2-9】 反应 $2C_2H_2(g) + 5O_2(g) \longrightarrow 4CO_2(g) + 2H_2O(l)$ 在 298.15K 下的标准摩尔反应焓 $\Delta_r H_m^{\ominus}(298.15K) = -2600.4kJ/mol$。已知相同条件下，$CO_2(g)$ 和 $H_2O(l)$ 的标准摩尔生成焓分别为 $-393.5kJ/mol$ 和 $-285.8kJ/mol$。试计算乙炔 $C_2H_2(g)$ 的标准摩尔生成焓。

解 根据题中所给反应方程式，有

$$\Delta_r H_m^{\ominus}(298.15K) = 4\Delta_f H_m^{\ominus}[CO_2(g)] + 2\Delta_f H_m^{\ominus}[H_2O(l)] - 2\Delta_f H_m^{\ominus}[C_2H_2(g)] - 5\Delta_f H_m^{\ominus}[O_2(g)]$$

故　　$$\Delta_f H_m^{\ominus}[C_2H_2(g)] = \frac{1}{2} \times [4 \times (-393.5) + 2 \times (-285.8) - 5 \times 0 - (-2600.4)]$$
$$= 227.4 kJ/mol$$

3. 利用标准摩尔燃烧焓计算标准摩尔反应焓

大多数有机化合物很难从稳定单质直接化合，故其标准摩尔生成焓不易由实验测定。但有机化合物容易燃烧，其燃烧焓较易测得，因此，可利用标准摩尔燃烧焓计算标准摩尔反应焓。

下面以例题说明如何利用标准摩尔燃烧焓计算标准摩尔反应焓。

【例题 2-10】　计算 $(COOH)_2(s) + 2CH_3OH(l) \longrightarrow (COOCH_3)_2(s) + 2H_2O(l)$ 在 298.15K 下的标准摩尔反应焓。

解　查附录三相关物质的标准摩尔燃烧焓数据，可得下列燃烧反应的 $\Delta_r H_m^{\ominus}(298.15K)$

$$(COOH)_2(s) + \frac{1}{2}O_2(g) \longrightarrow 2CO_2(g) + H_2O(l) \tag{1}$$

$$\Delta_r H_{m,1}^{\ominus} = \Delta_c H_m^{\ominus}[(COOH)_2, s] = -246.0 kJ/mol$$

$$CH_3OH(l) + \frac{3}{2}O_2(g) \longrightarrow CO_2(g) + 2H_2O(l) \tag{2}$$

$$\Delta_r H_{m,2}^{\ominus} = \Delta_c H_m^{\ominus}(CH_3OH, l) = -726.8 kJ/mol$$

$$(COOCH_3)_2(s) + \frac{7}{2}O_2(g) \longrightarrow 4CO_2(g) + 3H_2O(l) \tag{3}$$

$$\Delta_r H_{m,3}^{\ominus} = \Delta_c H_m^{\ominus}[(COOCH_3)_2, s] = -1678 kJ/mol$$

由 (1) + 2×(2) − (3) 得

$$(COOH)_2(s) + 2CH_3OH(l) \longrightarrow (COOCH_3)_2(s) + 2H_2O(l)$$

根据盖斯定律，该反应的标准摩尔反应焓为

$$\Delta_r H_m^{\ominus}(298.15K) = \Delta_c H_m^{\ominus}[(COOH)_2, s] + 2\Delta_c H_m^{\ominus}(CH_3OH, l) - \Delta_c H_m^{\ominus}[(COOCH_3)_2, s]$$
$$= -246.0 + 2 \times (-726.8) - (-1678) = -21.6 kJ/mol$$

上式表明，该反应的标准摩尔反应焓等于反应物的标准摩尔燃烧焓总和减去产物的标准摩尔燃烧焓总和。

所以，利用 $\Delta_c H_m^{\ominus}$ (B，相态，T) 计算任一反应的标准摩尔反应焓的公式可用下列通式表示

$$\Delta_r H_m^{\ominus}(T) = -\sum_B \nu_B \Delta_c H_m^{\ominus}(B, 相态, T) \tag{2-40}$$

一些物质 298.15K 时的标准摩尔燃烧焓可由附录三查得。

4. 摩尔反应焓与温度的关系

利用标准摩尔生成焓和标准摩尔燃烧焓计算标准摩尔反应焓，通常得到的是 298.15K 时的数据，而许多重要的工业反应常在高温下进行，其焓值如何求得呢？基尔霍夫公式解决了这一问题。基尔霍夫公式告诉人们如何利用已有的 298.15K 时的反应焓求得高温下的反应焓。

设反应　$aA + dD \longrightarrow eE + fF$ 中，参加反应的各物质在 T_1、T_2 时均处于标准态，其 $\Delta_r H_m^{\ominus}(T_1)$ 与 $\Delta_r H_m^{\ominus}(T_2)$ 之间的联系可列出以下图示：

由焓的性质可知

$$\Delta H_1 + \Delta_r H_m^{\ominus}(T_2) = \Delta_r H_m^{\ominus}(T_1) + \Delta H_2$$

因为

$$\Delta H_1 = \int_{T_1}^{T_2} [\nu_A C_{p,m}(A) + \nu_D C_{p,m}(D)] dT$$

$$\Delta H_2 = \int_{T_1}^{T_2} [\nu_E C_{p,m}(E) + \nu_F C_{p,m}(F)] dT$$

所以

$$\Delta_r H_m^{\ominus}(T_2) = \Delta_r H_m^{\ominus}(T_1) + \Delta H_2 - \Delta H_1$$

$$= \Delta_r H_m^{\ominus}(T_1) + \int_{T_1}^{T_2} \Delta_r C_{p,m} dT \tag{2-41}$$

式中

$$\Delta_r C_{p,m} = [\nu_E C_{p,m}(E) + \nu_F C_{p,m}(F)] - [\nu_A C_{p,m}(A) + \nu_D C_{p,m}(D)]$$

或

$$\Delta_r C_{p,m} = \sum_B \nu_B C_{p,m}(B) \tag{2-42}$$

若将已知的 $\Delta_r H_m^{\ominus}(298.15K)$ 代入式(2-41) 得

$$\Delta_r H_m^{\ominus}(T_2) = \Delta_r H_m^{\ominus}(298.15K) + \int_{298.15K}^{T_2} \Delta_r C_{p,m} dT \tag{2-43}$$

式(2-41) 和式(2-43) 称为基尔霍夫公式。

在应用基尔霍夫公式时应注意到：若一化学反应在温度变化范围内，参加反应的物质有相态变化，则不能直接应用基尔霍夫公式。因为有相态变化时物质的热容随温度的变化不是一个连续函数，不能直接计算。

【例题 2-11】　试计算合成氨反应

$$N_2(g) + 3H_2(g) \longrightarrow 2NH_3(g)$$

在 773K 时的反应摩尔焓变 $\Delta_r H_m^{\ominus}(773K)$，已知该反应在 298K 时的 $\Delta_r H_m^{\ominus}(298K) = -92.38kJ/mol$。

解　因温度变化范围较大，必须考虑热容随温度的变化关系。查附录一可得各物质的热容随温度的变化情况如下

$$C_{p,m}[NH_3(g)] = 27.55 + 25.627 \times 10^{-3} T - 9.900 \times 10^{-6} T^2$$

$$C_{p,m}[H_2(g)] = 26.88 - 4.347 \times 10^{-3} T - 0.3265 \times 10^{-6} T^2$$

$$C_{p,m}[N_2(g)] = 27.32 + 6.226 \times 10^{-3} T - 0.9502 \times 10^{-6} T^2$$

则

$$\Delta_r C_{p,m} = \sum_B \nu_B C_{p,m}(B)$$

$$= 2C_{p,m}[NH_3(g)] - 3C_{p,m}[H_2(g)] - C_{p,m}[N_2(g)]$$

$$= -52.86 + 31.987 \times 10^{-3} T - 17.87 \times 10^{-6} T^2$$

据式(2-43)

$$\Delta_r H_m^{\ominus}(773K) = \Delta_r H_m^{\ominus}(298K) + \int_{298K}^{773K} \Delta_r C_{p,m} dT$$

$$= -92.38 \times 10^3 + (-52.86) \times (773 - 298) + \frac{1}{2} \times 31.987 \times 10^{-3} \times$$

$$(773^2 - 298^2) + \frac{1}{3} \times (-17.87) \times 10^{-6} \times (773^3 - 298^3)$$

$$= -111.945 \text{kJ/mol}$$

练习题

一、思考题

1. 区分下列基本概念，并举例说明。

（1）系统与环境；

（2）状态与状态函数；

（3）功和热；

（4）热和温度；

（5）热力学能和焓；

（6）标准摩尔反应焓与标准摩尔反应热力学能变；

（7）标准摩尔生成焓与标准摩尔燃烧焓；

（8）反应进度与化学计量系数；

（9）标准状态与标准状况。

2. 状态函数的基本特征是什么？T、p、V、Q、m、σ、n 中哪些是状态函数？哪些属于强度性质？哪些属于广延性质？

3. 等量的气体自同一始态出发，分别经恒温可逆膨胀或恒温不可逆膨胀，达到相同的终态。由于可逆膨胀过程所做的功 W_R 大于不可逆膨胀过程的功 W_{IR}，所以，$Q_R > Q_{IR}$。对吗？为什么？

4. 下列说法是否正确，简要说明理由。

（1）单质的标准生成焓都为零；

（2）$H_2O(l)$ 的标准摩尔生成焓等于 $H_2(g)$ 的标准燃烧焓；

（3）由于 $Q_p = \Delta H$，H 是状态函数，所以 Q_p 也是状态函数；

（4）石墨和金刚石的燃烧热相等。

二、填空题

1. 过程与途径的主要区别是：_____。

2. 在 298K 及 101.325kPa 下 1.00dm^3 等温可逆膨胀到 2.00dm^3，所做的体积功为_____。

3. 热力学第一定律与能量守恒定律的主要区别是_____。

4. 热力学函数 H 的定义式为_____。

5. 单原子理想气体系统恒容摩尔热容数值为：_____。

6. 标准摩尔反应焓与摩尔蒸发焓两个物理量符号里都有一个 m 的下标，请分别解释其所代表的含义：_____、_____。

三、选择题

1. 下列叙述中不属于状态函数特征的是_____。

① 系统状态确定后，状态函数的值也确定

② 系统变化时，状态函数的变量只由系统的始、终态确定

③ 经循环过程，状态函数值不变

④ 状态函数均具有加和性

2. 下列叙述中不属于可逆过程特征的是_____。

① 过程的每一步都接近平衡态，故进行缓慢

② 系统按原方式返回原状时，环境也恢复原状

③ 过程的始、终态一定相同

④ 过程中，若做功则做最大功，若耗功则耗最小功

3. 下列叙述中正确的是_____。

① 系统的温度越高，其热力学能越大

② 系统的温度越高，其热量越大

③ 凡系统的温度升高，一定是吸收了热

④ 凡系统的温度不变，一定是既不吸热也不放热

4. 在下列关于焓的叙述中，正确的是_____。

① 因为 $\Delta H = Q_p$，所以焓就是恒压热

② 气体的焓只是温度的函数

③ 理想气体系统的温度变化相同时，焓变为一定值，与过程无关

④ 任何过程的 ΔH 都是大于零的

5. 下列关于标准摩尔生成焓的描述中，不正确的是_____。

① 生成反应中的单质必须是稳定单质

② 稳定单质标准摩尔生成焓定为零

③ 反应温度必须是 298.15K

④ 生成反应中各物质的压力必须是 100kPa

6. 功的计算公式为 $W = nC_{V,m}(T_2 - T_1)$，下列过程中不能应用此式的是_____。

① 理想气体的可逆绝热过程

② 理想气体的可逆恒外压过程

③ 实际气体的绝热过程

④ 凝聚系统的绝热过程

四、计算题

1. 1mol 理想气体恒压下升温 1℃，其体积功是多少？

(−8.314J)

2. 一定量的气体在 30.4×10^5Pa 的恒定外压作用下，体积缩小了 1.2dm³，计算气体与环境交换的功。

(3.65kJ)

3. 计算下列四个过程中 1mol 理想气体的膨胀功。已知气体的初态体积为 25dm³，终态体积为 100dm³。初终态的温度均为 100℃。(1) 可逆恒温膨胀；(2) 向真空膨胀；(3) 外压恒定为终态压力下的膨胀；(4) 开始膨胀时，外压恒定为体积等于 50dm³ 时的平衡压力，当膨胀到体积为 50dm³ 时，再在体积为 100dm³ 的平衡压力下膨胀到终态。试比较这四个过程功的数值，结果说明了什么？

(−4.299kJ，0，−2.326kJ，−3.10kJ)

4. 现有 1mol 理想气体在 202.65kPa、10dm³ 时恒容升温，使压力升至初压的 10 倍，再恒压压缩到体积为 1dm³。求整个过程的 Q、W、ΔU、ΔH。

($Q = -W = -18.2$kJ，$\Delta U = \Delta H = 0$)

5. 已知 $CH_4(g)$ 的恒压摩尔热容为 $C_{p,m} = 22.34 + 48.12 \times 10^{-3} T$ [J/(mol·K)]。试计算 2mol 的 $CH_4(g)$ 在恒定压力为 100kPa 下从 25℃ 升温到其体积增加一倍时的 ΔH 和 ΔU。

($\Delta H = 26.13$kJ，$\Delta U = 21.17$kJ)

6. 乙烯制冷机的进口条件为 −101℃、1.196×10^5Pa，出口压力为 19.25×10^5Pa。经

(1) 恒温可逆压缩；(2) 绝热可逆压缩。计算以上两过程每压缩 1kg 乙烯所消耗的功（$\gamma=$ 1.3）。

$$[(1)\ 308.68kJ；(2)\ 331.19kJ]$$

7. 已知聚合反应 $2C_3H_6(g)\longrightarrow C_6H_{12}(g)$ 在 298.15K 时的 $\Delta_r H_m=49.03kJ/mol$，求该反应在 298.15K 时的 $\Delta_r U_m$。

$$(51.51kJ/mol)$$

8. 已知气态苯和液态苯在 298.15K 时的标准摩尔生成焓分别为 82.93kJ/mol 和 49.03kJ/mol。求苯在 298.15K 时的标准摩尔汽化焓。

$$(33.9kJ/mol)$$

9. 25℃时乙苯（l）的标准摩尔生成焓 $\Delta_f H_m^{\ominus}=-18.60kJ/mol$，苯乙烯（l）的标准摩尔燃烧焓 $\Delta_c H_m^{\ominus}=-4332.8kJ/mol$。计算在 25℃、100kPa 时乙苯脱氢反应：

$$C_6H_5C_2H_5(l)\longrightarrow C_6H_5C_2H_3(l)+H_2(g)$$

的标准摩尔反应焓（其他热力学数据可查本书附录）。

$$(60kJ/mol)$$

10. 计算反应 $CH_3COOH(g)\longrightarrow CH_4(g)+CO_2(g)$ 在 727℃时的标准摩尔反应焓。已知该反应在 25℃时的标准摩尔反应焓为 $-36.12kJ/mol$，$CH_3COOH(g)$、$CH_4(g)$ 与 $CO_2(g)$ 的平均摩尔恒压热容分别为 66.5J/(mol·K)、35.309J/(mol·K) 与 37.11J/(mol·K)。

$$(-31.964kJ/mol)$$

11. 已知 25℃、100kPa 时的下列反应：

(1) $C_2H_4(g)+3O_2(g)\longrightarrow 2CO_2(g)+2H_2O(g)$ $\Delta H_1=-136.8kJ/mol$

(2) $C_2H_6(g)+\frac{7}{2}O_2(g)\longrightarrow 2CO_2(g)+3H_2O(g)$ $\Delta H_2=-1545kJ/mol$

(3) $H_2(g)+\frac{1}{2}O_2(g)\longrightarrow H_2O(g)$ $\Delta H_3=-241.8kJ/mol$

求乙烷脱氢反应在此条件下的反应焓。

$$(-1166.4kJ/mol)$$

第三章　热力学第二定律

学习目标

1. 掌握热力学第二定律的文字描述及熵函数的计算。
2. 掌握吉布斯函数的计算及判据。

热力学第一定律虽然告诉人们物质的能量具有各种形式，不同的能量形式间可以相互转化，且在转化过程中能量是守恒的，但它没有揭示这些能量变化进行的方向及限度。也就是说热力学第一定律解决不了过程进行的方向和限度问题，而热力学第二定律主要就是解决这类问题的。下面先从自发过程的方向及限度中，找出其共同特征，再总结热力学第二定律。

第一节　热力学第二定律

一、自发过程的特征

在一定条件下，不必施加任何外力，就可以自动进行的过程，叫做自发过程。自发过程是不可逆过程。所有天然过程都是自发过程，都是不可逆的。所以任何天然过程都有自发进行的方向及限度问题。如水中加入食盐，则食盐自发地溶解，一直到水中盐的浓度达到该温度下的饱和浓度为止，这就是限度。又如醇与有机酸反应生成酯，直到该温度下达到平衡为止。以上这些变化的逆过程发生时，都是不可能自动进行的。下面以常见的自发过程为例，讨论自发过程的共同特征。

（1）气体流动　一个箱子，中间有一闸门将箱子隔开成两部分，两边都有空气，但压力不同。现在将闸门打开，则空气必定从压力大的一边向压力小的一边流动，直到整个箱子里的气体压力相等为止。在空气流动的过程中，人们可以利用它来做膨胀功，直到两边压力相等。此时，在此条件下就不能做膨胀功了。假如使这个过程倒回去，就是说，气体自动聚集在一边，使箱子的压力一边变大，另一边变小，这是不可能发生的，除非外界对它做功，如用抽气机把气体从低压一边抽到高压的一边。

（2）热传递　如果两个温度不同的物体接触，则低温物体的温度一定会升高，而高温物体的温度一定会降低，直到两者温度相等为止。在热量由高温物体传递到低温物体的过程中，人们可以利用它来做功，这就是热机的工作原理。假如要使系统恢复原状，就是说，让一物体自动恢复到低温，而另一物体自动恢复到高温，这显然是不可能的，除非对它做功，用制冷机（如电冰箱），则可使热量由低温物体传递到高温物体。

（3）电流方向　将电位不同的两端（如电池的两极）用导线连接，则电流必定由高电位自动流向低电位，电位差愈来愈小，最后达到两端电位相等，电池就没有电了。在电流流动的过程中，人们可以利用它来做电功，如照明或加热等。要使系统恢复原状，即一端电位自动升高，另一端电位自动降低，这是不可能的，除非人们对它做功，例如用充电机充电等。

几种自发过程总结列于表 3-1。

表 3-1 所列举的过程都各自具有各自的特点，彼此之间有着质的区别，但是同时也可以观察到，其中具有共同的特征。

表 3-1　自发过程进行的方向及限度

过　程	自发进行的动力	自发进行的方向	限　度	过程中做功	使过程逆回
气体自动混合	压力差 Δp	气体流动压力由大→小	压力相等	膨胀功	抽气机
温度自动均等	温度差 ΔT	热量传递温度由高→低	温度相等	机械功（热机）	制冷机
电压自动相等	电位差 ΔE	电流流动电位由高→低	电位相等	电功	充电机
物体自动下落	位能差 Δh	物体下落位能由高→低	位能最低	机械功	起重机

① 这些过程都具有明显的方向性和限度。这些过程的逆过程都是不能自动进行的，即与功变热一样，都是不可逆过程。自发过程的逆过程，可以发生，但环境必须耗功。电冰箱就是自发传热过程的逆过程，传热方向从低温物体传递给高温物体，但是必须通电，环境做电功。一旦停电，冰箱停止工作，则发生自发过程，传热方向为高温物体向低温物体。

② 对于每一种特殊过程，都相应地有一个物理量来判断过程的方向性，如 Δp、ΔT、ΔE、Δh 等。Δp、ΔT、ΔE 等的数值越大，则过程自发进行的倾向性就越大。若 Δp、ΔT、ΔE 等的数值趋近零时，就达到了在该条件下的相对平衡状态。所以这些物理量是判断某一特定过程方向及限度的根据，叫做"判据"。如 Δp 是气体流动过程的判据，ΔT 是热传递过程的判据，ΔE 是电流流动过程的判据等。

③ 这些自发进行的过程，如果人们能够加以控制，就都能利用它来做功，过程中做功本领逐渐减少，直到在该条件下，达到相对平衡时，则不能利用其来做功。除非是再改变条件，又出现新的不平衡状态，则又可利用其做功。这就是说，在自发过程中，系统可以做功，系统做功的本领逐渐减少。

二、热力学第二定律

从以上的讨论可以概括：所有自发过程进行的方向都是从不平衡到相对平衡，都是做功本领趋于减少，直到该条件下做功本领至最小为止。通俗地讲，这就是能量最低原理，也就是热力学第二定律。

热力学第二定律是人类经验的总结，有多种表述方法，其中常被人们引用的是下面两种说法。

（1）开尔文说法　不可能从单一热源吸热使之全部变为功而不引起其他变化。开尔文的说法又可表述为：第二类永动机不可能实现。所谓第二类永动机就是一种能从单一热源（如大气、海洋、地面）吸热，并将其全部变为功而无其他影响的机器。实践证明这类机器是不可能造成的。

（2）克劳修斯说法　热不可能自动地从低温物体传递给高温物体。

不管是哪一种表述，其实质都是一样的，若违背克劳修斯说法，则必违背开尔文说法。如热能从低温热源自动流向高温热源，那么就可以从高温热源吸热向低温热源放热做功，同时，低温热源所获得的热又能自动流向高温热源，于是，低温热源复原，等于从单一的高温热源吸热做功而无其他的变化。

三、熵函数的引出和熵变的定义

由前面的讨论可知，任何自发过程的发生都有其推动力。判断一个化学反应能否自发，对于化学研究、化工生产以及医学等应用领域都具有非常重要的意义。那么，化学反应自发进行的推动力是什么呢？历史上曾有人试图用热力学第一定律所确定的状态函数 U 和 H 来判断化学反应进行的方向，其中较著名的是"贝塞罗-汤姆逊"规则。其内容是：凡是放热反应都能自动进行，而吸热反应均不能自动进行。对于大多数化学反应来说，能量的交换以热交换为主，经过反应，将一部分能量以热的形式释放给环境，使高能态的反应物变成低能态的反应物，系统才更稳定。所以，放热反应可自发进行。是不是吸热反应就不能自发进行呢？随着对化学反应的研究，发现有许多吸热反应也能自发进行。例如，高温下的水煤气的反应 $C(s) + H_2O(g) \longrightarrow CO(g) + H_2(g)$ 是吸热反应，但也能自发进行。又如，$CaCO_3(s) \longrightarrow CaO(s) + CO_2(g)$ 的反应在高温下是自发进行的，也是吸热反应。能量降低的趋势虽是推动化学反应自发进行的重要因素，但不是唯一因素。从上面自发过程的例子可以看出，它们有一个共同的特征，那就是过程或反应发生后系统的混乱程度增大了。水煤气反应中，固态 C 和气态 H_2O 反应后生成了全部为气态的 CO 和 H_2，气态物质的分子在增大的空间内运动，其混乱程度比固态要大。再比如，前面例子中箱子里的气体扩散，也说明了自发过程是向着混乱度增大的方向进行。可见，系统的混乱度增大是自发过程的又一推动因素。

系统混乱度的大小体现了系统的宏观性质，应该是系统的状态函数，这个状态函数热力学定义其为熵，用符号 S 表示。由于熵是状态函数，因此熵变的大小只取决于系统的始态和终态，与变化的途径无关。熵变的计算公式也已由热力学导出（其推导过程本书不做介绍，可参考其他文献），即系统由始态变化到终态时状态函数熵的改变值 ΔS 为

$$\Delta S = S_2 - S_1 = \int_1^2 \frac{\delta Q_R}{T} \tag{3-1}$$

当系统状态发生一微小变化时，则熵的微小变化值 dS 为

$$dS = \frac{\delta Q_R}{T} \tag{3-2}$$

式(3-1)、式(3-2) 中的 Q_R 表示可逆过程系统吸收或放出的热量；δQ_R 表示系统状态发生一微小可逆变化时系统吸收或放出的热量；T 为系统的热力学温度。即熵变等于可逆过程的热温商。因 δQ_R 与系统的物质的量有关，所以熵是系统的广延性质。熵的单位是 J/K。需要说明的是，系统由同一始态变化到同一终态，无论过程是否可逆，状态函数熵的变化值 ΔS 是相同的，但两种过程的热温商却不同，只有可逆过程的热温商等于熵变，不可逆过程的热温商小于熵变，$dS \geqslant \delta Q/T$，此式被称为克劳修斯不等式。因此，在计算不可逆过程的熵变时，要将不可逆过程设计成始、终态相同的可逆过程后计算其热温商，即为熵变。

状态变化的熵变 ΔS 之所以用可逆过程的热温商来求算，是因为从同一始态到同一终态可逆过程的 Q 最大，或者说，可逆过程的热只与始、终态有关，是一确定值。而 ΔS 与温度成反比也是容易理解的，因为在低温时，系统内部质点（分子、原子或离子）的热运动程度相对较小，整个系统的混乱度也小，吸收一定的热量后，就能使混乱度发生较大的变化。在高温时，系统的混乱度本来就很大，即使吸收等量的热，也只会使混乱度略微增加。

四、熵增原理

自发过程的推动力有两个：一个是能量降低的趋势；另一个是系统混乱度增大的趋势，也就是系统的熵值增大的趋势。在热力学系统中，能量的改变是通过与环境交换热和功来实现的。而对于隔离系统来说，由于系统与环境之间无物质和能量交换，那么，推动过程自发进行的动力只有一个，那就是熵增大。所以，引入熵函数之后，热力学第二定律又可表述为：隔离系统中，自发过程总是向着熵增大的方向进行。这就是熵增原理。其数学式为

$$\Delta S_{隔离} \geqslant 0 \quad 或 \quad dS_{隔离} \geqslant 0 \tag{3-3}$$

式中，$\Delta S_{隔离}$ 和 $dS_{隔离}$ 表示隔离系统的熵变。若隔离系统发生不可逆过程（自发过程），

则 $\Delta S_{隔离} > 0$ 或 $dS_{隔离} > 0$；若发生可逆过程（平衡），则 $\Delta S_{隔离} = 0$ 或 $dS_{隔离} = 0$；也就是说，隔离系统中不会发生熵减小的过程。即

$$\Delta S_{隔离} \begin{cases} > 0 & 自发过程 \\ = 0 & 平衡 \\ < 0 & 不可能发生的过程 \end{cases}$$

熵增原理是隔离系统中过程能否自发进行或系统是否处于平衡状态的判断依据，简称熵判据。熵判据在使用时有其局限性，因为真正的隔离系统是不存在的，因为系统和环境之间总会存在或多或少的能量交换。如果把系统和与系统有关的环境放在一起，构成一个新系统，可以看作是一个隔离系统，其熵变为 $\Delta S_{总}$。则有

$$\Delta S_{总} = \Delta S + \Delta S_{环境} \geq 0$$

$$\Delta S_{总} = \Delta S + \Delta S_{环境} \begin{cases} > 0 & 系统发生不可逆过程 \\ = 0 & 系统处于平衡状态 \\ < 0 & 不可能发生的过程 \end{cases} \tag{3-4}$$

式(3-4) 称为克劳修斯不等式。利用此式可以判断过程自发进行的方向。只要算出系统的熵变和环境的熵变，若二者之和大于零即表示过程可以发生，等于零即表示过程达到了平衡，小于零即表示此过程不可能发生。对于环境的熵变 $\Delta S_{环境}$ 常用式(3-5) 计算

$$\Delta S_{环境} = -\frac{Q}{T_{环}} \tag{3-5}$$

式中　Q——系统与环境的实际热交换；

　　　$T_{环}$——环境温度。

因为环境是一个大热源，可以认为系统变化过程中，环境进行的是恒温且可逆的过程。

第二节　熵变计算

要判断过程进行的方向和限度，需计算系统的总熵变，即环境熵变和系统熵变之和。环境熵变由式(3-5) 算出，本节介绍系统的熵变计算。

一、理想气体 p、V、T 变化过程

1. 恒温过程

对于恒温过程，根据熵变的定义，可得

$$\Delta S = \frac{Q_R}{T} \tag{3-6}$$

若理想气体系统发生不做非体积功的恒温过程，则

$$\Delta S = -\frac{W_R}{T} = nR\ln\frac{V_2}{V_1} = nR\ln\frac{p_1}{p_2} \tag{3-7}$$

式(3-7) 不仅适用于理想气体的恒温过程，也适用于初终态温度相同的过程。

【例题 3-1】　1.00mol 的 N_2（设为理想气体），始态为 273K、100kPa。

(1) 经一恒温可逆过程膨胀到压力为 10kPa，计算过程的熵变 ΔS_1；

(2) 若该气体自同一始态经一向真空恒温膨胀过程，变化到压力为 10kPa，试计算其过程的熵变 ΔS_2；

(3) 能否利用 ΔS_2 来判断向真空膨胀的性质？

解　(1) 因过程恒温可逆，据式(3-7) 得

$$\Delta S_1 = nR\ln\frac{p_1}{p_2} = 1\times 8.314\times\ln\frac{100}{10} = 19.15\text{J/K}$$

（2）该过程与过程（1）的始、终态相同，故其过程的熵变 ΔS_2 与 ΔS_1 相等，即

$$\Delta S_2 = 19.15\text{J/K}$$

（3）由于气体向真空恒温膨胀，$W=0$，$\Delta U=0$，所以，$Q=0$，系统与环境间无物质和能量交换，可将系统看作是一个隔离系统，可以利用 ΔS_2 来判断过程进行的方向。$\Delta S_2 = 19.15\text{J/K}>0$，说明理想气体向真空恒温膨胀是一个自发过程。

2. 恒压过程

对系统加热或冷却，使其温度由 T_1 变化到 T_2，若过程恒压且不做非体积功，则

$$\Delta S = \int_{T_1}^{T_2}\frac{\delta Q_R}{T} = \int_{T_1}^{T_2}\frac{nC_{p,\text{m}}\text{d}T}{T} \tag{3-8a}$$

如果恒压摩尔热容 $C_{p,\text{m}}$ 是常数，则式（3-8a）的积分可得

$$\Delta S = nC_{p,\text{m}}\ln\frac{T_2}{T_1} \tag{3-8b}$$

式（3-8b）不仅适用于理想气体的恒压过程，也适用于初终态压力相同的过程。

3. 恒容过程

对系统加热或冷却，使其温度由 T_1 变化到 T_2，若过程恒容且不做非体积功，则

$$\Delta S = \int_{T_1}^{T_2}\frac{\delta Q_R}{T} = \int_{T_1}^{T_2}\frac{nC_{V,\text{m}}\text{d}T}{T} \tag{3-9a}$$

如果恒容摩尔热容 $C_{V,\text{m}}$ 是常数，则式（3-9a）的积分可得

$$\Delta S = nC_{V,\text{m}}\ln\frac{T_2}{T_1} \tag{3-9b}$$

式（3-9b）不仅适用于理想气体的恒容过程，也适用于初终态体积相同的过程。

4. p、V、T 都改变的过程

若过程 p、V、T 都改变，且不做非体积功，则过程的熵变 ΔS 可通过设计两种不同的途径来求得，如图 3-1 所示，其结果是相同的。

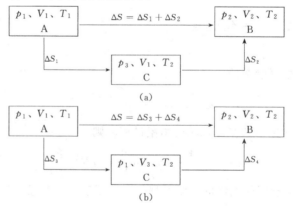

图 3-1　p、V、T 都改变的过程设计

图 3-1（a）是先进行一个恒容可逆过程，温度由 T_1 变到了 T_2，然后再进行恒温可逆过程，使体积由 V_1 变到 V_2。显然 ΔS_1 可按式（3-9a）和式（3-9b）计算，ΔS_2 可按式（3-7）计算。图 3-1（b）是先设计一个恒压可逆过程，温度由 T_1 变到了 T_2，再进行恒温可逆过程，使压力由 p_1 变到 p_2，则 ΔS_3 可按式（3-8）计算，ΔS_4 可按式（3-7）计算。所以当理想气体 $C_{V,\text{m}}$ 和 $C_{p,\text{m}}$ 为常数时，系统的熵变随 p、V、T 变化的通式为

$$\Delta S = nC_{V,m}\ln\frac{T_2}{T_1} + nR\ln\frac{V_2}{V_1} \qquad (3-10)$$

$$\Delta S = nC_{p,m}\ln\frac{T_2}{T_1} + nR\ln\frac{p_1}{p_2} \qquad (3-11)$$

以上通式在使用时按所给条件的不同进行取舍。

需要说明的是，求理想气体的 p、V、T 都变的过程的熵变时，首先要考虑过程是否绝热可逆，若是，则 $\Delta S = 0$；若不是，则按以上通式计算。

【例题 3-2】 1mol 金属银在定容条件下，由 273.2K 加热升温到 303.2K，求 ΔS。已知在该温度范围内银的 $C_{V,m}$ 为 24.84J/(mol·K)。

解 据式(3-9b)得 $\Delta S = nC_{V,m}\ln\dfrac{T_2}{T_1} = 1\times24.84\times\ln\dfrac{303.2}{273.2} = 2.588$J/K

【例题 3-3】 体积为 25dm^3 的 2mol 理想气体，自 300K 加热到 600K，体积膨胀到 100dm^3，求过程的熵变。已知 $C_{V,m} = 19.37$J/(mol·K)。

解 这是一个 p、V、T 都变的过程，据式(3-10)得

$$\Delta S = nC_{V,m}\ln\frac{T_2}{T_1} + nR\ln\frac{V_2}{V_1} = 2\times19.37\times\ln\frac{600}{300} + 2\times8.314\times\ln\frac{100}{25} = 49.90\text{J/K}$$

5. 恒温恒压的混合过程

设在同温同压下，物质的量分别为 n_A 和 n_B 的两种理想气体 A 和 B 相互混合，其混合过程的始态和终态如图 3-2 所示。

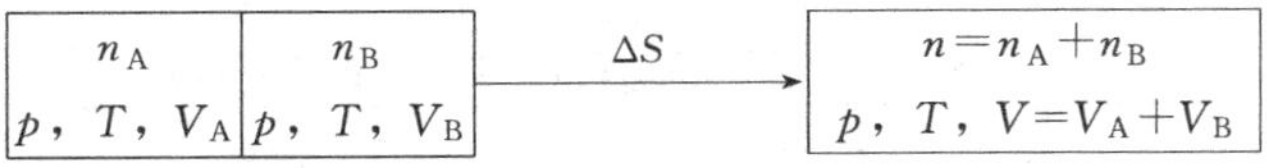

图 3-2 理想气体恒温恒压混合过程

由图 3-2 可以看出，两种理想气体的恒温恒压混合过程可分解为两种理想气体的恒温过程，分别计算其熵变 ΔS_A 和 ΔS_B，则 $\Delta S = \Delta S_A + \Delta S_B$，据式(3-7)可得

$$\Delta S_A = n_A R\ln\frac{V}{V_A}$$

$$\Delta S_B = n_B R\ln\frac{V}{V_B}$$

所以，$\Delta S = n_A R\ln\dfrac{V}{V_A} + n_B R\ln\dfrac{V}{V_B}$

又由于 $V = V_A + V_B$，按气体分体积定律

$$y_A = \frac{V_A}{V}, \quad y_B = \frac{V_B}{V} \quad \text{代入上式得}$$

$$\Delta S = -(n_A R\ln y_A + n_B R\ln y_B) \qquad (3-12)$$

式中 y_A，y_B——混合气体中 A 和 B 的物质的量分数。

由于 $y_A < 1$，$y_B < 1$，所以有 $\Delta S > 0$。该系统在混合过程中与环境之间既无物质交换又无能量交换，可看作是隔离系统。根据熵增原理可以判断，气体的混合过程为自发过程。

【例题 3-4】 如下所示的系统，容器是绝热的，过程发生前，隔板两侧的温度、体积相等。设气体为理想气体，试求抽去隔板后系统的 ΔS 和 $\Delta S_{总}$，并证明过程是自发的。

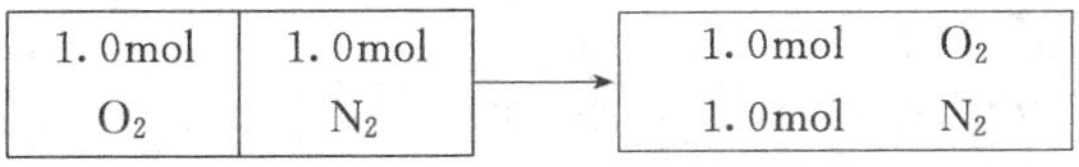

解 对于 O_2, $V_1=V$, $V_2=2V$

$$\Delta S(O_2)=nR\ln(V_2/V_1)=1.00\times8.314\times\ln(2V/V)=5.76J/K$$

对于 N_2, $V_1=V$, $V_2=2V$

$$\Delta S(N_2)=nR\ln(V_2/V_1)=1.00\times8.314\times\ln(2V/V)=5.76J/K$$

$$\Delta S=\Delta S(O_2)+\Delta S(N_2)=5.76+5.76=11.52J/K$$

因为绝热 $Q=0$

所以 $\Delta S_{环境}=0$

$$\Delta S_{总}=\Delta S+\Delta S_{环境}=11.52J/K$$

因为 $\Delta S_{总}=11.52J/K>0$，所以此混合过程是自发的。

二、相变过程

1. 可逆相变

在相平衡的温度和压力下产生的相变过程是可逆相变过程。因可逆相变是在恒温恒压且不做非体积功的条件下进行的，所以有 $Q_R=\Delta_\alpha^\beta H=n\Delta_\alpha^\beta H_m$，由式(3-1) 可得

$$\Delta_\alpha^\beta S=\frac{n\Delta_\alpha^\beta H_m}{T} \tag{3-13}$$

2. 不可逆相变

在非平衡温度和压力下发生的相变为不可逆相变。其熵变计算可通过设计一个包含可逆相变的过程来实现，如图 3-3 所示。

图 3-3   不可逆相变过程

根据状态函数的性质，由图 3-3 可知

$$\Delta_\alpha^\beta S=\Delta S_1+\Delta_\alpha^\beta S_2+\Delta S_3$$

式中，ΔS_1 和 ΔS_3 为物理过程的熵变；$\Delta_\alpha^\beta S_2$ 为可逆相变过程的熵变。

【例题 3-5】 水在正常凝固点 273K 时的凝固热为 $-6004J/mol$，水和冰的摩尔恒压热容分别为 $C_{p,m}(水)=75.3J/(mol \cdot K)$，$C_{p,m}(冰)=36.8J/(mol \cdot K)$，求下列过程的 ΔS。
(1) 273K、101.325kPa 下 1.00mol 水结成冰；(2) 263K、101.325kPa 下 1.00mol 水结成冰。

解 (1) 273K 是水的正常凝固点，此过程是可逆相变，故

$$\Delta S=\frac{n\Delta_l^s H_m}{T}=-\frac{6004}{273}=-22.0J/K$$

(2) 263K 不是水的正常凝固点，此过程是不可逆相变，故必须通过设计一个包含可逆相变的过程来计算 ΔS。设计图示如下：

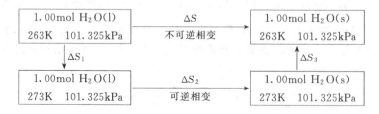

根据状态函数的性质得

$$\Delta S = \Delta S_1 + \Delta S_2 + \Delta S_3$$

$$\Delta S_1 = n C_{p,m}(水) \ln(T_2/T_1) = 1.00 \times 75.3 \times \ln(273/263) = 2.81 \text{J/K}$$

$$\Delta S_2 = \frac{n \Delta_l^s H_m}{T} = -\frac{6004}{273} = -22.0 \text{J/K}$$

$$\Delta S_3 = n C_{p,m}(冰) \ln(T_1/T_2) = 1.00 \times 36.8 \times \ln(263/273) = -1.37 \text{J/K}$$

$$\Delta S = 2.81 - 22.0 - 1.37 = -20.6 \text{J/K}$$

三、化学反应过程

通常化学反应都在不可逆条件下进行，其热效应是不可逆过程热，化学反应过程的熵变不能由热温商求得。然而，到目前为止，将全部化学反应设计成可逆反应困难很大，因此有必要引入热力学第三定律来解决化学反应过程的熵变计算问题。

1. 热力学第三定律

热力学温度为 0K 时任何纯物质完美晶体的熵值为零。即

$$S^*(完美晶体, 0K) = 0$$

这就是热力学第三定律。

2. 规定摩尔熵和标准摩尔熵

以热力学第三定律中的完美晶体为相对标准求得的熵值 S_T 称为物质的规定熵。在标准态下 1mol 纯物质在温度 T 时的规定熵称为标准摩尔熵，用 $S_m^\ominus$ 表示，单位是 J/(mol·K)，一些物质在 298.15K 时的 $S_m^\ominus$ 值见本书附录二。

3. 化学反应标准熵变的计算

由标准摩尔熵 $S_m^\ominus(T)$ 可计算任一化学反应同温度下的标准摩尔熵变 $\Delta_r S_m^\ominus(T)$。

设化学反应为

$$a\text{A} + d\text{D} \longrightarrow e\text{E} + f\text{F}$$

则

$$\Delta_r S_m^\ominus(T) = (e S_E^\ominus + f S_F^\ominus)_{产物} - (a S_A^\ominus + d S_D^\ominus)_{反应物}$$

$$= \sum_B \nu_B S_m^\ominus(B, 相态, T) \tag{3-14}$$

由于手册中所给标准摩尔熵是 298.15K 时的数据，则式（3-14）又可表示为

$$\Delta_r S_m^\ominus(298.15K) = \sum_B \nu_B S_m^\ominus(B, 相态, 298.15K) \tag{3-15}$$

若参与反应的各物质在 298.15K~T 之间无相变，则

$$\Delta_r S_m^\ominus(T) = \Delta_r S_m^\ominus(298.15K) + \int_{298.15K}^{T} \frac{\Delta_r C_{p,m}}{T} dT \tag{3-16}$$

其中

$$\Delta_r C_{p,m} = \sum_B \nu_B C_{p,m}(B)$$

式中　ν_B——物质 B 的计量系数；

$C_{p,m}(B)$ ——物质 B 的恒压摩尔热容。

【**例题 3-6**】 分别计算甲醇合成反应在 25℃和 125℃时的标准摩尔熵变 $\Delta_r S_m^\ominus$。反应方程式为：$CO(g) + 2H_2(g) \longrightarrow CH_3OH(g)$。已知 $CO(g)$、$H_2(g)$ 和 $CH_3OH(g)$ 的平均恒压摩尔热容 $C_{p,m}$ 分别为 29.04J/(mol·K)、29.29J/(mol·K) 和 51.25J/(mol·K)。

解 （1）计算 25℃时的 $\Delta_r S_m^\ominus$

查表得 $CO(g)$、$H_2(g)$ 和 $CH_3OH(g)$ 的 $S_m^\ominus(298.15K)$ 分别为 197.67J/(mol·K)、130.68J/(mol·K) 和 239.80J/(mol·K)，代入式（3-15）得

$$\Delta_r S_m^{\ominus}(298.15K) = \sum_B \nu_B S_m^{\ominus}(B, 相态, 298.15K)$$

$$= S_m^{\ominus}(CH_3OH, g, 298.15K) - S_m^{\ominus}(CO, g, 298.15K) - 2 \times S_m^{\ominus}(H_2, g, 298.15K)$$

$$= 239.80 - 197.67 - 2 \times 130.68 = -219.23J/(mol \cdot K)$$

（2）计算 125℃时的 $\Delta_r S_m^{\ominus}$

由式（3-15）得

$$\Delta_r S_m^{\ominus}(T) = \Delta_r S_m^{\ominus}(298.15K) + \int_{298.15K}^{T} \frac{\Delta_r C_{p,m}}{T} dT$$

$$\Delta_r C_{p,m} = \sum_B \nu_B C_{p,m}(B) = C_{p,m}(CH_3OH, g) - C_{p,m}(CO, g) - 2C_{p,m}(H_2, g)$$

$$= 51.25 - 29.04 - 2 \times 29.29 = -36.37J/(mol \cdot K)$$

$$\Delta_r S_m^{\ominus}(398.15K) = \Delta_r S_m^{\ominus}(298.15K) + \int_{298.15K}^{398.15K} \frac{\Delta_r C_{p,m}}{T} dT$$

$$= -219.23 - 36.37 \times \ln(398.15/298.15) = -229.75J/(mol \cdot K)$$

第三节　吉布斯函数和亥姆霍兹函数

在引入熵函数之后，可以利用熵增大原理或克劳修斯不等式来判断系统过程进行的方向和限度。但是，当真正应用熵判据时，因为环境很大、涉及的环境和系统熵变计算繁琐，从而难于对过程的性质做出判断。然而，在化学热力学中，人们首先关心的是化学反应和相变化的方向和限度问题，且化学反应和相变化一般是在恒温恒压或恒温恒容下进行的，在这样特定的条件下，能否将环境和系统的熵变统一到系统自身性质变化之中，摆脱隔离系统的束缚，找到一个更为方便的判据呢？结合热力学第一定律和热力学第二定律，引出了吉布斯函数和亥姆霍兹函数及其判据。

一、吉布斯函数

1. 吉布斯函数

由热力学第一定律得 $\quad dU = \delta Q + \delta W$

其中 $\quad \delta W = -p_{外} dV + \delta W'$（$W'$ 为非体积功）

则 $\quad \delta Q = dU - (-p_{外} dV + \delta W') = dU + p_{外} dV - \delta W'$

由热力学第二定律得 $\quad \delta Q \leqslant T dS$

则 $\quad dU + p_{外} dV - \delta W' \leqslant T dS$

在恒温恒压的条件下，$T_{始} = T_{终} = T_{环} = $ 恒定值；$p_{始} = p_{终} = p_{系统} = p_{外} = $ 恒定值

则得 $\quad T dS - (dU + p dV - \delta W') \geqslant 0$

$$dU + p dV - T dS \leqslant \delta W'$$

即 $\quad d(U + pV - TS) \leqslant \delta W' \qquad (3-17)$

已知 U、p、V、T、S 都是系统的状态函数，根据状态函数的性质，式（3-17）中的 $U + pV - TS$ 应为一状态函数。

令 $\quad G = U + pV - TS \qquad (3-18)$

称 G 为吉布斯函数，简称吉氏函数。

又因为 $\quad H = U + pV$

所以 $\quad G = H - TS \qquad (3-19)$

式（3-18）为吉氏函数的定义式。不难看出，吉氏函数具有能量单位，是系统的广延性质。

式(3-17) 可变为
$$dG \leq \delta W'$$

$$\Delta G_{T,p} \begin{cases} < W' \text{不可逆过程} \\ = W' \text{可逆过程} \end{cases}$$

上式表明，在恒温恒压条件下，系统在可逆过程所得到的非体积功，数值上等于吉氏函数的增加值。而在同样条件下进行不可逆过程（自发过程）时，系统所得的非体积功恒大于吉氏函数的增加值。反之，在恒温恒压条件下，系统在可逆过程所做的非体积功，数值上等于吉氏函数的减少值，而在同样条件下进行不可逆过程（自发过程）时，系统所做的非体积功恒小于吉氏函数的减少值。

2. 吉布斯函数判据

由熵判据

$$\Delta S + \Delta S_{环境} > 0 \qquad 自发过程$$

$$\Delta S + \Delta S_{环境} = 0 \qquad 平衡态$$

因为

$$\Delta S_{环境} = -\frac{Q}{T_{环境}}$$

如果封闭系统进行一个恒温恒压且 $W' = 0$ 的过程时，则

$$\Delta S_{环境} = -\frac{\Delta H}{T}$$

所以熵判据变为

$$\Delta S - \frac{\Delta H}{T} > 0 \qquad 自发过程$$

$$\Delta S - \frac{\Delta H}{T} = 0 \qquad 平衡态$$

整理可得

$$\Delta H - T\Delta S < 0 \qquad 自发过程$$

$$\Delta H - T\Delta S = 0 \qquad 平衡态$$

根据吉氏函数定义得
$$\Delta G_{T,p} = \Delta H - T\Delta S$$

所以，恒温恒压且不做非体积功的条件下，可以根据吉氏函数的变化值来判断过程的方向和限度，即

$$\Delta G_{T,p} \begin{cases} < 0 \text{ 自发过程} \\ = 0 \text{ 平衡} \end{cases} \tag{3-20}$$

式(3-20) 称为吉氏函数判据。其意义可表述为：在恒温恒压条件下，封闭系统中的过程总是自发地向着吉布斯函数 G 减少的方向进行，直到达到在该条件下 G 值最小的平衡状态为止。在平衡状态时，系统的任何变化都一定是可逆过程，其 G 值不再改变。

二、封闭系统吉布斯函数变化值 △G 的计算

1. 理想气体 pVT 过程

① 始末状态温度一样：
$$\Delta G = \Delta H - T\Delta S \tag{3-21}$$

$$\Delta G = -nRT \ln \frac{V_2}{V_1} = -nRT \ln \frac{p_1}{p_2} \tag{3-22}$$

② 始末状态温度不一样，S_1、S_2 为规定熵，至少要知道一个，利用 $\Delta S = S_2 - S_1$ 可求另一个。
$$\Delta G = \Delta H - (S_2 T_2 - S_1 T_1) \tag{3-23}$$

2. 相变化过程

① 可逆相变
$$\Delta_\alpha^\beta G = 0 \tag{3-24}$$

② 不可逆相变 $\Delta_\alpha^\beta G$ 的计算，需设计一个包含可逆相变途径来求得。

3. 化学反应过程

① 利用参加反应各物质的标准摩尔生成吉布斯函数计算

$$\Delta_r G_m^\ominus = \sum_B \nu_B \Delta_f G_m^\ominus \tag{3-25}$$

② 利用吉布斯函数定义式计算 $\Delta_r G_m^\ominus$。

$$\Delta_r G_m^\ominus = \Delta_r H_m^\ominus - T \Delta_r S_m^\ominus \tag{3-26}$$

【例题 3-7】 1mol 理想气体 137℃时，自 100kPa 压缩至 2000kPa，计算其过程的 ΔG。

解 根据式（3-22）得 $\Delta G = nRT \ln \dfrac{p_2}{p_1} = 1 \times 8.314 \times (137 + 273) \times \ln \dfrac{2000}{100}$

$$= 1.021 \times 10^4 \text{J} = 10.21 \text{kJ}$$

【例题 3-8】 已知在 263.15K 时，$H_2O(s)$ 和 $H_2O(l)$ 的饱和蒸气压分别为 522Pa 和 611Pa。试分别计算下列过程的 ΔG。

(1) 在 273.15K，101.325kPa 下 1mol 水结成冰；

(2) 在 263.15K，101.325kPa 下 1mol 水结成冰。

解 (1) 在 273.15K，101.325kPa 下 1mol 水结成冰的过程是恒温恒压且不做非体积功的可逆相变过程，故有 $\Delta_l^s G = 0$

(2) 在 263.15K，101.325kPa 下 1mol 水结成冰的过程是不可逆过程，可设计如下途径求得 $\Delta_l^s G$。

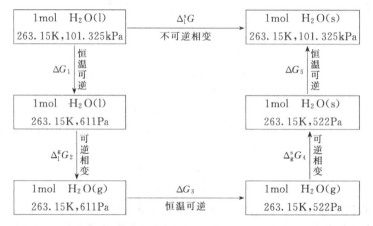

根据状态函数的性质，有 $\Delta_l^s G = \Delta G_1 + \Delta_l^g G_2 + \Delta G_3 + \Delta_g^s G_4 + \Delta G_5$

ΔG_1 和 ΔG_5 为液体和固体恒温过程的 ΔG。由实验和理论均可证明，凝聚系统（固体和液体）的吉布斯函数随压力变化极小，当压力不大时，其改变值近似为零。所以，$\Delta G_1 = 0$，$\Delta G_5 = 0$。

$\Delta_l^g G_2$ 为恒温恒压可逆蒸发过程，根据吉布斯函数判据，有 $\Delta_l^g G_2 = 0$。同理，对于恒温恒压可逆凝固过程，亦有 $\Delta_g^s G_4 = 0$。

ΔG_3 为理想气体的恒温可逆过程，据式（3-22）得

$$\Delta G_3 = nRT \ln \frac{p_2}{p_1} = 1 \times 8.314 \times 263.15 \times \ln \frac{522}{611} = -344.89 \text{J}$$

所以 $\Delta_l^s G = \Delta G_3 = -344.89 \text{J}$

*三、亥姆霍兹函数

设系统从温度为 $T_环$ 的环境中吸取热量 δQ，根据热力学第二定律基本公式

$$dS - \frac{\delta Q}{T_环} \geqslant 0$$

将热力学第一定律 $dU = \delta Q + \delta W$ 代入上式，得

$$\delta W \geqslant dU - T_{环}\, dS$$

若系统经历一个恒温过程，即 $T_{始} = T_{终} = T_{环} = $ 恒定值，则

$$\delta W \geqslant dU - T dS \tag{3-27}$$

令

$$A = U - TS \tag{3-28}$$

A 称为亥姆霍兹函数，又称功函，它显然是系统的状态函数。由此可得

$$\delta W \geqslant dA \tag{3-29a}$$

或

$$W \geqslant \Delta A \tag{3-29b}$$

此式的意义是，在恒温过程中，一个封闭系统所做的最大功等于其亥姆霍兹函数的减少。因此亥姆霍兹函数可以理解为恒温条件下系统做功的本领，所以亦称其为功函。若过程是不可逆的，则系统所做的功小于亥姆霍兹函数的减少。需要指出的是，亥姆霍兹函数是系统的广延性质，是状态函数，故 ΔA 的值只取决于系统的始态和终态，而与变化的途径无关（即与可逆与否无关）。但只有在恒温的可逆过程中，系统的亥姆霍兹函数的减少值才等于对外所做的最大功。因此利用式(3-29a)、式(3-29b)可判断过程的可逆性。

若系统发生一个恒温恒容且不做非体积功的过程，$W = 0$，则式(3-29b)变为

$$\Delta A \leqslant 0 \tag{3-30}$$

式中，等号用于可逆过程（平衡），不等号用于自发的不可逆过程。利用该式可判断恒温恒容、不做非体积功的条件下，封闭系统自发过程的方向和限度，称为亥姆霍兹函数判据。该判据与吉布斯函数判据的推导过程相类似，不再赘述。

*四、亥姆霍兹函数变化值 ΔA 的计算

1. 理想气体 pVT 过程

① 始末状态温度一样，$\Delta A = W_R$。　　　$\Delta A = \Delta U - T\Delta S$ $\tag{3-31}$

$$\Delta A = -nRT\ln\frac{V_2}{V_1} = -nRT\ln\frac{p_1}{p_2} \tag{3-32}$$

② 始末状态温度不一样，S_1、S_2 为规定熵，至少要知道一个，利用 $\Delta S = S_2 - S_1$ 可求另一个。　　　$\Delta A = \Delta U - (S_2 T_2 - S_1 T_1)$ $\tag{3-33}$

2. 相变化过程

① 可逆相变，为恒温恒压过程。　　　$\Delta_\alpha^\beta A = -p\Delta V$ $\tag{3-34}$

一般的相变过程将凝聚相体积视为 0。

② 不可逆相变 $\Delta_\alpha^\beta A$ 的计算，需设计一个包含可逆相变途径来求得。

3. 化学反应过程

利用亥姆霍兹函数定义式计算 $\Delta_r A_m^\ominus$。

$$\Delta_r A_m^\ominus = \Delta_r U_m^\ominus - T\Delta_r S_m^\ominus \tag{3-35}$$

第四节　热力学函数基本关系

在化学热力学中，最常遇到的是下列八个状态函数：T、p、V、U、S、H、G 和 A。其中 T、p、V、U 和 S 是基本函数，有明确的物理意义。而 H、G 和 A 是组合函数，本身无物理意义，它们与基本函数的关系为

$$H = U + pV$$
$$A = U - TS$$
$$G = U + pV - TS = H - TS = A + pV$$

除此之外，应用热力学第一定律和热力学第二定律还可以导出一些很重要的热力学函数间的关系式。

一、热力学基本方程

对于封闭系统的微小过程 $\qquad dU = \delta Q + \delta W$

若过程可逆且无非体积功，则 $\qquad dU = TdS - pdV$ $\qquad$ (3-36)

式(3-36)是热力学第一定律和热力学第二定律的联合表达式，适用于封闭系统中无非体积功的可逆过程。

微分 $H = U + pV$ 并将式(3-36)代入，可得

$$dH = TdS + Vdp \qquad (3-37)$$

微分 $A = U - TS$ 并将式(3-36)代入，可得

$$dA = -SdT - pdV \qquad (3-38)$$

微分 $G = H - TS$ 并将式(3-37)代入，可得

$$dG = -SdT + Vdp \qquad (3-39)$$

式(3-36)～式(3-39)称为封闭系统的热力学基本方程。

严格地讲，上述方程只适用于封闭系统中无非体积功的可逆过程，若遇到不可逆过程，只有设计可逆过程方能使用。

二、对应系数关系式

利用状态函数的全微分性质，由上述四个热力学基本方程还可得到四对关系式。

由 $dG = -SdT + Vdp$ 可知，$G = f(T, p)$，则 G 的全微分为

$$dG = \left(\frac{\partial G}{\partial T}\right)_p dT + \left(\frac{\partial G}{\partial p}\right)_T dp$$

对比以上两个全微分式，则得 $\qquad \left(\frac{\partial G}{\partial T}\right)_p = -S, \quad \left(\frac{\partial G}{\partial p}\right)_T = V \qquad (3-40)$

同理，由另外三个热力学基本方程可得出

$$\left(\frac{\partial U}{\partial S}\right)_V = T, \quad \left(\frac{\partial U}{\partial V}\right)_S = -p \qquad (3-41)$$

$$\left(\frac{\partial H}{\partial S}\right)_p = T, \quad \left(\frac{\partial H}{\partial p}\right)_S = V \qquad (3-42)$$

$$\left(\frac{\partial A}{\partial T}\right)_V = -S, \quad \left(\frac{\partial A}{\partial V}\right)_T = -p \qquad (3-43)$$

式(3-40)～式(3-43)中的八个关系式称为对应系数关系式。

三、麦克斯韦关系式

设 Z 表示系统的任一状态函数，且 Z 是两个变量 x 和 y 的函数。

$$Z = f(x, y)$$

$$dZ = \left(\frac{\partial Z}{\partial x}\right)_y dx + \left(\frac{\partial Z}{\partial y}\right)_x dy = Mdx + Ndy$$

式中，$M = \left(\frac{\partial Z}{\partial x}\right)_y$，$N = \left(\frac{\partial Z}{\partial y}\right)_x$，$M$、$N$ 也是 x 和 y 的函数，将 M 对 y 偏微分、N 对 x 偏微分，得

$$\left(\frac{\partial M}{\partial y}\right)_x = \frac{\partial^2 Z}{\partial y \partial x} \qquad \left(\frac{\partial N}{\partial x}\right)_y = \frac{\partial^2 Z}{\partial y \partial x}$$

因此
$$\left(\frac{\partial M}{\partial y}\right)_x = \left(\frac{\partial N}{\partial x}\right)_y$$

将以上关系式应用到式(3-36)~式(3-39)，得

$$\left(\frac{\partial T}{\partial V}\right)_S = -\left(\frac{\partial p}{\partial S}\right)_V \tag{3-44}$$

$$\left(\frac{\partial T}{\partial p}\right)_S = \left(\frac{\partial V}{\partial S}\right)_p \tag{3-45}$$

$$\left(\frac{\partial S}{\partial V}\right)_T = \left(\frac{\partial p}{\partial T}\right)_V \tag{3-46}$$

$$\left(\frac{\partial S}{\partial p}\right)_T = -\left(\frac{\partial V}{\partial T}\right)_p \tag{3-47}$$

式(3-44)~式(3-47) 称为麦克斯韦关系式。分别表示系统在同一状态的两种变化率数值相等，因此应用于某种场合时等式两边可以代换。较常用的是式(3-46) 和式(3-47)，这两个等式右边的变化率是可由实验直接测定的，而左边则不能，于是需要时可用等式右边的变化率代替左边的变化率。

练习题

一、思考题

1. 理想气体恒温可逆过程中 $\Delta U = 0$，$Q = -W$，即膨胀过程中系统所吸收的热全部转化为功，这与热力学第二定律是否矛盾？为什么？

2. 理想气体的恒温可逆膨胀过程的 $\Delta S = nR\ln(V_2/V_1)$，$V_2 > V_1$，所以 $\Delta S > 0$。但根据熵增加原理，可逆过程的 $\Delta S = 0$，这两个结论是否矛盾？为什么？

3. "系统绝热膨胀时，熵 S 不再是状态函数了。因为过程的可逆与不可逆导致了 $\Delta S = 0$ 和 $\Delta S > 0$ 的两种结果。"这种理解对吗？为什么？

4. 如果一个化学反应的 $\Delta_r H_m$ 在一定的温度范围内不随温度变化，则其 $\Delta_r S_m$ 在此温度范围内也与温度无关。对吗？为什么？

5. 使一封闭系统由某一指定的初态变化到某一指定的终态，以下各量是否已完全确定？Q、W、ΔU、$Q + W$、ΔG、ΔA。

6. 下列说法是否正确？

（1）凡是放热反应都能自发进行；

（2）熵变为正值的反应都能自发进行；

（3）在同一始、终态间，可逆过程的热温商大于不可逆过程的热温商，即可逆过程的熵变大于不可逆过程的熵变。

二、填空题

1. 任意可逆循环过程的热温商之和为 _____。

2. 在封闭系统内任一可逆绝热过程的熵变 ΔS _____ 0。

3. 恒温反应 $0 = \sum \nu_B B$ 的标准摩尔反应熵变 $\Delta_r S_m^\ominus (T)$ 与参加该反应各物质的标准摩尔熵 $S_m^\ominus (T)$ 之间的关系为 $\Delta_r S_m^\ominus (T) =$ _____。

4. 用熵变作为判据的条件是 _____。

5. 封闭系统，$\Delta A = \Delta G$ 的条件是＿＿＿＿＿＿＿。

三、选择题

1. 在一个体积恒定的绝热箱内，中间有一绝热隔板将其分为体积相同的两部分。一边装有 300K、400kPa 的 A (g)，另一边装有 500K、600kPa 的 B (g)。抽去隔板，A、B 混合达到平衡，此过程 ΔS ＿＿＿＿＿＿。

　　① >0　　　　　　　② <0　　　　　　　③ =0　　　　　　　④ 无法确定

2. 2mol 冰在 273.15K、101.325kPa 下熔化为 2mol 的水。此过程的体积功 ΔS ＿＿＿＿＿＿；ΔG ＿＿＿＿＿＿。

　　① >0　　　　　　　② <0　　　　　　　③ =0　　　　　　　④ 无法确定

3. 根据热力学第二定律可知，任一循环过程中的＿＿＿＿＿＿。

① 功与热可以完全互相转换

② 功与热都不能完全互相转换

③ 功可以完全转变为热，热不能完全转变为功

④ 功不能完全转变为热，热可以完全转变为功

4. 一定量的理想气体经过一恒温不可逆压缩过程，则有＿＿＿＿＿＿＿＿。

　　① $\Delta G > \Delta A$　　　② $\Delta G < \Delta A$　　　③ $\Delta G = \Delta A$　　　④ 不能确定

5. 在热力学基本方程 $dU = TdS - pdV$ 等的使用条件中，下列不需满足的是＿＿＿＿＿＿＿＿。

① 不做非体积功的封闭系统

② 过程必须可逆

③ 为双变量系统

④ 若有相变化和化学变化，则要达到相平衡和化学平衡

四、计算题

1. 有 10mol 某理想气体，自 25℃、1013.25kPa 膨胀到 25℃、101.325kPa。计算下列过程系统熵变 ΔS、环境熵变 $\Delta S_{环}$ 及隔离系统熵变 $\Delta S_{隔离}$。假定过程为 (1) 可逆膨胀；(2) 向真空膨胀；(3) 反抗外压 101.325kPa 的膨胀。

$$[(1)\ 191.44\text{J/K}, -191.44\text{J/K}, 0;\ (2)\ 191.44\text{J/K}, 0, 191.44\text{J/K};$$
$$(3)\ 191.44\text{J/K}, -74.826\text{J/K}, 116.614\text{J/K}]$$

2. 1mol $H_2O(l)$ 在 100℃、101.325kPa 下汽化为水蒸气后再降压到 200℃、50.66kPa，求整个过程的 ΔS。已知在 100℃、101.325kPa 时水的汽化焓为 40.46kJ/mol，设水蒸气为理想气体，且摩尔恒压热容为 34.9J/(mol·K)。　　　　　　　　　　　　　　　(122.522J/K)

3. 一绝热容器，中间有一隔板将其分为体积相同的两部分。0℃ 时分别装有 0.2mol、100kPa 的 O_2 和 0.8mol、100kPa 的 N_2，当抽去隔板后，两气体混合均匀。试求混合过程的熵变和总熵变。　　　　　　　　　　　　　　　　　　　　　(4.17J/K, 4.17J/K)

4. 1mol $H_2O(l)$ 在 100℃、101.325kPa 下变成同温同压下的 $H_2O(g)$，然后恒温可逆膨胀到 $4×10^4$ Pa，求整个过程的 Q、W、ΔU、ΔH 和 ΔS。已知水的蒸发焓为 40.67kJ/mol。

$$(43.55\text{kJ}, -5.986\text{kJ}, 37.57\text{kJ}, 40.67\text{kJ}, 116.7\text{J/K})$$

5. 2mol 0℃、101.325kPa 的理想气体反抗恒定的外压恒温膨胀到终态压力等于外压、体积为原来的 10 倍，试计算此过程的 Q、W、ΔU、ΔH、ΔS 和 ΔG。

$$(4.08\text{kJ}, -4.08\text{kJ}, 0, 0, 38.2\text{J/K}, -10.46\text{kJ})$$

6. 1mol 的过冷水在 −5℃、100kPa 下结冰，计算出此过程的 ΔG，并判断此过程是否自发。已知 −5℃ 时水与冰的饱和蒸气压分别为 $p^*(l) = 422\text{Pa}$ 和 $p^*(s) = 402\text{Pa}$。

（—108J；自发）

7. 下列反应在298.15K、100kPa下进行，试计算反应的 $\Delta_r H_m^{\ominus}$、$\Delta_r S_m^{\ominus}$ 和 $\Delta_r G_m^{\ominus}$，并判断反应的热力学可能性。

(1) $2C(石墨)+2H_2(g) \longrightarrow C_2H_4(g)$

(2) $2C(石墨)+3H_2(g) \longrightarrow C_2H_6(g)$

(3) $C_2H_4(g)+H_2O(l) \longrightarrow C_2H_5OH(l)$

各物质的标准摩尔熵和标准摩尔生成焓数据如下：

物 质	C(石墨)	$H_2(g)$	$C_2H_4(g)$	$C_2H_6(g)$	$H_2O(l)$	$C_2H_5OH(l)$
$S_m^{\ominus}/[J/(mol \cdot K)]$	5.74	130.6	219.4	229.5	69.96	160.7
$\Delta_f H_m^{\ominus}/(kJ/mol)$	0	0	52.28	—84.67	—285.84	—227.7

[(1) 52.28kJ/mol，—53.28J/K，68.17kJ/mol；(2) —84.67kJ/mol，—173.78J/K，
—32.86kJ/mol；(3) 5.86kJ/mol；—128.66J/K；44.22kJ/mol]

8. 对于生命的起源问题，有人提出最初植物或动物的复杂分子是由简单分子自动形成的。例如尿素 NH_2CONH_2 的形成可用反应方程式表示如下：

$$CO_2(g)+2NH_3(g) \longrightarrow NH_2CONH_2(s)+H_2O(l)$$

计算该反应298.15K 时的 $\Delta_r G_m^{\ominus}$，并说明此反应在 298.15K、标准状态下能否自发进行。

（—6.59kJ/mol；能）

---【阅读材料】---

熵的统计意义

有一个确定的宏观状态，就有一定数目的微观状态与之相对应，将实现某一宏观状态的微观状态数称作这一宏观状态的热力学概率（或称为混乱度），用符号 Ω 表示。热力学概率与数学概率的区别在于热力学概率是大于1的整数，数值很大，而数学概率则一定是小于1的分数。

理想气体向真空膨胀是一典型的自发过程。如果把气体分子全部集中在容器一端的状态称为有序态，混乱度（Ω）小，而气体分子均匀分布在整个容器的状态称为无序态，混乱度（Ω）大。显然，理想气体向真空膨胀这一自发过程，是自发地向着热力学概率（Ω）大的变化过程。相反的过程，即从无序态向有序态的变化则不可能自发发生。一切不可逆过程都是向混乱度增加的方向进行，这是热力学第二定律所阐明的不可逆过程的本质。用混乱度的概念来判断自发过程的方向、限度的结论是：在孤立体系中，自发过程总是朝着体系的混乱度增加的方向进行，而混乱度减小的过程是不能自发实现的；当体系混乱度达到最大的状态（平衡态）时，过程就停止了。这一结论是由统计规律得来的，统计规律只适用于由大量微观粒子构成的体系的行为。

热力学过程中，体系的热力学概率（Ω）与熵 S 有着同步变化的规律，即 Ω 增加，S 也增加；反之亦然。玻尔兹曼由统计理论推导得出

$$S = k_B \ln \Omega$$

式中，$k_B = R/L$，为 Boltzmann 常数。此式将体系的宏观性质熵与微观状态数混乱度联系起来。公式指明，熵是体系混乱度的量度，一个体系混乱度愈大，熵也愈大。例如物质随温度升高而熵增大；同一物质在条件相同的情况下，聚集状态不同，熵值也不同，规律是 $S_g > S_l > S_s$；一些化学反应若质点数增多，则混乱度变大，熵亦变大；而质点数减少的反应熵也变小。

第四章　多组分系统热力学

学习目标

1. 掌握化学势判据，多相平衡条件。
2. 掌握拉乌尔定律及其应用。
3. 掌握理想液态混合物的定义及化学势。
4. 掌握稀溶液依数性及其应用。

　　前面所讨论的热力学系统是纯物质系统，或是多组分但组成不变的均相系统。在此种情况之下，要确定系统的状态，一般只需要两个状态函数（如温度和压力）及物质的总量就可以了。在实际化工生产和科研中，我们遇到的大多是多组分系统，即由两种或两种以上物质混合而成的多组分系统。在这样的多组分系统中，一般而言，每种物质的性质会与纯物质有所不同。因而，处理多组分多相系统的热力学方法，也与定量定组成均相系统有所不同。而在实际系统中，发生化学变化和相变化时，除了规定温度和压力外，还必须规定系统中每一种物质的量，才能确定系统的状态。这是因为在多组分均相混合系统中，系统的某些具有广延性质的状态函数并不等于纯态物质的简单加和。

第一节　偏摩尔量

一、偏摩尔量的定义

　　具有广延性质的状态函数具备加和性。对纯物质而言，是与物质的量成正比。如体积 $V=nV_m^*$（V_m^* 表示纯物质的摩尔体积）。

　　但对多组分系统而言，情况就有所变化。仍以体积为例，25℃、101.325kPa 时，将100mL 纯水和 100mL 纯乙醇相混合，混合后体积并不等于 200mL，而是 190mL 左右；将150mL 纯水和 50mL 纯乙醇相混合，混合后体积又是另一个值。但是若将 10% 的乙醇溶液100mL 与 10% 的乙醇溶液 100mL 相混合，则体积一定为 200mL。由此可见，对多组分系统，若组成不一样的物质进行混合，其体积一般不具备简单的加和性，即 $V \neq n_1 V_{m,1}^* + n_2 V_{m,2}^* + \cdots$。而组成相同的物质混合，其体积具备简单的加和性。

　　设有一开放均匀系统，由物质 B、C、D、… 所组成，各物质的量相应为 n_B、n_C、n_D、…。则系统的某一个广延量 X 除了与温度、压力有关外，还与各组成有关，即

$$X = f(T, p, n_B, n_C, n_D, \cdots) \tag{4-1}$$

当系统的状态发生一个微小变化时，系统广延量 X 的变化（X 的全微分）为

$$dX = \left(\frac{\partial X}{\partial T}\right)_{p, n_C} dT + \left(\frac{\partial X}{\partial p}\right)_{T, n_C} dp + \sum_B \left(\frac{\partial X}{\partial n_B}\right)_{T, p, n_C \neq n_B} dn_B \tag{4-2}$$

式中 下标 n_C——所有组分的物质的量不变;

下标 $n_C \neq n_B$——除组分 B 的物质的量改变外,其余组分均不变。

若维持系统的温度和压力恒定,则式(4-2)变为

$$dX = \sum_B \left(\frac{\partial X}{\partial n_B}\right)_{T,p,n_C \neq n_B} dn_B \tag{4-3}$$

偏摩尔量定义如下

$$X_B = \left(\frac{\partial X}{\partial n_B}\right)_{T,p,n_C \neq n_B} \tag{4-4}$$

式中 X_B——多组分均相系统中组分 B 的偏摩尔量;

X——多组分均相系统中某种广延性质;

n_B——多组分均相系统中组分 B 的物质的量;

n_C——多组分均相系统中除组分 B 外的各组分物质的量。

这样式(4-3)变为

$$dX = \sum_B X_B dn_B \tag{4-5}$$

由偏摩尔量的定义可知,偏摩尔量是在恒温恒压和定组成的情况下,系统的广延量 X 随加入无限小量 dn_B 的组分 B 的变化率;也可以理解为:在恒温恒压和其余组分物质的量不变的条件下,向无限大量系统中加入 1mol 组分 B,引起系统广延量 X 的变化值。

组分 B 的各种偏摩尔量可分别表示如下

偏摩尔体积

$$V_B = \left(\frac{\partial V}{\partial n_B}\right)_{T,p,n_C \neq n_B}$$

偏摩尔热力学能

$$U_B = \left(\frac{\partial U}{\partial n_B}\right)_{T,p,n_C \neq n_B}$$

偏摩尔焓

$$H_B = \left(\frac{\partial H}{\partial n_B}\right)_{T,p,n_C \neq n_B}$$

偏摩尔熵

$$S_B = \left(\frac{\partial S}{\partial n_B}\right)_{T,p,n_C \neq n_B}$$

偏摩尔吉布斯函数

$$G_B = \left(\frac{\partial G}{\partial n_B}\right)_{T,p,n_C \neq n_B}$$

对于理解偏摩尔量的概念,还应明确以下几点。

① 只有多组分均相系统的广延性质才有偏摩尔量。

② 偏摩尔量是恒温恒压条件下的偏微商,而其他任何条件下的偏微商不是偏摩尔量,如 $\left(\frac{\partial X}{\partial n_B}\right)_{V,p,n_C \neq n_B}$。

③ 偏摩尔量是强度性质,为温度、压力和组成的函数。

④ 偏摩尔量与摩尔量的相同之处是:两者都是两种广延量的比值,均为强度量。不同的是:前者是多组分系统的强度量,后者是纯组分的强度量。摩尔量一定为正值,只与温度和压力有关;而偏摩尔量不一定为正值,不仅与温度和压力有关,还与系统的组成相关。

二、偏摩尔量的集合公式和偏摩尔量之间的关系

1. 偏摩尔量的集合公式

等温等压下,偏摩尔量与混合物的组成有关,若按混合物原有组成的比例同时微量地加入组分 B、C…以形成混合物,因过程中组成恒定,故偏摩尔量 X_B、X_C…皆为定值,将式(4-5)积分得

$$X = \int_0^x dX = \int_0^{n_B} \sum_B X_B dn_B = \sum_B n_B X_B \tag{4-6}$$

式(4-6) 称为偏摩尔量的集合公式，也称加和定理，对任何偏摩尔量均成立。此式说明，多组分系统的某一广延量等于系统中各组分物质的量与其偏摩尔量的乘积之和。由此可见，引入了偏摩尔量这一概念后，多组分系统的广延量也像纯组分系统一样具有简单的加和性。

2. 状态函数间偏摩尔量的关系

状态函数之间是存在一定关系的，若将具有广延性质的各状态函数之间的关系式换成对应的偏摩尔量，关系式仍然成立。

如焓的定义为 $H=U+pV$，将式中具有广延性质的状态函数焓、热力学能和体积分别用偏摩尔量表示，则有 $H_B=U_B+pV_B$。

第二节 化 学 势

一、化学势的定义

在所有的偏摩尔量中，以偏摩尔吉布斯函数最为重要，最有实用价值。系统中任意组分 B 的偏摩尔吉布斯函数 G_B 也称为组分 B 的化学势，习惯上用 μ_B 表示

$$\mu_B = G_B = \left(\frac{\partial G}{\partial n_B}\right)_{T,p,n_C \neq n_B} \tag{4-7}$$

由定义知：化学势是强度性质，其绝对值未知，其单位为 J/mol。纯物质的化学势就是其摩尔吉布斯函数。

将式(4-2) 中的广延性质 X 用吉布斯函数代替有

$$dG = \left(\frac{\partial G}{\partial T}\right)_{p,n_C} dT + \left(\frac{\partial G}{\partial p}\right)_{T,n_C} dp + \sum_B \mu_B dn_B$$

由 $\left(\frac{\partial G}{\partial T}\right)_{p,n_C} = -S$ 和 $\left(\frac{\partial G}{\partial p}\right)_{T,n_C} = V$

得

$$dG = -SdT + Vdp + \sum_B \mu_B dn_B \tag{4-8}$$

式(4-8) 为多组分组成可变的均相系统的热力学基本方程，适用于无非体积功、变组成的均相系统。

二、化学势判据

在恒温、恒压和不做非体积功条件下，多组分多相封闭系统中发生相变或化学反应时，根据吉布斯判据，有

$$dG = \sum_\alpha \sum_B \mu_B^\alpha dn_B^\alpha \begin{cases} <0 \text{ 自发过程} \\ =0 \text{ 平衡态} \\ >0 \text{ 逆自发过程} \end{cases} \tag{4-9}$$

这就是化学势判据，用于判断在恒温、恒压和不做非体积功的条件下，封闭系统中发生相变或化学反应的方向和限度。式(4-9) 是研究相平衡和化学平衡的重要关系式。

现以封闭系统的相变化为例来说明化学势判据的应用。

设由 α 相和 β 相组成的封闭系统。两相中均有组分 B，其化学势分别为 μ_B^α 和 μ_B^β。在恒温恒压无非体积功的条件下发生一个无限小的相变化，有无限小量 dn_B 的 B 物质由 α 相迁移到 β 相，因此有 $dn_B^\alpha = -dn_B$ 和 $dn_B^\beta = dn_B$

由化学势判据有

$$\sum_{\alpha} \sum_{B} \mu_B^\alpha dn_B^\alpha = (\mu_B^\beta - \mu_B^\alpha) dn_B \begin{cases} < 0 \ 自发过程 \\ = 0 \ 平衡态 \\ > 0 \ 逆自发过程 \end{cases} \qquad (4\text{-}10)$$

由于 $dn_B > 0$，因此

若 $(\mu_B^\beta - \mu_B^\alpha) \, dn_B < 0$，则为自发过程，此时

$$\mu_B^\alpha > \mu_B^\beta \qquad (4\text{-}11)$$

系统达到平衡时 $(\mu_B^\beta - \mu_B^\alpha) \, dn_B = 0$，即

$$\mu_B^\alpha = \mu_B^\beta \qquad (4\text{-}12)$$

若 $(\mu_B^\beta - \mu_B^\alpha) \, dn_B > 0$，则为逆自发过程，此时

$$\mu_B^\beta > \mu_B^\alpha \qquad (4\text{-}13)$$

通过以上分析，可以得到如下结论：

① 多组分多相封闭系统的相平衡条件是各组分在各相中的化学势相等；

② 若某组分在各相中的化学势不相等，则该组分总是自发地从其化学势较高的相向其化学势较低的相迁移，直到各组分在各相中的化学势相等。

第三节　理想气体的化学势

一、理想气体的化学势

化学势的绝对值不可由实验测得，由前面的讨论可知，化学势主要是用来在等温等压条件下判断相变或化学反应过程的方向和限度。因而我们只要能在上述条件下设法比较 μ_B 值的相对大小或求出其变化值即可。根据化学势的定义可知，化学势亦是系统的状态函数，它与系统的温度、压力、组成有关。本节主要讨论纯气体或气体混合物的化学势与温度、压力及组成的关系。

二、纯理想气体的化学势

设有 1mol 纯理想气体从温度为 T、压力为 $p^\ominus = 100\text{kPa}$ 的标准态恒温变化至压力为 p 的任意状态。其摩尔吉布斯函数改变值

$$\Delta G_m^* = G_m^* - G_m^\ominus = RT \ln \frac{p}{p^\ominus} \qquad (4\text{-}14)$$

对纯物质而言，其化学势就是摩尔吉布斯函数，即 $\mu^* = G_m^*$，$\mu^\ominus = G_m^\ominus$。代入式(4-14)后得到纯理想气体的化学势表达式

$$\mu^*(\text{pg}, T, p) = \mu^\ominus(\text{pg}, T) + RT \ln \frac{p}{p^\ominus} \qquad (4\text{-}15)$$

式中　$\mu^*(\text{pg}, T, p)$——纯理想气体在温度为 T、压力为 p 时的化学势，J/mol；

$\mu^\ominus(\text{pg}, T)$——纯理想气体在温度为 T 时的标准态化学势，J/mol；

p——纯理想气体的压力，kPa。

纯理想气体的标准态是：温度为 T，压力为 $p^\ominus$ 的纯理想气体。因规定了标准压力，故标准态化学势仅是温度的函数。

三、理想气体混合物中各组分的化学势

由于理想气体混合物分子间没有作用力，分子没有体积，因此，理想气体混合物中任一

组分的行为与其单独存在时一样。因此，组分 B 的化学势应等于纯理想气体 B 在温度为 T、压力为 p_B 时的化学势。即

$$\mu_B(pg,T,p) = \mu_B^{\ominus}(pg,T) + RT\ln\frac{p_B}{p^{\ominus}} \tag{4-16}$$

式中　$\mu_B(pg,T,p)$——理想气体混合物中组分 B 在温度为 T 时的化学势，J/mol；

　　　$\mu_B^{\ominus}(pg,T)$——理想气体混合物中组分 B 在温度为 T 时的标准态化学势，J/mol；

　　　p_B——理想气体混合物中组分 B 的分压，kPa。

理想气体混合物中任一组分 B 的标准态与纯理想气体是一致的，也是温度为 T、压力为 $p^{\ominus}$ 的纯理想气体 B。

第四节　理想液态混合物

两种或两种以上的组分相混合，且每一种组分都以分子、原子或离子的形式分散到其他组分中去而形成的均匀相，称为多组分单相系统。单相系统内部的物理性质和化学性质都是均匀的。

在热力学中，为了讨论的方便，对多组分单相系统中的各组分选用一定的标准态和方法进行研究。若对其中各组分选用相同的标准态和相同的研究方法，称之为混合物系统；当选用不同的标准态和不同方法加以研究，称为溶液。

混合物和溶液按其聚集状态可以分为三类：气态混合物、固态混合物或固态溶液和液态混合物或液态溶液。

气态混合物是由两种或两种以上气体混合而成，在通常条件下，气体能以任意比例相互混溶，其分散程度均能达到分子级的状态。因此，无论混合气体的组分多少，均可以形成均匀的混合物。

固态混合物或固态溶液，一般是由两种或两种以上的固体混合在一起，在一定条件下形成的，也称为固溶体。

液态混合物或液态溶液，可以是气体溶于液体，也可以是固体溶于液体，还可以是液体相互混合而形成。液态溶液中，溶剂是液体，溶质是气体，也可以是固体。当两种液体形成液态溶液时，一般称量多者为溶剂，量少者为溶质。但这些是习惯上的称法。在许多场合中，常以水为溶剂，如不指明，溶剂通常为水。

液态溶液按其能否电离可分为电解质溶液和非电解质溶液，本章只讨论非电解质液态溶液。

一、组成的各种表示方法及其换算

混合物或溶液的性质，除了与其中各组分的性质有关外，在很大程度上与组成密切相关。组成改变，其性质也随之改变。因此，研究混合物或溶液的性质首先要了解其组成的表示方法。

组成的表示方法很多，常用的有以下几种。

1. 物质 B 的摩尔分数

混合物（溶液）中组分 B 的物质的量与总的物质的量之比，称为组分 B 的摩尔分数，量纲为 1。一般用 x_B 表示（气体常用 y_B 表示）

$$x_B = \frac{n_B}{\sum n_B} \tag{4-17}$$

式中　n_B——混合物（溶液）中组分 B 的物质的量，mol；

$\sum n_B$——混合物（溶液）中的总物质的量，mol。

2. 物质 B 的质量分数

混合物（溶液）中组分 B 的质量与总质量之比，称为组分 B 的质量分数，量纲为 1。常以 w_B 表示

$$w_B = \frac{m_B}{\sum m_B} \tag{4-18}$$

式中　m_B——物质 B 的质量，kg；

$\sum m_B$——混合物（溶液）的总质量，kg。

3. 物质 B 的质量摩尔浓度

在溶液中，每千克溶剂 A 所溶溶质 B 的物质的量，称为 B 的质量摩尔浓度，其单位为 mol/kg，常以 b_B 表示。

$$b_B = \frac{n_B}{m_A} \tag{4-19}$$

式中　n_B——溶液中溶质 B 物质的量，mol；

m_A——溶液中溶剂 A 的质量，kg。

4. 物质 B 的物质的量浓度

单位体积溶液所含物质 B 的物质的量，称为物质 B 的物质的量浓度，简称为物质 B 的量浓度或浓度，单位为 mol/m³，常以 c_B 表示。

$$c_B = \frac{n_B}{V} \tag{4-20}$$

式中　n_B——溶液中溶质 B 的物质的量，mol；

V——溶液的体积，m³。

组成的各种表示方法之间可以相互换算，当涉及体积与质量之间的关系时，需要借助密度这一物理量进行换算。

【例题 4-1】　30g 乙醇（B）溶于 50g 四氯化碳（A）中形成溶液，其密度 $\rho = 1.28 \times 10^3 \text{kg/m}^3$，试用质量分数、摩尔分数、物质的量浓度和质量摩尔浓度来表示该溶液的组成。

解　质量分数　$w_B = \dfrac{m_B}{\sum m_B} = \dfrac{30}{30+50} = 0.375$

摩尔分数 $x_B = \dfrac{n_B}{\sum n_B} = \dfrac{\dfrac{30}{46}}{\dfrac{30}{46} + \dfrac{50}{154}} = 0.668$

物质的量浓度　$c_B = \dfrac{n_B}{V} = \dfrac{\dfrac{30}{46}}{\dfrac{(30+50) \times 10^{-3}}{1.28 \times 10^3}} = 10.44 \times 10^3 \text{mol/m}^3$

质量摩尔浓度　$b_B = \dfrac{n_B}{m_A} = \dfrac{\dfrac{30}{46}}{50 \times 10^{-3}} = 13.04 \text{mol/kg}$

二、拉乌尔定律

液体物质在一定温度时有一定的蒸气压。若加入少量非挥发性物质（如向水中加入氯化钠）形成稀溶液时，则液面上的蒸气压将降低。拉乌尔总结了大量的试验结果，于 1887 年

提出了一条定律：在一定温度下，溶入了非电解质溶质的稀溶液，其溶剂的饱和蒸气压与溶剂的摩尔分数成正比，比例系数为该溶剂在此温度下的饱和蒸气压。这就是拉乌尔定律。其数学表达式为

$$p_A = p_A^* x_A \tag{4-21}$$

式中　p_A——稀溶液上溶剂 A 的蒸气压，kPa；

　　　p_A^*——某温度下纯溶剂的饱和蒸气压，kPa；

　　　x_A——溶液中溶剂的摩尔分数。

一般来说，只有稀溶液的溶剂才适用于拉乌尔定律。因为在稀溶液中，溶质的分子很少，溶剂周围几乎都是与自己相同的分子，其所处环境与纯溶剂情况几乎相同。也就是说，溶剂分子所受到的作用力并未因少量的溶质分子存在而改变，它从溶液中的逃逸能力也几乎不变。但是，由于溶质分子的存在，减少了溶剂的浓度和单位表面上溶剂分子的数目，因而也就减少了单位时间内离开液面进入气相的溶剂分子数目，以致溶剂与其蒸气在较低的溶剂蒸气压力时就能达到平衡，即溶剂蒸气压降低了。

【例题 4-2】 25℃时，环己烷（A）的饱和蒸气压为 13.33kPa，在该温度下，900g 环己烷中溶解 0.5mol 某种非挥发性有机化合物 B，求该溶液的蒸气压。已知 $M_A = 84\text{g/mol}$。

解 溶液上的蒸气可视为理想气体，根据分压定律有

$$p = p_A + p_B$$

而 B 为非挥发性有机化合物，故 $p_B = 0$

于是　　$p = p_A = p_A^* x_A = p_A^* \dfrac{n_A}{n_A + n_B} = 13.33 \times \dfrac{\dfrac{900}{84}}{\dfrac{900}{84} + 0.5} = 12.74\text{kPa}$

三、理想液态混合物

1. 理想液态混合物

如果不同液体能以任一比例混溶，其中任意组分 B 在全部浓度范围内都符合拉乌尔定律，则称为理想液态混合物。

自然界中除了光学异构体的混合物及结构异构体混合物可以近似视为理想液态混合物外，真正的理想液态混合物是不存在的。但由于理想液态混合物遵循的规律比较简单，实际上有一些液态混合物在一定浓度范围内常常表现出理想液态混合物的性质，所以就引入了理想液态混合物的概念。更重要的是，引入理想液态混合物的概念为进一步讨论实际液态混合物提供了一个比较的基准。

从微观来看，理想液态混合物应该是分子的大小相同，分子间的作用力也相同。这样，液态混合物中任意组分就相当于与自身共存一样。

2. 理想液态混合物的混合性质

在恒温恒压且无非体积功的条件下，由各液态物质混合成理想液态混合物，则系统的状态函数在混合前后的改变存在以下关系。

① 混合前后体积不变，即 $\Delta_{mix}V = 0$。

② 形成液态混合物时无热效应，即 $\Delta_{mix}H = 0$。

③ 混合前后熵变为 $\Delta_{mix}S = -R\sum n_B \ln x_B$。

④ 混合前后吉布斯函数改变值为 $\Delta_{mix}G = RT\sum n_B \ln x_B$。

以上称为理想液态混合物的混合性质，均可以通过热力学的方法证明。

3. 二组分理想液态混合物气液两相平衡的关系

在一定的温度下，理想液态混合物达到气液两相平衡时，若将其蒸气视为理想气体，则

理想液态混合物的蒸气压 p 与液相组成和气相组成之间存在一定关系，这可以通过拉乌尔定律和分压定律计算得出。

$$p = p_A + p_B = p_A^* x_A + p_B^* x_B \tag{4-22}$$

式中　p_A^*，p_B^*——纯组分 A、B 的饱和蒸气压，kPa；

　　　x_A，x_B——组分 A、B 的液相组成。

　由 $x_A + x_B = 1$，有 $x_A = 1 - x_B$

　于是　　　　$$p = p_A^* x_A + p_B^* (1 - x_A) = p_B^* + (p_A^* - p_B^*) x_A \tag{4-23}$$

　类似的有　　　$$p = p_A^* (1 - x_B) + p_B^* x_B = p_A^* + (p_B^* - p_A^*) x_B \tag{4-24}$$

　这就是蒸气压与液相组成的关系。可以看出，理想液态混合物的蒸气压与液相组成呈线性关系，且介于两纯组分蒸气压之间。

　由分压定律有　　　　$$y_A = \frac{p_A}{p} = \frac{p_A^* x_A}{p} \tag{4-25}$$

$$y_B = \frac{p_B}{p} = \frac{p_B^* x_B}{p} \tag{4-26}$$

式中　y_A，y_B——纯组分 A、B 的气相组成。

　这就是气相组成与蒸气总压和液相组成的关系。可以看出，理想液态混合物的蒸气压与气相组成的关系应为一曲线。若 $p_B^* > p_A^*$，则 $y_B > x_B$，即在理想液态混合物中，易挥发组分在平衡气相中的相对含量大于其在液相中的含量。

【例题 4-3】　甲苯（A）与苯（B）能形成理想液态混合物，在 100℃时，纯甲苯的饱和蒸气压 $p_A^* = 74.2$kPa，纯苯的饱和蒸气压 $p_B^* = 180.1$kPa，问在 100℃、100kPa 时沸腾的理想液态混合物的液相组成和气相组成各为多少？

　解　根据式(4-23)　$p = p_B^* + (p_A^* - p_B^*) x_A$ 得

$$x_A = \frac{p - p_B^*}{p_A^* - p_B^*} = \frac{100 - 180.1}{74.2 - 180.1} = 0.756$$

$$x_B = 1 - 0.756 = 0.244$$

再由式(4-25) 得　　　$$y_A = \frac{p_A^* x_A}{p} = \frac{74.2 \times 0.756}{100} = 0.561$$

$$y_B = 1 - 0.561 = 0.439$$

四、理想液态混合物各组分化学势

　若将理想液态混合物的蒸气视为理想气体。根据两相平衡条件：在温度为 T、压力为 p 的条件下，理想液态混合物与其蒸气达平衡时，任一组分 B 在液相中的化学势与气相中的化学势相等，即 $\mu_B(l) = \mu_B(g)$。结合式(4-16) 有

$$\mu_B(l) = \mu_B(pg) = \mu_B^\ominus(pg, T) + RT \ln \frac{p_B}{p^\ominus} \tag{4-27}$$

式中　p_B——任一组分 B 的分压力。

　由于理想液态混合物中各组分均服从拉乌尔定律，因此

$$\mu_B(l) = \mu_B^\ominus(pg, T) + RT \ln \frac{p_B^*}{p^\ominus} + RT \ln x_B \tag{4-28}$$

　当 $x_B = 1$ 时，此时为纯液体 B，其化学势的表达式为

$$\mu_B^*(1,T,p) = \mu_B^\ominus(\text{pg},T) + RT\ln\frac{p_B^*}{p} \tag{4-29}$$

式中　$\mu_B^*(1,T,p)$——纯组分 B 在温度为 T，压力为 p 时的化学势。

在相同温度下，处于压力 p 的纯液体 B，与处于标准压力下的纯液体 B 的化学势是有差异的，可由式（4-30）表示

$$\mu_B^*(1,T,p) = \mu_B^\ominus(1,T) + \int_{p^\ominus}^{p} V_{m,B}^* \, \mathrm{d}p \tag{4-30}$$

由于液体体积较小，当压力变化不大时，可忽略积分项，于是有

$$\mu_B(1) = \mu_B^\ominus(1,T) + RT\ln x_B \tag{4-31}$$

式中　$\mu_B(1)$——理想液态混合物中任一组分 B 的化学势；

　　$\mu_B^\ominus(1,T)$——任一组分 B 的标准态化学势（处于标准状态下的纯液体）。

式（4-31）是常用理想液态混合物中任一组分 B 的化学势表达式，此式表明，理想液态混合物中任一组分 B 的化学势等于其标准态化学势加上 $RT\ln x_B$。因为 $RT\ln x_B < 0$，所以又可以得到如下结论：理想液态混合物中组分 B 的化学势小于其同温下纯液态的化学势。

也可以直接用式（4-31）作为理想液态混合物的定义：凡是液态混合物中任一组分的化学势均能用式（4-31）表示的，就是理想液态混合物。显然，该式包含了拉乌尔定律。

第五节　理想稀溶液

一、亨利定律

前面讨论，稀溶液中的溶剂服从拉乌尔定律。若稀溶液中含有挥发性的溶质，其溶质的蒸气压也服从另一条稀溶液的基本定律，即亨利定律。

1803 年亨利在研究了一定温度下，气体在溶液中的溶解度与其分压的关系后，总结出稀溶液的另一条重要经验规律——亨利定律：在一定的温度下，稀溶液中挥发性溶质在气相中的平衡分压与其在溶液中的摩尔分数成正比。即

$$p_B = k_x x_B \tag{4-32}$$

式中　p_B——稀溶液上溶质 B 的平衡分压，Pa；

　　x_B——溶质的摩尔分数，量纲为 1；

　　k_x——亨利常数，Pa。

其中亨利常数的数值取决于温度、溶剂和溶质的性质。亨利常数随溶液温度的升高而增大。在相同的压力下，温度升高，x_B 变小，即气体溶解度降低。

一定温度下溶质和溶剂的亨利常数，可以从有关化工手册中查出。

亨利定律适用于稀溶液中的挥发性溶质。在稀溶液中，溶质分子较少，在其周围都是溶剂分子，其作用力与溶质单独存在时不一致。因此，溶质分子的逸出能力与其单独存在时不一样。其比例系数 k_x 与纯组分的蒸气压也就不相等了。

亨利定律是单元操作"吸收"的理论基础。吸收是利用气体混合物中各组分在溶剂中的溶解度的差别，有选择性地将溶解度大的气体吸收下来，从混合气体中回收或除去。根据亨利定律，气体在高压下的溶解度较低压下要大，因此，在工业生产中，可以在高压下对溶解度较大的气体进行吸收，在低压下进行解吸，也可以达到分离的目的。

应用亨利定律应注意以下几点。

① 亨利定律只适用于溶质在气相中和液相中分子形式相同的物质。如 HCl 溶于苯或氯

仿时，在气、液相中均以 HCl 分子形式存在，亨利定律适用；而 HCl 溶于水则不能使用亨利定律，因为其在气相中以分子形式 HCl 存在，而溶解于水后以 H^+ 和 Cl^- 形式存在。

② 气体混合物溶于同一种溶剂时，亨利定律对各种气体分别适用，其压力为该种气体的分压。

③ 亨利定律除了用摩尔分数表示外，还可以用物质的量浓度 c_B、质量摩尔浓度 b_B 或质量分数 w_B 等表示，此时，亨利定律的表达式相应地为

$$p_B = k_c c_B \qquad (4\text{-}33a)$$

$$p_B = k_b b_B \qquad (4\text{-}33b)$$

$$p_B = k_w w_B \qquad (4\text{-}33c)$$

式中　　k_c——组成以 c_B 表示的亨利常数，$Pa \cdot m^3/mol$；

　　　　k_b——组成以 b_B 表示的亨利常数，$Pa \cdot kg/mol$；

　　　　k_w——组成以 w_B 表示的亨利常数，Pa。

稀溶液组成的表示方法不同，各种亨利常数的数值不同，但它们之间存在着一定关系。

④ 稀溶液中若溶质和溶剂均为挥发性的物质，则溶剂服从拉乌尔定律，溶质服从亨利定律。可以利用式(4-34)来计算稀溶液的饱和蒸气压：

$$p = p_A + p_B = p_A^* x_A + k_x x_B \qquad (4\text{-}34)$$

【例题 4-4】　质量分数为 0.03 的乙醇水溶液，在 $p = 101.3kPa$ 下，其沸腾温度为 97.11℃，在该温度下，纯水的饱和蒸气压为 91.3kPa，计算在 97.11℃时，乙醇的摩尔分数为 0.010 时的水溶液的蒸气压及蒸气中乙醇的摩尔分数。

解　可将乙醇水溶液作稀溶液处理，溶剂水（A）服从拉乌尔定律，溶质乙醇（B）服从亨利定律；蒸气可视为理想气体混合物。先将质量分数换算成摩尔分数

$$x_B = \frac{n_B}{n_A + n_B} = \frac{\dfrac{m_B}{M_B}}{\dfrac{m_A}{M_A} + \dfrac{m_B}{M_B}}$$

以 1kg 溶液作为计算基准，$m_A = 0.97kg$，$M_A = 18 \times 10^{-3} \, kg/mol$；$m_B = 0.03kg$，$M_B = 46 \times 10^{-3} \, kg/mol$，代入得

$$x_B = \frac{\dfrac{0.03}{46 \times 10^{-3}}}{\dfrac{0.97}{18 \times 10^{-3}} + \dfrac{0.03}{46 \times 10^{-3}}} = 0.012$$

由式(4-34)　　$p = p_A^* x_A + k_x x_B$ 可以求得 k_x

$$k_x = \frac{p - p_A^* x_A}{x_B} = \frac{101.3 - 91.3 \times (1 - 0.012)}{0.012} = 924.6kPa$$

当 $x_B = 0.010$ 时，再由式(4-34)可以求得溶液的蒸气压为

$$p = 91.3 \times (1 - 0.01) + 924.6 \times 0.01 = 99.63kPa$$

此时，蒸气中乙醇的摩尔分数可以由亨利定律和分压定律求得

$$y_B = \frac{p_B}{p} = \frac{k_x x_B}{p} = \frac{924.6 \times 0.01}{99.63} = 0.093$$

二、理想稀溶液的定义和化学势

1. 理想稀溶液的定义

若溶液的溶剂（A）严格服从拉乌尔定律，溶质（B）严格服从亨利定律，称为理想稀

溶液。严格来说，只有溶质的浓度趋于零时，溶剂和溶质才分别服从拉乌尔定律和亨利定律。但较稀的实际溶液可以近似作理想稀溶液处理。

2. 理想稀溶液各组分化学势

在讨论化学势与组成的关系时，理想稀溶液中溶剂和溶质所服从的定律不同，需要选择不同的标准态。

（1）溶剂的化学势 因为理想稀溶液中溶剂 A 服从拉乌尔定律，把与之成平衡的蒸气视为理想气体，可以采用与理想液态混合物相同的化学势表达式。即将式(4-31)中任一组分 B 用溶剂 A 代替即可得

$$\mu_A(l) = \mu_A^\ominus(l, T) + RT \ln x_A \tag{4-35}$$

（2）溶质的化学势 对于理想稀溶液中挥发性溶质 B 的化学势 μ_B，从平衡的观点来考虑，溶质在溶液中和蒸气中的化学势相等，组分 B 的化学势也符合式(4-27)，但组分 B 遵守亨利定律，将 $p_B = k_x x_B$ 代入后得

$$\mu_B = \mu_B(pg) = \mu_B^\ominus(pg, T) + RT \ln \frac{k_x}{p^\ominus} + RT \ln x_B \tag{4-36}$$

右面前两项合并成一个常数 $\mu_B^*(T, p)$，式(4-36)变为

$$\mu_B = \mu_B^*(T, p) + RT \ln x_B \tag{4-37}$$

式中 $\mu_B^*(T, p)$——符合亨利定律的假想纯液态溶质的化学势。该化学势并非纯溶质的化学势，因为当稀溶液的浓度稍大，溶质的行为就不符合亨利定律了。因此 $\mu_B^*(T, p)$ 实际上是 $x_B = 1$，又符合亨利定律的一个假想状态的化学势。当压力不大时，式(4-37)可以近似为

$$\mu_B = \mu_{x,B}^\ominus(T) + RT \ln x_B \tag{4-38}$$

式中 $\mu_{x,B}^\ominus(T)$——溶质的标准态化学势，该标准态是理想稀溶液在温度为 T 及压力为 $p^\ominus$ 下，符合亨利定律的假想纯溶质状态。

这就是理想稀溶液中溶质的化学势的数学表达式。

如果理想稀溶液的组成用质量摩尔浓度 b_B 或是物质的量浓度 c_B 来表示，其化学势的表达式可分别表示为

$$\mu_B = \mu_{b,B}^\ominus(T) + RT \ln \frac{b_B}{b_B^\ominus} \tag{4-39}$$

式中 $b_B^\ominus$——标准质量摩尔浓度，为 $1 mol/kg$；

$\mu_{b,B}^\ominus(T)$——溶质的标准态化学势，该标准态是理想稀溶液在一定的温度及标准压力下，质量摩尔浓度为 $1 mol/kg$ 且符合亨利定律的假想溶液中的溶质状态。

$$\mu_B = \mu_{c,B}^\ominus(T) + RT \ln \frac{c_B}{c_B^\ominus} \tag{4-40}$$

式中 $c_B^\ominus$——物质的标准物质的量浓度，为 $10^3 mol/m^3$（或 $1 mol/L$）；

$\mu_{c,B}^\ominus(T)$——溶质的标准态化学势，该标准态是理想稀溶液在一定的温度及标准压力下，物质的量浓度为 $1 mol/L$ 且符合亨利定律的假想溶液中的溶质状态。

比较溶质 B 化学势的三种表达式可知，由于表示溶液组成的方法不同，使各自的标准态不一样，标准态化学式也不同，但对同一状态确定的理想稀溶液中的溶质而言，任何一种表达式表示的化学势的数值是一样的。

三种化学势的表达式对于非挥发性的溶质都适用，对较稀的实际溶液也近似适用。

三、稀溶液的依数性

依数性质是指那些只与所含溶质质点数目的多少有关，而与溶质本性无关的性质。即当

指定了溶剂的种类和数量后，加入少量非挥发性溶质形成稀溶液，这时体系有些性质与所加溶质的数量多少有关而与加入的是什么溶质无关。稀溶液的依数性有：溶液的蒸气压降低；溶液的沸点升高；溶液的凝固点降低及渗透压。

1. 蒸气压下降

在一定的温度下，溶剂溶入了非挥发性、非电解质的溶质形成稀溶液后，根据拉乌尔定律，溶液的蒸气压就会下降，其降低值为

$$\Delta p = p_A^* - p_A = p_A^*(1 - x_A) = p_A^* x_B \tag{4-41}$$

式中　Δp——蒸气压下降值，Pa；

　　　p_A^*——纯溶剂的饱和蒸气压，Pa；

　　　p_A——溶液液面上的蒸气压，Pa。

式(4-41)表明，溶入非挥发性、非电解质溶质的稀溶液，其蒸气压降低值与溶质的浓度成正比，其比例系数只取决于纯溶剂的本性（纯溶剂的饱和蒸气压）。

溶液蒸气压降低规律是拉乌尔定律的必然结果，是稀溶液其他依数性的基础。

2. 沸点升高

溶液的沸点是指在一定的外压下，溶液的饱和蒸气压等于外压时的温度。如果稀溶液溶入的溶质是非挥发性的非电解质，溶液上方的饱和蒸气压就是溶剂的饱和蒸气压，并且服从拉乌尔定律，从而导致溶液的蒸气压下降，故稀溶液的沸点必然高于纯溶剂的沸点，见图4-1。通过试验，可以得到

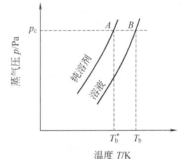

图 4-1　稀溶液沸点升高示意图

$$\Delta T_b = T_b - T_b^* = K_b b_B \tag{4-42}$$

式中　ΔT_b——沸点升高值；

　　　T_b——溶液的沸点；

　　　T_b^*——纯溶剂的沸点；

　　　K_b——溶剂的沸点升高常数，K·kg/mol。

其中 K_b 仅取决于溶剂的本性，而与溶质的性质无关。表4-1列出了几种常见溶剂的沸点升高常数 K_b。

表 4-1　几种常见溶剂的沸点升高常数

溶 剂	水	乙 醇	丙 酮	环己烷	苯	氯 仿	四氯化碳
T_b^*/K	373.15	351.48	329.3	353.25	353.25	334.35	349.87
$K_b/(K \cdot kg/mol)$	0.51	1.20	1.72	2.60	2.53	3.85	5.02

通过热力学方法可以推导出沸点升高值的计算公式为：

$$\Delta T_b = \frac{R T_b^{*2} M_A}{\Delta_{vap} H_{m,A}^*} b_B = K_b b_B$$

其中 $K_b = \dfrac{R T_b^{*2} M_A}{\Delta_{vap} H_{m,A}^*}$ 为仅与溶剂本性有关的常数。

利用稀溶液沸点升高的性质可以测定物质的摩尔质量或检验物质的纯度。

3. 凝固点降低

稀溶液凝固时有两种情况，一是溶质和溶剂同时凝固；二是溶质仍留在液相，仅溶剂呈固相析出。第二种情况更常见。

在一定的外压下，稀溶液的凝固点就是溶液与纯固态溶剂两相平衡共存时的温度。实验表

明，如果溶入溶质的是非电解质，则溶液的凝固点较纯溶剂要低，并可用式(4-43)定量表示

$$\Delta T_f = T_f^* - T_f = K_f b_B \tag{4-43}$$

式中 ΔT_f——凝固点降低值；

T_f——溶液的凝固点；

T_f^*——纯溶剂的凝固点；

K_f——溶剂的凝固点降低常数，仅取决于溶剂的本性。

几种溶剂的凝固点降低常数见表 4-2。

表 4-2 几种溶剂的凝固点降低常数

溶 剂	水	乙 酸	环己烷	苯	萘	三溴甲烷
T_f^*/K	273.15	289.75	279.65	278.65	353.5	280.95
$K_f/(K \cdot kg/mol)$	1.86	3.90	20.0	5.10	6.90	14.4

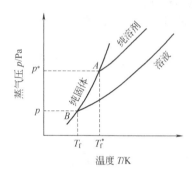

图 4-2 稀溶液凝固点
降低示意图

溶液凝固点降低可以定性说明。根据相平衡原理，在凝固点时，液态纯溶剂的蒸气压与固态纯溶剂的蒸气压是相等的。如图 4-2 所示，纯溶剂蒸气压曲线与固态溶剂蒸气压曲线相交于 A 点，此时的温度 T_f^* 就是纯溶剂凝固点。由于稀溶液中的溶剂是服从拉乌尔定律的。在同样温度下，溶液上方的溶剂的蒸气压总是低于纯溶剂的蒸气压，所以溶液的蒸气压曲线始终在纯溶剂蒸气压曲线之下。由于液体的蒸气压曲线与固体的升华压曲线斜率不一样，最终溶液蒸气压曲线与固态溶剂蒸气压曲线相交于 B 点，此时的温度就是溶液的凝固点。由此可见，溶液的凝固点比纯溶剂的凝固点要低。

通过与沸点升高类似的推导，同样可以导出凝固点下降公式。其中凝固点降低常数

$$K_f = \frac{RT_f^{*2}M_A}{\Delta_{fus}H_{m,A}} \tag{4-44}$$

根据稀溶液凝固点的降低值可以测定物质的摩尔质量或检验物质的纯度。

【例题 4-5】 在 0.50kg 水中溶入 1.95×10^{-2}kg 的葡萄糖。经实验测得此水溶液的凝固点降低值为 0.402K，求葡萄糖的摩尔质量。

解 水的 $K_f = 1.86$kg·K/mol

由凝固点下降公式

$$\Delta T_f = K_f b_B = K_f \frac{\dfrac{m_B}{M_B}}{m_A}$$

得

$$M_B = \frac{K_f m_B}{m_A \Delta T_f} = \frac{1.86 \times 1.95 \times 10^{-2}}{0.50 \times 0.402} = 0.1804 kg/mol$$

由于同样溶剂的凝固点下降常数较沸点升高常数大，所以在相同的情况下由温度测量引起的误差导致测量物质的摩尔质量的误差较小。另外在温度较低时，测量也易于进行，故采用凝固点下降法测物质的摩尔质量或检验产品的纯度较采用沸点升高法更为准确和方便。

需要着重指出的是：沸点升高公式适用于溶入非挥发性、非电解质的稀溶液；而凝固点下降公式对挥发性和非挥发性溶质均适用。这是由于稀溶液的凝固点是液态纯溶剂的蒸气压与固态纯溶剂的蒸气压呈平衡的温度，其凝固点降低与溶剂是否挥发无关；而稀溶液的沸点是其蒸气压与外压呈平衡的温度，与溶剂的挥发性及蒸气压有关。

对非挥发性电解质溶液而言，也会导致蒸气压下降、沸点升高和凝固点降低，但由于其

电离程度不一，无法进行定量计算。

4. 渗透压

许多天然或人造膜对物质的透过具有选择性，如铁氰化铜的膜允许水（溶剂）通过而不允许水中的糖（溶质）通过，这种膜称为半透膜。动物的膀胱也具有这种性质。渗透现象是在溶液和溶剂间用半透膜隔开，纯溶剂自动通过膜进入溶液的现象。设有一恒容连通器用半透膜隔开，左侧放入纯溶剂，右侧放入稀溶液。如图4-3所示。开始时，作用在纯溶剂和溶液上的外压相等（均为 p）。在同温、同压的条件下，由于纯溶剂的化学势大于稀溶液中溶剂的化学势，依相平衡原理，物质将从化学势较大的相自动转移到化学势较小的相，加之半透膜允许溶剂通过，于是就产生溶剂通过半透膜渗透到溶液中去的现象，称为渗透现象。产生渗透后，右侧稀溶液的液面会上升，使得右面液柱升高，同时对溶液产生一附加压力，使得两端化学势相等。此时溶剂和溶液液面不相同。若要维持两液面相同，则需在稀溶液上方施加一压

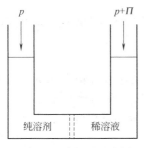

图 4-3 渗透压示意图

力以防止渗透现象产生。所施加的压力与纯溶剂上方的压力之差称为渗透压，常用符号 Π 表示。利用化学势相等的关系，可以导出渗透压与溶液浓度的关系为

$$\Pi = c_B RT \tag{4-45}$$

式中 Π——渗透压；

c_B——物质 B 的物质的量浓度。

式(4-45) 称为范特霍夫（van't Hoff）渗透压公式。它表明，在一定的温度下，渗透压的大小仅由溶质的浓度决定，而与溶质的本性无关。所以，渗透压也是稀溶液的一种依数性。该式适用于非电解质的稀溶液。

利用稀溶液的渗透压，同样也可以测定溶质的摩尔质量，检验溶剂的纯度。

若稀溶液上方施加的压力大于溶剂上方的压力与渗透压之和，就会使溶液中的溶剂通过半透膜进入纯溶剂，这种现象称为反渗透现象。反渗透技术目前常用于海水的淡化或纯净水的制造，也可用于废水处理。

实际上，渗透现象不但在溶液和纯溶剂之间存在，在不同浓度的溶液中同样存在。

如果两种溶液的渗透压彼此相等，称为等渗溶液，若不相同，则渗透压相对较高的溶液称为高渗溶液，渗透压相对较低的称为低渗溶液。

当渗透压不相等的两溶液用半透膜隔开时，则溶剂总是由低渗溶液向高渗溶液中转移，使高渗溶液浓度逐渐变小，低渗溶液浓度逐渐增大。直至两溶液浓度相等为止。

动植物的细胞壁为半透膜，因此等渗溶液在药物制剂技术等方面有重要意义。如进行静脉注射的生理盐水与血液是等渗溶液，若为高渗溶液，则血细胞中的水分会向血液中渗透，引起血细胞的萎缩；若为低渗溶液，则水分向血细胞内渗透，导致血细胞肿胀，严重的会导致血细胞破裂。

四、分配定律及应用

1. 分配定律

稀溶液除了服从拉乌尔定律和亨利定律外，还服从另一定律——分配定律。

如果在 α 和 β 两种互不相溶的液体混合物中，加入一种即溶于 α 又溶于 β 的组分 B，在恒温恒压条件下达到平衡时，在稀溶液的范围内，该物质在两种液层中的浓度比为一常数，这一规律称为分配定律。可用下式表示

$$K = \frac{c_B^\alpha}{c_B^\beta} \tag{4-46}$$

式中　c_B^α，c_B^β——组分 B 在 α 和 β 中的浓度；

　　　　K——分配系数，取决于平衡时温度、溶质和溶剂的性质。

分配定律适用于稀溶液，溶质对两溶剂的互溶程度没有影响，溶质在两相中必须是同一种分子类型，即不发生缔合或离解。

例如青霉素在水中会发生离解，而在有机相中不离解，离解和不离解的青霉素是不同的分子类型。在此种情况下，青霉素就不服从分配定律。

2. 分配定律的应用——萃取

萃取是利用不同物质在选定溶剂中溶解度的不同分离固体或液体混合物中的组分的方法。萃取可分为液固萃取（也称浸取）和液液萃取。液液萃取是用一种与溶液不相溶的溶剂，将溶质从溶液中抽取出来的过程。实际上是分配定律的应用。液固萃取则是利用液体直接从固体中将溶质提取出来的过程。

浸取是目前中药制药提取药物有效成分的常用手段。萃取是目前制药生产工艺中常用的提取方法之一。

假定某溶质在两溶剂中没有缔合、离解、化学反应等作用，设在 V_1 溶液中含有溶质 m，若萃取 n 次，每次都用 V_2 的纯溶剂。则达到平衡时，剩余在原溶液中溶质的质量为 m_n，可以得出，经 n 次萃取后，残留在原溶剂中的溶质的质量为

$$m_n = m \left(\frac{KV_1}{KV_1 + V_2} \right)^n \tag{4-47}$$

从式(4-47)不难看出，随着 n 的增大，剩余量 m_n 就越小。对于一定量的萃取剂来说，分若干份进行多次萃取要比用全部萃取剂一次萃取的效率高，这也就是人们常说的"少量多次"原则。

练 习 题

一、思考题

1. 偏摩尔量的物理意义是什么？偏摩尔量与摩尔量有何异同之处？

2. 集合公式的意义是什么？

3. 化学势有何用途？多相平衡的条件是什么？

4. 为何要确定化学势的标准态？理想气体的化学势与真实气体化学势的化学势表达式的异同点是什么？

5. 如何理解逸度和逸度系数？逸度系数与压缩因子有何异同之处？

6. 表达混合物或溶液的组成有哪几种方法？

7. 拉乌尔定律和亨利定律的异同点是什么？

8. 理想液态混合物与理想气体有何异同之处？

9. 理想液态混合物有哪些混合性质？

10. 理想液态混合物的蒸气压和沸点有何特征？

11. 如果溶液中溶入了电解质，对蒸气压、凝固点、沸点和渗透压有何影响？

12. 理想液态混合物中，组分 B 的标准态是如何选定的？

13. 理想稀溶液是如何定义的？理想稀溶液的溶质 B 的化学势表达式有几种？标准态如何选定？

14. 为什么水温升高，鱼类的生存就会变得困难？

15. 将冷冻的肉放入凉水进行解冻，会发现表面结了一层薄冰，而里面却解冻了，为什么？

16. 渗透压在实际应用中有何重要意义？

二、填空题

1. A 和 B 能形成理想液态混合物。已知在一定温度时，$p_A^* = 2p_B^*$，当 A 和 B 的二元液体中 $x_B = 0.5$ 时，与其平衡的气相中的 A 的摩尔分数 $y_A = $ _____。

2. 在一定温度和压力下，将 0.1mol 的蔗糖溶于 80cm³ 水中，水蒸气的压力为 p_1，相同质量的蔗糖溶于 40cm³ 水中，水蒸气的压力为 p_2，则 p_1 _____ p_2。

3. 理想液态混合物是指在一定温度下，液体中的任意组分在全部的组成范围内符合 _____ 定律的混合物，可认为在此溶液中的各种分子间的 _____ 均是相同的。

4. A 和 B 形成理想液态混合物，在一定温度下，两种液体的饱和蒸气压分别为 p_A^* 和 p_B^*，且 $p_A^* > p_B^*$，则组分 A 的液相组成 x_A _____ 气相组成 y_A。

5. A 和 B 形成理想液态混合物，在一定温度下，两种液体的饱和蒸气压分别为 $p_A^* = 120$kPa 和 $p_B^* = 40$kPa，若该混合物在温度 T 和压力 100kPa 时开始沸腾，则此时的液相组成 $x_A = $ _____，气相组成 $y_A = $ _____。

6. 在一定温度下，A、B 两种气体在某一溶剂中溶解的亨利常数分别为 k_A 和 k_B，且 $k_A > k_B$。当 A 和 B 的气相压力相同时，_____ 在该溶剂中的溶解度较大。

7. 现有 A、B 两种水溶液，A 溶液渗透压较 B 低。当 A 和 B 之间隔有一个只有水分子可通过的半透膜时，水的渗透方向是从 _____ 溶液到 _____ 溶液。

三、选择题

1. 下列各式中表示偏摩尔量的是 _____。

① $\left(\dfrac{\partial U}{\partial n_B}\right)_{T,p,n_C \neq n_B}$ 　　　　　② $\left(\dfrac{\partial G}{\partial n_B}\right)_{T,V,n_C \neq n_B}$

③ $\left(\dfrac{\partial V}{\partial n_B}\right)_{S,p,n_C \neq n_B}$ 　　　　　④ $\left(\dfrac{\partial H}{\partial n_B}\right)_{V,p,n_C \neq n_B}$

2. 在 273K 和 101.325kPa 条件下，水的化学势 $\mu(H_2O, l)$ 和水蒸气的化学势 $\mu(H_2O, g)$ 之间存在的关系是 _____。

① $\mu(H_2O, l) = \mu(H_2O, g)$ 　　　② $\mu(H_2O, l) > \mu(H_2O, g)$

③ $\mu(H_2O, l) < \mu(H_2O, g)$ 　　　④ 无法确定

3. 二组分理想液态混合物的蒸气压 _____。

① 与组成无关 　　　　　　　　② 介于二纯组分的蒸气压之间

③ 大于任一纯组分的蒸气压 　　④ 小于任一纯组分的蒸气压

4. 相同温度下，A 和 B 两种气体在某一溶剂中溶解的亨利常数分别为 k_A 和 k_B，已知 $k_A > k_B$，则当 A 和 B 压力相同时在该溶剂中所溶解的量是 _____。

① A 的量大于 B 的量 　　　　　② A 的量小于 B 的量

③ A 的量等于 B 的量 　　　　　④ A 的量与 B 的量无法比较

5. 若要使 CO_2 在水中的溶解度相对较大，应选择的条件是 _____。

① 高温低压 　　② 低温高压 　　③ 高温高压 　　④ 低温低压

6. 25℃时，0.01mol/kg 的糖水的渗透压为 Π_1，而 0.01mol/kg 的尿素水溶液的渗透压为 Π_2，则 _____。

① $\Pi_1 < \Pi_2$ 　　② $\Pi_1 = \Pi_2$ 　　③ $\Pi_1 > \Pi_2$ 　　④ 无法确定

四、计算题

1. 298K、200kPa 下，1mol 纯理想气体与同温度标准压力下的化学势差为多少？

$(1.72 \times 10^3 \text{J/mol})$

2. 由水和乙醇形成的混合物，水的摩尔分数为 0.4，乙醇的偏摩尔体积为 $57.5×10^{-6}$ m^3/mol，混合物的密度为 $849kg/m^3$，计算此混合物中水的偏摩尔体积。

($16.2×10^{-6} m^3/mol$)

3. 质量分数为 0.98 的浓硫酸，其密度为 $1.84×10^3 kg/m^3$，求 H_2SO_4 的

(1) 物质的量浓度；　　　(2) 质量摩尔浓度；　　　(3) 物质的量分数。

[(1) 18.4mol/L；(2) 500mol/kg；(3) 0.90]

4. 将 $60×10^{-3}kg$ 蔗糖（$C_{12}H_{22}O_{11}$）溶于 $1kg$ H_2O 中形成稀溶液，该溶液在 100℃ 时的蒸气压为多少？蒸气压降低值为多少？

(101.0kPa；0.33kPa)

5. 已知 25℃ 时，空气中的氮气和氧气的亨利常数分别为 $k_x(N_2)=8.68×10^3 kPa$，$k_x(O_2)=4.40×10^3 kPa$，求溶解在水中的氮气和氧气的物质的量分数之比。已知空气中氧气的物质的量分数为 0.21，氮气的物质的量分数为 0.79。(1.91)

6. 在 20℃，纯水的饱和蒸气压为 2.339kPa，将 $10.00×10^{-3}kg$ 蔗糖溶入 1.000kg 水中，所形成的溶液密度为 $1.024×10^3 kg/m^3$，求溶液的蒸气压和渗透压各为多少？

(2.33kPa，466.7kPa)

7. 25℃ 下，将 1mol 纯苯加入大量的、苯的物质的量分数为 0.2000 的苯和甲苯理想液态混合物中，计算过程的 ΔG。

($-3.99×10^3 J$)

8. 液体 A 和 B 形成理想液态混合物，当组成 $x_A=2/3$ 时，溶液的蒸气总压为 $5×10^5 Pa$，当 $x_A=1/3$ 时，溶液的蒸气总压为 $7×10^5 Pa$，求：

(1) p_A^* 和 p_B^*；

(2) $x_A=2/3$ 时，平衡气相的组成 y_A。

[(1) $3×10^5 Pa$，$9×10^5 Pa$；(2) 0.40]

9. A、B 两种液体形成理想液态混合物，在某一温度下与其气相达到平衡，此时，测得气相的物质的量分数为 $y_A=0.40$，而液相中 $x_A=0.60$，蒸气压为 60.5kPa，求该温度下两纯液体的饱和蒸气压。

(40.33kPa，90.75kPa)

10. 20℃ 时，乙醚的饱和蒸气压为 58.95kPa。在 0.1kg 乙醚中加入某种非挥发性物质 0.01kg，乙醚的蒸气压降低至 56.79kPa，求该有机物的摩尔质量。

(0.1946kg/mol)

11. 溶入非挥发性、非电解质的苯溶液在 4℃ 凝固，其沸点是多少？已知纯苯的凝固点为 5.5℃，沸点为 80.1℃，$k_f=5.10K·kg/mol$，$k_b=2.6K·kg/mol$。

(80.9℃)

第五章 相 平 衡

> **学习目标**
>
> 1. 理解相律及其应用。
> 2. 掌握单组分系统平衡 T 与 p 的关系。
> 3. 掌握二组分凝聚系统相图，掌握杠杆规则及精馏原理。

在化工生产、药物生产、冶金工业和其他生产过程中，往往要对混合物进行分离提纯。分离提纯所涉及的溶解、结晶、蒸馏、萃取、吸收等单元操作均伴随着物质相态的变化。相平衡是相变化的一个相对极限状态，因此，相平衡规律是这些过程的理论基础。显然，研究相平衡，尤其是多组分系统的相平衡理论对指导生产实践具有十分重要的意义。

相平衡研究的方法一般有两种：解析法和图示法。解析法是用公式来表达相平衡关系，即相平衡状态随温度、压力和组成的变化关系。而图示法则是用图来表示相平衡状态随温度、压力、组成的变化关系，这种图称为相图。

第一节 相 律

研究相平衡时，常需要了解一个相平衡系统有多少相平衡共存？有多少种物质及物质的组成如何？温度、压力、组成等与系统的状态有何关系？在研究了大量的相平衡系统后，1876 年吉布斯总结出一个相平衡系统均遵守的基本定律——相律。在介绍相律前，首先要明确以下有关相平衡系统的几个基本概念。

一、基本概念

1. 相与相数

在热力学上，把系统中物理性质和化学性质完全相同的均匀部分称为相。相与相之间有明显的界面，可以用机械方法分开。系统内相的数目称为相数，用 Φ 来表示。

一种物质可以有不同的相，不同物质可以共存于一相。通常任何气体均能无限混合，所以系统内不论有多少种气体都只有一个气相。液体则按其互溶程度可以是一相、两相或三相。对于固体而言，一般有一种固体物质便有一相。但固态溶液是一个相。在固态溶液中粒子的分散程度和在液态溶液中是相似的。同时，相的数目与物质的量无关。

物质的相态和相数是随条件的变化而变化的。如水在压力为 101.325kPa，温度高于 373.15K 时为气态，相数为 1；温度低于 273.15K 时为固相，相数为 1；温度正好为 273.15K 时为固相和液相两相平衡共存。

2. 物种数与组分数

系统中能独立存在的纯化学物质的种类数目称为物种数，用 S 表示。不同相态的同一种化学物质，其物种数不变。如冰、水和水蒸气，其物种数是 1。不能独立存在的物质，不能计其物种数。如 KCl 水溶液，尽管溶液中存在有 K^+、Cl^- 和 H^+、OH^-，但几种离子均不能单独存在，所以 KCl 水溶液的物种数为 2（KCl 和 H_2O）。

在一定条件下，用于确定相平衡系统各组成所需最少的物种数称为独立组分数，简称组分数，用 K 表示。显然，组分数等于或小于物种数。

若系统中各物质之间没有发生化学反应，也没有其他限制条件，则组分数等于物种数。

若系统中各物质之间发生了化学反应，建立了化学平衡关系，则只要知道参与反应的几个物质的量，另一些物质的量受平衡的约束，不能任意变动。如系统中含有 PCl_3、PCl_5 和 Cl_2 三种物质，建立如下平衡： $PCl_5 \rightleftharpoons PCl_3 + Cl_2$

该系统的物种数为 3，但组分数为 2，这是因为三种物质中只有两种物质是可以独立改变的，第三种物质的量取决于前两种的量，至于三种物质当中取哪两种物质作为组分是任意的。也就是说，当系统存在独立的化学反应数 R 时，则组分数

$$K = S - R$$

这里强调的是独立的化学反应平衡数。不能认为只要出现一个化学反应的平衡关系，组分数就要减少 1 个。因为有的相平衡系统中可能同时存在几个化学反应的平衡关系，但这些化学平衡并非彼此独立，可能某个化学平衡可以用另外几个化学平衡来表示。如在高温下，将 $C(s)$、$O_2(g)$、$CO(g)$、$CO_2(g)$ 放入一密闭容器中，建立了如下几个化学平衡：

$$C(s) + \frac{1}{2}O_2(g) \rightleftharpoons CO(g) \tag{1}$$

$$C(s) + O_2(g) \rightleftharpoons CO_2(g) \tag{2}$$

$$CO(s) + \frac{1}{2}O_2(g) \rightleftharpoons CO_2(g) \tag{3}$$

$$C(s) + CO_2(g) \rightleftharpoons 2CO(g) \tag{4}$$

显然，（2）-（1）得（3），$2\times$（1）-（2）得（4），也就是说，在以上四个化学反应的平衡中，（3）和（4）不是独立的化学平衡，可以用（1）、（2）表示出来。所以，该平衡系统独立的化学平衡数 $R=2$，系统的物种数 $S=4$，组分数 $K=4-2=2$。

若在系统中，有几种物质在同一相中的浓度能保持某种数量关系，常称这种关系的数目为独立浓度限制数，用 R' 表示。计算组分数时，还要扣除这种数量关系。此时，组分数 $K=S-R-R'$。

如系统中含有 $N_2(g)$、$NH_3(g)$ 和 $H_2(g)$ 三种物质，在一定条件下发生下列反应：

$$N_2(g) + 3H_2(g) \rightleftharpoons 2NH_3(g)$$

系统中的物种数 $S=3$。

当三种物质的量相互之间没有任何浓度关系时，此时 $S=3$、$R=1$、$R'=0$，而 $K=2$。

当开始时只有 $NH_3(g)$，而 $N_2(g)$ 和 $H_2(g)$ 是由 $NH_3(g)$ 分解而来，或是开始时，系统中 $N_2(g)$ 和 $H_2(g)$ 的物质的量之比是 1∶3，即指定了 $N_2(g)$ 和 $H_2(g)$ 的浓度比，此时，$S=3$、$R=1$、$R'=1$，而 $K=1$。也就是说，系统中只有一个组分是独立的，其余组分可以由浓度比和化学平衡确定。

应当指出，浓度限制关系必须是在同一相中，并有一个化学平衡把物质的浓度联系起来。如反应 $CaCO_3(s) \rightleftharpoons CaO(s) + CO_2(g)$

虽然，$n(CaO) = n(CO_2)$，但 $CaO(s)$ 和 $CO_2(g)$ 不处在同一相，又没有一个联系 $CaO(s)$ 饱和蒸气压和 $CO_2(g)$ 分压的公式，此时，$S=3$、$R=1$、$R'=0$，而 $K=2$。

3. 自由度和自由度数

相的存在与物质的量无关，对于定量定组成的系统，影响相平衡的因素仅是系统的强度性质。在系统不至于引起旧相消失、新相产生的条件下，可以随意独立改变的强度性质（如

温度、压力、浓度等）称为自由度，其数目称为自由度数。用 f 表示。

例如，当水在 500K 和 101.325kPa 条件下，以单一气相存在，在气相不被液化的前提下，可以在一定范围内任意改变温度和压力，不会使水蒸气变成液态水。此时，系统的自由度 $f=2$。当水在 373.15K 和 101.325kPa 条件下与水蒸气互为平衡时，在气、液相均不消失的情况下，温度和压力的两个变量中，只有一个是独立可变的，另一个则不能任意选择。因为当温度确定后，其压力必定是该温度下水的饱和蒸气压。两者之间存在一定的关系。此时，系统的自由度 $f=1$。

二、相律

相律就是研究在多相平衡系统中，系统内相数、组分数和自由度数及外界因素（温度、压力等）之间数量关系的一种普遍规律。

利用相平衡时各种物质在各相中化学势相等的条件和自由度与变量数之间的关系可以推导出相律，其基本方法是：

自由度数（独立变数）＝总变量数－关系方程式数

最终可得到如下方程，这就是吉布斯相律：

$$f=K-\Phi+2 \tag{5-1}$$

三、相律的应用

在推导式(5-1) 的过程中，应用了平衡条件，所以相律只适用于相平衡系统，方程式(5-1)中的 2 代表了外界的强度系数（一般是指温度和压力）对相平衡系统的影响因素。若考虑其他强度性质如磁场、电场、重力场等的影响，则将考虑的强度性质以 n 来表示。即

$$f=K-\Phi+n \tag{5-2}$$

当系统处于恒温或恒压，或对于凝聚系统，外压力对相平衡系统的影响不大，此时可以看作只有温度是影响平衡的因素，则 $n=1$，此时 $f=K-\Phi+1$。

相律对指导相平衡系统的研究有重要意义。它指出一个相平衡系统中组分数、相数和自由度三者之间遵守的数量关系。但相律只能告诉人们相平衡中的自由度数或相数，不能具体指出是哪几个自由度或哪几个相，需根据所给定的条件进一步进行具体的分析，才能得到确定的答案。

【例题 5-1】 已知 $Na_2CO_3(s)$ 和 $H_2O(l)$ 可以组成的含水盐有 $Na_2CO_3 \cdot H_2O(s)$、$Na_2CO_3 \cdot 7H_2O(s)$ 和 $Na_2CO_3 \cdot 10H_2O(s)$。

(1) 系统的组分数是多少？

(2) 系统最多能以几相共存？

(3) 系统的最大自由度为多少？

(4) 在 300K 时与水蒸气平衡共存的含水盐最多有几种？

解 (1) $K=S-R-R'$

该系统物种数 $S=5$，独立的化学平衡关系数 $R=3$，浓度限制数 $R'=0$

故 $\qquad K=5-3-0=2$

(2) 系统共存相最多时，系统的自由度 $f=0$，由相律 $f=K-\Phi+2$

故 $\qquad \Phi_{max}=K+2=4$

(3) 系统自由度最大时，系统存在的相数最少（只有一相），由相律

$$f_{max}=2-1+2=3$$

(4) 在 300K 时，系统适用的相律为

$$f = K - \Phi + 1 = 3 - \Phi$$

此时，系统最多平衡共存的相数为 3，但水蒸气为其中一相，故与水蒸气平衡共存的含水盐最多还可以有两种。

第二节 单组分系统

一、单组分系统相律分析

对于单组分系统，其组分数 $K = 1$，根据相律有

$$f = K - \Phi + 2 = 3 - \Phi$$

因此，单组分系统自由度为零时，最多可有三相平衡共存。相数最少为 1，此时，系统自由度最大，为 2，即温度和压力。

在研究纯物质单组分系统时，要考虑两相平衡问题，如汽-液平衡、固-液平衡或固-气平衡等，此时，由于相数为 2、自由度 $f = 1$。即温度和压力两个强度性质中，只有一个是可以独立改变的，而另一个要相应变化，才能保证两相的平衡。也就是说，当单组分系统两相平衡时，温度和压力之间存在一定的函数关系。这种关系就是克拉贝龙方程。

二、单组分系统两相平衡时温度和压力之间的关系

1. 克拉贝龙方程

在一定的温度、压力下，系统内纯物质达到 α 相和 β 相两相平衡，根据相平衡条件，α 相和 β 相的化学势相等，即

$$\mu^\alpha(T, p) = \mu^\beta(T, p)$$

当温度改变 dT 时，为达到新的平衡，压力也相应改变 dp，两相中的化学势亦相应改变了 $d\mu^\alpha$ 和 $d\mu^\beta$，在新平衡条件下

$$\mu^\alpha(T, p) + d\mu^\alpha = \mu^\beta(T, p) + d\mu^\beta$$

$$d\mu^\alpha = d\mu^\beta$$

由 $d\mu = -S_m dT + V_m dp$ 代入上式得

$$-S_m^\alpha dT + V_m^\alpha dp = -S_m^\beta dT + V_m^\beta dp$$

整理后得

$$\frac{dp}{dT} = \frac{S_m^\beta - S_m^\alpha}{V_m^\beta - V_m^\alpha} = \frac{\Delta_\alpha^\beta S_m}{\Delta_\alpha^\beta V_m} \tag{5-3}$$

式(5-3) 称为克拉贝龙方程。又因为纯物质在恒温、恒压下的相变过程是在无限接近平衡条件下进行的，为可逆相变，则其熵变为

$$\Delta_\alpha^\beta S_m = \frac{\Delta_\alpha^\beta H_m}{T}$$

代入后得

$$\frac{dp}{dT} = \frac{\Delta_\alpha^\beta H_m}{T \Delta_\alpha^\beta V_m} \tag{5-4}$$

式(5-4) 也称为克拉贝龙方程。此式表示纯物质任意两相平衡时，平衡压力与平衡温度的关系。

【例题 5-2】 在 0℃时，冰的摩尔熔化焓为 6008J/mol，冰的摩尔体积为 19.652×10^{-6} m^3，液态水的摩尔体积为 $18.018 \times 10^{-6} m^3$，求冰的熔点与压力的关系。

解 由 $\dfrac{dT}{dp} = \dfrac{T \Delta_\alpha^\beta V_{m, B}}{\Delta_\alpha^\beta H_{m, B}}$

得 $\dfrac{\mathrm{d}T}{\mathrm{d}p}=\dfrac{273.15\times(18.018\times10^{-6}-19.652\times10^{-6})}{6008}=-7.43\times10^{-8}\mathrm{K/Pa}$

即压力每增加 1Pa，冰的熔点降低 7.43×10^{-8} K。

2. 克劳修施-克拉贝龙方程

将克拉贝龙方程用于有气体参加的相变（汽-液平衡或气-固平衡），并假定蒸气为理想气体，在常压下，由于蒸气的摩尔体积远远大于液体或固体的摩尔体积，因此，可将液、固体体积忽略不计。以液体的汽化为例，由克拉贝龙方程得

$$\frac{\mathrm{d}p}{\mathrm{d}T}=\frac{\Delta_l^g H_m}{T\Delta_l^g V_m}=\frac{\Delta_l^g H_m}{T[V_m(g)-V_m(l)]}=\frac{\Delta_{vap}H_m}{TV_m(g)}$$

由理想气体状态方程 $V_m=\dfrac{RT}{p}$，代入上式可得

$$\frac{\mathrm{d}\ln p}{\mathrm{d}T}=\frac{\Delta_{vap}H_m}{RT^2} \tag{5-5}$$

此式称为克劳修施-克拉贝龙方程（微分式）。

当温度变化范围不大时，液体的摩尔蒸发焓 $\Delta_{vap}H_m$ 可认为是常数，将上式作不定积分得

$$\ln p=-\frac{\Delta_{vap}H_m}{RT}+C \tag{5-6}$$

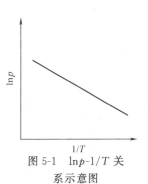

图 5-1 $\ln p$-$1/T$ 关系示意图

此式称为克劳修施-克拉贝龙方程的不定积分式，若以 $\ln p$ 对 $\dfrac{1}{T}$ 作图，可以得到一条直线，如图 5-1 所示。直线的斜率

$$m=-\frac{\Delta_{vap}H_m}{R}$$

可以利用蒸气压和温度的关系测定液体的蒸发焓。

对式(5-5)进行定积分

$$\int_{p_1}^{p_2}\mathrm{d}\ln p=\int_{T_1}^{T_2}\frac{\Delta_{vap}H_m}{RT^2}\mathrm{d}T$$

得到 $\qquad\ln\dfrac{p_2}{p_1}=-\dfrac{\Delta_{vap}H_m}{R}\left(\dfrac{1}{T_2}-\dfrac{1}{T_1}\right) \tag{5-7}$

式(5-7)称为克劳修施-克拉贝龙方程的定积分式。

若已知一个相平衡温度 T_1 和压力 p_1 与相变焓 $\Delta_{vap}H_m$，则可以求出在另外一个温度 T_2 下的平衡压力 p_2。

以上三种形式的克劳修施-克拉贝龙方程对有其他气体参加的相变均适用，只要将式中蒸发焓用升华焓、凝华焓或液化焓取代即可。

【例题 5-3】 生产中常用高压蒸气给反应器提供热源。若蒸气的压力为 3000kPa 时，蒸气的温度为多少？已知水在 373K、101.325kPa 时汽化焓为 40.66kJ/mol。

解 可将水蒸气视为理想气体，水的汽化焓视为常数，由克劳修施-克拉贝龙方程

$$\ln\frac{p_2}{p_1}=-\frac{\Delta_{vap}H_m}{R}\left(\frac{1}{T_2}-\frac{1}{T_1}\right)$$

有 $\qquad\ln\dfrac{3000\times10^3}{101.325\times10^3}=-\dfrac{40.66\times10^3}{8.314}\left(\dfrac{1}{T_2}-\dfrac{1}{373}\right)$

解得 $T_2=503$K，即温度为 230℃的饱和水蒸气，其压力为 3000kPa。

在工业生产中，为了提纯在沸点前就发生分解的物质，常用减压蒸馏的方法，使系统的压力降低，达到降低沸点、顺利分离提纯的目的。根据物质的分解温度，可以用克劳修施-克拉贝龙方程计算生产上应控制的压力。在医学上，常用的高温消毒法，是使消毒锅内压力增大，从而使水的沸点增大，从而达到消毒温度。

三、单组分系统的相图

单组分系统两相平衡时，相平衡温度和相平衡压力之间的关系可以用函数表示，也可以用图形来表示，这种表示相平衡关系的图称为相图。

相图的坐标是强度性质（压力、温度、浓度），图上的任一点代表了系统的一个状态。

1. 相图的绘制

通过前面对单组分系统的相律分析可以看出，单组分系统可以是单相（气、液、固），两相平衡共存（气-液、气-固、固-液），还可以是三相平衡共存。通过实验可以测出其平衡时与温度和压力的关系的一系列数据，将它们画在 $p\text{-}T$ 图上即为单组分系统的相图。

2. 水的相图及分析

以水为例，表 5-1 是实验所得的水的相平衡数据。

表 5-1   水的相平衡数据

温度/℃	饱和蒸气压/kPa		平衡压力/kPa
	水 ⇌ 水蒸气	冰 ⇌ 水蒸气	冰 ⇌ 水
−20	0.126	0.103	
−10	0.287	0.260	193.5×10^3
0.01	0.6106	0.6106	110.4×10^3
20	2.338		0.6106
60	19.916		
100	101.325		
200	1554.4		
300	8590.3		
374.2	22119.25		

图 5-2 是根据实验结果所绘制的水的相图（示意图）。

相图分析是要利用相律和其他条件来说明相图中各相区、相线、相点的物理意义，并讨论外界条件的改变对相平衡系统的影响。进行分析前首先要明确，相图上的任一点代表的是系统的某一个状态。水的相图中有三条相线，三条相线将图分为三个相区，三条相线汇交于一点 O 点。

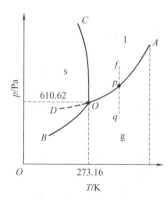

（1）相线分析   图中 OA、OB、OC 三条线都是根据两相平衡时温度和压力数据画出的，称为两相平衡线。线上的任一点代表系统的某一状态，由于是两相平衡共存，相数 $\Phi = 2$，由单组分系统相律分析 $f = 3 - 2 = 1$。因此对两相平衡，指定了温度后，要想维持系统仍处于平衡状态，则压力应作相应的变化。否则就会破坏相平衡系统。

图 5-2   水的相图（示意图）

OA 线是水和水蒸气的两相平衡线，即水的饱和蒸气压曲线。该线右端终止于水的临界点（$T_c = 647.4\text{K}$，$p_c = 2.21 \times 10^4\text{kPa}$），因为液态水在临界温度上不复存在。$OA$ 斜率大于零，表示水的蒸气压随温度升高而增大，或是说水的沸点随外压增大而升高。OA 可以延伸到 O 点以下为 OD 线。OD 线在图中表示为虚线，称为过冷水的饱和蒸气压与温度的关系曲线。

　　OB 线是冰和水蒸气的两相平衡线，即冰的升华压（蒸气压）曲线。理论上可延伸至 0K。OB 线斜率也大于零，且大于 OA 线斜率。说明温度对冰的蒸气压影响比对水的影响大。

　　OC 线是冰和水的两相平衡线，即冰的熔点（水的凝固点）曲线。其斜率小于零，说明压力增大，水的凝固点降低。实验表明 OC 线向上可延至（253K，2.03×10^3 kPa）。超过这一限度，会出现其他晶型，相图形式较为复杂，这里不再讨论。

　　（2）相区分析　　相图中的三条线将相图分为三个区域：气相区（AOB）、液相区（AOC）和固相区（COB）。各相区中，相数 $\Phi = 1$，由相律得 $f = 2$。即在这三个区域，可以在一定范围内，任意改变温度或压力，不会引起相变化。

　　（3）相点分析　　O 点是三条两相平衡线的交汇点，称为三相点。在该点三相平衡共存。$\Phi = 3$，由相律得 $f = 0$。这说明三相点的温度和压力为一固定值（273.16K，610.6Pa），不能改变，否则就会引起相变的发生。

　　应当注意，水的三相点与常说的水的冰点不是一个概念。三相点是系统内冰、水和水蒸气三相平衡共存点，是纯组分系统相图中的状态点（273.16K，610.6Pa）。而冰点则是在 101.325kPa 下被空气饱和了的水和冰成平衡时的温度，即 273.15K。水的冰点较水的三相点的温度低 0.01K。其中，由于水中溶有空气使冰点下降 0.0024K；外压从 610.6Pa 升到 101.325kPa 使冰点又降低了 0.0075K。这两种效应的结果是水的冰点比三相点温度低了 0.01K。

　　（4）温度、压力对系统相变化的影响　　利用相图能说明当外界条件改变时，对系统相变化的影响。前面提到，相图中的任一点代表系统的一个状态，称之为系统点。如图 5-2 中的 q、p 和 f 点。q 点表示在一定压力和温度下的水蒸气。当系统经历一恒温加压过程时，系统点沿 qf 线向上变化。到达 p 点就凝结出水来。p 点为水和水蒸气两相平衡点。继续加压水蒸气全部变为水，到达 f 点，即一定温度和压力下的水。

　　其他纯物质的相图与水的相图类似。只不过物质不同，两相平衡线的斜率和三相点的位置不同。单组分相图的使用和分析方法一样。不再一一讨论。但需要强调的是两相平衡线中，各种纯物质的气-液、气-固线的斜率均大于零。而固-液平衡线的斜率对水是负值，而对其他多数物质而言为正值。

　　制药过程中常采用的冷冻干燥工艺可以用水的相图来说明。冷冻干燥工艺是将含水物料在低温条件下冷冻成微小的颗粒，然后减压直接让水升华，从而制得细颗粒的粉剂。此工艺的关键是要控制好系统的温度和压力（低于水的三相点），否则冷冻物料颗粒中的水不能直接升华。

第三节　二组分液相系统

一、相律分析

　　根据相律，二组分系统的自由度与相数之间存在如下关系

$$f = K - \Phi + 2$$

　　其中 $K = 2$。故 $f = 2 - \Phi + 2 = 4 - \Phi$。即二组分最多能以四相平衡共存，最大自由度为 3（温度、压力和组成）。也就是说，要全面描述二组分系统的相平衡关系，需要用比较复杂的三维坐标系。但为了讨论的方便，可固定一个自由度（常是温度或压力），此时二组分系统的自由度 $f = 2 - \Phi + 1 = 3 - \Phi$，最大自由度为 2，便可以用平面坐标描述。

二、二组分理想液态混合物系统的相图

　　理想液态混合物中任一组分均服从拉乌尔定律，这类汽-液平衡相图最具有规律性，形

状也较为简单，是讨论其他汽-液平衡相图的基础。

1. 压力-组成图

（1）相图的绘制　设液体 A 和 B 可以形成理想液态混合物，温度为 T 时，各纯物质饱和蒸气压分别为 p_A^* 和 p_B^*，且 $p_A^* < p_B^*$。当达到汽液两相平衡时，由拉乌尔定律可得到气相中 A 和 B 的分压 p_A、p_B 与液相组成 x_A、x_B 的关系式：

$$p_A = p_A^* x_A = p_A^*(1 - x_B)$$
$$p_B = p_B^* x_B$$

与液相呈平衡的气相的总压力 p 为

$$p = p_A + p_B = p_A^*(1 - x_B) + p_B^* x_B = p_A^* + (p_B^* - p_A^*)x_B$$

若以压力为纵坐标，组成为横坐标，总压与液相组成之间的关系呈线形关系（见图 5-3）。直线的端点为 p_A^* 和 p_B^*。这条线称为液相线。由图 5-3 可以看出，当 $0 < x_A < 1$ 时理想液态混合物蒸气的总压总是介于两纯液体的饱和蒸气压之间，即有

$$p_A^* < p < p_B^*$$

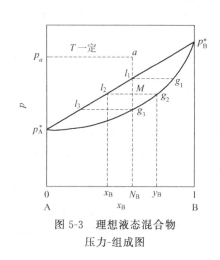

图 5-3　理想液态混合物
压力-组成图

在一定温度下，二组分汽-液平衡系统的自由度 $f = 2 - 2 + 1 = 1$。也就是说若选定液相组成 x_B 为独立变量，则系统的总压 p 和气相组成 y_B 均是 x_B 的函数。假设蒸气为理想气体，根据分压定律，则存在

$$y_A = \frac{p_A}{p} = \frac{p_A^* x_A}{p} = \frac{p_A^*(1 - x_B)}{p}$$

根据讨论的结果，可在压力-组成图上将压力与气相组成和液相组成的关系表达出来，由气相组成与蒸气压的关系表达式可以看出，总压与气相组成为一曲线，如图 5-3 所示。

（2）相图分析　整个相图被两条线分为三个区域，图中有两个点、两条线和三个区域。两点是纯组分 A 和 B 的气相线与液相线在坐标轴上的交点，分别表示纯组分 A 和 B 的饱和蒸气压 p_A^* 和 p_B^*；此两点处为纯组分的汽液平衡点，其自由度 $f = K - \Phi + 1 = 1 - 2 + 1 = 0$。

两条线分别为气相线和液相线，液相线始终在气相线的上方。这也可以由前面讨论的结果得到，由

$$p_A^* < p < p_B^* \ 得 \frac{p_B^*}{p} > 1$$

再由

$$y_B = \frac{p_B}{p} = \frac{p_B^* x_B}{p}$$

即得

$$y_B > x_B$$

这说明，在一定温度下，饱和蒸气压不相同的二组分理想液态混合物的汽-液平衡系统中，蒸气压较大的组分（易挥发组分）在气相中的含量大于其在液相中的含量。同样可以得到 $y_A < x_A$，即蒸气压较小的组分（难挥发组分）在液相中的含量大于其在平衡气相中的含量。这是液态混合物可以通过蒸馏进行提纯分离的理论基础。

三个区域分别为液相区（液相线以上）、气相区（气相线以下）和汽-液平衡区（介于气相线和液相线之间）。其中液相区和气相区均为单相区，其自由度 $f = K - \Phi + 1 = 2 - 1 + 1 = 2$。也就是说，在这两个区的一定范围内任意改变压力或组成不会产生相变化。汽-液平衡区则不同，在此区域中，气液是平衡共存的，其自由度为 $f = K - \Phi + 1 = 2 - 2 + 1 = 1$。也就是说，在

此区域只有一个可以独立改变的变量，压力和组成不能任意改变，否则就会引起旧相消失，新相产生。即压力、气相组成和液相组成三个变量中只要有一个确定，其他两个皆为定值。

利用相图，可以分析当外界条件发生变化时，系统发生相变化的情况。如图 5-3 所示，在一个组成为 N_B 系统中，系统的原始点为 a，在温度不变的情况下，缓慢降低系统的压力，则系统的状态点沿 aN_B 线（恒组成线）缓慢下移。此时，系统为液相区。当系统点到达 l_1 时，液体开始蒸发，出现第一个微小的气泡，但对液体组成没有影响，而此时，气相的状态点为 g_1。随着压力的降低，气相的量不断增大，气相组成也发生了变化，组成的变化是沿着气相线向左下方移动。同时，液相的量相应地减少，组成也沿着液相线向左下方移动。当系统点处于 M 时，系统呈汽-液两相平衡。也就是说，此时系统实际上是组成为 l_2 的液相状态点和组成为 g_2 气相状态点平衡共存。l_2 点和 g_2 点都称为相点，两平衡相点的连接线称为结线，如图中的 l_2Mg_2 线。当压力继续降低至 g_3 点所对应的压力时，液相全部蒸发，所对应的组成为系统组成。系统最后一滴液体在 l_3 点消失。继续降低压力，系统点进入气相区。由以上分析，在单相区内，系统点和相点是重合的。而在两相平衡区，系统点和相点是不重合的，为两共轭相。很明显，两平衡相的组成和相对数量是随总压的变化而变化的。两相的相对数量可以通过杠杆规则来计算。

2. 杠杆规则

以上述系统为例，当系统处于两相平衡区内的 M 点时，系统组成点为 N_B，物质的总量为 n，气相组成点为 g_2，气相组成为 y_B，气相物质的量为 n_g，液相组成点为 l_2，液相组成为 x_B，液相物质的量为 n_1。对系统组分 B 作物料衡算。

$$n_B = n_g y_B + n_1 x_B = (n_g + n_1)N_B$$

整理得

$$n_1(N_B - x_B) = n_g(y_B - N_B)$$

即

$$\frac{n_1}{n_g} = \frac{y_B - N_B}{N_B - x_B} = \frac{\overline{Mg_2}}{\overline{l_2M}} \tag{5-8}$$

式(5-8) 称为杠杆规则。它表明，在两相平衡系统中，两相的物质的量反比于系统点到两个相点的线段长度。这相当于以系统点 M 为支点，两个相点为力点，分别挂着 n_g 和 n_1 的重物，当杠杆达到平衡时，则存在上述关系。

式(5-8) 也可以 g_2 或 l_2 作为支点，此时，分别有

$$n_g \overline{l_2g_2} = n \overline{l_2M} \quad \text{及} \quad n_1 \overline{l_2g_2} = n \overline{Mg_2} \tag{5-9}$$

若图 5-3 中横坐标用质量分数表示，则杠杆规则中两相的物质的量换成质量，组成换成质量分数，杠杆规则依然成立。

3. 温度-组成图

在工业生产中的一些分离操作（如蒸馏）往往是在固定压力下进行的。因此，讨论一定压力下的温度-组成相图更有实际意义。

当外压恒定时，表示二组分系统汽-液两相平衡组成与温度关系的相图称为温度-组成图。温度-组成图亦称沸点-组成图。对理想液态混合物来说，若已知其两个纯液体在不同温度下的饱和蒸气压，则可以通过计算的方法求出在不同温度下的汽-液两相平衡相的组成，从而得到温度-组成图。温度-组成图也可以通过实验方法测定得出。在恒定外压的条件下，测定溶液的沸点及相应的气相组成和液相组成的数据绘制而成。

理想液态混合物的沸点-组成图如图 5-4 所示。

与压力-组成图类似，温度-组成图也是由两点、两条线和三个区域组成，两个点分别是纯 A 和纯 B 在该压力下的沸点（$f=0$）。两条线中，上方为气相线，下方为液相线。气相线上方的区域为气相区，液相线下方的区域为液相区（$f=2$）。气相区和液相区之间的区域为

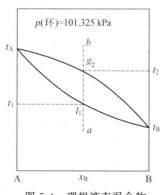

图 5-4 理想液态混合物
温度-组成图

汽-液平衡区（$f=1$）。从图 5-4 中可以看出，气相线始终在液相线的右面，即 $y_B>x_B$，这与前面讨论的结果一致，此外，对理想液态混合物系统，其沸点在全部浓度范围内均介于两纯组分的沸点之间，即

$$t_B^*<t<t_A^*$$

在温度-组成图中，气相线又称为露点线，液相线也称为泡点线。在汽-液平衡区，杠杆规则同样适用。

三、非理想液态混合物系统

绝大多数的二组分液态混合物不能在全部浓度范围内遵守拉乌尔定律，这种液态混合物称为非理想液态混合物系统。

1. 正偏差液态混合物

若非理想液态混合物的蒸气压的实验值大于按拉乌尔定律的计算值，称为正偏差液态混合物。若偏差不大，在全部浓度范围内混合物的蒸气总压仍介于两纯组分的饱和蒸气压之间，称为较小正偏差，如苯-丙酮组成的系统。另一种是偏差较大，以至于在某一组成范围内混合物的蒸气总压大于任一纯组分的蒸气压，如乙醇-环己烷组成的系统。

图 5-5 和图 5-6 为分别具有较小正偏差液态混合物的压力-组成图和温度-组成图。

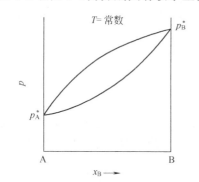

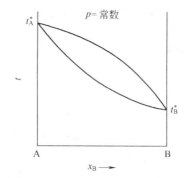

图 5-5 具有较小正偏差的压力-组成图　　　　图 5-6 具有较小正偏差的温度-组成图

由图 5-5、图 5-6 可以看出，具有较小正偏差液态混合物的压力-组成图和温度-组成图与理想液态混合物的相图类似，汽-液平衡区较理想液体混合物系统略宽一些。相图分析和使用也类似，不再论述。

具有较大正偏差液态混合物的压力-组成图上出现了一个最高点 M 点（见图 5-7）。该点的蒸气压大于任意组分的蒸气压，在最高点处，气相线与液相线相交，有 $y_B=x_B$ 及 $y_A=x_A$。此点的自由度 $f=0$。

而在温度-组成图出现了一个最低点 C 点（见图 5-8）。在 C 点处，气相线和液相线相切。由于对应于此点组成的液相在该指定压力下沸腾时产生的气相与液相组成相同，即 $x_B=y_B$，其数值称为恒沸组成。这一恒沸温度又是液态混合物沸腾的最低温度，故称之为最低恒沸点，该组成的混合物称为恒沸混合物。

当混合物中组分 B 的组成小于恒沸组成时，$y_B>x_B$，说明组分 B 的挥发能力较组分 A 强，当混合物中组分 B 的组成大于恒沸组成时，$y_A>x_A$，说明组分 A 的挥发能力较组分 B 强。

可以看出，相图中分为四个区域，其中有气相区、液相区各一个，汽-液平衡区两个。

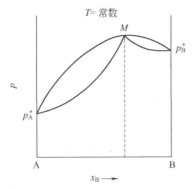

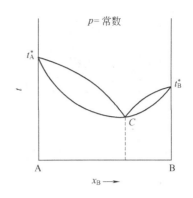

图 5-7 具有较大正偏差的压力-组成图 　　图 5-8 具有较大正偏差的温度-组成图

杠杆规则对两个汽-液平衡区均适用。

应当指出，恒沸组成并不是具有确定组成的化合物，而是两种组分挥发能力暂时相等的一种状态。恒沸混合物随外压的改变，其沸点和组成也会发生改变。

2. 负偏差液态混合物

若非理想液态混合物的蒸气压的实验值小于按拉乌尔定律的计算值，称为负偏差液态混合物。若偏差不大，在全部浓度范围混合物的蒸气总压仍介于两纯组分的饱和蒸气压之间，称为较小负偏差，如氯仿-乙醚组成的系统。另一种是偏差较大，以至于在某一组成范围内混合物的蒸气总压小于蒸气压较小的纯组分，如氯仿-丙酮组成的系统。

图 5-9 和图 5-10 分别是具有负偏差液态混合物的压力-组成图和温度-组成图。

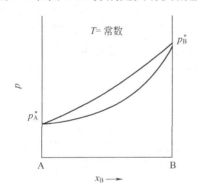

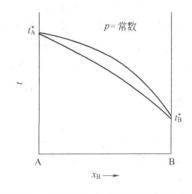

图 5-9 具有较小负偏差的压力-组成图 　　图 5-10 具有较小负偏差的温度-组成图

由图 5-9、图 5-10 可以看出，具有较小负偏差液态混合物的压力-组成图和温度-组成图与理想液态混合物的相图类似，只不过两相平衡区域变小。

具有较大负偏差液态混合物的压力-组成图的 M 点为最低点（见图 5-11），对应的温度-组成图上有最高点 C 点，称为最高恒沸点（见图 5-12）。

这类液态混合物的相图与具有最低恒沸点的相图类似，但所不同的是，当溶液中组分 B 的组成小于恒沸混合物时，$y_B < x_B$；大于恒沸混合物时，$y_B > x_B$；在恒沸点时，$y_A = x_A$。

3. 非理想液态混合物产生偏差的原因

非理想液态混合物对理想液态混合物之所以产生偏差，一般认为有三种原因。

① 形成混合物后，组分发生解离。系统中某组分单独存在时为缔合分子，在与其他组分形成混合物后，发生离解或缔合度变小，使其在混合物中的分子数目增加，蒸气压增大，产生正偏差。

② 形成混合物后，组分发生缔合。混合物中各组分单独存在时为单个分子或缔合度较

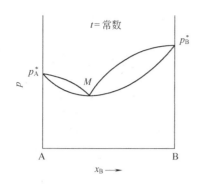

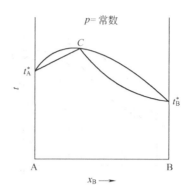

图 5-11　具有较大负偏差的压力-组成图　　　　图 5-12　具有较大负偏差的温度-组成图

低，形成混合物后发生分子间缔合或形成氢键，使两组分的分子数目都减少，蒸气压均减少，产生负偏差。

③ 形成混合物后，分子间作用力发生改变。若某一组分（A）在与另一组分（B）形成混合物后，B、A 间的作用力小于 A、A 之间的作用力，形成液态混合物后，就会减少 A 分子所受到的引力，A 变得容易逸出，A 组分就产生正偏差；相反，若 B、A 间的作用力大于 A、A 之间的作用力，形成混合物后，就会产生负偏差。

在形成混合物的过程中，由于分子间的作用力发生变化，因此，在混合过程中伴随着热效应及体积的变化。

应指出的是，上述产生正、负偏差的因素可能同时发生，其影响可相互抵消，当完全抵消时，蒸气压与组成的关系表现得很像理想液态混合物。如在 0℃，乙酸乙酯和水所构成的系统，其蒸气压与组成的关系与理想液态混合物相近。但在其他温度下，则出现偏差。因此，正负偏差的产生与液体混合物所处的条件及两组分的结构、性质密切相关。

一般来说，对于非理想液态混合物，若其中一种组分产生正偏差，则另外一种组分也产生正偏差；若其中一种组分产生负偏差，则另一种组分也产生负偏差。

4. 精馏原理

在化工生产中，常通过精馏操作将液态混合物分离和提纯。精馏是将液态混合物反复进行部分汽化和部分冷凝，使混合物中组分达到分离的单元操作。其原理是利用液态混合物在汽-液平衡时，各组分的相对挥发能力不一样。精馏操作均在恒压条件下进行，因此，讨论精馏原理使用温度-组成图更为方便。

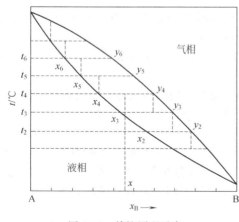

图 5-13　精馏原理示意

（1）正常类型液态混合物的精馏　这类液态混合物包括理想液态混合物和具有较小正负偏差的液态混合物。它们具有一个共同的特点，就是在全部组成范围内均有 $t_B^* < t < t_A^*$ 及 $y_B > x_B$（假定 B 为易挥发组分）。

如图 5-13 所示，将组成为 x 的混合物若加热至 t_4 时，这时气、液组成分别为 y_4 和 x_4。若将组成为 y_4 的气相冷却到 t_3，得到组成为 x_3 的液相和组成为 y_3 的气相。显然，$y_{B,3} > y_{B,4}$，说明部分冷凝后，气相中 B 组分含量增加。若将组成为 y_3 的气相冷却到 t_2，就得到组成为 x_2 的液相和组成为 y_2 的气相，$y_{B,2} > y_{B,3}$，气相中 B 组分含量进一步增加。如果反复操作下去，最终会得到纯 B 气相组成。

再看液相部分，若将 x_4 加热至 t_5，液相部分汽化，这时，气液两相分别为 y_5 和 x_5。再把组成为 x_5 的液相部分汽化，则得到组成为 y_6 的气相和组成为 x_6 的液相。显然，$x_{A,6} > x_{A,5} > x_{A,4}$。说明经部分汽化后，液相中组分 A 的含量增加。将这种汽化操作反复，最终的残液为难挥发 A 组分。

经多次反复部分蒸发和部分冷凝的结果，是气相组成沿气相线下降，最后蒸出的是纯组分 B，液相组成沿液相线上升，最后残留液为纯组分 A。

在实际生产中，上述的部分冷凝和部分汽化过程是在精馏塔中连续进行的。以泡罩式精馏塔为例（见图 5-14），精馏塔主要由三部分组成：塔釜、塔身和塔顶冷凝器。物料在塔釜内加热后，蒸气通过塔板上的泡罩与塔板上的液体接触，进行能量和质量的交换。蒸气中难挥发组分冷凝为液体并放出冷凝热，使液相中易挥发组分汽化并升入高一级塔板。上升蒸气中含有较多的易挥发组分，而下降到下一块塔板的液体，难挥发组分增加。每一层塔板就相当于一次简单蒸馏。最终在塔顶得到纯度较高的易挥发组分 B，经塔顶冷凝器变为液体放出，而在塔底得到纯度很高的难挥发组分 A。塔板数越多，分离的效果越好。

理想液态混合物和具有较小正负偏差的非理想液态混合物，可以通过精馏完全分离出两种纯组分，只不过所需塔板数不一样而已。

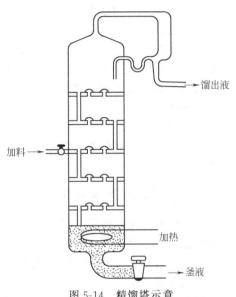

图 5-14　精馏塔示意

（2）具有最低恒沸点和最高恒沸点类型液态混合物的精馏　由于这两类液态混合物存在着最低或最高恒沸点。在恒沸点，两种物质的相对挥发能力一样。因此，通过普通的精馏不能达到完全分离两种物质的目的，只能得到一种纯组分和恒沸混合物。对具有最低共沸点类型的液态混合物，在塔顶得到恒沸混合物，塔底得到纯组分；而对具有最高共沸点类型的液态混合物，在塔顶得到纯组分，塔底得到恒沸混合物。

四、部分互溶的双液系统相图

当两种液体的性质差异较大时，在一定的温度和组成范围内，它们的混合物只能部分互溶，即当一种物质相对含量较少，而另一种物质的量相对较多时，才能形成均匀的一个液相。而在其他条件下，系统将分层而呈两平衡共存的液相，称为共轭溶液。这就是液态部分互溶系统。这里只讨论压力足够大，保证系统为液相。这类系统常分为以下几种情况。

1. 具有最高临界溶解温度系统

水-苯酚系统是具有最高临界溶解温度的系统。其相图如图 5-15 所示。图中，曲线以外是单相区，曲线以内是两相共存区。若系统点处于曲线以内，系统则分为两层存在。曲线表示的是苯酚与水两液体相互溶解度与温度的关系，称为溶解度曲线。

在一定温度下，将少量苯酚加入水中，若苯酚含量极少，可以完全溶解于水。如果继续加苯酚，苯酚不能完全溶解于水中。溶液出现两个液层，一层是苯酚在水中的饱和溶液，另一层是水在苯酚中的饱和溶液，这两层溶液相互平衡，称为共轭溶液。其组成分别为相点 a 和相点 b。若继续加苯酚直至苯酚足够多，将会使水完全溶解于苯酚中，又形成均匀的一相。

图 5-15 中，相点 a 和相点 b 的连线为两平衡液相的连线，可以与组成点 d 点构成杠杆，从而计算两共轭溶液的相对质量。

当温度升高时，苯酚和水的相互溶解度增大，到达一定温度时，两组分完全互溶，系统汇为相点 c 点，此时系统为一相。c 点的温度称为最高临界溶解温度。

2.具有最低临界溶解温度系统

水-三乙基胺属于这类系统。与具有最高临界溶解温度系统相反，这类系统温度降低时，相互溶解度反而增大，温度足够低时，可以完全互溶。该温度称为最低临界溶解温度。

3.具有两种临界溶解温度系统

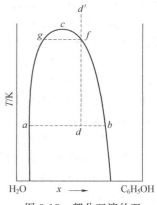

图 5-15 部分互溶的双
液系统相图

水-烟碱属于这类系统。这类系统在一定温度范围内，相互溶解度随温度升高而增大，而在另一温度范围内，相互溶解度又随温度的下降而增大。于是就形成了既出现最高临界溶解温度，又出现最低临界溶解温度。这种系统的溶解度曲线为一封闭曲线。

五、二组分完全不互溶液相系统

当两种组分性质差别很大时，彼此间互溶的程度极小，可以近似视为不互溶。如水和油所形成的系统。严格说来，两种液体完全不互溶是没有的。

在不互溶二组分系统中，组分之间几乎互不影响，它们的蒸气压与其单独存在时一样，其大小只是温度的函数，与另一相的存在与否和数量无关。这种系统的总蒸气压是两纯组分在该温度下单独存在时的蒸气压之和，即

$$p = p_A^* + p_B^* \tag{5-10}$$

由此可见，在一定温度下，二组分完全不互溶系统的蒸气压恒大于任一纯组分的蒸气压，而沸点则低于任一纯组分的沸点。

在提纯某些热稳定性较差的有机化合物时，为防止其高温下分解，常降低蒸馏时的温度。通常采用的办法有两种，即减压蒸馏和水蒸气蒸馏。所谓的水蒸气蒸馏就是利用不互溶系统沸点低于任一组分的沸点这一特点，将与水不互溶的有机化合物共同蒸发，经冷凝后分为两层，除去水层后即得产品。

进行水蒸气蒸馏时，常将水蒸气以鼓泡的形式通过有机物，这样可以起到供热和搅拌的双重作用。

水蒸气蒸馏时常需要计算水蒸气的消耗量，这可以用分压定律计算出来。设蒸气为理想气体，则由分压定律，有

$$p^*(H_2O) = py(H_2O) = p\frac{n(H_2O)}{n(H_2O) + n_B}$$

$$p_B^* = py_B = p\frac{n_B}{n(H_2O) + n_B}$$

两式相除，并整理得 $\qquad \dfrac{W(H_2O)}{W_B} = \dfrac{p^*(H_2O)M(H_2O)}{p_B^* M_B}$ $\qquad\qquad$ (5-11)

式中 $\dfrac{W(H_2O)}{W_B}$ ——水蒸气消耗系数；

$p^*(H_2O)$，p_B^* ——纯水和纯物质 B 的饱和蒸气压；

$M(H_2O)$，M_B——纯水和纯物质 B 的摩尔质量。

式(5-11) 表示蒸馏出单位质量物质 B 所需的水蒸气用量，称为水蒸气消耗系数。该系数越小，说明水蒸气蒸馏的效率越高。水蒸气消耗系数与物质 B 的本性有关。物质 B 的蒸气压越高，摩尔质量越大，水蒸气消耗系数就越小。

【例题 5-4】 水蒸气与某物质 B 形成互不相溶系统。该系统在 97.9kPa 下于 90℃ 沸腾，蒸出液中 $W_B=0.70$。已知 90℃ 水的饱和蒸气压为 70.1kPa。

求 （1） 90℃ 时，物质 B 的蒸气压；

（2） 物质 B 的摩尔质量；

（3） 水蒸气消耗系数。

解 （1） $p_B^* = p - p^*(H_2O) = 97.9 - 70.1 = 27.8$kPa

（2） 取蒸出液 1kg 为计算基准。由题意知，蒸气组成与蒸出液组成相同，根据式(5-11) 得

$$M_B = \frac{p^*(H_2O)M(H_2O)}{p_B^*} \times \frac{W_B}{W(H_2O)} = \frac{70.1 \times 18}{27.8} \times \frac{0.7}{0.3} = 105.9 \times 10^{-3} \text{kg/mol}$$

（3） $\dfrac{W(H_2O)}{W_B} = \dfrac{0.3}{0.7} = 0.429$

即每蒸发 1kg 物质 B 需消耗水蒸气 0.429kg。

第四节　二组分固-液系统

对于仅有液相和固相构成的凝聚系统而言，压力对相平衡的影响极小，通常不予考虑。对此类系统相律的表达式为 $f = K - \Phi + 1$。最大自由度为 2。也可以用温度和组成两个坐标描述相平衡状态与强度性质之间的关系。

二组分凝聚系统的相图种类繁多，有些相图较为简单，而有些相图十分复杂。但都是由若干基本类型的相图所构成。

凝聚系统的相图绘制常采用热分析法和溶解度法。前者主要针对合金系统，后者主要针对盐-水系统。

一、简单二组分固-液系统的相图

所谓简单二组分凝聚系统，是指二组分系统在高温下形成的液态熔液完全互溶，在低温下形成的两固相完全不溶且两物质之间不发生化学反应的二组分凝聚系统。一些合金系统和盐-水系统为简单二组分系统。

1.热分析法绘制相图

（1） 相图绘制　热分析法是绘制相图的基本方法之一。其原理是，将样品加热至全部熔化，然后让其缓慢而均匀地冷却，如果系统内不发生相变，则温度随时间均匀下降。如果系统内发生相变，由于液体凝固，会放出相变热而使温度下降减慢或暂时停止不变。即温度随时间变化率会与系统中是否发生相变有关。因此可以根据系统在冷却过程中温度与时间的关系作图，绘制出冷却曲线，称为步冷曲线。步冷曲线上出现的转折点或水平线，就是系统发生相变的温度，不同的组成有不同的步冷曲线，根据各步冷曲线的相变温度和组成的关系，再辅以相组成分析，就可绘制出相图。

现以简单二组分 Bi-Cd 系统为例，说明绘制相图的过程。

首先按各种比例配制成不同的样品，然后由实验测绘出它们的步冷曲线。根据不同组成

的步冷曲线上的转折点，确定相图中的相点，从而绘制成相图（见图 5-16）。

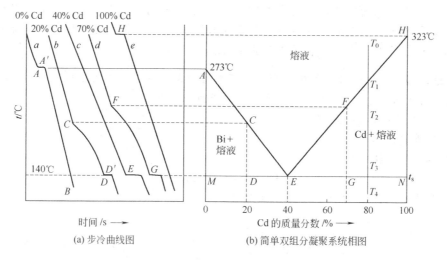

(a) 步冷曲线图　　　(b) 简单双组分凝聚系统相图

图 5-16　步冷曲线图及相图

（2）相图分析　从图 5-16(b) 可以看出，相图有三条线、四个区和三个点，现分别分析如下。

AE 线：为 Bi 的凝固点下降曲线，在 AE 线上，系统是两相平衡共存（熔液和微量纯 Bi），自由度 $f=1$。

HE 线：为 Cd 的凝固点下降曲线，在 HE 线上，系统也是两相平衡共存（熔液和微量纯 Cd），自由度 $f=1$。

MEN 线：称为三相平衡线，在此线上（除两端点 M、N 点外）无论组成如何，均是三相平衡共存，自由度 $f=0$。

AEH 以上区：为熔液区，在此区域，Bi 和 Cd 形成了完全互溶的熔液，以一相共存，此区域自由度 $f=2$。

AEM 包围区：为 Bi-Cd 熔液和纯 Bi 两相平衡共存区，在此区域为液-固两相平衡，此区域自由度 $f=1$，该区域内，随温度的改变，固液相的量和液相组成也会改变，并可以用杠杆规则计算出液固相的相对含量。

HEN 包围区：为 Bi-Cd 熔液和纯 Cd 两相平衡共存区，在此区域为液-固两相平衡，此区域自由度 $f=1$，该区域与 AEM 包围区类似。

MEN 以下区：为固相区，为纯 Bi 和纯 Cd 两相共存区，此区域自由度 $f=1$。

A 点：纯 Bi 的凝固点，为纯 Bi 和液态 Bi 两相平衡共存点，此点自由度 $f=0$。

H 点：纯 Cd 的凝固点，为纯 Cd 和液态 Cd 两相平衡共存点，此点自由度 $f=0$。

E 点：为低共熔点，为纯 Bi、纯 Cd 和具有低共熔组成液态 Bi-Cd 熔液三相平衡共存点，此点自由度 $f=0$。

（3）熔液冷却和加热过程的变化　现有一 80%Cd 和 20%Bi 的熔液，处于熔液区。当系统温度从 T_0 开始降低时，系统仍为液态。当温度下降至 T_1 点时（Cd 的凝固点下降曲线上），有微量 Cd 晶体析出。此时系统为两相平衡共存。液相组成与熔液组成近似相同。随着温度的降低，纯 Cd 晶体不断析出，液相组成相应沿 AE 线变化，至 T_2 时成纯 Cd 和熔液两相平衡，当温度继续降低至 T_3（低共熔温度）时，系统为纯 Cd、纯 Bi 和熔液三相平衡共存。继续降低至 T_4，系统全部凝固成固体，固体是互不相溶纯 Bi 和纯 Cd。因为是纯固态，系统组成不会改变，决定系统的状态只有温度一个自由度。

如果将 T_4 温度下的 80%Cd 和 20%Bi 固体加热，则过程正好相反。加热至 T_3（低共熔温度）时，开始有熔液以低共熔组成产生（所有不同组成的样品均从此温度开始熔化，这就是将该点称为低共熔点的原因），温度维持不变。等固体中的全部 Bi 和部分 Cd 熔化后，温度才继续上升，此时 Cd 不断熔化。至 T_2 也呈 Cd 和熔液两相平衡。当温度升至 T_1 时，全部固体熔化变为熔液。

2. 溶解度法绘制相图

溶解度法绘制相图主要是针对盐-水系统而言，其具体步骤是：测定一系列固-液两相平衡共存时的温度与对应浓度数据，以温度为纵坐标，组成为横坐标绘制出曲线。

盐-水系统也属简单二组分凝聚系统，它与合金系统的二组分凝聚系统的相图类似。但其液态是溶液，且由于温度较高时，水会蒸发为蒸汽，系统不再是凝聚系统，这类相图一般使用温度最高在 100℃ 左右。

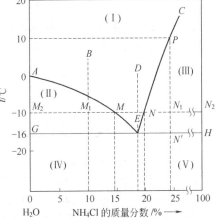

【例题 5-5】 图 5-17 为 NH_4Cl-H_2O 相图。以此图为例，讨论简单二组分凝聚系统相图的使用。

(1) 说明图中点、线、区的意义。

(2) 指出杠杆规则适用的区域。

(3) 将 NH_4Cl 溶液冷却到 $-10℃$，会有什么物质析出？

(4) 有 1kg 10% NH_4Cl 溶液冷却到 $-10℃$，溶液中析出多少冰？若保持温度不变，需加入多少 NH_4Cl 才能使冰融化成溶液？

(5) 有 1kg 24% 的溶液冷却到 $-10℃$，析出多少 NH_4Cl？

(6) 将此溶液继续冷却，最多得到多少纯 NH_4Cl？

图 5-17 NH_4Cl-H_2O 相图

(7) 上述 1kg 24% 的溶液，需加多少水（或冰）才能配制出 $-16℃$ 的冷冻剂？

解 (1) A 点为纯水的冰点；

E 点为冰、水、盐混合物的低共熔点；

AE 线为水的凝固点下降曲线；

CE 线是 NH_4Cl 的溶解度曲线（上延到 100℃ 左右）；

（Ⅰ）区为 NH_4Cl 的不饱和溶液区（单相区）；

（Ⅱ）区为冰与 NH_4Cl 的不饱和溶液区（二相区）；

（Ⅲ）区为固体 NH_4Cl 和 NH_4Cl 的饱和溶液区（二相区）；

（Ⅳ）区为冰与固体 NH_4Cl 共存区（二相区）。

(2) 杠杆规则适用的区域为：（Ⅱ）区，可计算冰和溶液的量；（Ⅲ）区，可计算固体 NH_4Cl 和溶液的量。

(3) 过 $-10℃$ 作等温线（水平线），相交于 M、N 两点，可以看出低于 M 点的质量分数的溶液（小于 14%），会析出冰；高于 N 点的质量分数的溶液（大于 19%），会析出 NH_4Cl；介于 14%～19% 的溶液，不会析出物质。

(4) 由杠杆规则 $W_{\text{冰}} = \dfrac{\overline{M_1 M}}{\overline{M_2 M}} \times W = \dfrac{14 - 10}{14 - 0} \times 1 = 0.2857\text{kg}$

由于该区域是两相平衡区，若在恒温下使 0.2857kg 冰完全消失，可以通过改变组成的方法使之融化。加入 NH_4Cl 的量要适中，过少不能完全使冰融化，过多又会形成饱和溶液。

因此，应使质量分数控制在 $14\%\sim19\%$ 之间，加入 NH_4Cl 的质量应大于

$$W_{NH_4Cl}=\frac{14}{86}\times0.2857=0.0465kg$$

小于

$$W_{NH_4Cl}=\frac{19}{81}\times0.2857=0.0670kg$$

（5）由杠杆规则

$$W_{NH_4Cl}=\frac{\overline{N_1N}}{\overline{N_2N}}\times W=\frac{24-19}{100-19}\times1=0.0617kg$$

（6）最大析出量为温度降低至低共熔温度点附近（$-16℃$），此时可近似以三相线的 $EN'H$ 作为杠杆

$$W_{NH_4Cl}=\frac{\overline{N'E}}{\overline{HE}}\times W=\frac{24-18}{100-18}\times1=0.0732kg$$

（7）$-16℃$ 的冷冻剂，接近低共熔组成。此时，系统熔点最低，组成为 $18\%\,NH_4Cl$ 溶液。将 $1kg\,24\%$ 的 NH_4Cl 溶液配制成 18% 的溶液，溶液总的质量为

$$W=\frac{24\%}{18\%}\times1=1.333kg$$

因此，需加水（或冰）$0.333kg$。

二、形成稳定化合物的简单二组分固-液系统

在某些二组分固-液平衡系统中，组分 A 和 B 可以形成化合物。系统的物种数增多，但由于每生成一个化合物就存在一个化学平衡，因此系统的组分数不变，仍可以用温度-组成图来描述形成化合物系统的相平衡关系。

若组分 A 和 B 形成了具有固定熔点的化合物，且该化合物分别与组分 A 和 B 形成简单二组分系统，称为具有稳定化合物的简单二组分固-液系统。图 5-18 是苯酚（A）与苯胺（B）系统的相图。

从图中可以看出，A 与 B 以 1:1 形成化合物 AB，它具有固定的熔点（304K）。可以把该图看作是有两个具有一低共熔混合物的相图组合而成。一个是 A-AB 相图，另一个是 AB-B 相图。CD 线是化合物 AB 固相线。曲线 ME_1 和 NE_2 分别为苯酚和苯胺的凝固点降低曲线，DE_1 和 DE_2 是化合物 AB 凝固点降低曲线。它表明当化合物 AB 加入组分 A 或 B 时，其凝固点均会降低。KE_1P 线和 HE_2I 线为两条三相线，对应的是 A(s)、AB(s)、E_1(l) 三相平衡和 B(s)、AB(s)、E_2(l) 三相平衡。E_1、E_2 均为低共熔点。

有时纯组分间可能生成不止一个稳定的化合物。如水和硫酸、一些盐水系统。图 5-19 为硫酸和水的相图。硫酸和水可以生成三种化合物，即 $H_2SO_4\cdot4H_2O$、$H_2SO_4\cdot2H_2O$ 和 $H_2SO_4\cdot H_2O$。图中有三个化合物和四个低共熔点。通过分析相图，可以得知常用的 98 酸（硫酸质量分数为 0.98）在冬季非常容易冻结，其结晶温度约为 $0℃$，而 93 酸（硫酸质量分数为 0.93）则不易冻结，因其凝固点约为 $-35℃$，便于运输和储藏。

三、相图的应用

相图在工业生产上具有广泛的应用。

（1）盐的精制 利用盐水系统的相图可指导盐类的提纯与精制，设计工艺条件，计算最大回收量。

（2）冷冻剂的配制 工业生产中用盐和水按最低共熔混合物的浓度配比配制成溶液用作冷冻液。只要在低共熔温度之上，这种盐水在低温条件下不会结冰。

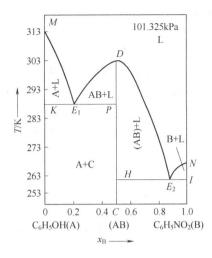

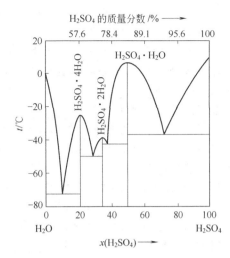

图 5-18　形成稳定化合物简单二组
分固-液系统的相图

图 5-19　形成多种稳定化合物简单二组
分固-液系统的相图

（3）低温合金的配制　利用两种或两种以上的金属配制成合金，如果配比在两种金属的低共熔温度附近，则可得到较两种金属熔点低得多的合金。如 Sn 的熔点为 232℃，Pb 的熔点为 327℃，而用 Sn 和 Pb 配制的合金的熔点仅为 183℃。又如 Sn-Pb-Bi 合金其低共熔点为 96℃，可用其制造自动灭火栓。

（4）药物的配伍　在药物调剂配伍中应注意，两种固体药物的低共熔点接近室温，便不宜混在一起配伍，以防形成糊状物或呈液态。

（5）纯度的检验　测定熔点是估计样品纯度的常用办法，就是利用比较样品和标准品的熔点。熔点偏低，则所含杂质就多；在药物分析中常采用的混合熔点法，为确证两种熔点相同物质是否为同一化合物，可将样品和标准品混合后测熔点，若熔点不变是同一种化合物，若熔点大幅降低，则为不同物质。

练习题

一、思考题

1. 相平衡系统中何时自由度最大？何时平衡共存的相数最多？

2. 从单组分系统相图中，能否确定该物质凝固时体积是膨胀还是收缩？

3. 理想液态混合物的压力组成图和温度组成图有何特点？

4. 克劳修施-克拉贝龙方程使用的范围是什么？

5. 杠杆规则适用的范围是什么？

6. 减压蒸馏和水蒸气蒸馏有什么异同点？如何决定是选择减压蒸馏还是选择水蒸气蒸馏的方法进行蒸馏？

7. 非理想液态混合物的精馏的最终产物是什么？

8. 恒沸组成有何特点？若想完全分离具有较大正负偏差的非理想液态混合物，可采用什么办法？

二、填空题

1. 碳酸钠与水可形成三种水合物：$Na_2CO_3 \cdot H_2O$，$Na_2CO_3 \cdot 7H_2O$，$Na_2CO_3 \cdot 10H_2O$。则在 101.325kPa 下，能与碳酸钠水溶液、冰共存的含水盐最多可以有_____种。

2. 单组分相图中，每一条线表示两相平衡时系统的_____和_____之间的关系，这种关系遵守克拉贝龙方程。

3. 二组分理想液态混合物的恒温压力-组成相图，最显著的特征是液相线_____。

4. 完全互溶的二组分液体混合物，在 t-x 相图中出现最低点，即最低恒沸点，此点组成的混合物称为_____。则该混合物对拉乌尔定律有较大的_____（正或负）偏差，最高点的自由度 $F=$_____。

5. A 和 B 能形成理想液态混合物。已知在 T 时 $p_A^*=2p_B^*$，当 A 和 B 的二元液体中 $x_A=0.5$ 时，与其平衡的气相中 A 的摩尔分数是_____。

三、选择题

1. 恒温条件下，二组分系统能平衡共存的最多相数为_____。

① 1   ② 2   ③ 3   ④ 4

2. 在抽真空密闭的容器中加热 $NH_4Cl(s)$，部分分解成 $NH_3(g)$ 和 $HCl(g)$，当系统建立平衡时，其组分数和自由度数是_____。

① $K=1$，$f=1$ ② $K=2$，$f=2$

③ $K=3$，$f=3$ ④ $K=2$，$f=1$

3. 某高原地区的大气压为 65kPa，将下列四种固态物质在该地区加热，可以直接升华的物质是_____。

物质	三相点的温度与压力	
① 汞	$-38.9℃$	$1.7×10^{-7}kPa$
② 苯	$5.5℃$	$4.8kPa$
③ 氯化汞	$277℃$	$57.3kPa$
④ 氩	$-180℃$	$68.7kPa$

4. 两种完全不互溶液体组成的系统，系统的总蒸气压_____。

① $p=p_A^*x_A+p_B^*x_B$ ② $p=p_Ax_A+p_Bx_B$

③ $p=p_A^*+p_B^*$ ④ $p_A^*<p<p_B^*$

5. 在克拉贝龙方程 $\dfrac{dp}{dT}=\dfrac{\Delta_\alpha^\beta H_m}{T\Delta_\alpha^\beta V_m}$ 中，$\Delta_\alpha^\beta H_m$ 与 $\Delta_\alpha^\beta V_m$ 的_____。

① 正负符号可以相同或不同   ② 正负符号必定相同

③ 正负符号必定不同   ④ 数值必定相同

6. A 和 B 可形成具有最低恒沸点（$x_B=0.7$）的液态完全互溶的系统。若把 $x_B=0.8$ 的溶液进行精馏，从气相（精馏塔顶）可得到_____，从液相（塔釜）可以得到_____。

① 纯 A，纯 B   ② 恒沸物，纯 B

③ 纯 B，恒沸物   ④ 恒沸物，纯 A

7. 在相图上，当系统处于_____时只存在一个相。

① 恒沸点   ② 低共熔点   ③ 临界点   ④ 共沸点

8. 简单二组分固-液系统处于低共熔温度时，其自由度 $f=$_____。

① 0   ② 1   ③ 2   ④ 3

四、计算题

1. 指出下列平衡系统的组分数、相数和自由度数。

(1) NaCl 和 KCl 的水溶液及蒸气   （$K=3$，$\Phi=2$，$f=3$）

(2) $(NH_4)_2SO_4(s)$、$H_2O(s)$ 及溶液在 101.3kPa 下   （$K=2$，$\Phi=3$，$f=0$）

(3) $NH_4Cl(s)$ 部分分解为 NH_3 和 HCl   （$K=1$，$\Phi=2$，$f=1$）

(4) $NH_4Cl(s)$ 部分分解为 NH_3 和 HCl，加入少量 HCl   （$K=2$，$\Phi=2$，$f=2$）

2. 乙酸的熔点为 16.6℃，压力每上升 1kPa，其熔点上升 2.39×10^{-4}K，已知乙酸的熔化焓为 11.66J/mol，求 1mol 乙酸熔化时的体积变化。

$$(9.62 \times 10^{-3} \text{m}^3)$$

3. 乙酰乙酸乙酯是一种良好的溶剂，但其在沸点 454K 时部分分解，而在 343K 以下稳定。生产上采用减压蒸馏进行提纯，已知其饱和蒸气压与沸点的关系为（压力单位为 Pa）

$$\ln p = -\frac{5959}{T} + 24.65$$

求：(1) 应控制的生产压力为多少？

(2) 该溶剂的摩尔汽化焓为多少？

[(1) 小于 1446Pa；(2) 49.54kJ/mol]

4. 某种细菌在 150℃以上才能被杀死，问消毒锅内水蒸气的压力为多大才能将细菌杀死。已知水在 373K、101.325kPa 时汽化焓为 40.66kJ/mol。

(大于 479.26kPa)

5. 已知水在 50℃时的饱和蒸气压为 12.76kPa，水的正常沸点为 100℃，

(1) 求水的平均摩尔汽化热；

(2) 已知水的蒸气压与温度的关系式为

$$\ln p = -\frac{A}{T} + B$$

求常数 A、B 的数值；

(3) 求 90℃时的蒸气压。

[(1) 41.54kJ/mol；(2) 4996，24.91；(3) 69.74kPa]

6. 在 60℃时，水（A）和酚（B）二组分系统形成两共轭液相，其中水相含酚 $w_B = 0.168$，酚相含酚 $w_B = 0.551$，若该系统含水 90kg，含酚 60kg，则各相的质量为多少？

(水相 59.1kg，酚相 90.9kg)

7. 在 101.325kPa 下，水（A）和乙酸（B）系统的汽-液平衡数据如下：

t/℃	100	102.1	104.4	107.5	113.8	118.1
x_B	0.000	0.30	0.500	0.700	0.900	1.000
y_B	0.000	0.185	0.374	0.575	0.833	1.000

(1) 绘出温度-组成图；   (略)

(2) $x_B = 0.800$ 时的泡点；   (110.2℃)

(3) $y_B = 0.800$ 时的露点；   (112.8℃)

(4) 105.0℃时汽-液平衡两相组成各是多少？   ($x_A = 0.456$，$y_A = 0.583$)

8. 测得不同温度下 $(NH_4)_2SO_4$（B）在水（A）中的溶解度数据如下：

温度 t/℃	液相组成 w_B	固 相	温度 t/℃	液相组成 w_B	固 相
-5.45	0.167	冰	30	0.438	$(NH_4)_2SO_4$
-11	0.286	冰	40	0.448	$(NH_4)_2SO_4$
-18	0.375	冰	50	0.458	$(NH_4)_2SO_4$
-19.05	0.384	冰+$(NH_4)_2SO_4$	60	0.468	$(NH_4)_2SO_4$
0	0.414	$(NH_4)_2SO_4$	70	0.478	$(NH_4)_2SO_4$
10	0.422	$(NH_4)_2SO_4$	80	0.488	$(NH_4)_2SO_4$
20	0.430	$(NH_4)_2SO_4$	90	0.498	$(NH_4)_2SO_4$

(1) 根据数据绘出 $(NH_4)_2SO_4$-H_2O 系统的相图；

(2) 说明相图中相区、相线、相点的意义，并指出其自由度；

(3) 若有 1kg 组成 $w_B=0.200$ 的溶液冷却到 $-10℃$，析出何种物质，质量为多少？

（冰，0.23kg）

(4) 若有 1kg 组成 $w_B=0.500$ 的溶液冷却到 $-19℃$，析出何种物质，质量为多少？

$\left[(NH_4)_2SO_4\ 晶体，0.19kg\right]$

第六章　化学平衡

学习目标

1. 理解化学平衡的条件，掌握化学反应方向和限度的判据。
2. 掌握标准平衡常数的定义，及平衡组成的计算。
3. 掌握 T、p 组成对化学平衡的影响。

化学平衡是热力学第二定律对化学反应的具体应用。对于某个化学反应，在指定的条件（温度、压力和组成等）下能否朝着指定的方向进行，反应的限度如何，这可以通过热力学的方法进行研究讨论。化学平衡还可以讨论如何改变外界条件，使化学反应朝着人们所期望的方向发生。因此，研究化学平衡是化工生产和药物生产工艺的理论基础。

第一节　化学反应的方向与平衡条件

实践证明，几乎所有的化学反应都是可逆反应，既可以正向进行，也可以逆向进行。在一定条件下，反应会朝着一定的方向进行。开始时，正反应的速率大于逆反应的速率，随着反应的进行，正反应速率逐渐降低，而逆反应速率逐渐增大，最后达到正反应速率和逆反应速率相等，此时，反应达到了动态的平衡，如果外界条件不发生改变，则系统的平衡状态就不会改变。这就是化学反应在指定条件下的反应的限度。化学反应通常是在恒温恒压下进行，所以要想判断化学反应的方向和限度，要使用恒温恒压判据，即吉布斯判据或化学势判据。

一、化学反应的摩尔吉布斯函数

在恒温、恒压、不做非体积功的封闭系统内发生任意的化学反应 $0=\sum\nu_B B$，当反应进度为一无限小 $d\xi$ 时，参加反应的任意物质 B 的物质的量的变化为 $dn_B=\nu_B d\xi$。

$$dG_{T,p}=\sum_B \mu_B dn_B=\left(\sum_B \nu_B \mu_B\right)d\xi$$

故
$$\left(\frac{\partial G}{\partial \xi}\right)_{T,p}=\sum_B \sum \nu_B \mu_B \tag{6-1}$$

$\left(\dfrac{\partial G}{\partial \xi}\right)_{T,p}$ 称为摩尔反应吉布斯函数，通常用符号 $\Delta_r G_m$ 表示。其物理意义是：在温度、压力和组成一定的条件下，化学反应系统吉布斯函数随反应进度的变化率。亦可理解为在恒温、恒压及反应进度为 ξ 时，一个无限大的反应系统中，发生 1mol 反应所引起的系统吉布斯函数的变化。

二、化学平衡的条件

化学反应系统在恒温、恒压、不做非体积功的条件下，可以使用化学势作为反应方向和限度的判据。按计量式 $0=\sum \nu_B B$ 发生一个反应进度为 $d\xi$ 的无限小量变化时，由化学势判据及 $dn_B = \nu_B d\xi$，有

$$\sum_B \nu_B \mu_B d\xi \begin{cases} <0 \text{ 自发过程} \\ =0 \text{ 平衡状态} \end{cases} \qquad (6\text{-}2)$$

① 若系统达到平衡，则 $\sum\limits_B \nu_B \mu_B d\xi = 0$，由于 $d\xi \neq 0$，因此

$$\sum_B \nu_B \mu_B = 0$$

即

$$\Delta_r G_m = \sum_B \nu_B \mu_B = 0$$

这就是恒温恒压且不做非体积功的条件下化学平衡的条件。

② 若系统没有达到平衡状态，则 $\sum\limits_B \nu_B \mu_B d\xi < 0$

此时，$\sum\limits_B \nu_B \mu_B$ 应与 $d\xi$ 具有不同的符号，反应才有可能发生。

因此，若 $\sum\limits_B \nu_B \mu_B < 0$，则 $d\xi > 0$，此时反应正方向进行。

若 $\sum\limits_B \nu_B \mu_B > 0$，则 $d\xi < 0$，此时反应逆方向进行。

用此可以判断化学反应的反向。

第二节 化学反应等温方程及平衡常数

一、理想气体反应的等温方程式

若反应系统是理想气体混合物，系统中组分 B 的分压为 p_B 时，根据式(4-16)，其化学势为

$$\mu_B(pg, T, p) = \mu_B^{\ominus}(pg, T) + RT \ln \frac{p_B}{p^{\ominus}}$$

对于反应 $0 = \sum \nu_B B$ 而言

$$\Delta_r G_m = \sum_B \nu_B \mu_B = \sum_B \nu_B \mu_B^{\ominus}(pg, T) + \sum_B \nu_B RT \ln \frac{p_B}{p^{\ominus}} \qquad (6\text{-}3)$$

$$\Delta_r G_m = \Delta_r G_m^{\ominus} + RT \ln J_p \qquad (6\text{-}4)$$

式中 $\Delta_r G_m^{\ominus} = \sum\limits_B \nu_B \mu_B^{\ominus}(pg, T)$ ——化学反应的标准摩尔反应吉布斯函数，J/mol；

$J_p = \prod\limits_B \left(\dfrac{p_B}{p^{\ominus}}\right)^{\nu_B}$ ——压力商。

此式称为化学反应的等温方程式，它反映了化学反应吉布斯函数与各组分分压之间的关系，用等温方程式可以判断化学反应进行的方向。

二、理想气体反应的标准平衡常数

当化学反应达到平衡时，$\Delta_r G_m = 0$，由式(6-4) 有

$$\Delta_r G_m = \Delta_r G_m^{\ominus} + RT \ln J_p^{eq} = 0 \qquad (6\text{-}5)$$

式中 $J_p^{eq} = \prod\limits_B \left(\dfrac{p_B^{eq}}{p^{\ominus}}\right)^{\nu_B}$ ——平衡压力商。

可以定义

$$K^{\ominus} = J_p^{eq} = \exp\left(\frac{-\Delta_r G_m^{\ominus}}{RT}\right) \qquad (6\text{-}6)$$

或

$$\Delta_r G_m^{\ominus} = -RT\ln K^{\ominus} \tag{6-7}$$

式中　$K^{\ominus}$——化学反应的标准平衡常数，量纲为1。

标准平衡常数对于一定反应而言，只是温度的函数，由式(6-6)定义的标准平衡常数并不仅限于理想气体反应，对真实气体、液固相反应等均成立。不同的反应，其 $\Delta_r G_m^{\ominus}$ 不同，标准平衡常数也不同。式(6-4)可改写为

$$\Delta_r G_m = -RT\ln K^{\ominus} + RT\ln J_p \tag{6-8}$$

式(6-8)可以作为恒温恒压且不做非体积功时化学反应方向和限度的判据。

$K^{\ominus} > J_p$，$\Delta_r G_m < 0$，反应自发由左向右进行；

$K^{\ominus} = J_p$，$\Delta_r G_m = 0$，反应处于平衡状态；

$K^{\ominus} < J_p$，$\Delta_r G_m > 0$，反应自发由右向左进行。

【例题 6-1】 已知 $N_2O_4 \Longleftrightarrow 2NO_2$，在 298K 时的标准平衡常数为 $K^{\ominus} = 0.14$。判断总压为 100kPa 时，下列系统反应的方向。

(1) N_2O_4 与 NO_2 的比例为 $1:3$；

(2) N_2O_4 与 NO_2 的比例为 $3:1$。

解　(1) 已知该反应的标准平衡常数，只需将压力商计算出进行比较即可。

由压力商的定义

$$J_p = \prod_B \left(\frac{p_B}{p^{\ominus}}\right)^{\nu_B} = \left[\frac{p(NO_2)}{p^{\ominus}}\right]^2 \left[\frac{p(N_2O_4)}{p^{\ominus}}\right]^{-1} = \left(\frac{\frac{3}{4} \times 100}{100}\right)^2 \times \left(\frac{\frac{1}{4} \times 100}{100}\right)^{-1} = 2.25$$

$J_p > K^{\ominus}$，反应自发逆向进行。

(2) 类似地可计算出

$$J_p = \prod_B \left(\frac{p_B}{p^{\ominus}}\right)^{\nu_B} = \left[\frac{p(NO_2)}{p^{\ominus}}\right]^2 \left[\frac{p(N_2O_4)}{p^{\ominus}}\right]^{-1} = \left(\frac{\frac{1}{4} \times 100}{100}\right)^2 \times \left(\frac{\frac{3}{4} \times 100}{100}\right)^{-1} = 0.083$$

$J_p < K^{\ominus}$，反应自发正向进行。

三、平衡常数的其他表示法

在实际使用中，经常使用其他平衡组成来表示的平衡常数。

1. 用平衡分压表示的平衡常数 K_p

对于气相反应，当反应达到平衡时，平衡常数可以用参与反应各物质的平衡分压的乘积来表示。

$$K_p = \prod_B (p_B^{eq})^{\nu_B} \tag{6-9}$$

式中　K_p——用分压表示的经验平衡常数，一般有量纲；

　　　p_B^{eq}——参与反应各物质的平衡分压；

　　　ν_B——参与反应各物质的计量系数，产物取正，反应物取负。

对于理想气体间的反应，用平衡分压表示的平衡常数与标准平衡常数存在以下关系

$$K^{\ominus} = K_p (p^{\ominus})^{-\sum_B \nu_B} \tag{6-10}$$

2. 用平衡时物质的量浓度表示的平衡常数 K_c

当反应达到平衡时，平衡常数可以用参与反应各物质的平衡时物质的量浓度的乘积来表示。

$$K_c = \prod_B (c_B^{eq})^{\nu_B} \tag{6-11}$$

式中　K_c——用物质的量浓度表示的经验平衡常数，一般有量纲；

　　　　c_B^{eq}——参与反应各物质的平衡浓度，mol/m^3；

　　　　ν_B——参与反应各物质的计量系数，产物取正，反应物取负。

对于理想气体间的反应，用平衡时物质的量浓度表示的平衡常数与标准平衡常数存在以下关系

$$K^{\ominus} = K_c \left(\frac{RT}{p^{\ominus}}\right)^{\sum_B \nu_B} \tag{6-12}$$

3. 用平衡时物质的摩尔分数表示的平衡常数 K_y

当反应达到平衡时，平衡常数可以用参与反应各物质的平衡时的摩尔分数的乘积来表示。

$$K_y = \prod_B (y_B^{eq})^{\nu_B} \tag{6-13}$$

式中　K_y——用物质的摩尔分数表示的经验平衡常数，量纲为 1；

　　　　y_B^{eq}——参与反应各物质的平衡时的摩尔分数；

　　　　ν_B——参与反应各物质的计量系数，产物取正，反应物取负。

对于理想气体间的反应，用平衡时物质的摩尔分数表示的平衡常数与标准平衡常数存在以下关系

$$K^{\ominus} = K_y \left(\frac{p}{p^{\ominus}}\right)^{\sum_B \nu_B} \tag{6-14}$$

对理想气体的反应，若 $\sum_B \nu_B = 0$，则有

$$K^{\ominus} = K_p = K_y = K_c$$

4. 其他反应的标准平衡常数

将气相物质混合物中各组分、液态混合物中各组分和溶液中溶剂与溶质的化学势表达式相比较，就会发现这些表达式都具有相同的形式，它们的标准态虽然不同，但都仅是温度的函数。由标准态化学势或标准吉布斯函数推导出的化学反应平衡常数均称为标准平衡常数。但由于各种物质的组成表达方式不同，不同类型的反应有不同的标准平衡常数表达式。

（1）多相反应的标准平衡常数　在反应系统中，各组分由于聚集状态不同，而形成的多相反应系统，称为多相反应。如果所有凝聚物不构成溶液或固溶体，即各自以纯态存在，化学反应就会在相界面上发生。如果气体可视为理想气体，对这类的化学反应，系统达到平衡时，液固体的饱和蒸气压（或升华压）在一定温度下为一常数，可以将其合并到平衡常数中去。此类化学反应的标准平衡常数可以表示如下

$$K^{\ominus} = \prod_{B(g)} \left(\frac{p_{B(g)}^{eq}}{p^{\ominus}}\right)^{\nu_{B(g)}} \tag{6-15}$$

式中　$p_{B(g)}^{eq}$——多相反应中气体物质的平衡分压。

可见，对于多相反应其标准平衡常数中，仅考虑气相物质的平衡分压，而不出现凝固相的物质的量。

例如，石灰石的分解反应为

$$CaCO_3(s) \Longrightarrow CaO(s) + CO_2(g)$$

该反应为多相反应，其标准平衡常数表达式为

$$K^{\ominus} = \frac{p^{eq}(CO_2)}{p^{\ominus}}$$

标准平衡常数只是温度的函数，因此，在一定的温度下，CO_2 的平衡分压是一个定值，与系统中固体物质 $CaCO_3$、CaO 的量无关。平衡时，CO_2 的分压称为该温度下 $CaCO_3$ 的分解压。

对于纯固体而言，在一定的温度下，能分解出气体物质，则气体物质的分压（或分压之和）称为该固体物质的分解压。分解压只是温度的函数，并随温度升高而增大。当分解压等于外压时，固体发生剧烈分解。分解压等于 101.325kPa 时的温度称为该固体物质的分解温度。$CaCO_3$ 的分解温度约为 1170K。

（2）实际气体反应的标准平衡常数　由实际气体的化学势表达式

$$\mu_B(g,T,p)=\mu_B^\ominus(pg,T)+RT\ln\frac{f_B}{p^\ominus}$$

代入 $\Delta_r G_m=\sum\limits_B \nu_B\mu_B$，与理想气体类似，经推导得到下式

$$\Delta_r G_m=\Delta_r G_m^\ominus+RT\ln J_f=-RT\ln K_f^\ominus+RT\ln J_f \qquad (6\text{-}16)$$

式中　　$J_f=\prod\limits_B\left(\frac{f_B}{p^\ominus}\right)^{\nu_B}$——逸度商，$f_B$ 是参与反应各物质 B 的逸度；

$K_f^\ominus=\prod\limits_B\left(\frac{f_B^{eq}}{p^\ominus}\right)^{\nu_B}$——实际气体反应的标准平衡常数，只是温度的函数。

（3）溶液反应的标准平衡常数　溶液反应可以分为两类，若参与反应的各组分组成理想液态混合物，则参与反应各组分不用区分溶剂和溶质，根据理想液态混合物化学势及化学势判据可以定义该系统的标准平衡常数

$$K_x=\prod\limits_B\left(x_B^{eq}\right)^{\nu_B} \qquad (6\text{-}17)$$

式中　　K_x——理想液态混合物反应的标准平衡常数。

等温方程式为

$$\Delta_r G_m=-RT\ln K_x+RT\ln\left(\prod\limits_B x_B^{\nu_B}\right) \qquad (6\text{-}18)$$

若参与反应的物质均溶于同一溶剂并形成理想稀溶液，则可定义其标准平衡常数

$$K_c^\ominus=\left(\frac{c_B}{c^\ominus}\right)^{\nu_B} \qquad (6\text{-}19)$$

化学反应的等温方程式为　　　　$\Delta_r G_m=-RT\ln K_c^\ominus+RT\ln\prod\limits_B\left(\frac{c_B}{c^\ominus}\right)^{\nu_B} \qquad (6\text{-}20)$

第三节　平衡常数的测定及相关计算

化学反应的平衡常数是由反应系统本性决定的，是衡量一个化学反应进行的方向和限度的标志。可以通过实验测定，也可以通过热力学计算得出。有了平衡常数，就可以进行有关的计算。

一、平衡常数的测定

如果一个反应到达了化学平衡，则系统在外界条件不变的情况下，系统中各物质的浓度（分压）就保持不变。采用物理方法或化学方法测定出化学平衡系统中各物质的浓度或分压，代入平衡常数的表达式即可计算出该反应的平衡常数。

二、平衡常数的计算

相比较而言，用实验的方法测定平衡常数费时、费力，利用化学反应的标准平衡常数与

标准摩尔反应吉布斯函数之间存在的关系 $\Delta_r G_m^{\ominus} = -RT \ln K^{\ominus}$，用热力学数据首先计算出 $\Delta_r G_m^{\ominus}$，然后再计算出平衡常数更为方便。

常用以下两种办法计算标准摩尔反应吉布斯函数。

1. 利用 $\Delta_r H_m^{\ominus}$ 和 $\Delta_r S_m^{\ominus}$ 计算 $\Delta_r G_m^{\ominus}$

由恒温过程的吉布斯函数改变值的计算通式，处于标准状态下的化学反应有

$$\Delta_r G_m^{\ominus} = \Delta_r H_m^{\ominus} - T \Delta_r S_m^{\ominus}$$

通过物质的标准摩尔生成焓或标准摩尔燃烧焓可计算出标准摩尔反应焓 $\Delta_r H_m^{\ominus}$，通过物质的标准摩尔熵可以计算出化学反应的标准摩尔熵变 $\Delta_r S_m^{\ominus}$，代入上式即可求得标准摩尔反应吉布斯函数 $\Delta_r G_m^{\ominus}$。

【例题 6-2】 已知各物质在 298.15K 时的热力学数据如下：

物　　质	$CH_3OH(g)$	$H_2(g)$	$CO(g)$
$\Delta_f H_m^{\ominus}/(kJ/mol)$	−200.7	0	−110.5
$S_m^{\ominus}/[J/(mol \cdot K)]$	239.7	130.6	197.6

求反应 $CO(g) + 2H_2(g) \rightleftharpoons CH_3OH(g)$ 在 298.15K 的标准平衡常数 $K^{\ominus}$。

解 由 　$\Delta_r H_m^{\ominus} = \sum_B \nu_B \Delta_f H_m^{\ominus}(B)$

$$\Delta_r H_m^{\ominus} = -1 \times \Delta_f H_m^{\ominus}(CO) - 2 \times \Delta_f H_m^{\ominus}(H_2) + 1 \times \Delta_f H_m^{\ominus}(CH_3OH)$$
$$= -1 \times (-110.5) - 2 \times 0 + 1 \times (-200.7) = -90.2 kJ/mol$$

由 　$\Delta_r S_m^{\ominus} = \sum_B \nu_B S_m^{\ominus}(B)$

$$\Delta_r S_m^{\ominus} = -1 \times S_m^{\ominus}(CO) - 2 \times S_m^{\ominus}(H_2) + 1 \times S_m^{\ominus}(CH_3OH)$$
$$= -1 \times 239.7 - 2 \times 130.6 + 1 \times 197.6 = -303.3 J/(mol \cdot K)$$

由 　$\Delta_r G_m^{\ominus} = \Delta_r H_m^{\ominus} - T \Delta_r S_m^{\ominus}$

$$\Delta_r G_m^{\ominus} = -90.2 - 298.15 \times (-303.3) \times 10^{-3} = 0.23 kJ/mol$$

由 　$\Delta_r G_m^{\ominus} = -RT \ln K^{\ominus}$

$$\ln K^{\ominus} = -\frac{\Delta_r G_m^{\ominus}}{RT} = -\frac{0.23 \times 10^3}{8.314 \times 298.15} = 0.0928$$

$$K^{\ominus} = 1.10$$

2. 利用物质的标准摩尔生成吉布斯函数 $\Delta_f G_m^{\ominus}$ 计算 $\Delta_r G_m^{\ominus}$

在一定温度下，由处于标准状态的最稳定的单质直接生成 1mol 处于标准状态的某物质的吉布斯函数的改变值，称为该物质的标准摩尔生成吉布斯函数。记作 $\Delta_f G_m^{\ominus}$，单位为 kJ/mol。

按定义，最稳定单质的标准摩尔生成吉布斯函数为零。附录二中列出常见物质在 298.15K 时的 $\Delta_f G_m^{\ominus}$。

与用标准摩尔生成焓计算标准反应焓类似，化学反应的标准摩尔反应吉布斯函数可用参与化学反应各物质 B 的标准摩尔生成吉布斯函数进行计算，即

$$\Delta_r G_m^{\ominus} = \sum_B \nu_B \Delta_f G_m^{\ominus}(B)$$

式中　$\Delta_r G_m^{\ominus}$——标准摩尔反应吉布斯函数；

$\Delta_f G_m^{\ominus}$——参与反应各物质的标准摩尔生成吉布斯函数；

ν_B——参与反应各物质的计量系数，产物取正，反应物取负。

此外，还可以利用原电池的标准电动势计算 $\Delta_r G_m^{\ominus}$。

【例题 6-3】　298.15K 时，求如下反应 $2H_2(g)+CO_2(g)\Longleftrightarrow 2H_2O(g)+CH_4(g)$ 的标准平衡常数 $K^{\ominus}$。

解　由 $\Delta_r G_m^{\ominus}=\sum\limits_B \nu_B \Delta_f G_m^{\ominus}(B)$，查附录得

$$\Delta_r G_m^{\ominus}=-2\times\Delta_f G_m^{\ominus}(H_2)-\Delta_f G_m^{\ominus}(CO_2)+2\times\Delta_f G_m^{\ominus}(H_2O)+\Delta_f G_m^{\ominus}(CH_4)$$
$$=-2\times 0-(-394.36)+2\times(-228.59)+(-50.75)$$
$$=-113.57kJ/mol$$

由　$\Delta_r G_m^{\ominus}=-RT\ln K^{\ominus}$

$$\ln K^{\ominus}=-\frac{\Delta_r G_m^{\ominus}}{RT}=-\frac{-113.57\times 10^3}{8.314\times 298.15}=45.816$$

$$K^{\ominus}=7.90\times 10^{19}$$

三、平衡组成的计算

有了标准平衡常数，就可以进行平衡组成及理论平衡转化率或理论平衡产率的有关计算。与实际转化率或产率比较，可以发现工艺中存在的问题，为提高产品产量和质量提供理论分析基础。

平衡转化率是指达到化学平衡时，转化掉的某反应物占原始反应物的百分数。反应物为单一物质时，又称分解率或解离度。

$$平衡转化率=\frac{平衡时反应消耗掉的某反应物的物质的量}{反应开始时该反应物的物质的量}\times 100\%$$

平衡产率是指达到化学平衡时，反应生成某指定产物所消耗某反应物的物质的量占进行反应所用该反应物的物质的量的百分数。

$$平衡产率=\frac{平衡时转化成指定产物的某反应物的量}{该反应物的原始量}\times 100\%$$

转化率是对反应物而言，产率则是对产物而言。若无副反应，则平衡产率等于平衡转化率，若有副反应，则平衡产率小于平衡转化率。

【例题 6-4】　在 527K 及 100kPa 条件下，理想气体反应

$$PCl_5\Longleftrightarrow PCl_3+Cl_2$$

PCl_5 的解离度 $\alpha=0.80$，求该温度下此反应的标准平衡常数 $K^{\ominus}$。

解　设反应前，PCl_5 为 1mol，则

	$PCl_5\Longleftrightarrow$	PCl_3+	Cl_2
开始时各气体物质的量	1	0	0
平衡时各气体物质的量	$1-\alpha$	α	α
平衡时气体物质的总量	$1+\alpha$		
摩尔分数	$\dfrac{1-\alpha}{1+\alpha}$	$\dfrac{\alpha}{1+\alpha}$	$\dfrac{\alpha}{1+\alpha}$
分压	$\dfrac{1-\alpha}{1+\alpha}p$	$\dfrac{\alpha}{1+\alpha}p$	$\dfrac{\alpha}{1+\alpha}p$

其标准平衡常数为

$$K^{\ominus}=\left[\frac{p(PCl_3)}{p^{\ominus}}\right]\left[\frac{p(Cl_2)}{p^{\ominus}}\right]\left[\frac{p(PCl_5)}{p^{\ominus}}\right]^{-1}=\left(\frac{\alpha}{1+\alpha}\times\frac{p}{p^{\ominus}}\right)^2\left(\frac{1-\alpha}{1+\alpha}\times\frac{p}{p^{\ominus}}\right)^{-1}$$

$$=\frac{\alpha^2}{1-\alpha^2}\times\frac{p}{p^{\ominus}}=\frac{0.8^2}{1-0.8^2}\times\frac{100}{100}=1.78$$

【例题 6-5】 在室温下，将 1mol 乙酸和 1mol 乙醇混合成理想液态混合物，并发生反应。到达平衡时，测得乙酸乙酯为 0.667mol。若将 1mol 乙酸、1mol 乙醇和 2mol 水混合，反应达平衡时，生成多少乙酸乙酯？

解 这是液相反应计算平衡组成问题，首先要计算出反应的平衡常数，由反应

$$CH_3COOH + C_2H_5OH \rightleftharpoons CH_3COOC_2H_5 + H_2O$$

开始时物质的量   1   1   0   0

平衡时物质的量 $1-0.667$ $1-0.667$ 0.667 0.667

物质的总量 $n=2$

$$K_x = \frac{x(CH_3COOC_2H_5)x(H_2O)}{x(CH_3COOH)x(C_2H_5OH)} = \left(\frac{0.667}{2}\right)^2 \times \left(\frac{1-0.667}{2}\right)^{-2} = 4$$

设 1mol 乙酸、1mol 乙醇和 2mol 水混合后生成 y mol 乙酸乙酯，由平衡常数表达式得

$$K_x = \frac{y(2+y)}{(1-y)^2} = 4$$

解得 $y = 0.465$mol

第四节　影响化学平衡的因素

化学平衡是有条件的、相对的，当条件发生改变时，化学平衡系统就会被破坏，平衡组成随之发生变化，平衡就会发生移动。吕·查德里曾总结各种因素对化学平衡的影响得到平衡移动原理：如果对反应系统施加影响，平衡会沿着削弱此影响的方向移动。这一原理是定性的分析。以下将用热力学的方法对影响平衡的因素进行讨论。不但可以得到相同的结论，而且可以进行定量的计算。

一、温度对化学平衡的影响——等压方程式

在影响化学平衡的诸多因素中，温度的影响是最显著的。前面指出，化学反应的标准平衡常数是温度的函数。温度改变，标准平衡常数就会发生变化，从而影响到化学平衡。一般通过热力学数据，可以计算出 298.15K 时的标准平衡常数。但在实际生产中，反应不可能都在 298.15K 下进行的。为了提高化学反应的速率，反应通常在较高的温度下进行；有时为了保护某一类基团，也可能在相对低的温度下进行。因此，需要讨论温度对标准平衡常数的影响。因为化学反应的标准摩尔吉布斯函数与标准平衡常数之间存在一定的关系，因此，温度对标准平衡常数的影响可以归结到温度对标准摩尔反应吉布斯函数的影响。

1. 吉布斯-亥姆霍兹方程

由热力学基本函数关系式 $dG = -SdT + Vdp$ 得

$$\left(\frac{\partial G}{\partial T}\right)_p = -S$$

由上式可以导出，在恒压条件下，任意过程的 ΔG 与 T 的关系为

$$\left(\frac{\partial \Delta G}{\partial T}\right)_p = -\Delta S$$

在温度 T 时由 $\Delta G = \Delta H - T\Delta S$ 得 $-\Delta S = \dfrac{\Delta G - \Delta H}{T}$，代入上式得

$$\left(\frac{\partial \Delta G}{\partial T}\right)_p = \frac{\Delta G - \Delta H}{T} \tag{6-21}$$

此式称为吉布斯-亥姆霍兹方程。它表示等压过程的 ΔG 随温度的变化率。两边同时除

以 T 得

$$\frac{1}{T}\left(\frac{\partial \Delta G}{\partial T}\right)_p = \frac{\Delta G - \Delta H}{T^2}$$

整理后得吉布斯-亥姆霍兹方程的另外一种形式。

$$\left[\frac{\partial (\Delta G/T)}{\partial T}\right]_p = -\frac{\Delta H}{T^2} \tag{6-22}$$

2. 化学反应的等压方程式

将吉布斯-亥姆霍兹方程用于标准状态的化学反应，有

$$\left[\frac{\partial (\Delta_r G_m^{\ominus}/T)}{\partial T}\right]_p = -\frac{\Delta_r H_m^{\ominus}}{T^2}$$

将 $\Delta_r G_m^{\ominus} = -RT\ln K^{\ominus}$ 代入上式，并整理得到

$$\frac{\partial \ln K^{\ominus}}{\partial T} = \frac{\Delta_r H_m^{\ominus}}{RT^2} \tag{6-23}$$

式(6-23) 就是标准平衡常数随温度的变化关系的微分式。由函数的导数与其增减性的关系有

当 $\Delta_r H_m^{\ominus} > 0$，即吸热反应，$\frac{\partial \ln K^{\ominus}}{\partial T} > 0$，温度升高，标准平衡常数增大，化学平衡朝着正反应方向移动；

当 $\Delta_r H_m^{\ominus} < 0$，即放热反应，$\frac{\partial \ln K^{\ominus}}{\partial T} < 0$，温度升高，标准平衡常数降低，化学平衡朝着逆反应方向移动；

当 $\Delta_r H_m^{\ominus} = 0$，即无热反应，$\frac{\partial \ln K^{\ominus}}{\partial T} = 0$，温度改变，平衡常数不变，化学平衡不发生移动。

这与平衡移动原理的结论一致，且热效应越大，标准平衡常数随温度变化越显著。

3. 等压方程式的应用

当温度变化范围不大时，$\Delta_r H_m^{\ominus}$ 可近似看作为与温度无关的常数，对等压方程式进行定积分得

$$\ln \frac{K_2^{\ominus}}{K_1^{\ominus}} = -\frac{\Delta_r H_m^{\ominus}}{R}\left(\frac{1}{T_2} - \frac{1}{T_1}\right) \tag{6-24}$$

式(6-24) 称为等压方程式的定积分式，若已知一个温度下的标准平衡常数和反应的焓变，便可求出另一温度下的标准平衡常数。

【例题 6-6】 已知变换反应为 $CO + H_2O \rightleftharpoons CO_2 + H_2$，在 417℃ 时，$K_1^{\ominus} = 10$，$\Delta_r H_m^{\ominus} = -42.68\text{kJ/mol}$，求 227℃ 时的标准平衡常数 $K_2^{\ominus}$。

解 将已知数据代入式(6-24) 中有

$$\ln \frac{K_2^{\ominus}}{10} = -\frac{-42.68 \times 10^3}{8.314} \times \left(\frac{1}{500} - \frac{1}{690}\right)$$

解得 $K_2^{\ominus} = 169$

可以看出，降低温度平衡常数增大，平衡向右移动。在合成氨生产工艺中，就是先采用高温变换，提高反应速率；再经低温变换，提高 CO 转化率的。

若将等压方程式的微分式进行不定积分，则可以得到下式

$$\ln K^{\ominus} = -\frac{\Delta_r H_m^{\ominus}}{R} \times \frac{1}{T} + C \tag{6-25}$$

以 $\ln K^{\ominus}$ 对 $1/T$ 作图可得一条直线，直线斜率 $m = -\dfrac{\Delta_r H_m^{\ominus}}{R}$，截距 $C = \dfrac{\Delta_r S_m^{\ominus}}{R}$，于是，利用作图法可以求出化学反应焓变和熵变。

若温度变化范围较大，则应考虑 $\Delta_r H_m^{\ominus}$ 与温度的关系，由基尔霍夫定律

$$\Delta_r H_m^{\ominus} = \Delta H_0 + \Delta a T + \frac{1}{2}\Delta b T^2 + \frac{1}{3}\Delta c T^3$$

式中　ΔH_0——积分常数，可以通过某一温度下的 $\Delta_r H_m^{\ominus}$ 求出。

将上式代入恒压方程式的微分式，进行不定积分得

$$\ln K^{\ominus} = -\frac{\Delta H_0}{RT} + \frac{\Delta a}{R}\ln T + \frac{\Delta b}{2R}T + \frac{\Delta c}{6R}T^2 + I \tag{6-26}$$

式中　I——积分常数，可以通过某一温度下的 $K^{\ominus}$ 求出。

这样计算的结果相对比较精确。

二、压力及惰性介质对化学平衡的影响

1. 压力对化学平衡的影响

压力的变化对液态或固态反应的平衡影响甚微，但对有气体参加的反应影响较大。

若可逆反应 $a\text{A (g)} + d\text{D (g)} \Longleftrightarrow e\text{E (g)} + f\text{F (g)}$，在一密闭容器中达到平衡，维持温度恒定，如果将系统体积缩小至原来的 $1/x$ $(x>1)$，则系统的总压力为原来的 x 倍。这时各组分气体的分压也分别增至原来的 x 倍，反应商为

$$
\begin{aligned}
J_p &= \prod_B \left(\frac{p_B}{p^{\ominus}}\right)^{\nu_B} = \left(\frac{xp_A}{p^{\ominus}}\right)^{-a}\left(\frac{xp_D}{p^{\ominus}}\right)^{-d}\left(\frac{xp_E}{p^{\ominus}}\right)^{e}\left(\frac{xp_F}{p^{\ominus}}\right)^{f} \\
&= \left(\frac{p_A}{p^{\ominus}}\right)^{-a}\left(\frac{p_D}{p^{\ominus}}\right)^{-d}\left(\frac{p_E}{p^{\ominus}}\right)^{e}\left(\frac{p_F}{p^{\ominus}}\right)^{f} x^{(e+f)-(a+d)} \\
&= K^{\ominus} x^{\sum \nu_{B(g)}}
\end{aligned}
$$

J_p 可能随压力变化，因此，改变压力也可能改变平衡组成。这里有三种情形。

(1) $\sum \nu_{B(g)} = 0$　如 $CO + H_2O \Longleftrightarrow CO_2 + H_2$，这一类反应的 $J_p = K^{\ominus}$，不随压力的改变而改变，因此，平衡组成不受压力影响，在合成氨工艺中可采用常压变换，也可以采用中高压变换，其平衡组成基本相同，所不同的是，中高压变换处理能力大，但其设备投资也大。

(2) $\sum \nu_{B(g)} < 0$　如 $N_2 + 3H_2 \Longleftrightarrow 2NH_3$，这类反应是物质的量减少的反应。随压力增大，$J_p < K^{\ominus}$，平衡向右移动。在合成氨工艺中，合成氨在高压下进行，就是为了保证氨在平衡组成中的含量。

(3) $\sum \nu_{B(g)} > 0$　如 $C(s) + H_2O \Longleftrightarrow CO + H_2$，这类反应是气体物质的量增加的反应，压力增大，$J_p > K^{\ominus}$，平衡向左移动，不利于产物的生成。因此，在合成氨工艺中，造气反应是在常压下进行，以保证平衡产率。

2. 惰性介质对化学平衡的影响

所谓的惰性介质是指存在于反应系统中，但不参加化学反应的气体物质。在温度、压力一定时，惰性介质虽不参加反应，但其加入，相当于降低了系统的总压力。因此可能引起平衡的移动，从而影响平衡组成。

如合成氨的反应 $N_2 + 3H_2 \Longleftrightarrow 2NH_3$，$\sum \nu_{B(g)} < 0$，由于合成气中含有少量的甲烷和氩气，这些气体不断在系统中累积，相当于降低了合成压力，使合成氨的产量降低。为提高合

成氨产率，要定时将合成气部分排放以降低其中惰性组分的含量。

又如，乙苯脱氢制取苯乙烯的反应

$$\text{C}_6\text{H}_5\text{—CH}_2\text{CH}_3 \rightleftharpoons \text{C}_6\text{H}_5\text{—CH}=\text{CH}_2 + \text{H}_2$$

其 $\sum \nu_{B(g)} > 0$，为有利于苯乙烯的生成，通常通入大量水蒸气。主要因为在系统中引入惰性组分，可提高苯乙烯的转化率，同时，水蒸气的存在也阻止了苯乙烯的聚合。

【例题 6-7】 常压下由乙苯脱氢制苯乙烯，在 600℃时，标准平衡常数 $K^{\ominus} = 0.178$。

(1) 分别求 $p_1 = 100\text{kPa}$ 和 $p_2 = 10\text{kPa}$ 时苯乙烯的产率；

(2) 若加入水蒸气，在总压为 100kPa，使乙苯与水蒸气的比例为 1:9 时苯乙烯的产率。

解 (1) 设反应前，乙苯为 1mol，其转化率为 α，即为苯乙烯的产率

$$\text{C}_6\text{H}_5\text{—CH}_2\text{CH}_3 \rightleftharpoons \text{C}_6\text{H}_5\text{—CH}=\text{CH}_2 + \text{H}_2$$

开始时各气体物质的量 1	0	0
平衡时各气体物质的量 $1-\alpha$	α	α
平衡时气体物质的总量 $1+\alpha$		
摩尔分数 $\dfrac{1-\alpha}{1+\alpha}$	$\dfrac{\alpha}{1+\alpha}$	$\dfrac{\alpha}{1+\alpha}$
分压 $\dfrac{1-\alpha}{1+\alpha}p$	$\dfrac{\alpha}{1+\alpha}p$	$\dfrac{\alpha}{1+\alpha}p$

其标准平衡常数为

$$K^{\ominus} = \left[\frac{p(\text{H}_2)}{p^{\ominus}}\right]\left[\frac{p(\text{C}_8\text{H}_8)}{p^{\ominus}}\right]\left[\frac{p(\text{C}_8\text{H}_{10})}{p^{\ominus}}\right]^{-1} = \left(\frac{\alpha}{1+\alpha} \times \frac{p}{p^{\ominus}}\right)^2 \left(\frac{1-\alpha}{1+\alpha} \times \frac{p}{p^{\ominus}}\right)^{-1}$$

$$= \frac{\alpha^2}{1-\alpha^2} \times \frac{p}{p^{\ominus}}$$

当 $p_1 = 100\text{kPa}$，$K^{\ominus} = \dfrac{\alpha^2}{1-\alpha^2}$

解得 $\alpha_1 = 0.389$，即产率为 38.9%

当 $p_2 = 10\text{kPa}$，$K^{\ominus} = \dfrac{\alpha^2}{1-\alpha^2} \times 0.1$

解得 $\alpha_2 = 0.80$，即产率为 80%

(2) 设反应前，乙苯为 1mol，则水为 9mol，设其转化率为 α

$$\text{C}_6\text{H}_5\text{—CH}_2\text{CH}_3 \rightleftharpoons \text{C}_6\text{H}_5\text{—CH}=\text{CH}_2 + \text{H}_2 \quad \text{H}_2\text{O}$$

开始时各气体物质的量 1	0	0	9
平衡时各气体物质的量 $1-\alpha$	α	α	9
平衡时气体物质的总量 $10+\alpha$			
摩尔分数 $\dfrac{1-\alpha}{10+\alpha}$	$\dfrac{\alpha}{10+\alpha}$	$\dfrac{\alpha}{10+\alpha}$	
分压 $\dfrac{1-\alpha}{10+\alpha}p$	$\dfrac{\alpha}{10+\alpha}p$	$\dfrac{\alpha}{10+\alpha}p$	

其标准平衡常数为

$$K^{\ominus} = \left(\frac{\alpha}{10+\alpha} \times \frac{p}{p^{\ominus}}\right)^2 \left(\frac{1-\alpha}{10+\alpha} \times \frac{p}{p^{\ominus}}\right)^{-1} = \frac{\alpha^2}{(10+\alpha)(1-\alpha)} \times \frac{p}{p^{\ominus}}$$

解得 $\alpha = 0.728$，即产率为 72.8%。

通过计算可以看出，降低总压，有利于产物苯乙烯的形成；增加惰性介质也有利于苯乙烯的形成。

三、反应物配比对平衡转化率的影响

在一定温度和压力下，反应物的起始浓度配比不会影响平衡常数，但能影响产物的平衡浓度，以致改变反应物平衡转化率或产物的平衡产率。

对化学反应 $$aA + bB \rightleftharpoons cC + dD$$

定义 $r = \dfrac{n_A}{n_B}$ 为反应物配比。显然，r 的变化范围为 $0 < r < \infty$。若反应物 A 的量很少，即 $r \to 0$，则产物 C、D 的产量也很少。随着反应物 A 的增加，C、D 的产量逐渐增大；当反应物 B 的量很少时，$r \to \infty$，产物 C、D 的产量也很少。因此，产物的量随着 r 的改变，有一个由少到多，再由多到少的过程。

可以证明，对理想系统的化学反应，在恒温恒压下反应物按计量系数配比时，平衡产物的浓度最大。

因此，对于多数反应，基本上是按反应物计量系数进行配比的。

合成氨的 $r[n(H_2)/n(N_2)]$ 值维持在 2.9 左右，因为合成氨的实际生产是高温高压，系统偏离理想气体行为，此外，从动力学上研究，适当提高氮气的比例，对提高反应速率有利。

如果两种反应物中，其中一种反应物较为便宜，并易于分离，可以使其大量过量，以尽量提高另一有价值的反应物的转化率。虽然产物平衡浓度相对低些，但经过分离便得到更多的产物，从经济上是比较划算的。

练习题

一、思考题

1. 化学反应等温方程式中的 $K^\ominus$ 和 J_p 有何异同？

2. 在化学平衡系统中，平衡组成发生变化，标准平衡常数是否一定改变？

3. 多相反应的标准平衡常数和等温方程式有何特点？

4. 液相反应的标准平衡常数和等温方程式有何特点？

5. 等温方程式应用条件是什么？有何作用？

6. 影响化学平衡的因素有哪些？它们是如何影响化学反应的？

7. 如何综合考虑温度对生产过程的影响？

8. 等压方程式有何作用？

9. 一个反应系统的 $\Delta_r G_m > 0$，反应是否进行？若反应的 $\Delta_r G_m^\ominus > 0$，反应能否进行？

二、填空题

1. 将 NH_4Cl（s）置于抽空容器中，加热到 597K 使 NH_4Cl（s）分解，NH_4Cl（s）$\rightleftharpoons$ NH_3（g）＋ HCl（g）达平衡时物系总压力为 101.325kPa，则标准平衡常数 $K^\ominus = $ _____。

2. 化学反应等温方程 $\Delta_r G_m = \Delta_r G_m^\ominus + RT\ln J_p$ 中用来判断反应进行方向的物理量是 _____，用来判断反应进行程度的物理量是 _____。

3. 3.473K 时 Ag_2O（s）分解反应为：Ag_2O（s）$\rightleftharpoons$ $2Ag$（s）＋ $\dfrac{1}{2}O_2$（g），已知 473K 时固体 Ag_2O（s）分解压为 137.8kPa。使 1mol Ag_2O（s）在 473K 分解达平衡，则该过程的 $\Delta_r G_m = $ _____，$K^\ominus = $ _____。

4. 有理想气体反应：A（g）＋2B（g）$\Longleftrightarrow$ C（g）达到平衡。当温度不变时，增大压力则反应平衡常数 $K^{\ominus}$ _____，平衡将_____移动。

5. 理想气体反应在一定温度下达到平衡。若使体系总体积不变，加入一种惰性气体组分，各气体分压将_____，反应平衡将_____。

6. 从范特霍夫方程可以看出，对于放热反应，升高温度，$K^{\ominus}$ _____，平衡向_____方向移动。

三、选择题

1. 在一定的温度下，对于一个化学反应，可以用_____判断其反应方向。

① $\Delta_r G_m^{\ominus}$ ② $K^{\ominus}$ ③ $\Delta_r G_m$ ④ $\Delta_r H_m$

2. 在一定温度和压力下，气相反应的压力商 J_p 随反应的进行会_____。

① 逐渐减少   ② 逐渐增加   ③ 不变   ④ 趋于 $K^{\ominus}$

3. 在一定温度下有如下化学反应，其标准平衡常数分别为 $K_1^{\ominus}$、$K_2^{\ominus}$ 和 $K_3^{\ominus}$

$$H_2O(g) \Longleftrightarrow H_2(g) + \frac{1}{2}O_2(g) \qquad\qquad K_1^{\ominus}$$

$$CO_2(g) \Longleftrightarrow CO(g) + \frac{1}{2}O_2(g) \qquad\qquad K_2^{\ominus}$$

$$CO(g) + H_2O(g) \Longleftrightarrow CO_2(g) + H_2(g) \qquad\qquad K_3^{\ominus}$$

则三个平衡常数间存在的关系为_____。

① $K_3^{\ominus} = K_m^{\ominus} + K_2^{\ominus}$ ② $K_3^{\ominus} = K_1^{\ominus} \times K_2^{\ominus}$

③ $K_3^{\ominus} = K_1^{\ominus} / K_2^{\ominus}$ ④ $K_3^{\ominus} = K_1^{\ominus} - K_2^{\ominus}$

4. 在一定温度下，将纯 $NH_4Cl(s)$ 置于抽空的容器中发生分解反应

$$NH_4Cl(s) \Longleftrightarrow NH_3(g) + HCl(g)$$

测得平衡时系统的总压力为 p，则反应的标准平衡常数 $K^{\ominus} =$ _____。

① $\frac{1}{4}\left(\frac{p}{p^{\ominus}}\right)^2$ ② $\frac{1}{4}\left(\frac{p}{p^{\ominus}}\right)$ ③ $\left(\frac{p}{p^{\ominus}}\right)^2$ ④ $\frac{1}{2}\left(\frac{p}{p^{\ominus}}\right)^2$

5. 对于任一化学反应，肯定不会影响其平衡组成的因素是_____。

① 反应系统加入催化剂   ② 反应物浓度变化

③ 惰性组分的加入   ④ 温度的改变

6. 反应 $2NO + O_2 \Longleftrightarrow 2NO_2$ 为放热反应，当反应达到平衡时，要想使平衡向右移动，应采取的措施是_____。

① 降低温度和降低压力   ② 升高温度和降低压力

③ 升高温度和增大压力   ④ 降低温度和增大压力

四、计算题

1. 在 1000K 时，理想气体反应

$$CO(g) + H_2O(g) \Longleftrightarrow CO_2(g) + H_2(g)$$

的标准平衡常数 $K^{\ominus}$（1000K）＝1.43，$K^{\ominus}$（1200K）＝0.73，设有一反应系统，各物质的分压为 $p(CO) = 50kPa$，$p(CO_2) = 50kPa$，$p(H_2) = 50kPa$，$p(H_2O) = 50kPa$。分别判断反应的方向。

（1000K 正向进行；1200K 逆向进行）

2. 理想气体化学反应 $SO_3 \Longleftrightarrow SO_2 + \frac{1}{2}O_2$ 的标准平衡常数 $K_1^{\ominus}$（900K）＝0.153，求在 100kPa 下，反应 $SO_2 + 2O_2 \Longleftrightarrow 2SO_3$ 的 $K_2^{\ominus}$（900K）、K_p、K_y、K_c。

（42.7，$42.7 \times 10^{-4} Pa^{-1}$，42.7，3.20$m^3/mol$）

3. 气相反应 $C_2H_6 \rightleftharpoons C_2H_4 + H_2$ 在 1000K、100kPa 时，平衡转化率为 0.485，求反应的标准平衡常数 $K^\ominus$。

(0.308)

4. 将固体氨基甲酸铵放入真空容器，使之分解，$NH_2COONH_4(s) \rightleftharpoons 2NH_3(g) + CO_2(g)$ 在一定温度下达到平衡，容器内压力为 8815Pa，求该反应的标准平衡常数 $K^\ominus$。

(1.015×10^{-4})

5. 求化学反应 $CO + H_2O \rightleftharpoons CO_2 + H_2$ 在 298K 时的 $\Delta_r H_m^\ominus$、$\Delta_r S_m^\ominus$、$\Delta_r G_m^\ominus$ 和标准平衡常数 $K^\ominus$。

$[-41.17kJ/mol，-41.32J/(mol \cdot K)，-28.86kJ/mol，1.039 \times 10^5]$

6. 环己烷与甲基环戊烷之间存在如下异构化反应

$$C_6H_{12}(l) \rightleftharpoons C_5H_9 \cdot CH_3(l)$$

已知其标准平衡常数与温度的关系如下：

$$\ln K^\ominus = 4.814 - \frac{2059}{T}$$

求 298K 下异构化反应 $\Delta_r H_m^\ominus$、$\Delta_r S_m^\ominus$。

$[17.12kJ/mol，40.02J/(mol \cdot K)]$

7. 工业上乙苯脱氢反应在 900K 时，标准平衡常数 $K^\ominus(900K) = 1.49$，

(1) 分别求 $p_1 = 101.3kPa$ 和 $p_2 = 202.6kPa$ 时苯乙烯的产率；

(2) 若加入水蒸气，在总压为 101.3kPa，使乙苯与水蒸气的比例为 1:5 时苯乙烯的产率。

$[(1)\ 77.4\%，65.3\%；(2)\ 91.8\%]$

第七章 电化学

学习目标

1. 掌握电导的测定及其应用。
2. 掌握电池电动势与热力学函数的关系。
3. 掌握电池电动势和电极电势的计算。
4. 理解原电池的设计原理，会写电极反应、电池反应及电池的图示。

电化学是物理化学的重要分支，是研究化学现象与电现象之间关系的科学。其主要研究内容有电解质溶液、原电池、电解和极化三部分。电化学知识在电化学工业、工业分析、化学能源、医药工业等方面都有着极为广泛的应用。

第一节 电解质溶液

电化学研究化学能与电能相互转化过程规律及实现转化过程的介质的特性，无论是原电池还是电解池，要实现其能量之间的相互转化，都必须在电解质溶液或熔融电解质介质中完成。

电解质溶液是指溶于溶剂或熔化状态时能形成带相反电荷的离子而具有导电能力的物质。电解质在溶剂中解离成离子的现象叫电离。根据电解质电离度的大小，将电解质分为强电解质和弱电解质。强电解质在溶液中或熔融状态下几乎全部解离成正、负离子。弱电解质的分子在溶液中部分解离成正、负离子。在一定条件下，正、负离子与未解离的电解质分子之间存在着电离平衡。电解质溶液的导电作用是通过溶液中离子的迁移来完成的。

一、离子的电迁移

1. 电解质溶液的导电机理

当电流通过电解质溶液时，电解质溶液的导电作用是靠正、负离子的定向移动来完成的，同时，还伴随着化学反应的发生。下面以图 7-1 $CuCl_2$ 水溶液的电解为例，来了解电解质的导电机理。将两个 Pt 电极浸入电解质 $CuCl_2$ 水溶液中，电极与直流电源相连接，与电源正极相连的电极称为阳极，而与电源负极相连的为阴极。当电子从电源负极通过外

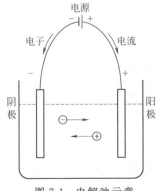

图 7-1 电解池示意

线路流至阴极时，在阴极与溶液的界面就发生阳离子与电子结合的还原反应，即

$$Cu^{2+} + 2e \longrightarrow Cu$$

同时，在阳极上发生阴离子给出电子的氧化反应，即

$$2Cl^- \longrightarrow Cl_2 + 2e$$

氧化反应中放出的电子通过外线路流向电源的正极。如此利用电能发生化学反应的装置是电解池。电解质溶液导电时,在电极上进行的电子得失的化学反应称为电极反应;两电极发生的化学变化称为电解。在电解池中,电能转变为化学能,与电源正极相连的是电解池的阳极,进行氧化反应;与电源负极相连的是电解池的阴极,发生还原反应。电解过程的特点是将氧化、还原反应分开,分别在阳极和阴极发生反应。

2. 法拉第电解定律

由电解质溶液的导电机理可知,当电流通过电解质溶液时,电极上就会有物质析出或溶解,而物质析出或溶解的物质的量与通过电解质溶液的电量有关。1833 年法拉第研究了大量电解实验的结果后,归纳出通过电解质溶液的电量与电极上析出的物质的量之间的定量关系,这就是法拉第定律。

法拉第定律:电流通过电解质溶液时,在电极上发生化学反应的某物质的物质的量与通入的电量成正比,同一时间间隔内通过任一截面的电量相等,析出物质的质量与其摩尔质量成正比。法拉第定律数学表达式为

$$Q = n_e F \tag{7-1}$$

式中 Q——电量,C;

$\quad\quad n_e$——电子的量,mol。

如对于电极反应 $\quad\quad\quad\quad B^{z+} + ze \longrightarrow B$

物质的量 n_B 与电子的量 n_e 之间的关系为 $\quad n_e = z n_B$

而 $\quad\quad\quad\quad\quad\quad Q = n_e F \quad$ 或 $\quad Q = It = z m_B F / M_B$

所以 $\quad\quad\quad\quad\quad\quad n_B = Q / zF \quad$ 或 $\quad m_B = It M_B / zF$

式中,F 是法拉第常数,是指 1mol 电子所带的电量的绝对值,其数值为

$$F = Le = 6.0221367 \times 10^{23} \times 1.60217733 \times 10^{-19} = 96485.309 C/mol$$
$$\approx 96500 C/mol$$

法拉第定律是电化学的基本定律,在任何温度和压力下均可使用,没有使用条件的限制。应用法拉第定律时需注意式中 M_B 和 z 的一致性。

【例题 7-1】 在 $CuCl_2$ 水溶液中用 Pt 电极通过 20A 电流 15min,试求理论上阴极能析出多少铜?

解 $CuCl_2$ 水溶液电解反应

阴极反应 $\quad\quad\quad\quad\quad\quad Cu^{2+} + 2e \longrightarrow Cu(s)$

阳极反应 $\quad\quad\quad\quad\quad\quad 2Cl^- \longrightarrow Cl_2(g) + 2e$

$$I = 20A, \; t = 15min = 900s, \; M(Cu) = 63.546 g/mol$$

阴极析出 Cu 的质量为 $\quad m(Cu) = \dfrac{It M_{Cu}}{zF} = \dfrac{20 \times 900 \times 63.546}{2 \times 96500} = 5.93g$

理论上能析出 5.93g 铜。

3. 离子的迁移数

在外电场作用下电解质溶液中的正、负离子发生定向移动的现象称为电迁移现象。电解质溶液的导电,是通过溶液中正、负离子的电迁移共同完成的。离子的迁移速度不同,其离子所担当的导电任务就有差异。当电流通过电解质溶液时,某种离子 B 所迁移的电量 Q_B 与通过溶液的总电量($\sum Q_B$)之比叫做该离子的迁移数,用 t_B 表示。

$$t_B = Q_B / \sum Q_B \tag{7-2}$$

对于由多种正离子或多种负离子所组成的电解质溶液,则

$$\sum t_B = \sum t_+ + \sum t_- = 1 \tag{7-3}$$

表 7-1 列举出了几种常见的电解质溶液中正离子的迁移数。离子的迁移数主要受电解质溶液的温度和浓度影响，而与电场强度无关。

表 7-1　298.15K 时水溶液中某些正离子的迁移数

浓度/(mol/dm³)	HCl	NaCl	KCl	KNO₃
0.01	0.8251	0.3918	0.4902	0.5084
0.05	0.8292	0.3876	0.4899	0.5093
0.1	0.8314	0.3854	0.4898	0.5103
0.2	0.8337	0.3821	0.4894	0.5120
0.5	—	—	0.4888	—

二、电导及其应用

1. 电导、电导率与摩尔电导率

（1）电导及电导率　导体的导电能力的强弱可以用电阻 R 表示，导体的电阻越大则导体的导电能力越弱。如果用电阻的倒数来表示导体的导电能力，则其值越大，导体的导电能力越强。将电阻的倒数定义为电导。

$$G = \frac{1}{R} \tag{7-4}$$

则

$$G = \frac{1}{R} = \frac{1}{\rho} \times \frac{A}{l} = \kappa \frac{A}{l} \tag{7-5}$$

式中　G——电导，S；

l/A——电导池常数，m^{-1}；

ρ——电阻率，$\Omega \cdot m$；

κ——电导率，S/m。

电导率在电化学中是一个非常重要的物理量。对于电子导体而言，其物理意义为：单位长度（m）、单位横截面积（m^2）的导体所具有的电导值。对于电解质溶液而言，电导率就是单位距离（1m）的两极间，单位体积（$1m^3$）的溶液所具有的电导。

对于同一电解质溶液的电导率，随着电解质溶液浓度的不同有很大的变化。稀溶液随着浓度的增大，单位体积内导电离子增多，溶液的电导率几乎随着浓度成正比增加；在浓度较大时，由于正、负离子的相互作用，使得离子的运动速率降低，所以尽管单位体积内离子的数目不断增加，但电导率经过一极大值后反而降低。电导率与电解质溶液物质的量浓度的关系见图 7-2。

（2）摩尔电导率　为了比较不同电解质溶液的导电能力，定义摩尔电导率 Λ_m。

$$\Lambda_m = \kappa / c \tag{7-6}$$

式中　c——电解质溶液物质的量的浓度，mol/m^3；

κ——电导率，S/m；

Λ_m——摩尔电导率，$S \cdot m^2/mol$。

必须注意在表示电解质的摩尔电导率时，应注明物质的基本结构单元。通常用元素符号和分子式指明基本结构单元。例如，某条件下 $MgCl_2$ 的摩尔电导率 Λ_m 可写成

$$\Lambda_m(MgCl_2) = 0.0258 S \cdot m^2/mol$$

$$\Lambda_m \left(\frac{1}{2} MgCl_2 \right) = 0.0129 S \cdot m^2/mol$$

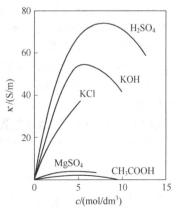

图 7-2　电导率与物质的量浓度的关系

显然　　$\Lambda_m(MgCl_2) = 2\Lambda_m\left(\dfrac{1}{2}MgCl_2\right)$

表 7-2 列出了几种常见电解质溶液在 298.15K 不同浓度下的摩尔电导率值。

表 7-2　298.15K 某些电解质水溶液的摩尔电导率 Λ_m　　　　　　　　　单位：10^{-4} S·m²/mol

电解质	$c/(mol/dm^3)$							
	0	0.0005	0.001	0.005	0.01	0.02	0.05	0.1
AgNO₃	133.29	131.29	130.45	127.14	124.70	121.35	115.18	109.09
KNO₃	144.89	142.70	141.77	138.41	132.75	132.34	126.25	120.34
LiCl	114.97	113.09	112.34	109.35	107.27	104.60	100.06	95.81
LiClO₄	105.93	104.13	103.39	100.50	98.56	96.13	92.15	88.52
NaCl	126.39	124.44	123.68	120.59	118.45	115.70	111.01	106.69
NaClO₄	117.42	115.8	114.82	111.70	109.54	106.91	102.35	98.38
$\dfrac{1}{2}$MgCl₂	129.34	125.55	124.15	118.25	114.49	109.99	103.03	97.05
$\dfrac{1}{2}$ZnCl₂	132.7	121.3	114.47	95.44	84.87	74.20	61.17	52.61

科尔劳施总结大量实验数据得出如下结论：很稀的强电解质溶液中，其摩尔电导率与浓度的平方根为直线关系。数学表达式为

$$\Lambda_m = \Lambda_m^\infty - A\sqrt{c} \qquad (7\text{-}7)$$

式中　Λ_m^∞——极限摩尔电导率；

　　　A——与电解质有关的常数。

摩尔电导率与电解质溶液物质的量浓度的平方根的关系见图 7-3。图中，强电解质（HCl、NaOH、AgNO₃）和弱电解质（CH₃COOH）的摩尔电导率随着电解质的物质的量浓度的减小而增大，但增大的情况有所不同。强电解质的 Λ_m 随着电解质物质的量浓度的减小而逐渐增大，在溶液很稀时，强电解质的 Λ_m 与电解质物质的量的浓度的平方根 $\sqrt{c}$ 成直线关系，将直线外推到 $c=0$ 时，直线的截距即为极限摩尔电导率。弱电解质的 Λ_m 在溶液较浓时，随着电解质物质的量的浓度减小而增大的幅度很小，而在溶液极稀时，Λ_m 随着电解质物质的量的浓度减小而急剧增加。因此，弱电解质的 Λ_m^∞ 不能用外推法求得，但可用强电解质的 Λ_m^∞ 经过计算得到。

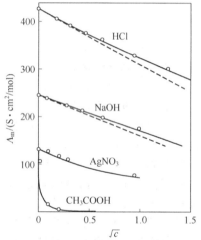

图 7-3　摩尔电导率与物质的量浓度平方根的关系（298.15K）

2. 离子独立运动定律

科尔劳施研究了大量的实验结果，认为无论是强电解质还是弱电解质，在溶液无限稀时，离子间的相互作用均可忽略不计，离子彼此独立运动，互不影响。每种离子的摩尔电导率不受其他离子的影响，它们对电解质的摩尔电导率都有独立的贡献。在一定温度下，无论是强电解质、弱电解质还是金属的难溶盐类，在无限稀释的水溶液中，均可以认为其全部电离。因而无限稀释电解质溶液的极限摩尔电导率可以认为是无限稀释溶液中正、负离子极限摩尔电导率之和。即

$$\Lambda_m^\infty = \nu_+\Lambda_{m,+}^\infty + \nu_-\Lambda_{m,-}^\infty \qquad (7\text{-}8)$$

式中　$\nu_+,\ \nu_-$——阳、阴离子的化学计量数。

此式称为科尔劳施离子独立运动定律的数学表达式。

依据离子独立运动定律，可以用强电解质无限稀释的摩尔电导率计算弱电解质无限稀释摩尔电导率。

【例题 7-2】 在 25℃ 时，已知 HCl 极限摩尔电导率为 42.6×10^{-3} S·m²/mol，CH₃COONa 及 NaCl 的极限摩尔电导率为 9.1×10^{-3} S·m²/mol 和 12.7×10^{-3} S·m²/mol，计算乙酸的极限摩尔电导率。

解 根据离子独立运动定律

$$\Lambda_m^\infty(CH_3COOH) = \Lambda_m^\infty(HCl) + \Lambda_m^\infty(CH_3COONa) - \Lambda_m^\infty(NaCl)$$

$$\Lambda_m^\infty(CH_3COOH) = \Lambda_m^\infty(CH_3COO^-) + \Lambda_m^\infty(H^+)$$

$$= (42.6 + 9.1 - 12.7) \times 10^{-3} \text{ S·m}^2/\text{mol}$$

$$= 39 \times 10^{-3} \text{ S·m}^2/\text{mol}$$

3. 电导的测定及其应用

(1) 电导的测定方法　电导的测定方法，实际上就是电阻的测定方法。采用惠斯顿 (Wheatstone) 电桥，如图 7-4 所示，图中 AB 为均匀滑线电阻，R_Z 为可变电阻，T 为耳机或阴极示波器，R_X 为待测电阻，电源使用 1000Hz 左右的交流电，因为使用直流电通过电解质溶液时会发生电解，引起电极附近浓度变化，同时电极上析出的电解产物还会改变电极的性质，因此可导致测定出现误差。为防止出现极化，电池中的电极采用镀铂黑的铂电极。为补偿电导池电容的影响，需要在桥的另一臂可变电阻 R_Z 上并联一个可变电容 K。测定时，在选定适当的 R_Z 数值后接通电源，移动接触点 C，使得流经 T 的电流接近于零，此时电桥达到平衡，各个电阻之间存在如下关系

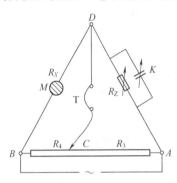

图 7-4　测定电阻的惠斯顿电桥

$$\frac{R_Z}{R_X} = \frac{R_3}{R_4}$$

$$R_X = \frac{R_Z R_4}{R_3} \tag{7-9}$$

待测电解质溶液的电导计算公式

$$G = \frac{1}{R_X} = \frac{R_3}{R_Z R_4} \tag{7-10}$$

(2) 电导测定的应用　利用电导的测定原理可以快速测定出溶液中电解质的浓度，常应用于检验水的纯度、测定弱电解质的电离度、测定难溶盐的溶解度及电位滴定等方面。

① 水纯度的检验。水是弱电解质，自身就存在着微弱的电离（$H_2O \rightleftharpoons H^+ + OH^-$），理论计算纯水的电导率 κ 应为 5.5×10^{-6} S/m。普通蒸馏水的电导率 κ 约为 1×10^{-3} S/m，重蒸馏水（蒸馏水经用 KMnO₄ 和 KOH 溶液处理除去 CO_2 及有机杂质，然后在石英器皿中重新蒸馏 1~2 次）和去离子水的 κ 值可以达到小于 1×10^{-4} S/m。通过测定水的电导率 κ 值，可以断定水的纯度是否合格或符合使用要求。

② 求弱电解质的电离度及电离常数。弱电解质的水溶液中，一般电解质分子在水的作用下，部分解离成离子，且离子与未解离的分子之间达成动态平衡。例如乙酸水溶液中，乙酸分子的解离：

$$HAc \rightleftharpoons H^+ + Ac^-$$

由于弱电解质的电离度很小，溶液中离子的浓度很低，可以认为离子移动速度受浓度改变的影响极其微弱，因而某一浓度下弱电解质溶液的摩尔电导率与其在无限稀释时的摩尔电导率的差别主要来自于电离度的不同。如 1mol 乙酸在水溶液无限稀释时，电离度趋近于 1，即有 1mol H^+、Ac^- 同时参与导电，此时的摩尔电导率为 Λ_m^∞。当溶液的浓度为 c 时，电离度为 α，此时的摩尔电导率为 Λ_m。既然摩尔电导率仅取决于溶液离子数目，即是由电离度不同造成的，则有

$$\alpha_c = \Lambda_m / \Lambda_m^\infty \tag{7-11}$$

【例题 7-3】 在 298K 时，实验测得 0.1000mol/dm³ 乙酸溶液的摩尔电导率 Λ_m 为

$5.201 \times 10^{-4} S \cdot m^2/mol$。查表可得该温度下乙酸溶液的极限摩尔电导率 Λ_m^∞ 为 $390.7 \times 10^{-4} S \cdot m^2/mol$。求该溶液的电离度。

解　根据 $\alpha_c = \Lambda_m/\Lambda_m^\infty$ 可知该乙酸溶液的电离度为

$$\alpha_c = 5.201 \times 10^{-4}/(390.7 \times 10^{-4}) = 0.0133 = 1.33\%$$

③ 求难溶盐的溶解度和溶度积。利用测定电导的方法可以计算出难溶盐（如 AgCl 等）在水中的溶解度和溶度积。用 K_{SP} 表示溶度积（也叫活度积）。例如 AgCl 在水中的活度积 K_{SP} 为

$$AgCl(s) \Longrightarrow Ag^+ + Cl^-$$

$$K_{SP} = \alpha(Ag^+)\alpha(Cl^-)/\alpha(AgCl) = \alpha(Ag^+)\alpha(Cl^-)$$

【例题 7-4】 AgCl 饱和水溶液在 25℃时的电导率 $\kappa(溶液) = 3.41 \times 10^{-4} S/m$，在此温度下，该溶液所用水的电导率 $\kappa(水) = 1.6 \times 10^{-4} S/m$，计算 AgCl 的溶解度。

解　因为 AgCl 饱和水溶液的电导率是水和氯化银的电导率的总和，则有

$$\kappa(AgCl) = \kappa(溶液) - \kappa(水) = 3.41 \times 10^{-4} - 1.6 \times 10^{-4} = 1.81 \times 10^{-4} S/m$$

因为 AgCl 饱和水溶液在 25℃时离子的浓度很小，其 Λ_m 可近似看作 Λ_m^∞，则

$$\Lambda_m(AgCl) = \Lambda_m^\infty(AgCl) = \Lambda_m^\infty(Ag^+) + \Lambda_m^\infty(Cl^-)$$

查表得

$$\Lambda_m^\infty(Ag^+) = 61.92 \times 10^{-4} S \cdot m^2/mol, \quad \Lambda_m^\infty(Cl^-) = 76.34 \times 10^{-4} S \cdot m^2/mol$$

则　$\Lambda_m(AgCl) = (61.92 + 76.34) \times 10^{-4} S \cdot m^2/mol = 138.26 \times 10^{-4} S \cdot m^2/mol$

根据 $\Lambda_m = \kappa/c$，则有

$$AgCl 的溶解度 = \kappa(AgCl)/\Lambda_m(AgCl) = \frac{1.81 \times 10^{-4} S \cdot m^{-1}}{138.26 \times 10^{-4} S \cdot m^2 \cdot mol^{-1}} = 0.01309 mol/m^3$$

三、强电解质溶液的活度及活度因子

对于非电解质溶液，理想稀溶液中溶质的化学势可用溶质的质量摩尔浓度表征溶质的化学势。对于强电解质，情况较复杂，由于溶液中各种离子的静电引力作用，电解质溶液显著偏离理想溶液，描述电解质的热力学性质，需要引入电解质离子活度和活度因子的概念。

1. 活度和活度因子

（1）电解质及离子的化学势、活度和活度因子　电解质及其解离的正、负离子的活度定义为

$$\mu_B = \mu_B^\ominus + RT\ln a_B \tag{7-12}$$

$$\mu_+ = \mu_+^\ominus + RT\ln a_+ \tag{7-13}$$

$$\mu_- = \mu_-^\ominus + RT\ln a_- \tag{7-14}$$

式(7-12)～式(7-14) 中，μ_B、μ_+、μ_-、$\mu_B^\ominus$、$\mu_+^\ominus$、$\mu_-^\ominus$、a_B、a_+、a_- 分别为电解质 B 及其在溶剂中解离成正、负离子的化学势、标准化学势和活度。

定义　　　　　　　　　　　$\mu_B^\ominus = \nu_+\mu_+^\ominus + \nu_-\mu_-^\ominus$ 　　　　　　　　　(7-15)

式中　ν_+，ν_-——正、负离子的化学计量数。

根据电解质化学势与离子化学势之间的关系（$\mu_B = \nu_+\mu_+ + \nu_-\mu_-$）得到

$$\mu_B^\ominus + RT\ln a_B = \nu_+\mu_+^\ominus + \nu_-\mu_-^\ominus + RT\ln(a_+^{\nu_+} a_-^{\nu_-})$$

即电解质溶液的化学势应为其正、负离子化学势的代数和。

则有　　　　　　　　　　　　　$a_B = a_+^{\nu_+} a_-^{\nu_-}$ 　　　　　　　　　　　(7-16)

式(7-16) 为电解质活度与正、负离子活度的关系式。

正、负离子的活度因子定义为　　　$\gamma_+ = \dfrac{a_+}{b_+/b^\ominus}$ 　　　$\gamma_- = \dfrac{a_-}{b_-/b^\ominus}$ 　　　(7-17)

式中　b_+，b_-——正、负离子的质量摩尔浓度；

$b^{\ominus}$——1mol/kg。

如果电解质全部电离，则 $\qquad b_+ = \nu_+ b \qquad b_- = \nu_- b$ $\hfill$ (7-18)

式中 b——电解质的质量摩尔浓度。

（2）离子的平均活度和平均活度因子 强电解质的离子活度及其活度因子均无法由实验单独测得，而只能测出其平均值，离子平均活度、离子平均活度因子和离子平均质量摩尔浓度定义如下

$$a_\pm = (a_+^{\nu_+} a_-^{\nu_-})^{1/\nu}$$ (7-19)

$$\gamma_\pm = (\gamma_+^{\nu_+} \gamma_-^{\nu_-})^{1/\nu}$$ (7-20)

$$b_\pm = (b_+^{\nu_+} b_-^{\nu_-})^{1/\nu}$$ (7-21)

式中，$\nu = \nu_+ + \nu_-$，a_+、a_-、γ_+、γ_-、b_+、b_- 分别为正负离子的活度、活度因子和质量摩尔浓度。综合以上各式可得到如下关系式

$$a_B = a_+^{\nu_+} a_-^{\nu_-} = a_\pm^{\nu} = \left(\gamma_\pm \frac{b_\pm}{b^{\ominus}} \right)^{\nu}$$ (7-22)

当溶液中电解质浓度 b 趋于零时，正、负离子的平均活度因子 $\gamma_\pm$ 也趋于1。离子的平均活度因子 $\gamma_\pm$ 的大小反映了因离子之间相互作用所导致的电解质溶液性质偏离理想溶液热力学性质的程度。$\gamma_\pm$ 可以由实验测定（测定依数性或原电池电动势来计算）。表7-3列出了 25℃ 时常见电解质水溶液中一些正、负离子的平均活度因子。

由表中数据可知：

① 电解质离子平均活度因子 $\gamma_\pm$ 与溶液的浓度有关。在稀溶液范围内，$\gamma_\pm$ 随着浓度降低而增加。

② 在稀溶液范围内，对于相同价态的电解质而言，当浓度相同时，其 $\gamma_\pm$ 近乎相等。而不同价态的电解质，浓度相同时，其 $\gamma_\pm$ 也并不相同，高价型电解质的 $\gamma_\pm$ 较小。

表 7-3 25℃ 时水溶液中电解质离子的平均活度因子 $\gamma_\pm$

电解质	$b/(\text{mol/kg})$								
	0.001	0.005	0.01	0.05	0.10	0.50	1.0	2.0	4.0
HCl	0.965	0.928	0.904	0.830	0.796	0.757	0.809	1.009	1.762
NaCl	0.966	0.929	0.904	0.823	0.778	0.682	0.658	0.671	0.783
KCl	0.965	0.927	0.901	0.815	0.769	0.650	0.605	0.575	0.582
HNO$_3$	0.965	0.927	0.902	0.823	0.785	0.715	0.720	0.783	0.982
CaCl$_2$	0.887	0.783	0.724	0.574	0.518	0.448	0.500	0.792	0.934
H$_2$SO$_4$	0.830	0.639	0.544	0.340	0.265	0.154	0.130	0.124	0.171
CuSO$_4$	0.74	0.53	0.41	0.21	0.16	0.068	0.047		
ZnSO$_4$	0.734	0.477	0.387	0.202	0.148	0.063	0.043	0.035	

【例题 7-5】 已知 $b_B = 0.0100\text{mol/kg}$ 的硫酸钾水溶液中，离子的平均活度因子 $\gamma_\pm = 0.715$，试求该溶液中离子的平均活度和硫酸钾的活度各为多少？

解 已知 K$_2$SO$_4$ 的 $\nu_+ = 2$，$\nu_- = 1$，$\nu = 3$，$b_+ = 2b_B$，$b_- = b_B$，又知 0.0100mol/kg 硫酸钾水溶液的 $\gamma_\pm$ 为 0.715，则有

$$b_\pm = (b_+^2 b_-)^{1/3} = [(2b_B)^2 b_B]^{1/3} = \sqrt[3]{4} b_B = \sqrt[3]{4} \times 0.0100 = 1.59 \times 10^{-2} \text{mol/kg}$$

$$a_\pm = \gamma_\pm \frac{b_\pm}{b^{\ominus}} = \frac{0.715 \times 1.59 \times 10^{-2}}{1} = 0.0114$$

$$a_B = a_\pm^3 = (0.0114)^3 = 1.48 \times 10^{-6}$$

由结果可知，即使是在稀硫酸钾水溶液中，a_B 与 b_B 也相差很大，说明该溶液的不理想程度之大，不可忽略。

2. 离子强度

路易斯根据实验总结出了电解质离子平均活度因子与离子强度之间的经验关系式为

$$\lg \gamma_\pm = -常数\sqrt{I} \tag{7-23}$$

离子强度的定义式为

$$I = \frac{1}{2}\sum b_B Z_B^2 \tag{7-24}$$

式中 I——离子强度，mol/kg；

　　b_B——离子 B 的质量摩尔浓度，mol/kg；

　　Z_B——离子 B 的价数。

即电解质溶液中每种离子的质量摩尔浓度 b_B 与该离子电荷的平方乘积总和的一半就是该电解质溶液的离子强度。

3. 德拜-休克尔极限公式

1923 年德拜和休克尔提出了强电解质离子互吸理论，导出了定量计算离子平均活度因子的德拜-休克尔极限公式：　　$\lg \gamma_\pm = -A|Z_+ Z_-|\sqrt{I}$ \hfill (7-25)

式(7-25)与路易斯的经验式相符合，该式适用于强电解质稀溶液。当电解质溶液的离子强度小于 0.01 mol/kg 时才比较准确。在 25℃时的水溶液中 $A = 0.509(\text{mol/kg})^{-1/2}$。

【**例题 7-6**】 利用德拜-休克尔极限公式，计算 25℃时 b 等于 0.005 mol/kg 的 $ZnCl_2$ 水溶液中，$ZnCl_2$ 正、负离子的平均活度因子 $\gamma_\pm$。

解　根据题意已知该溶液 $b(Zn^{2+}) = 0.005$ mol/kg

$$b(Cl^-) = 2 \times 0.005 \text{mol/kg} = 0.010 \text{mol/kg}$$

$$I = \frac{1}{2}\sum b_B Z_B^2 = \frac{1}{2}[b \times 2^2 + 2b \times (-1)^2] = 3b = 0.015 \text{mol/kg}$$

又已知 25℃时水溶液中 $A = 0.509(\text{mol/kg})^{-1/2}$

$$\lg \gamma_\pm = -A|Z_+ Z_-|\sqrt{I} = -0.509 \times 2 \times (0.015)^{1/2} = -0.1247$$

故

$$\gamma_\pm = 0.7504$$

第二节　可逆电池电动势

一、可逆电池

1. 电池

化学能与电能之间相互转化的装置统称电池。其中化学能转化为电能的装置为原电池（即 $\Delta_r G_m < 0$ 的化学反应自发地把化学能转变为电能），如化学电源；电能转化为化学能的装置为电解池（即利用电能促使 $\Delta_r G_m > 0$ 的化学反应发生，制得相应的化学产品或进行其他电化学工艺生产），如电镀。电池由两电极组成，电池工作时，两电极均发生化学反应，其中发生氧化反应的为阳极，发生还原反应的为阴极。氧化反应是失电子的反应；还原反应是得电子的反应，对于电池外两极的连接导线而言，电子流总是由发生氧化反应的电极流向发生还原反应的电极，而电流的流动方向恰恰相反，电流总是从电源电势高的电极流向电势低的电极，电势高的电极为正极，电势低的电极为负极。则对于原电池阳极即为负极，阴极为正极；而电解池的阳极为正极；阴极为负极。例如，铜锌原电池，也叫丹尼耳电池（Daniell cell），电池的装置如图 7-5 所示：将锌片插入 1mol/kg 的 $ZnSO_4$ 溶液中，将铜片插

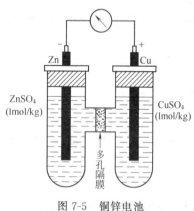
图 7-5　铜锌电池

入 $1mol/kg$ 的 $CuSO_4$ 溶液中，两种溶液之间用多孔隔板隔开，多孔隔板的作用是防止 $ZnSO_4$ 溶液和 $CuSO_4$ 溶液相互混合，但多孔隔板可以通过电解质离子及溶剂。锌片与铜片之间用铜导线连接，如此构成铜锌原电池。该电池的化学反应如下。

阳极（负极） $Zn(s) \longrightarrow Zn^{2+}(1mol/kg) + 2e$

阴极（正极） $Cu^{2+}(1mol/kg) + 2e \longrightarrow Cu(s)$

电池反应 $Zn(s) + Cu^{2+}(1mol/kg) \longrightarrow Zn^{2+}(1mol/kg) + Cu(s)$

注意，书写电极反应或电池反应，必须满足物质的量平衡和电量平衡，离子或电解质溶液要标明活度，气体要标明压力，纯液体或纯固体要标明相态。

2. 电池的符号表示法

电池若用装置图表示会很烦琐而且不利于记载，需要有简单的符号表征。常采用图示法表示电池。以丹尼耳电池为例，该电池的图示表示方法如下。

$$Zn(s) | ZnSO_4(1mol/kg) \| CuSO_4(1mol/kg) | Cu(s)$$

原电池图示法规定：

① 将发生氧化反应的阳极（负极）写在书面左边，将发生还原反应的阴极（正极）写在书面右边，按实际顺序用化学式从左向右依次列出。

② 必须标明电池中各物质的组成和相态，用分子式表示组分，并注明其相态、溶液中溶质的活度、气体的逸度（或分压）。

③ 用单竖线"$|$"表示不同相之间的界面（也可用逗号表示）；用双竖线"$\|$"表示盐桥，表明溶液与溶液之间的接界电势通过盐桥已经降低到可以忽略不计的程度。

盐桥的构造通常是将一定浓度的 KCl 溶液或 NH_4NO_3 溶液加热时溶入适量琼脂，将其倒入 U 形管中，待冷却后溶液为胶冻状，U 形管倒置，两端插入两个不同的溶液中，即可消除液界电势。原理是 KCl 溶液或 NH_4NO_3 溶液中，正、负离子的迁移数接近于 0.5，即正、负离子的运动速度接近。加入琼脂的目的是防止盐桥中液体的流动。

当两种不同的电解质溶液相接触时，由于电解质正、负离子运动速度的不同，扩散过程使得两种液体的接界处产生一定方向、一定大小的电势，称为液体接界电势，或称为扩散电势。当液体接界电势较大时，为保证测量的精确度，必须消除接界电势。盐桥的作用是消除或减少接界电势，从而消除或减少测量的误差。

【例题 7-7】 写出下列原电池的电极反应和电池反应。

(1) $Pt, H_2(p^\ominus) | HCl(a=1) | AgCl(s), Ag(s)$

(2) $Pt | Sn^{4+}, Sn^{2+} \| Ti^{3+}, Ti^+ | Pt$

(3) $Pt, H_2(p^\ominus) | NaOH(a=1) | O_2(p^\ominus), Pt$

解 (1) 负极反应 $\frac{1}{2}H_2(p^\ominus) \longrightarrow H^+(a_{H^+}) + e$

正极反应 $AgCl(s) + e \longrightarrow Ag(s) + Cl^-(a_{Cl^-})$

电池反应 $\frac{1}{2}H_2(p^\ominus) + AgCl(s) == Ag(s) + HCl(a=1)$

(2) 负极反应 $Sn^{2+} \longrightarrow Sn^{4+} + 2e$

正极反应 $Ti^{3+} + 2e \longrightarrow Ti^+$

电池反应 $Sn^{2+} + Ti^{3+} \longrightarrow Ti^+ + Sn^{4+}$

(3) 负极反应 $H_2(p^\ominus) + 2OH^- \longrightarrow 2H_2O + 2e$

正极反应 $\frac{1}{2}O_2(p^\ominus) + H_2O + 2e \longrightarrow 2OH^-$

$$\text{电池反应} \qquad H_2(p^{\ominus}) + \frac{1}{2}O_2(p^{\ominus}) \longrightarrow H_2O(l)$$

3. 可逆电池

如果电池在工作（如充电或放电）时，所进行的一切化学反应和其他过程在热力学上都是可逆的，则称其为可逆电池。也就是说，可逆电池在工作时，从化学上看，电极及电池的化学反应本身必须是可逆的；从热力学上看要求电池工作时所通过的电量无限小，电极反应无限趋近于平衡条件下进行，同时要求电池中所进行的其他过程也必须是处于或接近于平衡条件下进行的可逆过程。

例如电池： $\qquad Pt | H_2(p) | HCl(a) | AgCl(s) | Ag(s)$

显然，电池的阳极为氢电极，是将镀有一层铂黑的铂片（用电镀法在铂片表面镀一层铂黑，目的是增加电极的表面积，促进对气体的吸附并有利于与溶液达到平衡）浸入盐酸水溶液中，并不断地向铂片上通入纯净的、压力为 p 的氢气构成的氢电极。电池的阴极是银-氯化银电极，是将表面覆盖有一层氯化银的银棒浸入含有氯离子的溶液中构成的电极。该电池的两极处于同一溶液中，也叫做单液电池。

假设原电池的电动势与外加反方向电池电动势的差值为 dE。

当 $dE > 0$ 时，原电池放电，电池发生如下反应：

阳极（负极） $\qquad H_2(p,g) \longrightarrow 2H^+(a) + 2e$

阴极（正极） $\qquad 2AgCl(s) + 2e \longrightarrow 2Ag(s) + 2Cl^-$

电池反应 $\qquad H_2(p,g) + 2AgCl(s) \longrightarrow 2Ag(s) + 2HCl(a)$

当 $dE < 0$ 时，原电池充电，变为电解池。电池所发生的反应皆为原电池放电时的逆方向反应。

当 $dE = 0$ 时，反应立即停止。此电池无论是放电还是充电均在电流无限趋近于零的条件下进行。原电池所进行的一切过程都是在无限接近平衡条件下进行的，因此它是一个可逆电池。

而对于如同丹尼耳电池的双液电池而言，由于两种溶液接界面存在着离子的扩散，是热力学不可逆的，尽管其电极反应可逆，充电、放电过程可逆，但是因存在扩散，所以是不可逆电池。如果不考虑离子的扩散，并且放入盐桥消除液体接界电势，则可将双液电池当作可逆电池来处理。

4. 可逆电极的种类

（1）第一类电极 $M^{z+} | M$，是金属与其离子形成的电极。通常是将金属插入含有该金属离子的溶液中构成的。例如 $Zn^{2+}(a) | Zn(s)$、$Cu^{2+}(a) | Cu(s)$、$Ag^+(a) | Ag(s)$ 等，该类电极所发生的电极反应为 $\qquad M^{z+}(a) + ze \longrightarrow M$

（2）第二类电极 $X^{z-} | X_2 | Pt$，是非金属单质与其离子形成的电极。通常是将气体流冲击着的某惰性金属（如 Pt）置于含有该气体离子溶液中构成的电极。如 $H^+ | H_2(g) | Pt$、$Cl^-(a) | Cl_2(g) | Pt$、$OH^-(a) | O_2(g) | Pt$ 等电极，电极反应以氢电极为例：

$$2H^+(a) + 2e \longrightarrow H_2(g)$$

标准氢电极的构造如图 7-6 所示。

（3）第三类电极 微溶盐的阴离子 | M 的微溶盐 | M，是金属与其金属难溶盐和该金属难溶盐阴离子构成的电极。电极的构造为在金属表面覆盖一层该金属的难溶盐，将其插入与该金属难溶盐含有相同阴离子的易溶盐的溶液中而构成电极。例如 $Cl^- | AgCl(s) | Ag(s)$、$Cl^- | Hg_2Cl_2(s) | Hg(s)$ 等，其中 $Cl^-(a) | Hg_2Cl_2(s) | Hg(s)$ 称为甘汞电极，电极反应为

$$Hg_2Cl_2(s) + 2e \longrightarrow 2Hg + 2Cl^-(a)$$

饱和的甘汞电极常用作参比电极，构造如图 7-7 所示。

（4）第四类电极 溶液（含 H^+ 或 OH^-）| M 的难溶氧化物 | M，是金属与其难溶氧

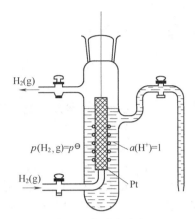

$p(H_2,g)=p^{\ominus}$ $a(H^+)=1$

图 7-6 标准氢电极

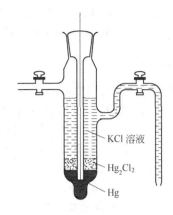

KCl 溶液

Hg_2Cl_2

Hg

图 7-7 甘汞电极

化物在含有 H^+ 或 OH^- 的溶液中构成的电极。例如：$H^+(a),H_2O(l)|Sb_2O_3(s)|Sb(s)$、$OH^-(a)|Ag_2O(s),Ag(s)$ 等电极。电极 $H^+(a),H_2O(l)|Sb_2O_3(s)|Sb(s)$ 的电极反应为

$$Sb_2O_3(s)+6H^+(a)+6e \longrightarrow 2Sb(s)+3H_2O(l)$$

若在碱性条件下则电极反应为

$$Sb_2O_3(s)+3H_2O(l)+6e \longrightarrow 2Sb(s)+6OH^-(a)$$

(5) 第五类电极 $Pt|M^{3+},M^{2+}$，惰性金属插入不同氧化态的离子的溶液中所形成的电极。例如：$Pt|Fe^{3+}(a_1),Fe^{2+}(a_2)$、$Pt|Cr^{3+}(a_1),Cr^{2+}(a_2)$、$Pt|Cu^{2+}(a_1),Cu^+(a_2)$ 等电极。电极反应以 $Pt|Cr^{3+}(a_1),Cr^{2+}(a_2)$ 为例：

$$Cr^{3+}(a_1)+e \longrightarrow Cr^{2+}(a_2)$$

【例题 7-8】 将下列化学反应设计成原电池。

(1) $Zn(s)+H_2SO_4(aq) \rightleftharpoons H_2(p)+ZnSO_4(aq)$

(2) $Pb(s)+HgO(s) \rightleftharpoons Hg(l)+PbO(s)$

(3) $Ag^+[a(Ag^+)]+Br^-[a(Br^-)] \rightleftharpoons AgBr(s)$

解 (1) 该化学反应中

氧化反应 $Zn(s) \longrightarrow Zn^{2+}+2e$

还原反应 $2H^++2e \longrightarrow H_2$

此原电池的表示符号为：$Zn(s)|ZnSO_4(aq)\|H_2SO_4(aq)|H_2(p),Pt$

(2) 该反应中涉及元素价态的变化，HgO 和 Hg、PbO 和 Pb 均为难溶氧化物电极，而且都对 OH^- 可逆，可以共用一种溶液成为单液电池。

氧化反应 $Pb(s)+2OH^- \longrightarrow PbO(s)+H_2O+2e$

还原反应 $HgO(s)+H_2O+2e \longrightarrow Hg(l)+2OH^-$

此原电池的表示符号为：$Pb(s),PbO(s)|OH^-(a)|HgO(s),Hg(l)$

(3) 由反应物质可以判断出，该电池的电极分别是由金属及其难溶盐、金属及其金属离子构成，从产物中有 $AgBr(s)$、反应物中有 Br^- 可以断定该电池对应的电极中有 $Ag(s)$，$AgBr(s)|Br^-$，其电极反应为

$$Ag(s)+Br^-[a(Br^-)] \longrightarrow AgBr(s)+e$$

则电池反应与该电极反应之差即为另一电极反应

$$Ag^+[a(Ag^+)]+Br^-[a(Br^-)] \rightleftharpoons AgBr(s)$$

$$- \quad Ag(s)+Br^-[a(Br^-)] \longrightarrow AgBr(s)+e$$

$$\overline{\qquad\qquad Ag^+[a(Ag^+)] \longrightarrow Ag(s)-e \qquad\qquad}$$

可见，电池的另一电极是 $Ag^+|Ag$。所以该原电池的符号为

$$Ag(s), AgBr(s) | Br^- [a(Br^-)] \| Ag^+ [a(Ag^+)] | Ag(s)$$

二、电极电势

1. 电池电动势的产生

电池的电动势 E 是在通过电池的电流趋于零时阴、阳两极之间的电势差，它等于构成电池的各相界面上所产生电势差的总和。例如

丹尼耳电池 $Zn(s) | ZnSO_4(1mol/kg) \| CuSO_4(1mol/kg) | Cu(s)$

分别用 $\Delta\varphi_1$、$\Delta\varphi_2$、$\Delta\varphi_3$、$\Delta\varphi_4$、$\Delta\varphi_5$ 代表导线与 $Zn(s)$、$Zn(s)$ 与 $ZnSO_4$（$1mol/kg$）溶液、$ZnSO_4$（$1mol/kg$）溶液与 $CuSO_4$（$1mol/kg$）溶液、$CuSO_4$（$1mol/kg$）溶液与 $Cu(s)$、$Cu(s)$ 与导线各个相面接界处的电势差，若加入盐桥使得两液体的液界电势降低到可忽略不计，则 $\Delta\varphi_3=0$，电池的电动势为

$$E = \sum \Delta\varphi_i = \Delta\varphi_1 + \Delta\varphi_2 + \Delta\varphi_3 + \Delta\varphi_4 + \Delta\varphi_5$$

电池中每一个电极上电势差的绝对值无法用实验测定。在实际应用中，通常是采用确定各个电极在一定温度下相对于同一基准电极相对电动势的数值，计算出任意两个电极在指定条件下所组成电池的电动势。并且统一规定，采用标准氢电极作为基准电极。

2. 电极电势

（1）标准氢电极　标准氢电极是把镀有铂黑的铂片浸入氢离子活度 $a(H^+)=1$ 的溶液中，且不断通入压力为标准压力（$p^\ominus=100kPa$）的纯净氢气构成的电极。电极图示为

$$H^+ [a(H^+)=1] | H_2(g, p^\ominus) | Pt$$

（2）电极电势的定义　用标准氢电极为阳极（负极），指定待测电极做阴极（正极），组成电池如下　　$Pt | H_2(g, p^\ominus) | H^+ [a(H^+)=1] \|$ 指定电极

规定该电池的电动势 E 就是指定电极的电极电势。用 φ 表示电极电势。当指定电极中各反应组分均处于各自的标准态（电池中各反应物的活度 $a_B=1$）时，该电池的标准电动势称为指定电极的标准电极电势，以 $\varphi^\ominus$ 表示。由此规定可见，任意温度下，氢电极的标准电极电势恒为零。即

$$\varphi^\ominus \{H^+ [a(H^+)=1] | H_2(g, p^\ominus) | Pt\} = 0$$

如以铜电极为待测电极，将铜电极 $Cu^{2+} [a(Cu^{2+})] | Cu(s)$ 做阴极，标准氢电极做阳极，构成原电池如下：$Pt | H_2(g, p^\ominus) | H^+ [a(H^+)=1] \| Cu^{2+} [a(Cu^{2+})] | Cu(s)$

阳极反应　　　　　　　$H_2(g, p^\ominus) \longrightarrow 2H^+ [a(H^+)=1] + 2e$

阴极反应　　　$Cu^{2+} [a(Cu^{2+})] + 2e \longrightarrow Cu(s)$

电池反应　　　$H_2(g, p^\ominus) + Cu^{2+} [a(Cu^{2+})] \longrightarrow 2H^+ [a(H^+)=1] + Cu(s)$

该电池电动势即为阴极与阳极电极电势之差，即

$$E = \varphi_{阴} - \varphi_{阳} \quad 或 \quad E = \varphi_{正} - \varphi_{负}$$

实验测得该电池电动势为 E_{MF}，由于该电池阳极电极电势为标准氢电极，即

$$\varphi_{负}^\ominus = \varphi^\ominus \{H^+ [a(H^+)=1] | H_2(g, p^\ominus) | Pt\} = 0$$

所以，该电池电动势就是铜电极的电极电势，当铜电极中的各反应组分均处于各自的标准态（$a_B=1$）时，就称其为铜电极的标准电极电势。$\varphi^\ominus(Cu^{2+}/Cu)=0.3400V$ 对于任意指定的电极，如果规定电极反应必须写成还原反应形式

氧化态 $+ze \longrightarrow$ 还原态

$\varphi^\ominus$ 表示标准还原电极电势，是参加电极反应的物质均处于标准态时的电极电势，简称标准电势，其值与物质的本性及温度有关。表7-4列出了在25℃水溶液中一些常见电极的标准电极电势。

表 7-4　25℃时某些电极的标准电极电势（$p^{\ominus} = 100\text{kPa}$）

电　极	电极反应（还原）	$\varphi^{\ominus}/V$
K^+/K	$K^+ + e \rightleftharpoons K$	-2.924
Na^+/Na	$Na^+ + e \rightleftharpoons Na$	-2.7107
Mg^{2+}/Mg	$Mg^{2+} + 2e \rightleftharpoons Mg$	-2.375
Mn^{2+}/Mn	$Mn^{2+} + 2e \rightleftharpoons Mn$	-1.029
Zn^{2+}/Zn	$Zn^{2+} + 2e \rightleftharpoons Zn$	-0.7626
Cd^{2+}/Cd	$Cd^{2+} + 2e \rightleftharpoons Cd$	-0.4029
Fe^{2+}/Fe	$Fe^{2+} + 2e \rightleftharpoons Fe$	-0.409
Co^{2+}/Co	$Co^{2+} + 2e \rightleftharpoons Co$	-0.28
Ni^{2+}/Ni	$Ni^{2+} + 2e \rightleftharpoons Ni$	-0.23
Sn^{2+}/Sn	$Sn^{2+} + 2e \rightleftharpoons Sn$	-0.1362
Pb^{2+}/Pb	$Pb^{2+} + 2e \rightleftharpoons Pb$	-0.1261
$H^+/H_2/Pt$	$H^+ + e \rightleftharpoons \frac{1}{2}H_2$	0.0000（定义量）
Cu^{2+}/Cu	$Cu^{2+} + 2e \rightleftharpoons Cu$	$+0.3402$
Cu^+/Cu	$Cu^+ + e \rightleftharpoons Cu$	$+0.522$
Hg_2^{2+}/Hg	$Hg_2^{2+} + 2e \rightleftharpoons 2Hg$	$+0.851$
Ag^+/Ag	$Ag^+ + e \rightleftharpoons Ag$	$+0.7994$
$OH^-/O_2/Pt$	$\frac{1}{2}O_2 + H_2O + 2e \rightleftharpoons 2OH^-$	$+0.401$
$H^+/O_2/Pt$	$O_2 + 4H^+ + 4e \rightleftharpoons 2H_2O$	$+1.229$
$I^-/I/Pt$	$\frac{1}{2}I_2 + e \rightleftharpoons I^-$	$+0.401$
$Br^-/Br_2/Pt$	$\frac{1}{2}Br_2 + e \rightleftharpoons Br^-$	$+1.3586$
$Cl^-/Cl_2/Pt$	$\frac{1}{2}Cl_2 + e \rightleftharpoons Cl^-$	$+1.3595$
$I^-/AgI/Ag$	$AgI + e \rightleftharpoons Ag + I^-$	-0.1517
$Br^-/AgBr/Ag$	$AgBr + e \rightleftharpoons Ag + Br^-$	$+0.0715$
$Cl^-/AgCl/Ag$	$AgCl + e \rightleftharpoons Ag + Cl^-$	$+0.2225$
$Cl^-/Hg_2Cl_2/Hg$	$Hg_2Cl_2 + 2e \rightleftharpoons 2Hg + 2Cl^-$	$+0.2676$
$OH^-/Ag_2O/Ag$	$Ag_2O + H_2O + 2e \rightleftharpoons 2Ag + 2OH^-$	$+0.342$
$SO_4^{2-}/Hg_2SO_4/Hg$	$Hg_2SO_4 + 2e \rightleftharpoons 2Hg + SO_4^{2-}$	$+0.6258$
$SO_4^{2-}/PbSO_4/Pb$	$PbSO_4 + 2e \rightleftharpoons Pb + SO_4^{2-}$	-0.356
H^+,醌氢醌$/Pt$	$C_6H_4O_2 + 2H^+ + 2e \rightleftharpoons C_6H_6O_2$	$+0.6997$
$Fe^{3+}, Fe^{2+}/Pt$	$Fe^{3+} + e \rightleftharpoons Fe^{2+}$	$+0.770$
$H^+, MnO_4^-, Mn^{2+}/Pt$	$MnO_4^- + 8H^+ + 5e \rightleftharpoons Mn^{2+} + 4H_2O$	$+1.491$
$Sn^{4+}, Sn^{2+}/Pt$	$Sn^{4+} + 2e \rightleftharpoons Sn^{2+}$	$+0.15$
$OH^-, H_2O\|H_2(g)/Pt$	$2H_2O + 2e \rightleftharpoons H_2(g) + 2OH^-$	-0.8277

3. 能斯特方程

在恒温恒压可逆的条件下，设某原电池中进行的任意化学反应为

$$a\text{A} + b\text{B} \longrightarrow d\text{D} + h\text{H}$$

此处系统所做的可逆非体积功 W_r' 为可逆电功。则

$$\Delta_r G_m = W_r' \tag{7-26}$$

可逆电功又等于电量与电动势的乘积，即

$$W_r' = -zFE \tag{7-27}$$

则

$$\Delta_r G_m = -zFE \tag{7-28}$$

若电池中各反应物质都处于标准状态（$a_B = 1$）时，则有

$$\Delta_r G_m^{\ominus} = -zFE^{\ominus} \tag{7-29}$$

$E^{\ominus}$是电池的标准电池电动势，是电池中各反应物质都处于标准状态（$a_B=1$），并且不存在液接电势情况下电池的电动势。

根据化学反应等温方程

$$\Delta_r G_m = \Delta_r G^{\ominus}_m + RT\ln \prod a_B^{\nu_B} \quad （凝聚相反应）$$

可得

$$E_{MF} = E^{\ominus} - \frac{RT}{zF}\ln \prod a_B^{\nu_B} \tag{7-30}$$

式(7-30)称为电池反应能斯特方程。

能斯特方程表示了一定温度下可逆电池的电动势与参加电池反应各种物质的活度之间的关系。注意，纯固体或纯液体的活度为1，气体组分的活度应以其逸度来表示。

当电极反应为还原反应形式

$$氧化态 + ze \longrightarrow 还原态$$

电极电势的通式为

$$\varphi = \varphi^{\ominus} - \frac{RT}{zF}\ln \frac{a(还原态)}{a(氧化态)} \tag{7-31}$$

式(7-31)为电极反应的能斯特方程。式中的电极电势均为还原电极电势。

三、可逆电池热力学

1. 可逆电池电动势与 $\Delta_r G_m$ 的关系

根据热力学原理，在恒温恒压条件下，任意化学反应进行时其吉布斯自由能的减少值（$-\Delta_r G_m$）等于该化学反应在可逆条件下进行所做的最大非体积功，当电池反应的反应进度 $\xi = 1\mathrm{mol}$ 时的 $\Delta_r G_m$ 为

$$\Delta_r G_m = W'_r = -zFE \tag{7-32}$$

2. 电池电动势温度系数与 $\Delta_r S_m$ 的关系

电池电动势的温度系数是指在一定压力下，电池电动势随温度的变化率 $(\partial E/\partial T)_p$。

又根据 $\quad \Delta_r S_m = -(\partial \Delta_r G_m/\partial T)_p,\quad (\partial \Delta_r G_m/\partial T)_p = -zF(\partial E/\partial T)_p$

则

$$\Delta_r S_m = zF(\partial E/\partial T)_p \tag{7-33}$$

3. 电池电动势与 $\Delta_r H_m$ 的关系

根据 $\quad \Delta_r G_m = W'_r = -zFE,\quad \Delta_r G_m = \Delta_r H_m - T\Delta_r S_m$

$$\Delta_r S_m = zF(\partial E/\partial T)_p$$

整理可得

$$\Delta_r H_m = -zF[E_{MF} - T(\partial E/\partial T)_p] \tag{7-34}$$

由式(7-34)可见，只要测定出原电池的电动势 E 及其温度系数 $(\partial E/\partial T)_p$，就可以计算出电池反应的 $\Delta_r H_m$，或者已知电池反应的 $\Delta_r H_m$ 及其 $(\partial E/\partial T)_p$，计算电池在某一温度 T 时的电池电动势 E_{MF}。

4. 电池电动势与 $K^{\ominus}$ 的关系

根据 $\Delta_r G^{\ominus}_m = -zFE^{\ominus}_{MF}$，又由于 $\Delta_r G^{\ominus}_m$ 与标准平衡常数存在着如下关系：

$$\Delta_r G^{\ominus}_m = -RT\ln K^{\ominus}$$

则电池标准电动势与电池反应标准平衡常数的关系如下：

$$E^{\ominus}_{MF} = \frac{RT}{zF}\ln K^{\ominus} \tag{7-35}$$

应用式(7-35)可由电池标准电动势 $E^{\ominus}_{MF}$ 计算电池反应的标准平衡常数 $K^{\ominus}$。

【例题 7-9】 写出电池 $Cd(s) \mid Cd^{2+}[a(Cd^{2+})=0.01] \parallel Cl^-[a(Cl^-)=0.5] \mid Cl_2(p^{\ominus})$，Pt 的电极反应和电池反应，并计算 298.15K 时该电池反应的标准平衡常数。

解 负极反应 $\qquad\qquad\qquad Cd(s) \longrightarrow Cd^{2+} + 2e$

正极反应 $\qquad$ $Cl_2(p^{\ominus})+2e \longrightarrow 2Cl^-$

电池反应 $\qquad$ $Cd(s)+Cl_2(p^{\ominus}) \longrightarrow Cd^{2+}+2Cl^-$

查表可知 $\qquad$ $\varphi^{\ominus}(Cd^{2+}/Cd)=-0.4029V, \quad \varphi^{\ominus}(Cl^-/Cl_2)=+1.3595V$

则 $\qquad$ $E^{\ominus}_{MF}=\varphi^{\ominus}(Cl^-/Cl_2)-\varphi^{\ominus}(Cd^{2+}/Cd)=+1.7624V$

根据 $\qquad$ $$E^{\ominus}_{MF}=\frac{RT}{zF}\ln K^{\ominus}$$

$$\ln K^{\ominus}=zFE^{\ominus}/RT=2\times96500\times1.7624/(8.314\times298.15)=137.22$$

所以 $\qquad$ $$K^{\ominus}=3.925\times10^{59}$$

四、电池电动势的测定及其应用

1. 对消法测电池的电动势

对消法测定某一可逆电池电动势的原理是在电池的外电路接一个与待测电池的电动势方向相反而数值相等的电压，用于对抗待测电池的电动势，而使待测原电池内几乎没有电流通过，此时测得的外电路电压数值即为该待测电池的电动势。电路图如图 7-8 所示。图中 E_W 为工作电池（及外电压），R 为可变电阻，E_X 为待测电池电动势，E_S 为标准电池电动势，K 为双向开关，G 为灵敏度高的检流计，C 为滑线电阻 AB 上可移动的接触点。根据移动 C 点得到线段 $\overline{AC}$ 的长度可读出待测原电池的电动势的数据。

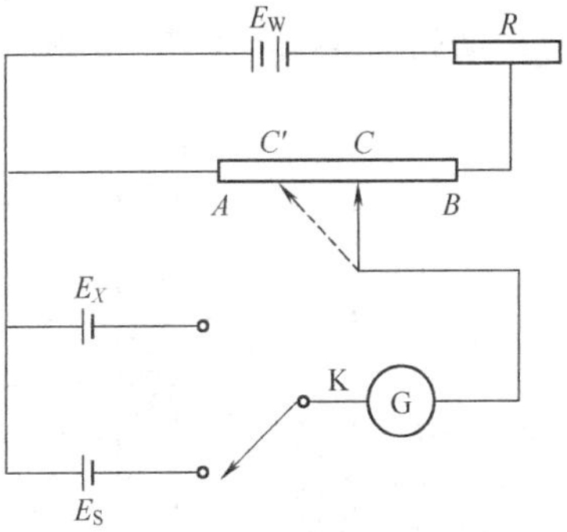

图 7-8 补偿法测定电动势

在测定时，首先将开关 K 与标准电池相接，移动均匀滑线电阻的接触点 C 至标准电池在室温下的电动势值，这一数值可用线段 $\overline{AC}$ 的长度表示。然后调节可变电阻 R，直到检流计中无电流通过为止，此时，标准电池的电动势 E_S 被 $\overline{AC}$ 线段的电势降所抵消，即

$$E_S=E\,\overline{AC}=IR\,\overline{AC}$$

式中 $\quad E\,\overline{AC}$——线段 $\overline{AC}$ 的电势降；

$\quad R\,\overline{AC}$——均匀滑线电阻上线段 $\overline{AC}$ 的电阻。

当可变电阻调定之后（即固定了 $ABRE_WA$ 回路中的电流值），将开关 K 与待定电池接通，调节均匀滑线电阻 AB 的接触点至 C' 点，使得检流计 G 中无电流通过，此时待测电池电动势 E_X 又被线段 $\overline{AC'}$ 的电势所抵消，即

$$E_X=E\,\overline{AC'}=IR\,\overline{AC'}$$

由于电势差与电阻线段的长度成正比，因此

$$\frac{E_S}{E_X}=\frac{IR\,\overline{AC}}{IR\,\overline{AC'}}=\frac{\overline{AC}}{\overline{AC'}}$$

则 $\qquad$ $$E_X=E_S\frac{\overline{AC'}}{\overline{AC}} \tag{7-36}$$

可见只要读出均匀滑线电阻的长度 $\overline{AC}$ 及 $\overline{AC'}$ 即可得到待测电池的电动势 E_X。在实际测量中，均匀滑线电阻的值已经换算成相应的电动势的数值，在仪器上可以直接得到 E_X 的数值。

2. 韦斯顿标准电池

测定电池电动势所使用的标准电池，要求必须是电池反应高度可逆，电动势已知且数值

保持长期稳定不变。韦斯顿电池就是一个高度可逆的电池，又因为该电池的电动势准确、稳定，常以它作为标准电池与电位差计配合，测定电池的电动势。

韦斯顿电池的表示式如下

$$12.5\%Cd(汞齐)|CdSO_4 \cdot \frac{8}{3}H_2O(s)|CdSO_4 饱和溶液|Hg_2SO_4(s)|Hg(l)$$

阳极（负极）反应　$Cd(汞齐)+SO_4^{2-}+\frac{8}{3}H_2O(l) \rightleftharpoons CdSO_4 \cdot \frac{8}{3}H_2O(s)+2e$

阴极（正极）反应　　　　　　$Hg_2SO_4(s)+2e \rightleftharpoons 2Hg(l)+SO_4^{2-}$

电池反应　$Cd(汞齐)+Hg_2SO_4(s)+\frac{8}{3}H_2O(l) \rightleftharpoons CdSO_4 \cdot \frac{8}{3}H_2O(s)+2Hg(l)$

韦斯顿电池在不同温度下的电动势 E_{MF} 计算公式如下：

$$E_{MF}/V=1.018646-[40.6(t/℃-20)+0.95(t/℃-20)^2-0.01(t/℃-20)^3] \times 10^{-6}$$

由以上公式可见，温度对电池电动势的影响很小，电池电动势稳定、准确。

韦斯顿标准电池构造图见图7-9。电池的阳极是含质量分数为12.5%镉的镉汞齐，将其浸入硫酸镉溶液中，该溶液为 $CdSO_4 \cdot \frac{8}{3}H_2O$ 晶体的饱和溶液。阴极为汞与硫酸汞的糊状体，将此糊状体也浸入硫酸镉的饱和溶液中。在糊状体的下面放置少量汞是为了使引出的导线与糊状体紧密接触。

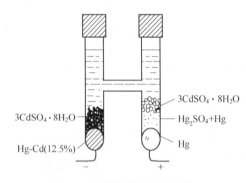

图7-9　韦斯顿标准电池构造

3. 电动势测定的应用

（1）溶液 pH 的测定　溶液中氢离子浓度的测定，可以采用测定电池电动势的方法间接测定。该方法测定 pH 的关键是选择对氢离子可逆的电极（如氢电极、氢醌电极、玻璃电极及锑电极等），与一个参比电极相联组成电池，测得该电池的电动势即可求出溶液中的氢离子浓度。常采用醌氢醌电极或玻璃电极与参比电极（常用摩尔甘汞电极）组成电池，测定电池的电动势从而求出溶液的 pH。

醌氢醌是等分子比醌（$C_6H_4O_2$）与氢醌 $[C_6H_4(OH)_2]$ 的分子复合物，微溶于水，在水溶液中按下式分解。

$$C_6H_4O_2 \cdot C_6H_4(OH)_2 \rightleftharpoons C_6H_4O_2+C_6H_4(OH)_2$$

醌氢醌电极的电极反应为　$C_6H_4O_2+2H^++2e \rightleftharpoons C_6H_4(OH)_2$

由于醌与氢醌的活度几乎相等，则

$$\varphi(醌氢醌)=\varphi^\ominus(醌,氢醌)+0.0592lgc(H^+)$$

实验测得298.15K时 $\varphi^\ominus(醌,氢醌)=0.6993V$，则醌氢醌电极的电极电势为

$$\varphi(醌氢醌)=0.6993+0.0592lgc(H^+)$$

由于　　　　　　　　　　　　$lg[1/c(H^+)]=pH$

因此　　　　　　　　　$\varphi(醌氢醌)=0.6993-0.0592pH$

采用甘汞电极和醌氢醌组成如下电池测 pH：

$$甘汞电极 \parallel 待测溶液[c(H^+)]|醌氢醌电极|(Pt)$$

在25℃时摩尔甘汞电极的电极电势为0.2801V，则组成电池电动势为

$$E_{MF}=\varphi(醌氢醌)-\varphi(甘汞)=0.6993-0.0592pH-0.2801=0.4192-0.0592pH$$

所以　　　　　　　　　$pH=(0.4192-E_{MF})/0.0592$

【例题 7-10】 在药物酸度检验中,在药液中放入醌氢醌后构成醌氢醌电极,将其与一个摩尔甘汞电极组成电池。在 25℃时测得电池的电动势为 0.2121V。计算该药液的 pH。

解 根据 $pH = (0.4191 - E_{MF})/0.0592$

该药液的 pH 为 $pH = (0.4191 - 0.2121)/0.0592 = 3.497$

另外,玻璃电极也是药液酸度测定中常用的一种指示电极。其结构如图 7-10 所示,在一支玻璃管下端焊接一个由特殊玻璃(组成为 72% SiO_2,22% Na_2O,6% CaO)制成的玻璃薄膜球,球内盛有一定 pH 的缓冲溶液,或用 0.1mol/kg 的盐酸溶液,溶液中浸入一根 Ag-AgCl 电极(作为参比电极),玻璃电极是可逆电极,其图式符号表示为

$$Ag,AgCl(s)|HCl(0.1mol/kg)|玻璃膜|H^+(c)$$

玻璃电极的电极电势为

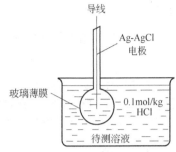

图 7-10 玻璃电极构造

$$\varphi(玻璃) = \varphi^\ominus(玻璃) - \frac{RT}{F}\ln\frac{1}{c(H^+)}$$
$$= \varphi^\ominus(玻璃) - 0.0592pH$$

如果玻璃电极与摩尔甘汞电极组成电池如下:

$$Ag(s),AgCl(s)|HCl(0.1mol/kg)|玻璃膜|H^+(c)|摩尔甘汞电极$$

若测得 25℃时电池的电动势 E_{MF} 后,即可求出待测液体的 pH。

$$E_{MF} = \varphi(甘汞) - \varphi(玻璃) = 0.2801 - [\varphi^\ominus(玻璃) - 0.0592pH]$$
$$pH = [E_{MF} - 0.2801 + \varphi^\ominus(玻璃)]/0.0592$$

式中,$\varphi^\ominus(玻璃)$ 对于某给定玻璃电极是一个常数,其值对于不同的玻璃电极有所不同。一般用已知 pH 的缓冲溶液,测得其 E_{MF} 值,就可以求出所用玻璃电极的 $\varphi^\ominus(玻璃)$,然后就可以对未知液体进行测定。pH 计就是玻璃电极与毫伏计组成的装置。

(2)求难溶盐的活度积 活度积(或溶度积)也是一种平衡常数,用 K_{sp} 表示,该值可以用测定电动势的方法求得。例如求 AgCl 在水溶液中的活度积

$$AgCl(s) \rightleftharpoons Ag^+ + Cl^-$$
$$K_{sp} = a(Ag^+)a(Cl^-)$$

首先设计一个电池,使该电池反应就是 AgCl(s) 的溶解反应,电池的表示符号为

$$Ag(s)|Ag^+[a(Ag^+)]\|Cl^-[a(Cl^-)]|AgCl(s),Ag(s)$$

负极反应 $Ag(s) \longrightarrow Ag^+[a(Ag^+)] + e$

正极反应 $AgCl(s) + e \longrightarrow Ag(s) + Cl^-[a(Cl^-)]$

电池反应 $AgCl(s) \longrightarrow Ag^+[a(Ag^+)] + Cl^-[a(Cl^-)]$

查表得:298.15K 时,$\varphi^\ominus(AgCl/Ag) = 0.2225V$,$\varphi^\ominus(Ag^+/Ag) = 0.7994V$

所以 $E_{MF}^\ominus = \varphi^\ominus(正极) - \varphi^\ominus(负极) = 0.2225 - 0.7994 = -0.5769V$

根据 $\Delta_r G_m^\ominus = -zFE^\ominus = -RT\ln K_{sp}$

则 $\lg K_{sp} = zFE^\ominus/(2.303RT) = 96500 \times (-0.5766)/(2.303 \times 8.314 \times 298) = -9.752$

$$K_{sp} = 1.75 \times 10^{-10}$$

(3)求氧化还原反应的标准平衡常数 由于电池电动势与氧化还原反应的平衡常数之间存在如下的关系

$$E_{MF}^\ominus = \frac{RT}{zF}\ln K^\ominus$$

故可以根据测定氧化还原反应组成的电池电动势,求出该反应的平衡常数。

【例题 7-11】 试计算在 25℃时反应 $Cu^{2+} + Pb \rightleftharpoons Cu + Pb^{2+}$ 的标准平衡常数。

解 将反应设计成原电池如下

$$Pb(s) | Pb^{2+}[a(Pb^{2+})] \| Cu^{2+}[a(Cu^{2+})] | Cu(s)$$

该电池标准电动势为

$$E_{MF}^{\ominus} = \varphi^{\ominus}(Cu^{2+}/Cu) - \varphi^{\ominus}(Pb^{2+}/Pb)$$
$$= 0.3402V - (-0.1261V) = 0.4663V$$

根据

$$E_{MF}^{\ominus} = \frac{RT}{zF} \ln K^{\ominus}$$

$$\ln K^{\ominus} = (0.4663 \times 2 \times 96500)/(8.314 \times 298.15) = 36.306$$
$$K^{\ominus} = 5.85 \times 10^{15}$$

（4）**测定电解质溶液平均活度因子** 利用电动势的测定可以求出电解质离子的平均活度系数。例如电池 $Pt, H_2(p^{\ominus}) | HCl(b) | AgCl(s), Ag(s)$，可以通过测定不同浓度时电池电动势，求出不同浓度时 HCl 溶液的平均活度因子 $\gamma_{\pm}$。

该电池的电池反应为

$$\frac{1}{2} H_2(p^{\ominus}) + AgCl(s) \longrightarrow Ag(s) + HCl(b)$$

电池的电动势为

$$E = [\varphi^{\ominus}(Cl^-/AgCl, Ag) - \varphi^{\ominus}(H^+/H_2)] - (RT/F)\ln[a(H^+) \cdot a(Cl^-)]$$

又因为该电解质的 $b_+ = b_- = b$，则

$$a(H^+) \cdot a(Cl^-) = \gamma_+ [b(H^+)/b^{\ominus}] \cdot \gamma_- [b(Cl^-)/b^{\ominus}] = \gamma_{\pm}^2 (b/b^{\ominus})^2$$

将上式代入求 E 公式得

$$E = \varphi^{\ominus}(Cl^-/AgCl, Ag) - (2RT/F)\ln(b/b^{\ominus}) - (2RT/F)\ln\gamma_{\pm}$$

$\varphi^{\ominus}(Cl^-/AgCl, Ag)$ 值可以查表得到，只要测定不同浓度 HCl 溶液的电动势 $E_{MF}^{\ominus}$ 就可以求出不同浓度时溶液的平均活度因子 $\gamma_{\pm}$。

（5）**电势滴定** 在滴定分析中，确定滴定终点的方法，有的选用变色指示剂指示终点；有的用体系电导值的突变指示终点；还可以用电势的突变指示终点，该方法的原理是，将待测离子溶液作为电池溶液，溶液中浸入一个对该种离子可逆的电极与另外一个参比电极组成电池，然后开始滴定，在滴定过程中，记录滴定液体积和相对应的电池电动势，当接近终点时，少量滴定液的加入就会引起被分析离子浓度的显著改变，因此电池电动势也会有一个突变。该方法就是利用电池电动势的突变来指示滴定终点，也就是根据电动势突变时所对应的加入滴定液的体积来确定被分析离子的浓度。电势滴定方法可以用于酸碱滴定、沉淀滴定及氧化还原滴定等各类滴定。例如，在酸碱滴定中，常用玻璃电极作为指示电极，其与甘汞电极构成原电池如图 7-11 所示。则

$$E_{MF} = \varphi_{(甘汞)} - \varphi_{(玻璃)} = \varphi_{(甘汞)} - a + b\text{pH} \tag{7-37}$$

$\varphi_{(甘汞)}$ 与 a 和 b 值在一定温度下都是常数（a 和 b 为经验常数），所以该电池的电动势只与溶液的 pH 有关。用电动势 E 与加入碱的体积 $V_{碱}$ 作图，如图 7-12 所示，当滴入碱时，溶液的 pH 增加，E 值沿着 AB 线增加。接近终点时，如果滴加少量的碱，则溶液的 pH 产生突变，同样电动势也相应地发生突变，此刻即为滴定终点 B。电势滴定方法的优点是自动、快速，而且不受溶液颜色或沉淀等因素干扰。

*五、生化标准电极电势

1. 生化标准电极电势

在生物体系中，如果氢离子的浓度等于 1mol/L，即 pH=0，就会引起生物大分子的变性，所以生物化学规定标准状态 pH=7（接近机体生理 pH），其他各物质仍取正常的浓度（或气体物质的分压）状态。医学上对于机体内的氧化还原反应，需要应用生物化学标准状

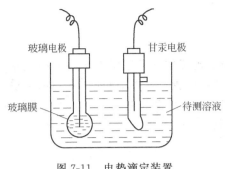

图 7-11　电势滴定装置

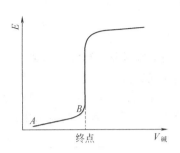

图 7-12　电势滴定 E-$V_{碱}$ 图

态下的电极电势，用符号 $\varphi^{\oplus}$ 表示生化标准电极电势，$\varphi^{\oplus}$ 与 $\varphi^{\ominus}$ 的关系为

$$\varphi^{\oplus}=\varphi^{\ominus}+\frac{RT}{F}\ln10^{-7} \tag{7-38}$$

$\varphi^{\oplus}$ 是在氧化态和还原态物质活度均为 1，pH 固定条件下电极反应的电极电势。pH 不同时，$\varphi^{\oplus}$ 也不同。

生理反应和一些土壤中的反应是在近中性条件下进行的，所以在生命体系和土壤科学中，经常用到 pH=7.0 的值。生物体内的氧化还原体系可以引发一系列的氧化还原反应，反应能否自发进行，可根据 $\varphi^{\oplus}$ 计算确定，或通过测定电池电动势确定。测定生物组织液的氧化还原电势，可以用来研究一些生理和病理现象。电池电动势的测定还用于土壤的氧化还原状况的研究以及生物体呼吸链的研究。

2. 膜电势

将一个只允许某种离子通过的膜放在两种不同浓度的该离子的溶液之间，离子将进行扩散，由于膜两侧离子浓度不同，两侧离子扩散速度也不同，故导致在膜的两边形成电势差，这种电势差称为膜电势。膜电势的大小与两侧离子浓度有关，可以表示为：

$$\Delta\varphi=\varphi_2-\varphi_1=\varphi_{内}-\varphi_{外}=-\frac{RT}{zF}\ln\frac{a_2}{a_1} \tag{7-39}$$

式中，a_1、a_2 是膜两侧离子的活度，生物体内的每一个细胞都是被厚度为 $(60\sim 100)\times10^{-10}$ m 的薄膜即细胞膜包围着。细胞膜内外都充满液体，液体中都含有一定的电解质，在静止的神经细胞内，液体 K^+ 的浓度是细胞膜外的 35 倍，由此产生的电势差，即膜电势为

$$\Delta\varphi=\varphi_{内}-\varphi_{外}=-\frac{RT}{zF}\ln\frac{a_{K^+}（内）}{a_{K^+}（外）} \tag{7-40}$$

假定活度系数均为 1，$\Delta\varphi=-(RT/F)\ln35=-91\mathrm{mV}$，实际测得神经细胞的膜电势值为 $-70\mathrm{mV}$，这是因为生命体中溶液不是处于平衡状态，故不能测得准确值。目前膜电势在工业生产、医药科学和生命体中的应用很多，如应用心电图判断心脏工作是否正常，脑电图可以了解大脑中神经细胞的电活性等。医学上，膜电势习惯用负值表示。维持了细胞膜内外的电势差，就维持了生命。

第三节　不可逆电极过程

在现实的许多电化学过程中，无论是原电池放电还是电解池的电解过程，都有一定大小的电流通过电极，其电极变化都是不可逆过程。

一、分解电压

1. 理论分解电压

图 7-13 为测定分解电压的装置,将两个铂片作为电极放入某电解质水溶液中,分别连接直流电源的正极和负极形成电解池,连接电压表和电流表,观察加不同的电压时通过电解池的电流。以电解 1mol/kg 的 HCl 溶液为例,将电压从零开始逐渐加大,记录不同电压下,通过电解池的电流,绘制电流与电压曲线,如图 7-14 所示。

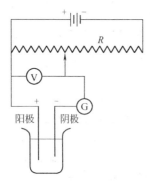

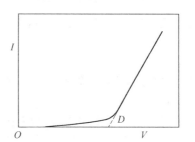

图 7-13　测定分解电压装置　　　　　图 7-14　测定分解电压的电流-电压图

当外加电压很小时,电池中几乎没有电流通过,随着电压的逐渐加大,电流开始只是有很小的增加,当电压加大到一定值时,两极的极板上开始出现气泡,即电解出氢气和氧气,若再增大电压,则电流呈直线增长,此时的电压是使电解质溶液发生明显电解作用时所需要的最小外加电压,称其为该电解质的分解电压,用 $V_{分解}$ 表示。

分解电压是由于电解产物形成了原电池,且该原电池的电动势与外加电压相互对抗而产生的。

在外加电压的作用下,溶液中的正、负离子分别向电解池的阴、阳两极迁移,并且发生电极反应。

阴极反应　　　　　　　　　　$2H^+ + 2e \longrightarrow H_2(g)$

阳极反应　　　　　　　　　　$2Cl^- \longrightarrow Cl_2(g) + 2e$

电解池反应　　　　　　　　　$2H^+ + 2Cl^- \longrightarrow H_2(g) + Cl_2(g)$

电解产物与原电解质溶液形成的原电池为

$$Pt \,|\, H_2(g) \,|\, HCl(1mol/kg) \,|\, Cl_2(g) \,|\, Pt$$

2. 分解电压的计算

上述电解池中,电解产物 $H_2(g)$ 和 $Cl_2(g)$ 与溶液形成的原电池的电动势与外加电压相对抗,可以通过计算得出 25℃、100kPa 条件下,$H_2(g)$ 与 $Cl_2(g)$ 形成的原电池,其理论上的反电动势为

$$E_{反} = \varphi^{\ominus}(Cl_2/Cl^-) - \varphi^{\ominus}(H^+/H_2) - \frac{RT}{2F}\ln[a^2(H^+)a^2(Cl^-)]$$

$$= \varphi^{\ominus}(Cl_2/Cl^-) - \frac{RT}{2F}\ln(\gamma_{\pm}b_{\pm})^2 = 1.369V$$

所以,在外加电压小于 1.369V 时,该电池观察不到 Pt 电极上有 $H_2(g)$ 和 $Cl_2(g)$ 两种气泡出现,这正是由于存在分解电压的原因。

但是,在外加电压小于分解电压时,发现还是有少量电流通过电解池,这是因为对电解 HCl 水溶液施加少许电压后即得到浓度很低的电解产物 $H_2(g)$ 和 $Cl_2(g)$,产生的反电动势

正好与外加电压抵消，外加电压越高，$H_2(g)$ 和 $Cl_2(g)$ 的浓度就越大，反电动势就越大。但是由于在两极产生的 $H_2(g)$ 和 $Cl_2(g)$ 从两极向溶液或气相扩散，使得两极区电解产物浓度会有所下降，因此，有少量电流通过，使得电解产物得到补充。

当外加电压增大到分解电压时，产生的 $H_2(g)$ 和 $Cl_2(g)$ 逸出液面，电解产物所形成的电池反电动势达到最大，此后再增大外加电压，就有大量的气体从两极逸出，电流也会随着外加电压的增大而直线上升，此时　　　$I=(U-E_{反})/R$

式中　U——外加电压；

　　　R——电解池的内电阻。

当外加电压等于分解电压时，电极上的电极电势称为产物的析出电势。

可见，理论上的分解电压与电解产物形成的原电池的反电动势相等，而事实上，理论上的分解电压总是小于实际分解电压，这是由于存在电极极化的原因。

表 7-5 列出了几种常见电解质的分解电压。

表 7-5　几种常见电解质溶液的分解电压

电　解　质	浓度 $c/(\mathrm{mol/dm^3})$	电解产物	$E_{分解}/V$	$E_{理论}/V$
HNO_3	1	H_2 和 O_2	1.69	1.23
H_2SO_4	0.5	H_2 和 O_2	1.67	1.23
$NaNO_3$	1	H_2 和 O_2	1.69	1.23
KOH	1	H_2 和 O_2	1.67	1.23
$CdSO_4$	0.5	Cd 和 O_2	2.03	1.26
$NiCl_2$	0.5	Ni 和 Cl_2	1.85	1.64

二、极化作用和超电势

1. 电极的极化与超电势

电极过程实际上都是在不可逆的情况下进行的，都有一定的电流通过。随着电极上电流密度的增大，电极电势偏离其平衡电极电势的程度越大，电极过程的不可逆程度越大。将电流通过电极时，电极电势偏离平衡电极电势的现象称为电极的极化。

通常将在某一电流密度下的电极电势与其平衡电极电势之差的绝对值称为该电极的超电势或过电势，用 η 表示。

2. 极化曲线

可以利用图 7-15 所示的装置来测定电极的极化曲线。如图中所示，在电解池 A 中装有电解质溶液、搅拌器和两个表面积确定的已知电极。两个电极通过开关 K、安培计 G 和可变电阻 R 与外电源 E 相连接。调节 R 可以改变通过电极的电流，电流的

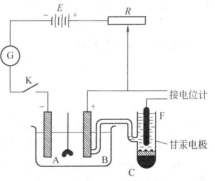

图 7-15　测量超电势的装置

数据可以由 G 读出，将得到的该电流数据除以浸入电解质溶液中待测电极的表面积，即得到电流密度 J（A/m^2）。为了测定不同电流密度下电极电势的大小，还要在电解池中加入一个参比电极（常用甘汞电极）。将待测电极与参比电极连接在电位计上，测定出不同电流密度时的电动势。因为参比电极的电极电势是已知的，因此，可以得到不同电流密度时待测电极的电极电势。将测定的数据作图就得到电解池阳极、阴极的极化曲线，如图 7-16 所示，极化的结果使电解池阴极电势变得更负，以增加对正离子的吸引力，使还原反应的速率加快。同样极化的结果使电解池阳极电势变得更正，以增加对负离子的吸引力，使氧化反应的

速率加快。图 7-16 中，E（阳，平）和 E（阴，平）分别代表电解池阳极、阴极的平衡电极电势，E（平）为电解池的理论分解电压，即电解池所形成原电池的电动势。

$$E_{(平)}=E（阳，平）-E（阴，平）$$

η_+ 与 η_- 分别代表电解池阳极、阴极在一定电流密度下的超电势。在一定电流密度下

$$\eta_+=E（阳）-E（阳，平） \tag{7-41}$$

$$\eta_-=E（阴，平）-E（阴） \tag{7-42}$$

在一定电流密度下，如若不考虑欧姆电势降和浓差极化的影响，电解池的外加电压为

$$E_{外}=E（阳）-E（阴）=E（平）+\eta_++\eta_-$$

超电势的测定常常不能得到完全一致的结果，因为有很多因素会对测定产生差异，如电极材料、电极的表面状态、电流密度、温度、电解质溶液性质和浓度，以及溶液中的杂质等，都会影响测定，使得测定的结果不一致。

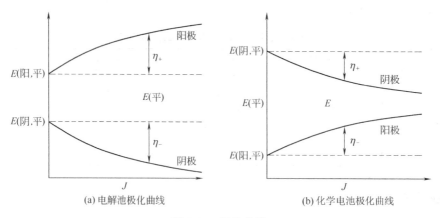

(a) 电解池极化曲线 (b) 化学电池极化曲线

图 7-16 极化曲线

塔费尔（Tafel）1905 年根据实验总结出氢气的超电势 η 与电流密度的关系式

$$\eta=a+b\lg(J/[J])$$

式中　a,b——经验常数；

　　　$[J]$——电流密度的单位。

3. 电解时的电极反应

电解质水溶液在电解时，既要考虑溶液中存在的电解质离子发生电极反应，也要考虑 H^+ 和 OH^- 可能参与电极反应。如果阳极是可溶性电极，如 Cu、Hg、Ag 等，还要考虑到电极可能发生电极反应。

电解时，当外加电压缓慢增加时，在电解池阳极上，总是极化电极电势最小的电极优先进行氧化反应；在阴极上，总是极化电极电势最大的电极优先进行还原反应。

根据各个氧化-还原电对的活度和活度因子，计算出各个电极反应的平衡电极电势，再考虑是否有超电势，按照下式可以计算极化电势。

$$E（阳）=E（阳，平）+\eta_+ \qquad E（阴）=E（阴，平）-\eta_-$$

由此，可以判断电解时的电解产物。

【例题 7-12】　25℃时用铜电极电解 0.1mol/kg 的 $CuSO_4$ 和 0.1mol/kg 的 $ZnSO_4$ 混合溶液。当电流密度为 0.01A/cm^2 时，氢在铜电极上的超电势为 0.584V，Zn 与 Cu 在铜电极上的超电势很小，忽略不计。请判断电解时阴极上各物质的析出顺序（假设各离子的活度因子均为 1）。

解　溶液中可能在阴极发生反应的离子有 Cu^{2+}、Zn^{2+} 和 H^+，查表可得

$$\varphi^{\ominus}(Cu^{2+}/Cu)=0.340V; \quad \varphi^{\ominus}(Zn^{2+}/Zn)=-0.7630V; \quad \varphi^{\ominus}(H^+/H_2)=0$$

如果阴极反应为 $$Cu^{2+}+2e \longrightarrow Cu$$

$$\varphi(Cu^{2+}/Cu)=\varphi^{\ominus}(Cu^{2+}/Cu)-\frac{RT}{2F}\ln\frac{1}{a(Cu^{2+})}$$

$$=0.340-\frac{8.314\times298.15}{2\times96500}\ln\frac{1}{0.1}=0.310V$$

如果阴极反应为 $$Zn^{2+}+2e \longrightarrow Zn$$

$$\varphi(Zn^{2+}/Zn)=\varphi^{\ominus}(Zn^{2+}/Zn)-\frac{RT}{2F}\ln\frac{1}{a(Zn^{2+})}$$

$$=-0.7630-\frac{8.314\times298.15}{2\times96500}\ln\frac{1}{0.1}$$

$$=-0.7926V$$

该溶液可以认为是中性的，pH＝7

$$\varphi(H^+/H_2)=-\frac{RT}{2F}\ln\frac{\dfrac{p(H_2,g)}{p^{\ominus}}}{[a(H^+)]^2}$$

电解在常压 $p^{\ominus}=100kPa$ 下进行，如若要氢气析出必须 $p(H_2,g)$ 为 $100kPa$，则

$$\varphi(H^+/H_2,平)=-\frac{8.314\times298.15}{2\times96500}\ln\frac{1}{(10^{-7})^2}=-0.414V$$

又因为氢气在铜电极上有超电势，则有

$$\varphi(H^+/H_2)=\varphi(H^+/H_2,平)-\eta_-$$

$$=-0.414-0.584=-0.998V$$

显然 $$\varphi(Cu^{2+}/Cu)>\varphi(Zn^{2+}/Zn)>\varphi(H^+/H_2)$$

所以在阴极铜首先析出，其次是锌，若氢气在铜电极上没有超电极电势，其次析出的则是氢气，然后是锌。

*三、金属的腐蚀与防腐

金属腐蚀可分为化学腐蚀和电化学腐蚀。金属直接与干燥气体、有机物等接触而变质损坏的现象是化学腐蚀，而大部分金属腐蚀是电化学原因造成的。各种金属部件在工作环境中与水或潮湿空气接触，空气中的 CO_2 和其他物质溶于水中形成电解质溶液。金属与其中所含的杂质电极电势不同，形成两个电极，加上电解质溶液作为离子导体，共同组成微电池。这些微电池数量很多，且外电路短路、电流不断，造成金属腐蚀。在实际工作中往往采用在金属表面覆盖保护层、电化学方法保护、缓蚀剂保护、金属钝化等方法进行金属防腐。

1. 电化学腐蚀的机理

电化学腐蚀，实际上是由大量微小的电池构成的微电池群自发放电的结果。图 7-17(a) 是由不同金属（如 Fe 与 Cu 接触）构成的微电池，图 7-17(b) 是金属与其自身的杂质（如 Zn 中含杂质 Fe）构成的微电池。当它们的表面与溶液接触时，就会发生原电池反应，导致金属被氧化而腐蚀。产生电化学腐蚀的微电池称为腐蚀电池。

图 7-17(a) 所示的微电池反应为

阳极过程： $$Fe \longrightarrow Fe^{2+}+2e$$

阴极过程：在阴极 Cu 上可能有下列两种反应

$$2H^++2e \longrightarrow H_2\uparrow \tag{1}$$

$$O_2 + 4H^+ + 4e \longrightarrow 2H_2O \tag{2}$$

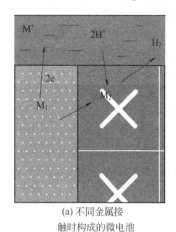

(a) 不同金属接
触时构成的微电池

(b) 金属与其中的
杂质构成的微电池

图 7-17 电化学腐蚀

若阴极反应为(1)，则电池反应为

$$Fe + 2H^+ \longrightarrow Fe^{2+} + H_2$$

若阴极反应为(2)，则电池反应为

$$Fe + \frac{1}{2}O_2 + 2H^+ \longrightarrow Fe^{2+} + H_2O$$

利用能斯特方程可算得 25℃时酸性溶液中上述电池反应的 $E_{MF,1}$、$E_{MF,2}$ 均为正值，表明电池反应是自发的，且 $E_{MF,1} < E_{MF,2}$，说明有氧存在时，腐蚀更为严重。通常把反应(1)称为析 H_2 腐蚀，反应(2) 称为吸 O_2 腐蚀。

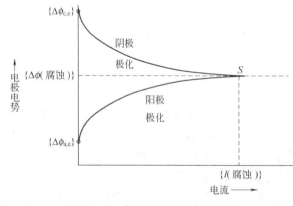

图 7-18 腐蚀电池极化曲线示意

2. 腐蚀电流与腐蚀速率

当微电池中有电流通过时，阴极和阳极分别发生极化作用，如图 7-18（Evans 图）所示。

由于腐蚀电池的外电阻为零（两电极金属直接接触），溶液内阻很小，因而腐蚀金属的表面是等电势的，流经电池的电流等于 S 点处的电流 I（腐蚀），称为腐蚀电流，相应的电极电势 $ZF\Delta\phi$（腐蚀）叫做腐蚀电势。

3. 金属的防腐

（1）非金属保护层　在被保护的金属表面涂有非金属材料的保护涂层，使金属与腐蚀介质隔开，从而达到保护金属的目的。常用的非金属材料有油漆、搪瓷、陶瓷、沥青、玻璃以及高分子涂料等。

（2）金属保护层　在被保护的金属外面镀一层耐腐蚀金属或者合金，可以防止或减缓金属被腐蚀。常用方法是在黑色金属上镀锌、锡、铜、铬、镍等金属；在铜制品上镀镍、银、金等金属。

（3）金属的钝化　铁易溶于稀硝酸，但不溶于浓硝酸。把铁预先放在浓硝酸中浸过后，即使再把它放在稀硝酸中，其腐蚀速率也比原来未处理前有显著的下降甚至不溶解。这种现象叫做化学钝化。

（4）电化学保护

① 牺牲阳极保护法。将被保护金属与电极电势比被保护金属的电极电势更低的金属连接起来，构成原电池。电势低的金属为阳极而保护了被保护金属。例如在海上航行的轮船船体常镶上锌块，在海水中形成原电池，锌块被腐蚀，以保护船体。

② 阴极电保护法。利用外加直流电，负极接在被保护金属上成为阴极，正极接废钢。例如一些装酸性溶液的管道常用这种方法。

③ 阳极电保护法。把直流电的电源正极连接在被保护的金属上，使被保护的金属进行阳极极化，电极电势向正的方向移动，使金属"钝化"而得保护。

④ 缓蚀剂的防腐作用。许多有机化合物，如胺类、吡啶、喹啉、硫脲等能被金属表面所吸附，可以使阳极或阴极的极化程度增大，大大降低阳极或阴极的反应速率，缓解金属的腐蚀，这些物质叫做缓蚀剂。

*四、化学电源

化学电源俗称电池，是一种能将化学能直接转变成电能的装置，它在国民经济、科学技术、军事和日常生活方面均获得广泛应用。

化学电源使用面广，品种繁多，按照其使用性质可分为两类：一次电池如干电池；二次电池如蓄电池、燃料电池等。按电池中电解质性质可分为碱性电池、酸性电池、中性电池。

1. 干电池

干电池也称一次电池，即电池中的反应物质在进行一次电化学反应放电之后就不能再次使用了。常用的有锌锰干电池、锌汞电池、镁锰干电池等。锌锰干电池是日常生活中常用的干电池，其结构如图7-19所示。

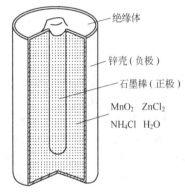

图 7-19 锌锰干电池结构

正极材料为 MnO_2、石墨棒；负极材料为锌片；电解质材料为 NH_4Cl、$ZnCl_2$ 及淀粉糊状物，该电池可用符号表示为

$$Zn(s) \mid ZnCl_2, NH_4Cl(糊状) \parallel MnO_2 \mid C(石墨)$$

负极反应 $\qquad Zn \longrightarrow Zn^{2+} + 2e$

正极反应 $\qquad 2MnO_2 + 2NH_4^+ + 2e \longrightarrow Mn_2O_3 + 2NH_3 + H_2O$

总反应 $\qquad Zn + 2MnO_2 + 2NH_4^+ \longrightarrow Zn^{2+} + Mn_2O_3 + 2NH_3 + H_2O$

锌锰干电池的电动势为 1.5V。因产生的 NH_3 被石墨吸附，引起电动势下降较快。如果用高导电的糊状 KOH 代替 NH_4Cl，正极材料改用钢筒，MnO_2 层紧靠钢筒，就构成碱性锌锰干电池，由于电池反应没有气体产生，内电阻较低，电动势为 1.5V，比较稳定。

2. 蓄电池

蓄电池是可以反复使用、放电后可以充电使活性物质复原以便再重新放电的电池，也称二次电池。广泛应用于汽车、发电站、火箭等部门。根据蓄电池所用电解质的酸碱性质不同分为酸性蓄电池和碱性蓄电池。常见的有铅蓄电池、Fe-Ni 蓄电池、Ag-Zn 蓄电池、Li 蓄电池等。

（1）酸性铅蓄电池 铅蓄电池由一组充满海绵状金属铅的铅锑合金隔板做负极，由另一组充满氧化铅的铅锑合金隔板做正极，两组隔板相间浸泡在电解质稀硫酸中，放电时，电极反应为

负极反应 $\qquad\qquad Pb + SO_4^{2-} \longrightarrow PbSO_4 + 2e$

正极反应　　　$PbO_2 + SO_4^{2-} + 4H^+ + 2e \longrightarrow PbSO_4 + 2H_2O$

总反应　　　　$Pb + PbO_2 + 2H_2SO_4 \longrightarrow 2PbSO_4 + 2H_2O$

放电后，正负极板上都沉积有一层 $PbSO_4$，放电到一定程度之后又必须进行充电，充电时用一个电压略高于蓄电池电压的直流电源与蓄电池相接，将负极上的 $PbSO_4$ 还原成 Pb，而将正极上的 $PbSO_4$ 氧化成 PbO_2，充电时发生放电时的逆反应

阴极反应　　　　$PbSO_4 + 2e \longrightarrow Pb + SO_4^{2-}$

阳极反应　　　　$PbSO_4 + 2H_2O \longrightarrow PbO_2 + SO_4^{2-} + 4H^+ + 2e$

总反应　　　　　$2PbSO_4 + 2H_2O \longrightarrow Pb + PbO_2 + 2H_2SO_4$

正常情况下，铅蓄电池的电动势为 2.1V，随着电池放电生成水，H_2SO_4 的浓度要降低，故可以通过测量 H_2SO_4 的密度来检查蓄电池的放电情况。铅蓄电池具有充放电可逆性好、放电电流大、稳定可靠、价格便宜等优点，缺点是笨重，常用作汽车和柴油机车的启动电源，坑道、矿山和潜艇的动力电源，以及变电站的备用电源。

（2）碱性蓄电池　日常生活中用的充电电池就属于此类。它的体积、电压都和干电池差不多，携带方便，使用寿命比铅蓄电池长得多，使用时可以反复充放电上千次，但价格比较贵。商品电池中有镍-镉（Ni-Cd）和镍-铁（Ni-Fe）两类，它们的电池反应是

$$Cd + 2NiO(OH) + 2H_2O \underset{\text{充电}}{\overset{\text{放电}}{\rightleftharpoons}} 2Ni(OH)_2 + Cd(OH)_2$$

$$Fe + 2NiO(OH) + 2H_2O \underset{\text{充电}}{\overset{\text{放电}}{\rightleftharpoons}} 2Ni(OH)_2 + Fe(OH)_2$$

反应是在碱性条件下进行的，所以叫碱性蓄电池。

3. 新型燃料电池

燃料电池（fuel cell）与前两类电池的主要差别在于：它不是把还原剂、氧化剂物质全部贮藏在电池内，而是在工作时不断从外界输入氧化剂和还原剂，同时将电极反应产物不断排出电池。燃料电池是直接将燃烧反应的化学能转化为电能的装置，能量转化率高，可达 80% 以上，而一般火电站热机效率仅在 30%～40% 之间。燃料电池具有节约燃料、污染小、运行时没有噪声与振动等优点，是一种大有发展前途的新型能源。

燃料电池以还原剂（氢气、煤气、天然气、甲醇等）为负极反应物，以氧化剂（氧气、空气等）为正极反应物，由燃料极、空气极和电解质溶液构成。电极材料多采用多孔碳、多孔镍、铂、钯等贵重金属以及聚四氟乙烯，电解质则有碱性、酸性、熔融盐和固体电解质等数种。

以碱性氢氧燃料电池为例，它的燃料极常用多孔性金属镍，用它来吸附氢气。空气极常用多孔性金属银，用它吸附空气。电解质则由浸有 KOH 溶液的多孔性塑料制成，其电池符号表示为　　　　$Ni(s) \mid H_2 \mid KOH(30\%) \mid O_2 \mid Ag(s)$

负极反应　　　　$2H_2 + 4OH^- \longrightarrow 4H_2O + 4e$

正极反应　　　　$O_2 + 2H_2O + 4e \longrightarrow 4OH^-$

总反应　　　　　$2H_2 + O_2 \longrightarrow 2H_2O$

电池的工作原理是：当向燃料极供给氢气时，氢气被吸附并与催化剂作用，放出电子而生成 H^+，而电子经过外电路流向空气极，电子在空气极使氧还原为 OH^-，H^+ 和 OH^- 在电解质溶液中结合成 H_2O。氢氧燃料电池的标准电动势为 1.229V。

氢氧燃料电池目前已应用于航天、军事通讯、电视中继站等领域，随着成本的下降和技术的提高，可望得到进一步的商业化应用。

4. 海洋电池

1991 年，我国首创以铝-空气-海水为能源的新型电池，称之为海洋电池。它是一种无污

染、长效、稳定可靠的电源。海洋电池彻底改变了以往海上航标灯两种供电方式：一种是一次性电池，如锌锰电池、锌银电池、锌空（气）电池等，这些电池体积大，电能低，价格高；另一种是先充电后给电的二次性电池，如铅蓄电池、镍镉电池等，这种电池要定期充电，工作量大，费用高。

海洋电池是以铝合金为电池负极，金属（Pt、Fe）网为正极，用取之不尽的海水为电解质溶液，它靠海水中的溶解氧与铝反应产生电能的。海水中只含有 0.5% 的溶解氧，为获得这部分氧，科学家把正极制成仿鱼鳃的网状结构，以增大表面积，吸收海水中的微量溶解氧。这些氧在海水电解液作用下与铝反应，源源不断地产生电能。两极反应为

负极反应（Al）： $4Al \longrightarrow 4Al^{3+} + 12e$

正极反应（Pt 或 Fe 等） $3O_2 + 6H_2O + 12e \longrightarrow 12OH^-$

总反应式 $4Al + 3O_2 + 6H_2O \longrightarrow 4Al(OH)_3 \downarrow$

海洋电池本身不含电解质溶液和正极活性物质，不放入海水时，铝极就不会在空气中被氧化，可以长期贮存。用时，把电池放入海水中，便可供电，其能量比干电池高 20~50 倍。电池设计使用周期可长达一年以上，避免经常更换电池的麻烦。即使更换，也只是换一块铝板，铝板的大小可根据实际需要而定。

海洋电池没有怕压部件，在海洋下任何深度都可以正常工作。海洋电池以海水为电解质溶液，不存在污染，是海洋用电设施的能源新秀。

5. 高能电池

具有高"比能量"和高"比功率"的电池称为高能电池。所谓"比能量"和"比功率"是指电池的单位质量或单位体积计算电池所能提供的电能和功率。高能电池发展快、种类多。

（1）银-锌电池 电子手表、液晶显示的计算器或一个小型的助听器等所需电流是微安或毫安级的，它们所用的电池体积很小，有"纽扣"电池之称。它们的电极材料是 Ag_2O_2 和 Zn，所以叫银-锌电池。电极反应和电池反应是

负极反应 $2Zn + 4OH^- \longrightarrow 2Zn(OH)_2 + 4e$

正极反应 $Ag_2O_2 + 2H_2O + 4e \longrightarrow 2Ag + 4OH^-$

电池反应 $2Zn + Ag_2O_2 + 2H_2O \longrightarrow 2Zn(OH)_2 + 2Ag$

利用上述化学反应也可以制作大电流的电池，它具有质量小、体积小等优点。这类电池已用于宇航、火箭、潜艇等方面。

（2）锂-二氧化锰非水电解质电池 以锂为负极的非水电解质电池有几十种，其中性能最好、最有发展前途的是锂-二氧化锰非水电解质电池，这种电池以片状金属极为负极，电解活性 MnO_2 作正极，高氯酸及溶于碳酸丙烯酯和二甲氧基乙烷的混合有机溶剂作为电解质溶液，以聚丙烯为隔膜，电池符号可表示为

$Li \mid LiClO_4 \mid MnO_2 \mid C(石墨)$

负极反应 $Li \longrightarrow Li^+ + e$

正极反应 $MnO_2 + Li^+ + e \longrightarrow LiMnO_2$

总反应 $Li + MnO_2 \longrightarrow LiMnO_2$

该种电池的电动势为 2.69V，质量轻、体积小、电压高、比能量大，充电 1000 次后仍能维持其能力的 90%，贮存性能好，已广泛用于电子计算机、手机、无线电设备等。

（3）钠-硫电池 它以熔融的钠作电池的负极，熔融的多硫化钠和硫作正极，正极物质填充在多孔的碳中，两极之间用陶瓷管隔开，陶瓷管只允许 Na^+ 通过。放电分三步进行。

第一步放电

负极反应 $2Na \longrightarrow 2Na^+ + 2e$

| 正极反应 | $2Na^+ + 5S + 2e \longrightarrow Na_2S_5(l)$ |
| 总反应 | $2Na + 5S \longrightarrow Na_2S_5(l)$ |

负极上生成的 Na^+ 通过陶瓷管，进入正极与硫进行作用，生成 Na_2S_5，使正极成为 S 和 Na_2S_5 混合物，直到将硫全部转化成 Na_2S_5 为止，当正极的硫被消耗完之后转为第二步放电反应。

第二步放电

负极反应	$2Na \longrightarrow 2Na^+ + 2e$
正极反应	$2Na^+ + 4Na_2S_5 + 2e \longrightarrow 5Na_2S_4(l)$
总反应	$2Na + 4Na_2S_5 \longrightarrow 5Na_2S_4(l)$

当 Na_2S_5 作用完后，电池放电转入后期工作。

第三步放电

负极反应	$2Na \longrightarrow 2Na^+ + 2e$
正极反应	$2Na^+ + Na_2S_4 + 2e \longrightarrow 2Na_2S_2(l)$
总反应	$2Na + Na_2S_4 \longrightarrow 2Na_2S_2(l)$

钠-硫电池的电动势为 2.08V，可作为机动车辆的动力电池。为使金属钠和多硫化钠保持液态，放电过程应维持在 300℃ 左右。

练习题

一、思考题

1. 电子导体（金属）和离子导体（电解质溶液）的导电本质有何不同？电解质溶液导电的特点是什么？

2. 原电池与电解池有何不同？它们的电极名称有什么不同？

3. 电导率与摩尔电导率概念有何不同？它们各与哪些因素有关？

4. 如何求强电解质溶液和弱电解质溶液的极限摩尔电导率？

5. 蒸馏水是纯水对吗？如何确定纯水的纯度？

6. 把化学反应能转变成电能的条件是什么？

7. 为什么不能使用伏特计测定电池电动势？

8. 电化学装置中为什么常用 KCl 饱和溶液做盐桥？

二、填空题

1. 柯尔劳施公式 $\Lambda_m = \Lambda_m^\infty - A\sqrt{c}$ 适用于 _____。

2. 可逆电池的条件是_____、_____、_____。

3. 在原电池中发生还原反应的电极为_____，发生氧化反应的为_____。

4. 韦斯顿标准电池的特点是_____、_____。

5. 取 Cu 的原子量为 64，用 0.5C 电量可以从 $CuSO_4$ 溶液中沉积出_____g 铜。

6. 盐桥的作用是消除两种液体间的扩散电势，当溶液中有硝酸银时用_____做盐桥。

三、选择题

1. 一定温度下，某电解质的水溶液，在稀溶液范围内，其电导率随着电解质浓度的增加而_____；摩尔电导率则随着电解质浓度的增加而_____。

① 变大   ② 变小   ③ 不变   ④ 无一定规律

2. 已知 25℃ 时，NH_4Cl、$NaOH$、$NaCl$ 的无限稀释摩尔电导率 Λ_m^∞ 分别为 $1.499 \times 10^{-2} S \cdot m^2/mol$、$2.487 \times 10^{-2} S \cdot m^2/mol$、$1.265 \times 10^{-2} S \cdot m^2/mol$，则无限稀释摩尔电

导率 $\Lambda_m^\infty(NH_3 \cdot H_2O)$ 为_____。

① $0.227 \times 10^{-2} S \cdot m^2/mol$ ② $2.721 \times 10^{-2} S \cdot m^2/mol$

③ $2.253 \times 10^{-2} S \cdot m^2/mol$ ④ $22.53 \times 10^{-2} S \cdot m^2/mol$

3. 科尔劳施离子独立运动定律的适用条件是_____。

① 弱电解质   ② 强电解质   ③ 无限稀释溶液   ④ 强电解质稀溶液

4. 德拜-休克尔极限公式适用于_____。

① 弱电解质稀溶液   ② 强电解质浓溶液

③ 弱电解质浓溶液   ④ 强电解质稀溶液

5. 已知 25℃时下列电极反应的标准电极电势：

(1) $Fe^{2+} + 2e \longrightarrow Fe(s)$ $E_1^\ominus = -0.439V$

(2) $Fe^{3+} + e \longrightarrow Fe^{2+}$ $E_2^\ominus = 0.770V$

(3) $Fe^{3+} + 3e \longrightarrow Fe(s)$ 则 $E_3^\ominus =$ _____。

① $0.331V$ ② $-0.036V$ ③ $0.036V$ ④ $-0.331V$

6. 在电解池的阴极上首先发生还原反应的是_____。

① 标准电极电势最大的反应   ② 标准电极电势最小的反应

③ 极化电极电势最大的反应   ④ 极化电极电势最小的反应

7. 298K 时 $E^\ominus(Zn^{2+}/Zn) = -0.7628V$；$E^\ominus(Cu^{2+}/Cu) = 0.3402V$，若利用反应 $Zn + Cu^{2+} \longrightarrow Zn^{2+} + Cu$ 组成电池，则电池标准电动势为_____。

① $1.103V$ ② $0.4226V$ ③ $-1.103V$ ④ $-0.4226V$

8. 一定 T、p 下测得某自发电池的 $E^\ominus$ 为零，则该电池反应的标准平衡常数 K 为_____。

① 此时系统中各组分的活度商   ② 此时系统中各组分的浓度商

③ 0   ④ 1

四、计算题

1. 将两根银电极插入 $AgNO_3$ 溶液，通以 0.2A 电流共 30min，试求阴极上析出银的质量。

(0.4024g)

2. 写出下列电池中各个电极反应和电池反应：

(1) $Pt, H_2[p(H_2)] | HCl(a) | Cl_2[p(Cl_2)], Pt$

(2) $Pt | Cu^{2+}(a), Cu^+(a) \| Fe^{3+}(a), Fe^{2+}(a) | Pt$

(3) $Pt | H_2(g) | NaOH(b) | O_2(g) | Pt$

3. 将下列化学反应设计成电池

(1) $AgCl(s) \longrightarrow Ag^+(a) + Cl^-(a)$

(2) $Pb(s) + HgO(s) \longrightarrow Hg(l) + PbO(s)$

(3) $Ag_2O(s) \longrightarrow 2Ag(s) + \frac{1}{2}O_2(g)$

4. 应用德拜-休克尔极限公式计算在 25℃时

(1) 0.005mol/kg KCl 水溶液中离子平均活度因子；

(2) 0.001mol/kg $CuSO_4$ 水溶液中离子平均活度因子。

[(1) 0.920；(2) 0.743]

5. 电池 $Pb | PbCl_2(s) | KCl$ 溶液 $| AgCl(s) | Ag$ 在 25℃时 $E = 0.4900V$，$(\partial E/\partial T)_p = -1.86 \times 10^{-4} V/K$。

(1) 写出电极反应及电池反应；

(2) 计算该电池在 25℃时的 $\Delta_r G_m$、$\Delta_r H_m$、$\Delta_r S_m$。

$$[(1)负极:Pb+2Cl^- \longrightarrow PbCl_2(s)+2e;正极:2AgCl(s)+2e \longrightarrow 2Ag+2Cl^-$$

$$电池反应:Pb+2AgCl(s) \longrightarrow 2Ag+PbCl_2(s)$$

$(2)\Delta_r G_m = -94.56kJ/mol;\Delta_r H_m = -105.26kJ/mol;\Delta_r S_m = -35.89J/(mol \cdot K)]$

6. 25℃时用 Pt 电极电解 $0.5mol/dm^3$ 的 H_2SO_4 溶液。计算理论上所需外加电压。

(1.229V)

7. 根据标准电极电势的数据，计算 25℃时反应 $Zn+Cu^{2+}(a) \longrightarrow Zn^{2+}(a)+Cu$ 的标准平衡常数。

(1.56×10^{37})

8. 25℃时，在某电导池中充以 0.01mol/L 的 KCl 水溶液，测得其电阻为 112.3Ω，若改充以浓度为 $0.01mol/dm^3$ 的溶液 x，测得其电阻为 2184Ω。已知 25℃时 $0.01mol/dm^3$ 的 KCl 水溶液的电导率为 0.14114S/m，计算:

(1) 电导池常数 K_{cell}；

(2) 溶液 x 的电导率；

(3) 溶液 x 的摩尔电导率。

$(15.85m^{-1}；7.257 \times 10^{-3}S/m；7.244 \times 10^{-4}S \cdot m^2/mol)$

9. 电池 $Zn(s)|ZnCl_2(0.05mol/kg)|AgCl(s)|Ag(s)$ 的 $E=1.015V$，$\left(\dfrac{\partial E}{\partial T}\right)_p = -1.492 \times 10^{-4}V/K$，计算在 298K 时当电池有 2mol 电子的电荷量输出时，电池反应的 $\Delta_r G_m$、$\Delta_r H_m$、$\Delta_r S_m$。

$[-195.90kJ/mol；-224.20kJ/mol；-94.56J/(K \cdot mol)]$

10. 有一原电池 $Ag(s)|AgCl(s)|Cl^-(a=1) \parallel Cu^{2+}(0.01mol/kg)|Cu(s)$，已知 $E^{\ominus}(Cu^{2+}/Cu)=0.3402V$，$E^{\ominus}[Cl^-/AgCl(s)/Ag(s)]=0.223V$

(1) 写出上述原电池的电池反应式；

(2) 计算该原电池在 25℃时的电动势 E；

(3) 25℃时，原电池反应的吉布斯函数变 $\Delta_r G_m$ 和平衡常数 $K^{\ominus}$ 各为多少。

$[2Ag+2Cl^-+Cu^{2+} \longrightarrow 2AgCl(s)+Cu；0.05875V；-11.338kJ/mol；9.69 \times 10^3]$

【阅读材料】

超临界流体萃取技术及其应用

超临界流体是指温度和压力略高于临界点的流体。此时流体所处的状态称为超临界状态。处于超临界状态的流体具有类似液体的性质，如具有较强的溶解其他物质的能力，同时还保留着气体的性能，如具有良好的流动性、扩散性。

以超临界状态下的流体作为溶剂，利用该状态下流体所具有的高渗透能力和高溶解能力萃取分离混合物的过程称为超临界流体萃取技术（supercritical fluid extraction，SFE）。关于超临界流体的发现和研究，尽管已有一个多世纪，但是超临界流体在医药、化工、石油、环保和食品方面的应用研究仅有三四十年的历史。

在实际应用中，采用的超临界溶剂多为二氧化碳。二氧化碳具有良好的性能。临界温度为 304.2K，接近室温；临界压力为 7.38kPa，不算太高；且二氧化碳无毒无味、化学惰性、清洁环保、便宜易得、产品质量可靠，是目前良好的超临界溶剂。二氧化碳对非极性和中等极性成分的萃取，可克服传统的萃取方法中因回收溶剂而致样品损失和对环境的污染，尤其适用于对温热不稳定的挥发性化合物提取。对提取极性偏大的化合物，可以采用加入极性的夹带剂如乙醇等，改变其萃取范围提高抽提率。

一、超临界 CO_2 萃取技术在中药开发方面的优点

作为一种新的分离单元操作技术，利用 SFE 进行中药复方物质提取天然药物中的有效成分。用 SFE 技术进行中药研究开发及产业化，和中药传统方法相比，具有许多独特的优点。

① 二氧化碳的临界温度在 31.2℃，能够比较完好地保存中药有效成分不被破坏或发生次生化，尤其适合于那些对热敏感性强、容易氧化分解的成分的提取。

② 流体的溶解能力与其密度的大小相关，而温度、压力的微小变化会引起流体密度的大幅度变化，从而影响其溶解能力。所以可以通过调节操作压力、温度，从而可减小杂质使中药有效成分高度富集，产品外观大为改善，萃取效率高，且无溶剂残留。

③ 根据中医辨证论治理论，中药复方中有效成分是彼此制约、协同发挥作用的。超临界二氧化碳萃取不是简单地纯化某一组分，而是将有效成分进行选择性的分离，更有利于中药复方优势的发挥。

④ 超临界 CO_2 还可直接从单方或复方中药中提取不同部位或直接提取浸膏进行药理筛选，开发新药，大大提高新药筛选速度。同时，可以提取许多传统法提不出来的物质，且较易从中药中发现新成分，从而发现新的药理药性，开发新药。

⑤ 二氧化碳无毒、无害、不易燃易爆、黏度低、表面张力低、沸点低，不易造成环境污染。

⑥ 通过直接与 GC、IR、MS、LC 等联用，客观地反映提取物中有效成分的浓度，实现中药提取与质量分析一体化。

⑦ 提取时间快、生产周期短。超临界 CO_2 提取（动态）循环一开始，分离便开始进行。一般提取 10min 便有成分分离析出，2～4h 左右便可完全提取。同时，它不需浓缩等步骤，即使加入夹带剂，也可通过分离功能除去或只是简单浓缩。

⑧ 超临界 CO_2 萃取，操作参数容易控制，因此，有效成分及产品质量稳定。

⑨ 经药理、临床证明，超临界 CO_2 提取中药，不仅工艺上优越，质量稳定且标准容易控制，而且其药理、临床效果能够得到保证。

⑩ 超临界 CO_2 萃取工艺，流程简单，操作方便，节省劳动力和大量有机溶剂，减小三废污染，这无疑为中药现代化提供了一种高新的提取、分离、制备及浓缩新方法。

另外，采用超临界流体结晶技术可制备粒径均匀的超细颗粒，从而可制备控释小丸等中药新剂型。

随着"回归自然"世界潮流的发展及知识经济时代的到来，国家对具有自主知识产权及创新特色的中医药现代化越来越重视，并提出了更高的要求，国内越来越多的人都认为 SFE 是实现中药产业现代化的新技术之一，在中药提取、量化等研究方面应用 SFE 技术，将是传统中药与西药接轨，使西方医药界完全接受中医药的思想方法。

超临界萃取技术除了在中药有效成分的提取方面有着明显的优势之外，它还在食品、化工和生物工程方面有着广泛的应用。

二、超临界流体技术在其他方面的应用

1. 在食品方面的应用

目前已经可以用超临界二氧化碳从葵花子、红花籽、花生、小麦胚芽、可可豆中提取油脂，这种方法比传统的压榨法的回收率高，而且不存在溶剂法的溶剂分离问题。

2. 在医药保健品方面的应用

在抗生素药品生产中，传统方法常使用丙酮、甲醇等有机溶剂，但要将溶剂完全除去，又不使其变质非常困难，若采用 SFE 法则完全可符合要求。

　　另外，用 SFE 法从银杏叶中提取的银杏黄酮，从鱼的内脏、骨头等提取的多烯不饱和脂肪酸，从沙棘籽提取的沙棘油，从蛋黄中提取的卵磷脂等对心脑血管疾病具有独特的疗效。

　　3. 天然香精香料的提取

　　用 SFE 法萃取香料不仅可以有效地提取芳香组分，而且还可以提高产品纯度，能保持其天然香味，如从桂花、茉莉花、菊花、梅花、米兰花、玫瑰花中提取花香精，从胡椒、肉桂、薄荷提取香辛料，从芹菜籽、生姜、芫荽籽、茴香、砂仁、八角、孜然等原料中提取精油，不仅可以用作调味香料，而且一些精油还具有较高的药用价值。啤酒花是啤酒酿造中不可缺少的添加物，具有独特的香气、清爽度和苦味。传统方法生产的啤酒花浸膏不含或仅含少量的香精油，破坏了啤酒的风味，而且残存的有机溶剂对人体有害。超临界萃取技术为酒花浸膏的生产开辟了广阔的前景。

　　4. 在化工方面的应用

　　在美国超临界技术还用来制备液体燃料。以甲苯为萃取剂，在压力 1.01325×10^7 Pa、温度 $400 \sim 440 ℃$ 条件下进行萃取，在 SCF 溶剂分子的扩散作用下，促进煤有机质发生深度的热分解，能使 1/3 的有机质转化为液体产物。此外，从煤炭中还可以萃取硫等化工产品。

　　美国最近研制成功用超临界二氧化碳既作反应剂又作萃取剂的新型乙酸制造工艺。俄罗斯、德国还把 SFE 法用于油料脱沥青技术。

　　目前影响超临界流体萃取技术在中药复方提取及其他相关产业工业化生产应用推广的主要原因是：

　　① 一次性设备投资费用与传统工艺设备投资相比仍较大。

　　② 高压下复杂的相平衡，热力学参数以及物料性状的基础研究还不够深入，数据较少，特别是对中国传统中药复方这一复杂体系的提取研究才刚刚起步，给工艺及设备设计带来一定困难，在大多数情况下，需要通过一系列实验获得必要数据后才能最终实现工业化工艺设计及设备生产制造。

　　③ 有关生产企业对新技术、新工艺应用认识不足，社会投资力度不够。

第八章 化学动力学

学习目标

1. 掌握化学反应速率的表示方法、反应级数和反应分子数的概念。

2. 掌握具有简单级数反应的动力学特征，掌握从实验数据确定此类反应的级数、反应速率常数和其他有关计算。

3. 理解对峙反应、连串反应、平行反应、链反应的动力学特征及有关计算。

4. 掌握温度对反应速率的影响，掌握阿伦尼乌斯公式及其应用，理解活化能的概念及其对反应速率的影响。

5. 了解复合反应的近似处理方法，一般性了解化学反应机理探讨。

6. 了解催化剂作用及其基本特征，了解酶催化反应动力学。

化学动力学研究的内容是各种因素（包括浓度、温度、催化剂、溶剂、光照等）对化学反应速率影响的规律；研究一个化学反应过程经历哪些具体步骤，即反应机理。

化学热力学是研究物质变化过程的能量效应及过程的方向与限度，即有关平衡的规律。它不研究完成该过程所需要的时间以及实现这一过程的具体步骤，即不研究有关速率的规律。而解决化学反应速率问题的科学正是化学动力学。所以它们之间的关系可以概括为：热力学是解决物质变化过程的可能性，而动力学是解决如何把这种可能性变为现实性。这是实现化学制品生产相辅相成的两个方面。当人们想要以某些物质为原料合成新的化学制品或者合成某种新药品时，首先要对该过程进行热力学分析，得到过程可能实现的肯定性结论后，再做动力学分析，得到各种因素对实现这一化学制品合成速率的影响规律，从而有效控制反应条件、提高主反应速率、抑制副反应速率，减少原料的消耗、减轻分离操作的负担、提高产品的产量和质量。动力学理论的研究在实践中还可以有效地避免危险品的爆炸、材料的腐蚀、产品的老化和变质等。最后，从热力学和动力学两方面综合考虑，选择该反应的最佳工艺操作条件及进行反应器的选型与设计。

化学动力学研究的基本任务是：

（1）研究化学反应的速率及其各种因素，包括浓度、温度、催化剂等对化学反应速率影响的规律。从而给人们提供最合适的反应条件，掌握控制化学反应进行的主动权，使化学反应按我们所希望的速率进行。

（2）研究化学反应的机理，即反应究竟按什么途径，经过哪些步骤，使反应物转化为产物。适当地选择反应途径，可以使热力学所期望的可能性变成现实。知道了反应机理，可以找出决定反应速率的关键步骤，从而加快主反应，抑制副反应，为实际化工生产服务。

第一节　化学动力学基本概念

一、化学反应速率

1. 化学反应速率的定义

对于任何化学反应 $0 = \sum\limits_{B} \nu_B B$ 而言，单位时间内化学反应进度的变化如何，可以表明化学反应进行的快慢，将单位体积内化学反应进度随时间的变化率定义为化学反应速率 v，即

$$v = \frac{1}{V} \times \frac{d\xi}{dt}$$

对于定容反应，反应系统的体积不随时间而变化，则反应中任一物质 B 的浓度 $c_B = \dfrac{n_B}{V}$，且根据反应进度定义式 $d\zeta = \xi = \dfrac{dn_B}{\nu_B}$，上式可以表示为

$$v_B = \frac{1}{\nu_B} \times \frac{dc_B}{dt} \tag{8-1}$$

在体积 V 恒定的条件下，对于反应

$$aA + bB \longrightarrow gG + hH$$

用任一种参加反应的物质浓度随时间变化率来表征该反应的速率结果是一样的，如该化学反应的反应速率为

$$v = -\frac{1}{a} \times \frac{dc_A}{dt} = -\frac{1}{b} \times \frac{dc_B}{dt} = \frac{1}{g} \times \frac{dc_G}{dt} = \frac{1}{h} \times \frac{dc_H}{dt} \tag{8-2}$$

式中，$-\dfrac{dc_A}{dt}$ 与 $-\dfrac{dc_B}{dt}$ 分别表示反应物 A 和 B 消耗速率；$\dfrac{dc_G}{dt}$ 与 $\dfrac{dc_H}{dt}$ 分别表示生成物 G 和 H 的增长速率。

例如合成氨反应：　　　　　$N_2(g) + 3H_2(g) \longrightarrow 2NH_3(g)$

该化学反应的反应速率为

$$v = -\frac{dc_{N_2}}{dt} = -\frac{1}{3} \times \frac{dc_{H_2}}{dt} = \frac{1}{2} \times \frac{dc_{NH_3}}{dt}$$

式中，$-\dfrac{dc_{N_2}}{dt}$ 与 $-\dfrac{dc_{H_2}}{dt}$ 分别表示反应物 $N_2(g)$ 和 $H_2(g)$ 消耗速率；$\dfrac{dc_{NH_3}}{dt}$ 表示生成物 $NH_3(g)$ 的增长速率。即：

$$v_{N_2} = -\frac{dc_{N_2}}{dt} \qquad v_{H_2} = -\frac{dc_{H_2}}{dt} \qquad v_{NH_3} = \frac{dc_{NH_3}}{dt}$$

因为化学计量方程式有不同的写法，所以用 v 表示的反应速率与化学计量方程式的写法有关，但反应物的消耗速率或产物的生成速率与化学计量方程式的写法无关。为了研究的方便，经常采用反应物的消耗速率或产物的生成速率来表示反应速率。由于各物质的计量系数不同，所表示的反应速率的数值也可能不相同，它们之间的关系如下：

$$\frac{v_A}{a} = \frac{v_B}{b} = \frac{v_G}{g} = \frac{v_H}{h}$$

2. 反应速率的测定

化学反应速率的测定方法，就是采用测定不同 t 时刻任一反应组分的浓度，得到反应物

或产物浓度随时间的变化率，从而确定化学反应速率。如图 8-1 所示，由实验测得反应物浓度 c_A 与时间 t 数据，作图为一曲线，由曲线上某 t 时刻切线的斜率，可以确定反应物 A 的瞬时消耗速率 $v_A = -\dfrac{dc_A}{dt}$。

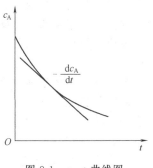

图 8-1 $c_A\text{-}t$ 曲线图

（1）化学方法 采用化学分析测定不同 t 时刻参加化学反应某物质 B 的浓度，分析时必须将所取得的样品"冻结"，使反应立即停止。冻结的方法有冲淡、骤然降温或除去催化剂等。化学法的优点是设备简单，可以直接测得不同时间的浓度，但是操作较烦琐，如若反应冻结方法应用不当，不能及时终止反应的话，会有较大的偏差。

（2）物理方法 采用物理方法测定化学反应速率，是根据随着化学反应进行的程度，如果反应物或产物的某一物理性质（压力、体积、折射率、电导率、旋光度、比色、吸收光谱、电动势、介电常数、黏度、热导率、质谱、色谱等）有明显的变化，并且该物理量与反应系统中某物质的浓度呈线性关系，则测出该物理量与时间的关系，就可以换算出浓度与时间的关系。由于物理方法不是直接测量浓度，所以，必须预先从已知的浓度测定出与这些物理量之间的对应值。物理方法的优点是不必冻结反应，可以在反应器内进行连续测定，测量方法快速方便，但是测试装置一般较昂贵。

二、基元反应与反应分子数

1. 基元反应

通常化学反应的计量式只能表示该化学反应的始末状态，不能表示化学反应所经历的具体历程。从微观上看，一个化学反应往往要经历若干个简单的反应步骤，反应物分子才会一步步转化为产物分子。每一步简单的反应即由反应物微粒（分子、原子、离子或自由基等）直接碰撞一步完成的反应称为基元反应。基元反应是一切化学反应的基本结构单元，研究化学反应的机理就是寻找或发现某一化学反应包括哪些基元反应的过程。

例如，有研究者认为，化学反应

$$H_2(g) + I_2(g) \longrightarrow 2HI(g)$$

是由下列几个基元反应组成的：

$$I_2(g) + M^0 \longrightarrow I\cdot + I\cdot + M_0 \tag{1}$$

$$H_2(g) + I\cdot + I\cdot \longrightarrow HI(g) + HI(g) \tag{2}$$

$$I\cdot + I\cdot + M_0 \longrightarrow I_2(g) + M^0 \tag{3}$$

以上式中，M 指反应器壁或其他第三体的分子（惰性物质，只起传递能量的作用）；I· 代表自由原子碘，其旁边的黑点"·"代表未配对的价电子。式（1）表示 $I_2(g)$ 分子与动能足够大的 M^0 分子相碰撞，生成两个很活泼的 I· 粒子和一个能量较低的 M_0 分子；式（2）表示两个 I· 粒子与一个 $H_2(g)$ 分子，三个粒子同时碰撞在一起，即三体碰撞，生成两个 $HI(g)$ 分子，式（3）表示两个 I· 粒子与能量较低的 M_0 分子相碰撞，将过剩的能量迅速传递给 M_0 分子，使 M_0 分子变为能量较高的 M^0 分子，I· 又变成稳定的 $I_2(g)$ 分子。上述每一步反应都是粒子间相碰撞后直接完成的，都是基元反应。

2. 反应分子数

基元反应中实际参加化学反应的反应物微粒的数目称为反应分子数。根据反应分子数目可把基元反应分为单分子反应、双分子反应、三分子反应，而四分子反应几乎不可能发生，因为四个分子同时在空间某处相碰撞的概率几乎没有。基元反应的分子数是基元反应中参加反应的微粒数目，是微观概念，其数值只能是 1、2、3 三个正整数，不可能为零、分数或负数。对于一个指定的基元反应其反应分子数是确定不变的。

反应分子数的概念仅适用于基元反应，对于基元反应根据其化学反应计量式即可断定其反应分子数。

3. 基元反应的质量作用定律

对于包括几个基元反应的总包反应，必须通过实验测定参加化学反应的反应物或产物的浓度与时间关系式，即建立其反应速率方程，而对于基元反应则可以由基元反应的化学反应计量式直接得到。

基元反应的反应速率与基元反应中各反应物浓度的幂乘积成正比，其中各反应物的幂指数为基元反应中各反应物化学计量数的绝对值。这一规律称为基元反应的质量作用定律。

对于任意基元反应：$aA + bB \longrightarrow eE + fF$

其速率方程可根据质量作用定律直接写出：

$$v = kc_A^a c_B^b$$

三、反应级数

对于给定的基元反应，其反应速率方程可以直接根据质量作用定律得到，非基元反应的速率方程必须通过实验测定得到，如反应

$$aA + bB \longrightarrow gG + hH$$

实验测得其速率方程为：$\qquad v = kc_A^\alpha c_B^\beta \qquad\qquad$ (8-3)

式(8-3) 即为化学反应的速率方程或叫动力学方程，是通过实验得到的经验方程。式中，α、β 分别代表反应物 A 与 B 的分反应级数，$n = \alpha + \beta$ 称为该化学反应总级数。反应级数是反应速率方程中反应物物质的量浓度的幂指数，反应级数的大小可以表示反应物物质的量浓度对反应速率影响的程度，反应级数越高，表示浓度对反应速率的影响越强烈。反应级数一般是通过动力学实验确定的，而不是根据化学反应计量方程得出的，一般情况下 $a \neq \alpha$、$b \neq \beta$。反应级数可以是正数、负数，可以是整数、分数，也可以是零。由于有些化学反应机理复杂，目前许多化学反应很难通过实验确定出简单的化学反应速率与浓度的关系。

在化学动力学中，一级反应、二级反应较常见，其次也有零级反应、三级反应、分数级反应等。对于基元反应可以根据化学反应计量系数断定其反应的级数。对于非基元反应，各反应组分级数的大小与化学反应计量系数无关，不能根据其化学反应计量关系式判断反应级数，化学反应的级数也不会因为化学反应计量系数的写法不同而发生变化。

四、反应速率常数

式(8-3) 中的比例系数 k 称为反应速率常数，其物理意义是当反应物 A、B 物质的量浓度 c_A、c_B 均为单位浓度时的反应速率，因此，k_A 与反应物浓度无关，当催化剂等其他条件确定后，其只是温度的函数。

反应速率常数的大小与反应中各物质相应的化学计量系数成正比。例如某一基元反应

$$A + 2B \longrightarrow 3D$$

根据质量作用定律可得

$$-\frac{dc_A}{dt} = k_A c_A c_B^2$$

$$-\frac{dc_B}{dt} = k_B c_A c_B^2$$

$$\frac{dc_D}{dt} = k_D c_A c_B^2$$

因为

$$-\frac{dc_A}{dt} = -\frac{dc_B}{2dt} = \frac{dc_D}{3dt}$$

则

$$k_A = k_B/2 = k_D/3$$

因此，反应速率常数也必然具有其对应关系，对于反应

$$a A + b B \longrightarrow g G + h H$$

则有

$$-\frac{k_A}{v_A} = -\frac{k_B}{v_B} = \frac{k_G}{v_G} = \frac{k_H}{v_H}$$

若参与反应的物质均为气体，如反应

$$a A(g) \longrightarrow y Y(g)$$

则以混合气体组分分压表示的气相反应的速率方程为

$$v_{A,(p)} = -\frac{dp_A}{dt} = k_{A,(p)} p_A^n$$

若气相可视为理想混合气体，则 $p_A = c_A RT$，于是

$$v_{A,(p)} = -\frac{dp_A}{dt} = -\frac{d(c_A RT)}{dt} = -RT \frac{dc_A}{dt} = RT k_{A,(c)} c_A^n$$

第二节　简单级数反应

一、一级反应

化学反应速率与反应物浓度的一次方成正比的反应称为一级反应。如

$$v_A = -\frac{dc_A}{dt} = k c_A$$

或

$$k \, dt = -\frac{dc_A}{c_A} \tag{8-4}$$

如果时间由 $t=0 \rightarrow t=t$，反应物 A 的浓度由 $c_A = c_{A,0} \rightarrow c_A = c_A$ 积分式(8-4)，则

$$\int_{c_{A,0}}^{c_A} -\frac{dc_A}{c_A} = \int_0^t k_A \, dt$$

因 k_A 为常量，上式积分后可得

$$k_A t = \ln \frac{c_{A,0}}{c_A} \tag{8-5}$$

式中　$c_{A,0}$——$t=0$ 时反应物 A 的起始浓度；

c_A——任意 t 时刻反应物 A 的浓度。

式(8-5) 也可以表示为

$$t = \frac{1}{k_A} \ln \frac{c_{A,0}}{c_A} \tag{8-6}$$

如果用 χ_A 表示 t 时刻反应物 A 的转化率，则

$$\chi_A = \frac{c_{A,0} - c_A}{c_{A,0}}$$

式(8-5) 还可以表示为

$$k_A = \frac{1}{t} \ln \frac{1}{1 - \chi_A}$$

或
$$t = \frac{1}{k_A}\ln\frac{1}{1-\chi_A} \tag{8-7}$$

由以上关系式，可总结出一级反应的特征如下：

① $\ln c_A$ 与 t 作图成为直线关系。直线的斜率 $-k$，如图 8-2 所示。

② 一级反应速率常数 k 的单位，$[k]=[时间]^{-1}$，如 s^{-1}，$\min^{-1}$ 等。

③ 当反应物 A 消耗一半时，即浓度由 $c_{A,0}$ 变为 $c_A = \frac{1}{2}c_{A,0}$，或 $\chi_A = 0.5$ 时，所需要的时间称为半衰期，用 $t_{1/2}$ 表示。由式(8-7) 可知，当 $\chi_A = 0.5$ 时，所用的时间为 $t_{1/2} = \frac{\ln 2}{k}$。显然，一级反应的半衰期 $t_{1/2}$ 与反应物 A 的起始浓度 $c_{A,0}$ 无关，只决定于反应速率系数 k。

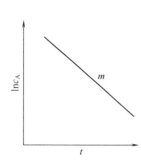

图 8-2　一级反应的
直线关系

以上特征均可以用来判断化学反应是否为一级反应。一些物质的分解反应、异构化反应以及放射性元素的蜕变反应，常为一级反应；许多药物的水解，药物在体内的吸收、分布、代谢与排泄，其速率方程也服从一级反应。

【例题 8-1】　有一药物溶液每毫升含药 500 单位，40 天后降为每毫升含 300 单位，设其分解为一级反应，求分解至原有浓度的一半需多少天？

解　根据一级反应积分式 $k_A t = \ln\frac{c_{A,0}}{c_A}$

得
$$k_A = \frac{1}{t}\ln\frac{c_{A,0}}{c_A} = \frac{1}{40}\ln\frac{500}{300} = 0.0128/d$$

$$t = 0.693/k = 0.693/0.0128 = 54.1d$$

即药物分解至原有浓度一半需要 54.1d 的时间。

【例题 8-2】　在考古研究中，测得某样品中 ^{14}C 的含量为 72%，已知 ^{14}C 放射性蜕变反应为一级反应，其放射性蜕变的半衰期为 5730 年，试求该样品距今有多少年？

解　由于 ^{14}C 放射性蜕变反应为一级反应，则根据 $t_{1/2} = \frac{\ln 2}{k}$ 得

$$k = \frac{\ln 2}{t_{1/2}} = 0.693/5730 = 1.209 \times 10^{-4}/a$$

根据一级反应方程得
$$t = \frac{1}{k_A}\ln\frac{1}{1-\chi_A}$$

样品距今的时间为
$$t = \frac{1}{1.209 \times 10^{-4}}\ln\frac{1}{72\%} = 2717a$$

二、二级反应

化学反应速率与反应物浓度的平方（或两种反应物的浓度乘积）成正比的反应称为二级反应。

1. 只有一种反应物的二级化学反应

例如，反应 $aA \longrightarrow G+H$，反应的速率方程为

$$v_A = -\frac{dc_A}{dt} = k_A c_A^2 \tag{8-8}$$

或

$$-\frac{dc_A}{c_A^2} = k_A dt \tag{8-9}$$

若时间由 $t=0 \rightarrow t=t$，相应的反应物 A 的物质的量浓度由 $c_A = c_{A,0} \rightarrow c_A = c_A$，对式(8-9)积分得

$$-\int_{c_{A,0}}^{c_A} \frac{dc_A}{c_A^2} = \int_0^t k_A dt$$

$$k_A t = \frac{1}{c_A} - \frac{1}{c_{A,0}} \tag{8-10}$$

或

$$\frac{1}{c_A} = k_A t + \frac{1}{c_{A,0}} \tag{8-11}$$

当 $c_A = \frac{1}{2}c_{A,0}$ 时，半衰期为

$$t_{1/2} = \frac{1}{k_A c_{A,0}} \tag{8-12}$$

2. 有两种反应物的二级化学反应

例如，反应 $a A + b B \longrightarrow D$，其反应速率方程为

$$-\frac{dc_A}{dt} = k_A c_A c_B$$

为了对上式积分，需要得到 c_A 与 c_B 的关系，可以通过反应的计量方程由物料衡算得到

$$a A + b B \longrightarrow D$$

$$t=0 \quad c_A = c_{A,0} \quad c_B = c_{B,0}$$

$$t=t \quad c_A = c_{A,0} - c_{A,t} \quad c_B = c_{B,0} - \frac{b}{a}c_{A,t}$$

则

$$-\frac{dc_A}{dt} = k_A c_A c_B = k_A(c_{A,0} - c_{A,t})\left(c_{B,0} - \frac{b}{a}c_{A,t}\right)$$

若反应物的起始浓度配比等于反应计量系数比，则反应过程中任意时刻 c_A/c_B 始终为一定值，即有：$c_A/c_B = c_{A,0}/c_{B,0} = a/b$

$$-\frac{dc_A}{dt} = \frac{b}{a}k_A c_A^2$$

令

$$k = \frac{b}{a}k_A$$

若 $a=b$，$k=k_A$，则 $-\frac{dc_A}{dt} = k_A c_A^2$

则

$$-\frac{dc_A}{dt} = k c_A^2$$

该式积分结果同式(8-8)。

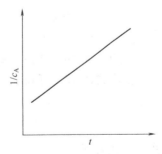

图 8-3 二级反应
的直线关系

对于反应物只有一种的二级反应的特征如下：

① 由式(8-10)可知，二级反应速率常数 k 的单位，$[k] = 1/[浓度 \times 时间]$。

② 由式(8-11)可知，反应物浓度的倒数 $1/c_A$ 与时间 t 作图为一直线，直线的斜率为 k，如图 8-3 所示。

③ 由式(8-12)可知，当反应物 A 的转化率为 50% 时，二级反应的半衰期与反应物 A

初始浓度成反比，$t_{1/2} = \dfrac{1}{k_A c_{A,0}}$。

二级反应比较常见，氯酸钾的分解反应，酯类的皂化反应，碘化氢、甲醛的热分解反应，乙烯、丙烯和异丁烯的二聚反应，均为二级反应。

【例题 8-3】 某二级反应 $A+B \longrightarrow C+D$ 反应物的起始浓度同为 0.40mol/L，反应进行到 80min 时，转化率为 30%，试求反应速率系数 k，并计算当反应转化了 80% 所用的时间为多少？

解　根据二级反应 $kt = \dfrac{\chi_A}{c_{A,0}(1-\chi_A)}$ 得

$$k = \frac{\chi_A}{t c_{A,0}(1-\chi_A)} = \frac{30\%}{80 \times 0.4 \times (1-30\%)} = 0.013 \text{L/(mol·min)}$$

当反应转化了 80% 所用的时间为

$$t = \frac{\chi_A}{k c_{A,0}(1-\chi_A)} = \frac{80\%}{0.013 \times 0.4 \times (1-80\%)} = 769 \text{min}$$

如果反应速率方程为 $v = k c_A c_B$ 的反应，其中某一物质的起始浓度相对另外一种反应物的起始浓度是大大过量的，如 $c_{A,0} \gg c_{B,0}$，则在反应过程中，B 的消耗浓度相对于 B 的起始浓度可以忽略不计，即每一时刻 $c_B \approx c_{B,0}$，上述反应速率方程式可以表示为

$$v = k c_A c_{B,0} = k' c_A \tag{8-13}$$

显然，反应表现出一级反应的特点，称其为准一级反应。稀蔗糖水溶液在酸催化下转化为葡萄糖和果糖的反应，乙酰氯与过量纯乙醇反应生成乙酸乙酯的反应均为准一级反应。

三、零级反应

反应速率与反应物浓度无关的反应称为零级反应，即

$$v_A = -\frac{dc_A}{dt} = k \tag{8-14}$$

若时间由 $t=0 \rightarrow t=t$，相应的反应物 A 的物质的量浓度由 $c_A = c_{A,0} \rightarrow c_A = c_A$，对式(8-14)积分得

$$c_{A,0} - c_A = kt \tag{8-15}$$

零级反应的特征如下：

① 由式(8-15)可知，零级反应速率常数 k 的单位，$[k] = [浓度][时间]^{-1}$

② 由式(8-15)可知，若以浓度 c_A 对时间 t 作图，得一直线，其斜率为 $-k$。

③ 由式(8-15)可知，零级反应半衰期为

$$t_{1/2} = \frac{c_{A,0}}{2k}$$

四、n 级反应

化学反应速率与反应物浓度的 n 次方成正比的反应，称其为 n 级反应。即

$$-\frac{dc_A}{dt} = k c_A^n$$

n 级反应可以是只有一种反应物的反应，也可以是反应物的起始浓度比等于反应计量系数比的两种（或两种以上）物质参加的反应，或除反应物 A 以外其他反应物皆保持过量的反应。以上不同情况中，n、k 的意义各不相同。将上式定积分可得

$$kt = \frac{1}{n-1}\left(\frac{1}{c_A^{n-1}} - \frac{1}{c_{A,0}^{n-1}}\right) \qquad (n \neq 1) \tag{8-16}$$

只要符合上述条件，各种级数的反应皆可由式(8-16)进行计算。将 $c_A = c_{A,0}/2$ 代入式 (8-16) 即可得到反应物 A 的半衰期的计算公式

$$t_{1/2} = \frac{2^{n-1} - 1}{(n-1)kc_{A,0}^{n-1}} \qquad (n \neq 1) \tag{8-17}$$

式(8-17) 表明，在 T、V 恒定条件下的某指定反应的 n、k 皆为定值，A 的半衰期与 $c_{A,0}^{n-1}$ 成反比。对于 0，1，2，3，$\cdots$，n 级反应的动力学方程及其特征见表 8-1。

表 8-1　符合 $-\dfrac{dc_A}{dt} = kc_A^n$ 通式的各级反应特征

级数	速率方程		特 征		
	微分式	积分式	半衰期 $t_{1/2}$	直线关系	k 的量纲 $[k]$
0	$-\dfrac{dc_A}{dt} = k$	$kt = -(c_A - c_{A,0})$	$\dfrac{c_{A,0}}{2k}$	$c_A \text{-} t$	(浓度)$\cdot$(时间)$^{-1}$
1	$-\dfrac{dc_A}{dt} = kc_A$	$kt = \ln\dfrac{c_{A,0}}{c_A}$	$\dfrac{\ln 2}{k}$	$\ln\dfrac{c_A}{[c]} \text{-} t$	(时间)$^{-1}$
2	$-\dfrac{dc_A}{dt} = kc_A^2$	$kt = \dfrac{1}{c_A} - \dfrac{1}{c_{A,0}}$	$\dfrac{1}{kc_{A,0}}$	$\dfrac{1}{c_A} \text{-} t$	(浓度)$^{-1}\cdot$(时间)$^{-1}$
3	$-\dfrac{dc_A}{dt} = kc_A^3$	$kt = \dfrac{1}{2}\left(\dfrac{1}{c_A^2} - \dfrac{1}{c_{A,0}^2}\right)$	$\dfrac{3}{2kc_{A,0}^2}$	$\dfrac{1}{c_A^2} \text{-} t$	(浓度)$^{-2}\cdot$(时间)$^{-1}$
$\vdots$	$\vdots$	$\vdots$	$\vdots$		$\vdots$
n	$-\dfrac{dc_A}{dt} = kc_A^n$	$kt = \dfrac{1}{n-1}\left(\dfrac{1}{c_A^{n-1}} - \dfrac{1}{c_{A,0}^{n-1}}\right)$	$\dfrac{2^{n-1}-1}{(n-1)kc_{A,0}^{n-1}}$	$\dfrac{1}{c_A^{n-1}} \text{-} t$	(浓度)$^{1-n}\cdot$(时间)$^{-1}$

第三节　温度对反应速率的影响

　　一般情况下，升高温度会大大加快反应进行的速率。例如 H_2 和 O_2 的混合气体，在常温下几乎观察不到任何变化（尽管根据热力学计算，它们有很大的反应趋势），但当温度升高到 700℃ 以上时，反应就会迅猛进行，以致发生爆炸。

　　温度对反应速率的影响，主要体现在温度对速率系数 k 的影响。

一、范特霍夫规则

　　1884 年，范特霍夫（van't Hoff）根据实验数据归纳出一个近似的规则，即反应温度每升高 10℃，k 增加 2～4 倍。此规则称为范特霍夫规则，可以表示为

$$k_{(t+10℃)}/k_t \approx 2\sim4 \tag{8-18}$$

式中　k_t，$k_{(t+10℃)}$——某反应在温度 t 和 $t+10℃$ 时的速率系数。

　　上述比值也称为反应速率的温度系数。

　　范特霍夫规则只是一个近似规则，仅在缺少动力学参数时用于粗略估算，并非十分准确。按照这个规则，在 400K 时，1min 即可完成的反应，在 300K 时少则需要 17h，多则两年才能完成。由此可见温度对反应速率的影响远远超过浓度的影响。直到 1889 年，阿伦尼乌斯（Arrhenius）在总结了前人实验的基础上，提出了一个表示 $k\text{-}T$ 关系的较为准确的经验方程，才向人们揭示出温度对反应速率影响的实质。

二、阿伦尼乌斯方程

　　大量的实验表明，温度对反应速率的影响比较复杂，有多种形式，但最常见的是反应速

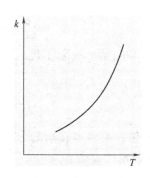

图 8-4　常见的反应
速率与温度的关系

率随温度上升而逐渐加快，二者呈指数关系，如图 8-4 所示。

k-T 关系式如下

$$k = A e^{-E_a/RT} \tag{8-19}$$

式中　A——指前因子或频率因子，量纲与 k 相同；

　　　E_a——活化能，J/mol 或 kJ/mol；

　　　R——气体常数，$R = 8.314 \text{J}/(\text{K} \cdot \text{mol})$；

　　　T——热力学温度，K。

$$\ln k = -\frac{E_a}{RT} + \ln A \tag{8-20}$$

由式(8-20) 可知，当 E_a 和 A 为常量时，$\ln k$ 对 $1/T$ 作图可得一直线，其斜率为 $-E_a/R$，截距为 $\ln A$。当 E_a、A 为常数时，

将式(8-20) 对 T 求导，得

$$\frac{\mathrm{d}\ln k}{\mathrm{d}T} = \frac{E_a}{RT^2} \tag{8-21}$$

式(8-21) 表明，活化能值愈大，随着温度的升高反应速率增加得愈快，即 E_a 值愈大，反应速率对温度愈敏感。

将式(8-21) 在 T_1、T_2 之间作定积分，得

$$\ln \frac{k_{T_2}}{k_{T_1}} = -\frac{E_a}{R}\left(\frac{1}{T_2} - \frac{1}{T_1}\right) \tag{8-22}$$

利用式(8-22)，T_1、T_2、E_a、k_{T_1}、k_{T_2} 5 个量中，已知 4 个即可求出另一个。式(8-19)～式(8-22) 是阿伦尼乌斯方程的几种不同表达形式，使用时可视解决问题的方便而任选其中一种。

【例题 8-4】　某药品在保存过程中会逐渐分解，若分解超过 30% 即无效。现测得在 323K、333K 和 343K 时，药品每小时分解的浓度百分数分别为 0.07%、0.16%、0.35%，且浓度改变不影响每小时分解的百分数。

(1) 试求出该药品分解的速率常数 k 与温度的关系。

(2) 若将药品在 298K 下保存，有效期为多长？

(3) 若欲使药品有效期达到 5 年以上，应在什么温度下保存？

解　(1) 由于"浓度改变不影响每小时分解的百分数"，即达到一定转化率的时间与起始浓度无关，故可判断此反应为一级反应。

根据用转化率 χ_A 表示的一级反应速率方程 $k = \frac{1}{t}\ln\frac{1}{1-\chi_A}$

将题给数据代入，解得 323K、333K、343K 时的速率常数分别为

$$k(323\text{K}) = \frac{1}{1}\ln\frac{1}{1-7\times10^{-4}} = 7.00\times10^{-4}\text{h}^{-1}$$

$$k(333\text{K}) = \frac{1}{1}\ln\frac{1}{1-1.6\times10^{-3}} = 1.60\times10^{-3}\text{h}^{-1}$$

$$k(343\text{K}) = \frac{1}{1}\ln\frac{1}{1-3.5\times10^{-3}} = 3.51\times10^{-3}\text{h}^{-1}$$

以 $\ln k$ 对 $\frac{1}{T}$ 作图，得一直线，如图 8-5 所示。该直线斜率为 -8.94×10^3、截距 20.4，因此此药物分解反应的 k-T 关系为

$$\ln k = -\frac{8940}{T} + 20.4$$

$$E_a = 8.314 \times 8940 = 74.3 \text{kJ/mol}$$

（2）298K 时，由式 $\ln k = -(8940/T) + 20.4$ 可求得

$$k(298\text{K}) = 6.77 \times 10^{-5} \text{h}^{-1}$$

再由 $t = \dfrac{1}{k} \ln \dfrac{1}{1-\chi_A}$ 求得

$$t = \frac{1}{k} \ln \frac{1}{1-\chi_A} = \frac{1}{6.77 \times 10^{-5}} \ln \frac{1}{1-0.3} = 5268\text{h} \approx 219.5\text{d}$$

即 298K 时，此药品有效期为 219.5d。

（3）5 年约 $4.38 \times 10^4 \text{h}$，由 $k = \dfrac{1}{t} \ln \dfrac{1}{1-\chi_A}$ 求得

$$k = \frac{1}{4.38 \times 10^4} \ln \frac{1}{1-0.3} = 8.14 \times 10^{-6} \text{h}^{-1}$$

代入 $\ln k = -\dfrac{8940}{T} + 20.4$，可解得

$$T = 278\text{K} = 5℃$$

即将药品置于 278K 以下温度保存，有效期可达 5 年以上。

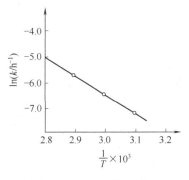

图 8-5　$\ln k$ 与 $1/T$ 的关系

阿伦尼乌斯方程是最常用的描述速率常数与温度依赖关系的方程式，它适用于所有的基元反应，许多非基元反应甚至某些多相反应，阿伦尼乌斯方程均可使用。以上讨论的是温度对反应速率影响的一般情况，但有时会遇到一些更为复杂的特殊情况，如图 8-6 所示。

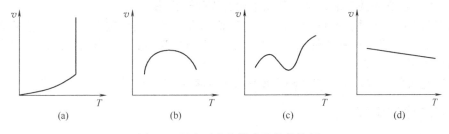

图 8-6　温度对速率影响的几种特例

图 8-6（a）表示爆炸反应，温度达到燃点时，反应速率突然增大；

图 8-6（b）表示酶催化反应，温度太高太低都不利于生物酶的活性，某些受吸附速率控制的多相催化反应也有类似的情况；

图 8-6（c）表示有的反应（如碳的氧化）可能由于温度升高时副反应产生极大影响，而使反应复杂化；

图 8-6（d）表示温度升高，反应速率反而下降，如 $2\text{NO} + \text{O}_2 \longrightarrow 2\text{NO}_2$ 就属于这种情况。

在以上四种类型的反应中，阿伦尼乌斯方程是不适用的。

三、活化能

阿伦尼乌斯为了解释经验方程式的经验常数 E_a，提出了活化分子和活化能的概念。他认为反应分子通过碰撞发生反应，但是并不是每次碰撞都能发生反应，这是因为反应发生时，要有旧键的破坏和新键的形成。旧键的破坏需要能量，而形成新键时要放出能量，因此，只有那些能量足够高的反应物分子间的碰撞，才能使旧键断裂而发生反应。这些能量足够高、通过碰撞能发生反应的反应物分子称为活化分子，活化分子所处的状态称为活化状态。而一般反应物分子变成活化分子所需要增加的能量则称为活化能。普通分子只有吸收能

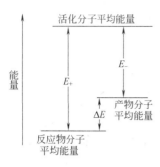

图 8-7　基元反应
活化能示意

量 E_a，才能变为活化分子。后来，托尔曼（Tolman）进一步用统计力学证明了活化能就是活化分子的平均能量 $\overline{E^*}$ 与反应物分子的平均能量 $\overline{E_r}$ 的差值，即

$$E_a = \overline{E^*} - \overline{E_r}$$

对于一个可逆的基元反应：$A \rightleftharpoons B$

可以用图 8-7 表示反应活化能的意义。图中 E_+、E_- 分别代表正、逆反应的活化能，基元反应的活化能可看作是分子进行反应时所需克服的能峰，活化能越大，能峰越高，反应的阻力越大，反应速率就越慢。对于一定反应，其反应的活化能为定值，当温度升高时，分子运动的平动能增加，活化分子的数目及其碰撞次数就增多，因而反应速率增加。由图可知，恒容反应热等于正反应活化能与逆反应活化能之差，即

$$\Delta U = E_+ - E_-$$

若 $E_+ > E_-$，则反应物的平均能量低于产物的平均能量，所以正反应要吸热，若 $E_+ < E_-$，则情况相反，正反应是放热的。

上述讨论的仅是在基元反应中活化能 E_a 的物理意义。对于复合反应来说，由于反应不是一步碰撞直接完成的，因此总反应的 E_a 是各步基元反应的 E 的综合表现，称为表现活化能。表观活化能也就是计量化学反应的活化能，是组成该反应各基元反应活化能的代数和。所以复合反应的活化能没有明确的物理意义，复合反应的活化能也不是反应物与产物之间的能峰。E_a 对反应速率的影响，可以从以下两方面体现出来。

① 指前因子 A 的数值相近的情况下，E_a 值越大，反应速率越慢。一般反应的活化能在 $40 \sim 400 kJ/mol$ 之间，其中以 $60 \sim 250 kJ/mol$ 之间的为多数。若 $E_a < 40 kJ/mol$，则反应在常温下即可瞬间完成。

② E_a 越大的反应，反应速率随温度的变化越敏感。

四、反应的适宜温度

不同温度下动力学方程的通式表示为

$$v = kc_A^n = Ae^{-E_a/RT}c_A^n$$

如果反应经历时间 t 后，反应物的转化率达到 χ_A，则可以由已经确定的动力学方程的积分式来计算满足此条件的反应温度。

【例题 8-5】　已知溴乙烷分解的反应是一级反应，该反应的活化能为 $229.3 kJ/mol$，在 $650K$ 时，反应的 $k(650K) = 2.14 \times 10^{-4} s^{-1}$。现在要使该反应在 $10min$ 时转化率达到 90%，问此反应的温度应该控制在多少？

解　根据一级反应的积分方程式可得

$$k = \frac{1}{t}\ln\frac{1}{1 - \chi_A}$$

要使反应在 $10min$ 时转化率达到 90%，则

$$k = \frac{1}{10 \times 60}\ln\left(\frac{1}{1 - 0.9}\right) = 3.84 \times 10^{-3} s^{-1}$$

又根据

$$\ln\frac{k_{T_2}}{k_{T_1}} = -\frac{E_a}{R}\left(\frac{1}{T_2} - \frac{1}{T_1}\right)$$

则

$$\ln\frac{k(650K)}{k_T} = -\frac{E_a}{R}\left(\frac{1}{650} - \frac{1}{T}\right)$$

$$\ln \frac{2.14 \times 10^{-4}}{3.84 \times 10^{-3}} = -\frac{229.3 \times 10^3}{8.314}\left(\frac{1}{650} - \frac{1}{T}\right)$$

解得
$$T = 697\text{K}$$

即该化学反应符合条件的适宜温度是 697K。

第四节　复合反应

实际发生的化学反应多是由简单反应组合而成的复合反应，还可能是复合反应再进一步地组合成更加复杂的反应，典型的复合反应有对峙反应、平行反应、连串反应和链反应。

一、对峙反应

正向反应与逆向反应同时进行的反应称为对峙反应或对行反应、可逆反应。从化学平衡的观点来看，一切反应都是对行反应。当逆反应的速率常数非常小，逆反应速率与正反应速率相比可以忽略不计时，常将该反应作为完全反应，在动力学中按单向反应来处理。当正反应与逆反应的速率相差不大时，将该反应按对峙反应处理。以最简单的正、逆两个反应都为一级反应的 1-1 型对峙反应为例，探讨其动力学特性。

例如：1-1 型对峙反应 $\quad$ A $\underset{k_{-1}}{\overset{k_1}{\rightleftharpoons}}$ P

$t = 0$ 时 $\qquad c_{A,0} \qquad c_{P,0} = 0$

$t = t$ 时 $\qquad c_A \qquad c_P = c_{A,0} - c_A$

平衡时 $\qquad c_{A,e} \qquad c_{P,e} = c_{A,0} - c_{A,e}$

反应速率方程为
$$v_正 = k_1 c_A$$
$$v_逆 = k_{-1} c_P = k_{-1}(c_{A,0} - c_A)$$

反应的总速率即净正向速率为
$$v_对 = -\frac{dc_A}{dt} = v_正 - v_逆 = k_1 c_A - k_{-1} c_P = k_1 c_A - k_{-1}(c_{A,0} - c_A) \tag{8-23}$$

若反应达到平衡时 $v_对 = 0$，即
$$v_对 = \frac{-dc_{A,e}}{dt} = v_正 - v_逆 = k_1 c_{A,e} - k_{-1} c_{P,e} = k_1 c_{A,e} - k_{-1}(c_{A,0} - c_{A,e}) = 0 \tag{8-24}$$

则有
$$\frac{k_1}{k_{-1}} = \frac{c_{P,e}}{c_{A,e}} = \frac{c_{A,0} - c_{A,e}}{c_{A,e}} = K_c \tag{8-25}$$

式中　K_c——动力学平衡常数；

$c_{A,e}$、$c_{P,e}$——平衡时 A、P 的平衡浓度。

将式（8-23）与式（8-24）相减可得
$$-\frac{d(c_A - c_{A,e})}{dt} = (k_1 + k_{-1})(c_A - c_{A,e})$$

将上式进行积分：$\qquad -\int_{c_{A,0}}^{c_A} \frac{d(c_A - c_{A,e})}{c_A - c_{A,e}} = \int_0^t (k_1 + k_{-1})dt$

在一定温度下，当 $c_{A,0}$ 一定时，上式中的 $c_{A,e}$ 为定值，上式积分可得
$$\ln \frac{c_{A,0} - c_{A,e}}{c_A - c_{A,e}} = (k_1 + k_{-1})t \tag{8-26}$$

式(8-26) 形式上类似一级反应速率方程的积分形式。若以 $\ln(c_A - c_{A,e})$ 对 t 作图应得到一直线，由直线的斜率可以求得 $k_1 + k_{-1}$，与式(8-25) 联立，可求出 k_1 和 k_{-1}。

如果令 A 为 t 时刻反应物 A 反应掉的浓度，A_e 为反应达到平衡时反应物 A 反应掉的浓度，即有

$$c_{A,0} - c_A = A ; \quad c_{A,0} - c_{A,e} = A_e$$

由此可得

$$c_A - c_{A,e} = (c_{A,0} - A) - (c_{A,0} - A_e) = A_e - A$$

将上式代入式(8-26) 可得

$$(k_1 + k_{-1})t = \ln \frac{A_e}{A_e - A} \tag{8-27}$$

再将 $A = A_e/2$ 代入式(8-27) 得

$$t_{1/2,e} = \frac{\ln 2}{k_1 + k_{-1}} \tag{8-28}$$

式(8-28) 表明，对于 1-1 型对峙恒容反应，当反应物 A 的反应量为平衡反应量的一半时，所需要的时间 $t_{1/2,e}$ 与反应物 A 的初始浓度无关，这时产物浓度为 $c_P = c_{P,e}/2$，反应物的浓度为 $c_A = c_{A,0} - A = c_{A,0} - A_e/2 = c_{A,0} - (c_{A,0} - c_{A,e})/2 = (c_{A,0} + c_{A,e})/2$

一些分子内重排或异构化反应，符合 1-1 型对峙反应的规律。

1-1 型对峙反应特点归纳如下。

① 由式(8-25) $\dfrac{k_1}{k_{-1}} = \dfrac{c_{P,e}}{c_{A,e}} = \dfrac{c_{A,0} - c_{A,e}}{c_{A,e}} = K_c$ 可知，当反应达到平衡时，产物与反应物浓度之比等于正、逆反应速率常数之比，即等于平衡常数 K_c，可利用其关系进行相关计算。

② 由式(8-26) $\ln \dfrac{c_{A,0} - c_{A,e}}{c_A - c_{A,e}} = (k_1 + k_{-1})t$ 可知，当时间 $t \to \infty$ 时，$c_A \to c_{A,e}$，反应达到化学平衡反应物与产物的浓度不再随时间发生变化，如图 8-8 所示。

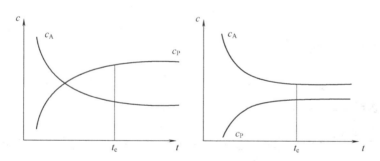

图 8-8　1-1 型对峙反应时间与浓度的关系

③ 当 K_c 很大时，即当 $k_1 \gg k_{-1}$ 时，反应物的转化率很高，逆向反应可以忽略不计，式(8-23) 可以简化成总反应为一级反应，即反应速率方程为 $-\dfrac{dc_A}{dt} = k_1 c_A$。当 K_c 很小时，即当 $k_1 \ll k_{-1}$ 时，反应物的转化率很低，式(8-23) 可以变化为

$$v_A = -\frac{dc_A}{dt} = k_1 c_A - k_{-1} c_P = k_1 \left(c_A - \frac{1}{K_c} c_P \right) \tag{8-29}$$

显然，产物浓度显著影响总反应速率。如果要测定正反应的真实级数，必须采用不同初始浓度的微分法（$t = 0$ 时，$c_B = 0$），以避免逆向反应的干扰。

④ 由式(8-29) 可知，总反应速率同时与 k_1 和 K_c 有关，如果总反应是放热反应，根据化学平衡原理，温度升高，将使 K_c 减小，$1/K_c$ 变大。因此当温度较低时，$1/K_c$ 较小，

k_1 是影响反应速率的主导因素；温度升高，v 将增大，但当温度升高到一定程度时，$1/K_c$ 成为影响反应速率的主导因素；此时温度如再升高，v 反而减小，如图 8-9 所示。在升温过程中反应速率会出现极大值，此时的温度被称为最佳反应温度 T_m。

以上对峙反应的特点，不仅适用于 1-1 型对峙反应，同样也适用于其他级数的对峙反应。

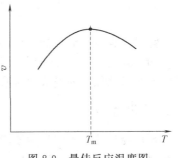

图 8-9 最佳反应温度图

二、平行反应

反应物能够同时进行几种不同的反应，称为平行反应。通常将其中反应速率较快或生成产物较多的反应称为主反应，剩余的称为副反应。例如，乙醇在一定条件下脱氢反应生成乙醛，同时也进行脱水生成乙烯的反应

$$C_2H_5OH \longrightarrow CH_3CHO + H_2$$
$$C_2H_5OH \longrightarrow C_2H_4 + H_2O$$

丙烷的裂解也存在平行反应

$$C_3H_8 \longrightarrow \begin{array}{l} C_2H_4 + CH_4 \\ C_3H_6 + H_2 \end{array}$$

对于反应物只有一种 A，平行进行两个不同的一级反应的复合反应，产物分别为 B、D，如

$$A \longrightarrow \begin{array}{l} \xrightarrow{k_1} B \\ \xrightarrow{k_2} D \end{array}$$

由于平行进行的两个反应均为一级反应，则有

$$\frac{dc_B}{dt} = k_1 c_A$$

$$\frac{dc_D}{dt} = k_2 c_A$$

$$-\frac{dc_A}{dt} = k_1 c_A + k_2 c_A$$

积分速率方程为
$$\ln \frac{c_A}{c_{A,0}} = -(k_1 + k_2)t \tag{8-30}$$

可见其反应动力学方程与一般的一级反应完全相同，只是其速率系数为 $k_1 + k_2$。

将 $\dfrac{dc_B}{dt} = k_1 c_A$ 与 $\dfrac{dc_D}{dt} = k_2 c_A$ 两个方程相除，得

$$\frac{dc_B}{dc_D} = \frac{k_1}{k_2}$$

当 $t=0$ 时，c_B 与 c_D 皆为零，反应经过时间 t 后，B 及 D 的浓度分别为 c_B 和 c_D，将上式在此上下限进行积分，即得

$$\frac{c_B}{c_D} = \frac{k_1}{k_2} \tag{8-31}$$

以上结果说明，任意两个同级数的平行反应，两个反应产物的浓度之比等于两平行反应的速

率系数之比，与反应时间的长短及反应物初始浓度大小无关。这是同级平行反应的主要特征。

对于具有不同活化能的平行反应，升高温度有利于 E_a 大的反应进行；降低温度有利于 E_a 小的反应进行。不同的催化剂只可以加速某一反应，生产中常采用选择最适宜反应温度或选择适当催化剂的方式加速所需要反应的进行。

三、连串反应

凡是经过几个中间步骤才能得到最后产物，而前一步的产物又成为下一步的反应物，如此连续进行的反应称为连串反应。例如苯的氯化反应，可以连续生成氯苯、二氯苯、三氯苯等，如下反应即为连串反应：

$$C_6H_6 + Cl_2 \longrightarrow C_6H_5Cl + HCl$$

$$C_6H_5Cl + Cl_2 \longrightarrow C_6H_4Cl_2 + HCl$$

$$C_6H_4Cl_2 + Cl_2 \longrightarrow C_6H_3Cl_3 + HCl$$

对于两个一级反应组成的连串反应如：

$$A \xrightarrow{k_1} B \xrightarrow{k_2} D$$

$t=0$ 时	$c_{A,0}$	0	0
$t=t$ 时	c_A	c_B	c_D

反应物 A 的反应速率只与第一反应有关，即有

$$-\mathrm{d}c_A/\mathrm{d}t = k_1 c_A$$

积分可得
$$k_1 t = \ln(c_{A,0}/c_A) \tag{8-32}$$

$$c_A = c_{A,0}\mathrm{e}^{-k_1 t} \tag{8-33}$$

中间产物 B 的净生成速率为
$$\mathrm{d}c_B/\mathrm{d}t = k_1 c_A - k_2 c_B$$

则有
$$\mathrm{d}c_B/\mathrm{d}t + k_2 c_B = k_1 c_{A,0}\mathrm{e}^{-k_1 t} \quad\text{（一阶常微分方程）}$$

对上式积分可得
$$c_B = \frac{k_1 c_{A,0}}{k_2 - k_1}(\mathrm{e}^{-k_1 t} - \mathrm{e}^{-k_2 t}) \tag{8-34}$$

又因为反应进行 t 时刻，$c_{A,0} = c_A + c_B + c_D$ 成立，则

$$c_D = c_{A,0} - c_A - c_B$$

代入整理可得
$$c_D = c_{A,0}\left(1 - \frac{k_2 \mathrm{e}^{-k_1 t} - k_1 \mathrm{e}^{-k_2 t}}{k_2 - k_1}\right) \tag{8-35}$$

一级连串反应各组分 A、B 和 D 的浓度对时间 t 作图，如图 8-10 所示。

图 8-11 中，物质 A 的浓度随时间的增加而减小，物质 D 的浓度随着时间的增加而增大，中间产物 B 的浓度起初随时间的延长而增加，后又下降，中间有一极大值，这时连串反应的动力学特征。c_B 达到极大值的时间是得到中间产物 B 的最佳时间，其值为：

$$t_{B,max} = \ln(k_1/k_2)/(k_1 - k_2) \tag{8-36}$$

B 达到最大的浓度值为
$$c_{B,max} = c_{A,0}(k_1/k_2)^{k_2/(k_2 - k_1)} \tag{8-37}$$

若连串反应的中间产物 B 为主产品，D 为副产品，则可以选择 B 浓度达到最大的时间作为反应进行控制的最佳时间。

四、链反应

链反应又称为连锁反应，是用热、光、辐射或其他方法引发反应，产生自由基或自由原子，通过自由基或自由原子等活性组分相继发生大量反复循环的连续反应，使反应发展下去。链反应都具有链引发、链传递、链终止三个步骤。链引发可以使起始的反应物分子产生自由基或自由原子；链传递是自由基与分子相互作用的交替过程，是链反应的主体；链终止使得自由基销毁，反应链终止。链反应的类型分为直链反应和支链反应，如图 8-11 所示。

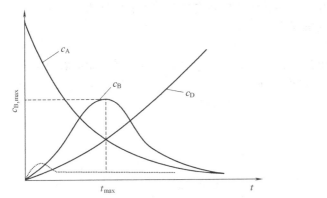

图 8-10　一级连串反应浓度-时间图

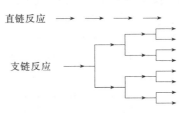

图 8-11　直链和支链反应

1. 直链反应

链的引发一般是用光照、加热、加入引发剂或者是通过与高能量的分子相碰撞而解离为反应能力很强的自由原子或自由基；在链传递的过程中，每反应掉一个自由原子或自由基，只能产生一个自由原子或自由基的链反应称为直链反应或单链反应。例如

$$H_2 + Cl_2 \longrightarrow 2HCl$$

有研究者认为其反应机理是

链引发　　　　　　　$$Cl_2 + M \xrightarrow{k_1} 2Cl\cdot + M$$

链传递　　　　　　　$$Cl\cdot + H_2 \xrightarrow{k_2} HCl + H\cdot \qquad H\cdot + Cl_2 \xrightarrow{k_3} HCl + Cl\cdot$$

链终止　　　　　　　$$Cl\cdot + Cl\cdot + M \xrightarrow{k_4} Cl_2 + M$$

反应式中的 $H\cdot$ 和 $Cl\cdot$ 旁边的 $\cdot$ 代表自由原子 H 和 Cl 有一个未配对的自由电子。M 是第三种物质，可以是容器壁、杂质或惰性物质。

在反应 $H_2 + Cl_2 \longrightarrow 2HCl$ 中，每反应掉一个 $Cl\cdot$ 产生一个 HCl 分子的同时，必产生一个比 $Cl\cdot$ 更加活泼的 $H\cdot$。$H\cdot$ 与 Cl_2 相碰撞，在产生 HCl 分子的同时，必产生一个 $Cl\cdot$，如此循环往返，一直到链终止。据统计，一个 $Cl\cdot$ 经上述单链反应可以产生 $10^4 \sim 10^6$ 个 HCl 分子，当两个 $Cl\cdot$ 与不活泼的粒子或容器的器壁相碰撞而变成 Cl_2，链就终止了。

通过实验测得反应 $H_2 + Cl_2 \longrightarrow 2HCl$ 的动力学方程为

$$\frac{1}{2}\frac{dc(HCl)}{dt} = k[c(Cl_2)]^{1/2}c(H_2)$$

实验测得，第一步链引发的反应活化能较高，$E_1 = 243kJ/mol$；第二、三步的活化能较小，$E_2 = 25kJ/mol$，$E_3 = 12.6kJ/mol$；链终止的反应一般不需要活化能，$E_4 = 0$。

2. 支链反应

在链传递过程的基元反应中，若存在每消耗一个自由原子或自由基，同时产生两个或两个以上多个自由基或自由原子的链反应被称为支链反应。支链反应中的自由基或自由原子成为链的传递物。如果支链反应是在一个体积恒定的容器中进行，传递物1个变为2个，2个变成4个，4个变成8个，……，以此类推如同大树的枝杈，变化速率异常迅猛，瞬间发生爆炸。

爆炸的原因可以分为两类，一类是热爆炸，即某些放热反应在一个有限的空间内进行，反应释放的大量能量不能以热量的形式传递给环境，造成温度升高，这又促使了反应速率加快，反应速率加快后，所释放的热量又增多，如此下去，恶性循环，结果造成反应速率在瞬间变大到无法控制的程度就引起了爆炸。另一类爆炸就是支链反应引起的爆炸。

例如氢气与氧气的燃烧反应就是支链反应。其总反应为

$$2H_2(g) + O_2(g) \longrightarrow 2H_2O(g)$$

这个反应看似简单，但反应机理很复杂，至今尚不十分清楚。只知道反应中有以下几个主要步骤和存在 H、O、OH 和 HO_2 等活性物质。

(1) $H_2 + O_2 \longrightarrow HO_2 \cdot + H \cdot$ 链引发

(2) $H_2 + HO_2 \cdot \longrightarrow H_2O + HO \cdot$ $\left.\vphantom{\begin{matrix}1\\2\end{matrix}}\right\}$直链传递

(3) $HO \cdot + H_2 \longrightarrow H_2O + H \cdot$

(4) $H \cdot + O_2 \longrightarrow HO \cdot + O \cdot$

(5) $O \cdot + H_2 \longrightarrow HO \cdot + H \cdot$ $\left.\vphantom{\begin{matrix}1\\2\\3\end{matrix}}\right\}$支链传递

(6) $H_2 + O \cdot + M \longrightarrow H_2O + M$

(7) $H \cdot + H \cdot + M \longrightarrow H_2 + M$ $\left.\vphantom{\begin{matrix}1\\2\end{matrix}}\right\}$链终止（气相）

(8) $H \cdot + HO \cdot + M \longrightarrow H_2O + M$

(9) $H \cdot + HO \cdot + 器壁 \longrightarrow 稳定分子$ 链终止（器壁上）

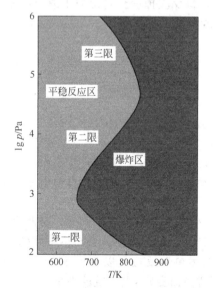

图 8-12　H_2 与 O_2 按 2∶1
混合的爆炸界

将氢气和氧气按分子比为 2∶1 的比例，在一个内径为 7.4cm，内壁涂有一层 KCl 的玻璃反应管中进行反应，实验结果如图 8-12 所示。低于 673K 时，系统在任何压力下都不爆炸，在有火花引发的情况下，H_2 和 O_2 将平稳地反应。高于 673K 就有爆炸的可能，这要看产生支链和断链作用的相对大小。下面以 800K 时的反应情况来分析。实验中可观测到有三个爆炸界限。低于第一限时反应极慢；在第一限和第二限之间时，发生爆炸；压力高于第二限后反应又平稳进行，但速率随压力增高而增大；达到和超过第三限后则又发生爆炸。

以上是温度、压力对爆炸反应的影响。此外，气体的组成对爆炸的影响也是不容忽视的重要方面。例如氢气与空气混合，在含氢气 4.1%～74%（体积分数）的范围内，点火都可以引起爆炸。空气中含氢气小于 4.1% 不会发生爆炸，称之为爆炸下限；空气中含氢气高于 74% 不会发生爆炸，称之为爆炸上限。常见可燃气体在常温常压下的爆炸界限见表 8-2。在实际生产和科学研究中了解有关爆炸的知识，可以避免发生爆炸性的灾难事故。

*五、复合反应的近似处理

探讨反应机理是化学动力学的重要内容之一，探讨反应机理的一般方法是根据一些实验

事实和理论拟定反应历程，由此推导总反应的速率方程，再与实验结果比较是否相符。推导复杂反应的速率方程通常采用稳态法和平衡态法两种近似处理方法。

表 8-2 可燃气体常温常压下在空气中的爆炸界限 单位：％（体积分数）

可燃气体	爆炸界限	可燃气体	爆炸界限	可燃气体	爆炸界限
H_2	$4.1 \sim 74$	C_4H_{10}	$1.9 \sim 8.4$	CH_3OH	$7.3 \sim 36$
NH_3	$16 \sim 27$	C_5H_{12}	$1.6 \sim 7.8$	C_2H_5OH	$4.3 \sim 19$
CS_2	$1.25 \sim 14$	CO	$12.5 \sim 74$	$(C_2H_5)_2O$	$1.9 \sim 48$
C_2H_4	$3.0 \sim 29$	CH_4	$5.3 \sim 14$	$CH_3COOC_2H_5$	$1.2 \sim 8.5$
C_2H_2	$2.2 \sim 80$	C_2H_6	$3.2 \sim 12.5$		
C_3H_8	$2.4 \sim 9.5$	C_6H_6	$1.4 \sim 6.7$		

1. 稳态法

稳态法处理复合反应，就是采用某种手段或反应进行到某种程度，使中间产物的浓度稳定不变，从而求出难以从实验直接测定的中间产物浓度的表示式。如：反应

$$A \xrightarrow{k_1} B \xrightarrow{k_2} D$$

达到稳态时，中间产物 B 的浓度不随时间而变化的状态称为稳态，速率方程为

$$\frac{dc_B}{dt} = k_1 c_A - k_2 c_B = 0$$

$$c_B = \frac{k_1 c_A}{k_2}$$

对于产物 D 的生成速率方程为 $\dfrac{dc_D}{dt} = k_2 c_B$

由于对中间产物 B 采用了稳态处理，则上式可表示为

$$\frac{dc_D}{dt} = k_2 c_B = k_1 c_A \tag{8-38}$$

显然，对该反应的中间产物 B 的稳态法处理使得产物的速率方程直接用反应物的浓度来表征。在由反应机理推导速率方程时，方程式中常会出现活泼中间产物的浓度，且浓度的大小一般很难测定，用稳态法推导出中间产物与反应物和产物浓度的关系，使得问题简单化。

2. 平衡态法

反应历程中存在一可逆步骤，可逆反应较快，假设该步处于平衡态，可利用平衡原理求出中间产物的表示。如反应

$$A \underset{k_{-1}}{\overset{k_1}{\rightleftharpoons}} B \xrightarrow{k_2} Y$$

的速率方程分别为

$$-\frac{dc_A}{dt} = k_1 c_A - k_{-1} c_B$$

$$\frac{dc_B}{dt} = k_1 c_A - (k_{-1} + k_2) c_B$$

$$\frac{dc_Y}{dt} = k_2 c_B$$

在连续反应中，如果有一步反应最慢，则总的反应将取决于最慢的反应，即最慢反应的速率就是总反应的速率。最慢的反应步骤称为速率控制步骤。在以上反应中，假设 $k_1 \gg k_2$

及 $k_{-1} \gg k_2$，即在给定的复合反应中假定 $B \xrightarrow{k_2} Y$ 为反应的速率控制步骤，在此步骤之前的对峙反应可预先较快地达成平衡，则有：$c_B/c_A = K_c$，$c_B = K_c c_A$，又因为 $B \xrightarrow{k_2} Y$ 为控制步骤，所以代入微分方程 $\dfrac{dc_Y}{dt} = k_2 c_B$ 可得

$$\frac{dc_Y}{dt} = k_2 K_c c_A \tag{8-39}$$

可见以上的式子中，不但消除中间产物的浓度 c_B，而且也使得到的结果更加简单化。复合反应的机理非常复杂，在反应速率方程的近似处理时，采用何种方法处理更加合理，要根据条件和应用目的而决定。

3. 复合反应的表观活化能

对于下列复合反应
$$A \underset{k_{-1}}{\overset{k_1}{\rightleftharpoons}} B \xrightarrow{k_2} Y$$

如果其中各基元反应的活化能分别为 E_1、E_{-1}、E_2，由平衡态近似法得到的速率方程为式(8-39)，因为当对峙反应达到平衡时，$K_c = \dfrac{k_1}{k_{-1}}$，令 $k_A = k_2 K_c = \dfrac{k_2 k_1}{k_{-1}}$，则有

$$\frac{dc_Y}{dt} = k_A c_A \tag{8-40}$$

式中，k_A 称为该复合反应的表观速率常数。将表观速率常数 k_A 取对数得
$$\ln k_A = \ln k_1 + \ln k_2 - \ln k_{-1}$$

再对温度 T 微分则有
$$\frac{d\ln k_A}{dT} = \frac{d\ln k_1}{dT} + \frac{d\ln k_2}{dT} - \frac{d\ln k_{-1}}{dT}$$

根据阿伦尼乌斯方程 $\dfrac{d\ln k}{dT} = \dfrac{E_a}{RT^2}$，得到

$$\frac{E_a}{RT^2} = \frac{E_1}{RT^2} + \frac{E_2}{RT^2} - \frac{E_{-1}}{RT^2}$$

显然
$$E_a = E_1 + E_2 - E_{-1} \tag{8-41}$$

E_a 为前述复合反应的表观活化能。式(8-41)表明，上述复合反应的表观活化能等于该复合反应中各基元反应活化能的代数和。

*第五节　催化作用

一、催化剂与催化作用

在化学反应体系中加入少量能改变化学反应速率，其本身在反应前后并未消耗的物质称为催化剂（catalyst）。其中增加反应速率者叫正催化剂，而减少反应速率者称负催化剂。或将加速反应的称为催化剂；降低反应速率的称为阻化剂。这种由催化剂引起反应速率改变的现象称催化作用，有催化剂参与的反应叫催化反应。如果催化剂与反应物处于同一相态，则称为均相催化；而催化剂与反应系统不处于同一相态的催化反应称为多相催化反应。

催化反应与非催化反应的活化能如图8-13所示，无催化剂时反应要克服一个高活化能 E 的能峰。有催化剂 K 参与的反应，其反应途径改变，只需要克服两个较小的能峰（E_1、E_2），而这两个能峰的表观活化能 E 为一些基元反应活化能的代数和。

二、催化作用的基本特征

1. 催化剂不能改变反应的平衡规律（方向和限度）

如若反应的 $\Delta G > 0$，即使加入催化剂也不可能使反应发生；又根据反应的标准平衡常数与 $\Delta_r G_m^{\ominus}(T)$ 的关系：$\Delta_r G_m^{\ominus}(T) = -RT\ln K^{\ominus}(T)$，因为催化剂不能改变 $\Delta_r G_m^{\ominus}(T)$，因此，催化剂也不能改变反应的标准平衡常数 $K^{\ominus}(T)$；凡是能加快正反应速率的催化剂也必定是加快逆反应速率的催化剂。如合成氨的催化剂必定也是加速氨

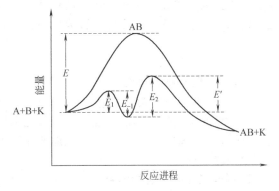

图 8-13 催化反应与非催化反应的活化能

分解的催化剂。催化剂的加入只是缩短了到达平衡的时间，不能实现热力学上不能实现的反应，也不能改变平衡转化率。

2. 催化剂对于反应加速作用具有选择性

不同的反应需要不同的催化剂才有明显的加速作用；有时同一反应物选用不同的催化剂将得到不同的产物。例如，乙醇在不同条件下，选用不同的催化剂，可以得到 25 种不同的产物。

$$
C_2H_5OH \begin{cases}
\xrightarrow[200\sim250℃]{Cu} CH_3CHO + H_2 \\
\xrightarrow[350\sim360℃]{Al_2O_3\ 或\ ThO_2} C_2H_4 + H_2O \\
\xrightarrow[250℃]{Al_2O_3} (C_2H_5)_2O + H_2O \\
\xrightarrow[400\sim450℃]{ZnO \cdot Cr_2O_3} CH_2{=}CH{-}CH{=}CH_2 + 2H_2O + H_2 \\
\xrightarrow{Na} C_4H_9OH + H_2O \\
\cdots
\end{cases}
$$

工业上利用催化剂的选择性，可以提高主产品的产率，抑制副反应的进行。在一定条件下，催化剂的选择性通常用某一反应物转化成主产品所消耗的数量与其总的消耗数量之比的百分数来表示，即

$$选择性 = \frac{某反应物\ A\ 转化成主产品的量}{反应物\ A\ 消耗掉的总量} \times 100\%$$

例如，用 Ag 作催化剂催化乙烯氧化成环氧乙烷时，一定条件下，如果反应掉的乙烯中有 60% 转化成为环氧乙烷，而有 40% 转化成为其他副产品，则在此条件下 Ag 催化剂的选择性为 60%。

3. 催化剂参与化学反应过程，改变原反应的途径，从而可降低活化能

对于同一反应物的催化反应和非催化反应，都具有相同的热力学性质，催化剂的加入不能改变反应的始终状态，仅仅改变的是反应的途径和活化能，而且加入催化剂后，反应的新途径与原途径同时进行。新途径降低了反应的活化能，是反应速率显著提高的主要原因。

三、固体催化剂的活性及其影响因素

1. 催化剂的活性

催化剂的催化能力的大小，通常用催化反应的速率常数来衡量，称为催化剂的活性，反

应速率常数大，催化反应速率快，催化剂活性高。对于固体催化剂常用单位表面积上的反应速率常数来表示催化剂的活性，称为比活性。即

$$a = k / S$$

式中　a——比活性；

　　　k——反应速率常数；

　　　S——催化剂的表面积。

一般情况下，催化剂的活性不但与其化学性质有关，也与其比表面积有密切关系。在一定条件下，催化剂的比活性则由催化剂的化学本性所决定，因此，用比活性可以较确切地评价催化剂的活性。

2. 影响催化剂活性的因素

在实际催化反应中，影响催化剂的因素很多，情况很复杂，其中主要有下列几种因素。

（1）比表面积　固体催化剂的活性大小与其比表面积密切相关。一定量的催化剂，比表面积越大，其活性往往也越大。以 Pt 催化剂为例，其催化活性的大小随着比表面积的不同存在如下顺序：　　　　　　块状＜丝状＜粉状＜铂黑＜胶体黑

其他催化剂也大多有如此规律。

（2）助催化剂　助催化剂单独加到反应系统中，没有催化作用或活性很小，但当其加入到其他催化剂（主催化剂）中时，能够大大提高其他催化剂的活性，同时增强选择性和稳定性，并能延长催化剂的使用寿命。例如，在合成氨反应中，如果用纯铁催化剂，在 550℃、$1.01325 \times 10^7 \text{Pa}$ 条件下反应时，其活性很快就下降到只有起始时活性的 10%。但在熔融的 Fe_3O_4 中加入若干 Al_2O_3，再用 H_2 还原，制备成的铁催化剂比纯铁催化剂的活性增加近 1 倍，而且稳定性显著提高，使用几个月后仍然保持较高的活性。助催化剂在催化反应中的作用是很重要的。

（3）催化剂载体　催化剂的载体就是催化剂的分散剂、胶黏剂或支持物。将催化剂附着在载体上可以增大催化剂的表面积，提高催化剂的活性；将催化剂黏合在载体上，可增强催化剂的机械强度，也可节省催化剂的用量；若选用导热性较好的载体，还有助于催化剂的散热，防止熔结，能够延长催化剂的使用寿命。

（4）催化剂中毒　催化剂的活性因为反应系统中含有少量杂质而严重降低或完全失去的现象，称为催化剂中毒。使催化剂中毒的少量杂质称为毒物。例如，氨在铂网上被空气氧化，若混合气体中有 10^{-9} 的 PH_3 就能使催化剂的活性显著降低，只要有 22×10^{-9} 的 PH_3，就会使催化剂完全丧失活性。

催化剂的中毒有两种情况，分别为暂时性中毒和永久性中毒。暂时性中毒是指催化剂中毒后，可以用物理的方法将毒性物质除去，催化剂的活性还可以恢复。暂时性中毒往往是由于毒物优先于反应物被催化剂强烈地吸附在表面，阻止了反应物分子的吸附，只要将毒物脱附，就可以恢复催化剂的活性。永久性中毒往往是毒物与催化剂发生化学反应生成了新的物质而使催化剂活性完全丧失。

在催化反应中，毒物对催化剂的影响是致命的，因此，在使用某种催化剂之前，必须了解其毒物，如果反应物中有毒物，一定在反应物加入反应器之前将其除去，防止催化剂中毒失效。毒物不仅与催化剂有关，还与催化剂所催化的反应有关，同一种催化剂在不同的反应中，毒物也不同。

一般情况下，催化剂中毒对生产是不利的，但是，当有两个反应共存，而毒物只能使其中一个反应中毒时，可以提高催化剂的选择性。例如用银作催化剂从乙烯氧化制环氧乙烷时，同时会发生副反应产生 CO_2 和 H_2O。如果在原料气中混有微量的 $C_2H_4Cl_2$，则副反应

就中毒，抑制了 CO_2 的生成，环氧乙烷的选择性可以从 60% 提高到 70%，显然，对主反应有利。

(5) 催化剂的制备方法 催化剂的活性、选择性都与催化剂的制备方法有关，一种催化剂的性能不仅与其化学性质密切相关，同时物理性质对催化剂活性的影响也是至关重要的。例如催化剂表面积的大小、表面微孔的结构等因素，直接影响催化剂的活性和选择性。因此，催化剂的制备方法稍有差异，催化剂的表面结构及其相关的物理性质就会不同，因而影响催化剂的活性。

四、均相催化与非均相催化反应

1. 均相催化

凡是反应物与催化剂是同一相的催化反应称为均相催化反应。均相催化反应可以分为气相催化反应和液相催化反应。

(1) 气相催化反应 气相催化反应是指反应物与催化剂同为气体的一类反应。例如：气相乙醛的热分解反应，加入少量的碘蒸气催化剂可以使反应速率增大几百倍。其热分解反应方程为

$$CH_3CHO \longrightarrow CH_4 + CO$$

有研究结果认为该反应加入碘催化剂后的反应机理为

$$CH_3CHO + I_2 \longrightarrow CH_3I + HI + CO$$
$$CH_3I + HI \longrightarrow CH_4 + I_2$$

加入碘蒸气催化剂，使得该反应的活化能从 190kJ/mol 降低到 13.6kJ/mol。

(2) 液相催化反应 液相催化反应是指反应物与催化剂形成均相溶液的反应。常见的有酸碱催化反应。酸碱催化剂包括普通的酸（H^+）、碱（OH^-）催化剂，还包括广义的酸碱催化剂。凡是接受质子的物质称为布朗斯特碱；凡是能给出质子的物质称为布朗斯特酸；凡是接受电子对的物质称为路易斯酸；凡是能给出电子对的物质称为路易斯碱。例如，在硫酸的催化作用下，环氧乙烷水解生成乙二醇的反应。该反应方程式为

$$CH_2\!-\!CH_2 + H_2O \xrightarrow{H_2SO_4} CH_2\!-\!CH_2$$
$$\underset{O}{\diagdown\diagup} \qquad\qquad\qquad\qquad \underset{OH}{|}\ \underset{OH}{|}$$

在碱的催化作用下，环氧氯丙烷水解为甘油，反应方程为

$$CH_2\!-\!CH\!-\!CH_2 + 2H_2O \xrightarrow{NaOH} CH_2\!-\!CH\!-\!CH_2 + HCl$$
$$\underset{O}{\diagdown\diagup}\ \underset{Cl}{|} \qquad\qquad\qquad \underset{OH}{|}\ \underset{OH}{|}\ \underset{OH}{|}$$

许多离子型的有机反应常常采用酸碱催化，如酯的水解、醇醛缩合等。例如在 H^+ 的催化作用下，甲醇与乙酸的酯化反应为

$$CH_3\!-\!O\!-\!H + H^+ \longrightarrow CH_3\!-\!\overset{\overset{\displaystyle H}{|}}{O}\!-\!H$$
（质子化物）

$$CH_3\!-\!\overset{\overset{\displaystyle H}{|}}{O}\!-\!H + CH_3COOH \longrightarrow CH_3COOCH_3 + H_2O + H^+$$

酸碱催化反应的共同点是发生质子的转移，因为质子容易接近极性分子带负电荷的一端，易引起靠近它的分子发生极化形成新键。所以质子转移的过程一般活化能较低，加快了反应速率。酸与碱的催化机理有所不同，酸催化的机理是反应物接受质子，先生成质子化物，然后再释放出质子而生成产物；碱催化是碱先接受反应物的质子，生成产物，然后碱再复原。

另外，液相催化中的络合催化剂应用也非常广泛，络合催化剂一般是过渡金属的络合物或过渡金属（有 d 电子空轨道）的有机络合物，反应物大多是具有孤对电子或 π 键的烯烃与炔烃。催化剂与反应物形成络合物。络合催化是催化剂与反应物中发生反应的基团直接形成配位键构成活性中间络合物，从而加快反应速率。例如，$PdCl_2$ 和 $CuCl_2$ 催化乙烯直接氧化成乙醛的反应就是典型的络合催化反应，其反应机理如下

$$C_2H_4 + PdCl_2 + H_2O \longrightarrow CH_3CHO + Pd + 2HCl$$

$$2CuCl_2 + Pd \longrightarrow 2CuCl + PdCl_2$$

$$2CuCl + 2HCl + \frac{1}{2}O_2 \longrightarrow 2CuCl_2 + H_2O$$

总反应为

$$C_2H_4 + \frac{1}{2}O_2 \xrightarrow[H^+]{PdCl_2 + CuCl_2} CH_3CHO$$

均相催化反应的特点是催化剂与反应物能充分接触，具有高度的活性和选择性，散热快而且工艺流程简单；但是也存在催化剂回收困难和不利于连续操作等不足之处。

2. 非均相催化反应

反应物与催化剂不在同一相的催化反应称为多相催化反应或非均相催化反应。最常见的非均相催化反应，大多催化剂是固体，反应物为气体或液体的催化反应。

如果催化反应在固体催化剂的表面进行，则反应物分子必须吸附到催化剂的表面上，才能在催化剂表面发生催化反应，得到产物。而要使反应继续进行，必须不断地将吸附在催化剂表面的产物解吸，释放扩散出去。所以一般非均相催化反应的进行都要经历 7 个步骤：

① 反应物分子由体相向催化剂外表面的扩散过程（外扩散）；
② 反应物分子由外表面扩散到催化剂内表面（内扩散）；
③ 反应物分子吸附到催化剂表面；
④ 反应物分子在催化剂表面进行反应，生成产物；
⑤ 产物从催化剂表面解吸；
⑥ 产物从催化剂内表面向外表面扩散（内扩散）；
⑦ 产物从外表面离开催化剂（外扩散）。

当催化过程达到稳定状态时，以上 7 个串联步骤的速率必然相等。速率的大小受阻力最大的慢步骤控制，如果能减小慢步骤的阻力，就能加快整个反应速率。对于大多数气固反应，第 4 步是最慢的，这类反应的速率取决于界面上发生反应的速率。对于许多固液反应中，扩散常常是最慢的步骤，扩散步骤就是这类反应的速率控制步骤。因为扩散速率随着温度的变化比化学反应随温度的变化要小得多，而且扩散速率与反应物的性质关系较小，因此工业上常采用增大搅拌强度和粉碎反应原料使反应界面扩大等方法加快反应速率。

对于只有一种反应物气-固相催化反应，其反应机理可以表示为

吸附　　　　　　　　　　$A + M \rightleftharpoons A \cdot M$

表面反应　　　　　　　　$A \cdot M \rightleftharpoons B \cdot M$

解吸　　　　　　　　　　$B \cdot M \rightleftharpoons B + M$

式中　　　　　M——催化剂表面的活性中心；

$A \cdot M$，$B \cdot M$——吸附在活性中心上的 A、B 分子。

因为表面反应是控制步骤，所以，反应总过程的速率等于表面反应速率。根据表面质量作用定律，表面单分子反应的速率应正比于该分子 A 对表面的覆盖率 θ_A，即有

$$-\frac{dp_A}{dt} = k\theta_A$$

将朗缪尔方程 $\theta_A = b_A p_A / (1 + b_A p_A)$ 代入上式得

$$-\frac{dp_A}{dt}=k\theta_A=kb_A p_A/(1+b_A p_A) \qquad (8\text{-}42)$$

式中，b_A 是反应物 A 的吸附系数，它与吸附质和吸附剂的本性及温度有关，其大小表示吸附能力的强弱。讨论以下几种情况：

① 若反应物 A 的吸附能力很弱，即 b_A 很小，在常压下 $b_A p_A \ll 1$，则式(8-42)可以简化为

$$-\frac{dp_A}{dt}=kb_A p_A=k' p_A$$

显然为一级反应，积分后得 $\qquad \ln(p_{A,0}/p_A)=k't \qquad (8\text{-}43)$

例如，甲酸气体或碘化氢气体在铂上分解均为一级反应。

② 若反应物 A 吸附能力很强，即 b_A 很大，$b_A p_A \gg 1$，则式(8-42)可以简化为

$$-\frac{dp_A}{dt}=k\theta_A=k' \qquad (8\text{-}44)$$

对于强吸附，$\theta_A \approx 1$，改变压力对表面浓度几乎没有影响，反应速率与压力无关，则为零级反应。

③ 对于反应物 A 的吸附能力介于强弱之间的情况，式(8-42)可以近似地改写为

$$-\frac{dp_A}{dt}=k' p_A^n \quad (0<n<1) \qquad (8\text{-}45)$$

为分数级反应。例如，SbH_3 在 $Sb(s)$ 表面上的解离反应为 0.6 级。

多相催化反应的机理非常复杂，这里只是对气固催化反应进行简单的讨论。

五、酶催化反应

酶是生物体活细胞的成分，由活细胞产生，是一种具有特异催化剂功能的特殊蛋白质。正常人慢嚼一口馒头，就会愈嚼愈甜，这是因为咀嚼食物刺激口腔，温度、化学感受器促进唾液的大量分泌，其中唾液含的淀粉酶迅速催化分解淀粉成麦芽糖，后者刺激味觉器便产生甜味。正常人体内酶的活性较稳定，当人体受损或生病后，某些酶被释放后入血、尿或体液内。因此，医学上常借助血、尿、体液内酶活性的测定，去诊断和预防疾病。如急性肝炎时，血清转氨酶大多升高，好转则会减低；心肌梗死时，血清乳酸脱氢酶和磷酸肌酸激酶明显升高；前列腺癌则酸性磷酸酶升高等。许多遗传性代谢缺陷病，几乎都是由于先天缺乏某些酶所引起的。如全身皮肤变白的白化症，是由于先天性缺乏酪氨酸羟化酶，不能使酪氨酸转化为黑色素所致。所以酶也被称为是人体的保护神。

除极个别 RNA 和 DNA 为催化自身反应的酶〔核酶（ribozyme）和脱氧核酶（dexyribozyme）〕外，其余所有的酶都是蛋白质。酶是由活细胞合成的具有催化功能的物质，又称生物催化剂。生物体内一切生化反应都需要酶的催化才能进行，其性能远远超过人造催化剂。和普通催化剂比较，酶具有很高的催化效率和高的选择特异性，并且反应在很温和条件下（常温、常压、酸碱度中性或近中性）进行。

1. 酶催化反应特点

(1) 反应高度专一 某一种酶往往只能催化一种化学反应，对于其他反应没有活性。例如：尿素酶对尿素的水解反应起催化作用，但是对于甲基尿素一点也不起催化作用。

(2) 高度的催化活性 对于同一化学反应，酶的催化能力常常是非酶催化剂的千万倍。例如，尿素酶催化尿素水解的能力大约是 H^+ 能力的 10^{14} 倍。

(3) 反应作用条件温和 酶催化反应一般是在常温、常压条件下进行的。例如工业合成氨生产需要高温（约 770K）、高压条件（约 $3 \times 10^7 Pa$），而某些植物的根瘤菌（固氮生物

酶）固定空气中的氮，是在常温、常压条件下进行的。

酶催化反应广泛应用于抗生素的生产、食物发酵、石油脱硫脱蜡、织物退浆以及"三废"处理等方面。

2. 酶催化反应机理

酶催化反应的机理较复杂，多采用米恰利（Michaelis）提出的机理，即认为酶（E）与反应物 S 结合形成中间络合物（ES），然后 ES 再进一步分解出生成物（P），并且释放出酶（E）

$$S+E \underset{k_{-1}}{\overset{k_1}{\rightleftharpoons}} ES$$

$$ES \xrightarrow{k_2} E+P$$

反应的动力学方程为 $\qquad v(反应) = k_2[E_0][S]/(K_M+[S])$

式中 $\quad [E_0]$——酶的总浓度；

$\qquad [S]$——反应物的浓度；

$\qquad K_M$——米氏常数，$K_M=(k_2+k_{-1})/k_1$，相当于络合反应 $E+S \rightleftharpoons ES$ 的不稳定常数。

由该动力学可知，当反应物浓度较低时，$K_M \gg [S]$，反应呈现一级反应规律；当反应物浓度极大时，$K_M \ll [S]$，反应呈现出趋于零级反应规律。反应物浓度与酶催化反应速率的关系见图 8-14，许多酶催化反应符合该规律。

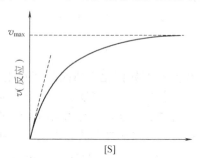

图 8-14 酶催化反应速率与
底物浓度的关系

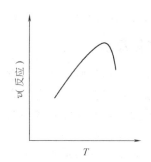

图 8-15 温度对催化
反应速率的影响

温度对酶催化的影响如图 8-15 所示，随着温度的升高酶催化反应的速率先是升高，出现一个极大值，然后下降。原因是由于酶是蛋白质，其分子在一定温度下会发生变性，使得活性下降或完全失去活性，从而失去对反应的催化作用。

练习题

一、思考题

1. 如何区分反应分子数和反应级数？二级反应一定是双分子反应吗？双分子反应一定是二级反应吗？

2. 请判断下列说法是否正确？

（1）反应级数等于反应分子数；

（2）反应级数不一定是正整数；

（3）具有简单级数的反应是基元反应；

（4）不同反应若有相同的级数形式，一定具有相同的反应机理；

（5）反应分子数只能是正整数，一般是 1、2、3。

3. 质量作用定律适用于非基元反应吗？

4. 反应 $A \longrightarrow Y$，当反应物 A 反应掉 3/4 时，所用时间是其半衰期的 3 倍，该反应为几级反应？

5. 反应 $B \longrightarrow Y$，当反应物 B 反应掉 3/4 时，所需时间是半衰期的 2 倍，该反应为几级反应？

6. 为什么说总级数为零的反应一定不是基元反应？

7. 放射性 ^{201}Pb 的半衰期为 8h，2g 放射性 ^{201}Pb 在 24h 后还剩下多少克？

8. 各种复杂反应的速率都取决于速率最慢的反应步骤，对吗？

9. 对峙反应，$A \underset{k_{-1}}{\overset{k_1}{\rightleftharpoons}} Y$ 平衡时 $k_1 = k_{-1}$，对吗？

10. 连串反应的速率由最慢的一步决定，因此决定步骤反应速率的级数就是总反应的级数，对吗？

11. 化学动力学和化学热力学所解决的问题有何不同？

12. 一个化学反应的级数越大，其反应速率也越大，该说法正确吗？

二、填空题

1. 基元反应为 _____。

2. 基元反应 $2A(g) + B(g) \xrightarrow{k} C(g)$，则 $-dc_B/dt =$ _____。

3. 某一级反应的半衰期为 10min，其反应速率常数 $k =$ _____。

4. 非基元反应的表观活化能为组成该非基元反应的各基元反应活化能_____。

三、选择题

1. 某反应：$A + 2B \longrightarrow Y$，其速率方程为 $-dc_A/dt = k_A c_A c_B$ 或 $dc_B/dt = k_B c_A c_B$。则 k_A 和 k_B 的关系为 _____。

① $k_A = k_B$ ② $k_A = 2k_B$ ③ $2k_A = k_B$ ④ 无法确定

2. 某一反应 $A \longrightarrow Y$，其速率系数 $k_A = 6.93 min^{-1}$，则该反应物 A 的浓度从 0.1mol/dm³ 变到 0.05mol/dm³ 所需要的时间为 _____。

① 0.2min   ② 0.1min   ③ 0.5min   ④ 1min

3. 某一反应 $A \longrightarrow Y$，如果反应物 A 的浓度减少一半，A 的半衰期也缩短一半，则该反应的级数为 _____。

① 零级   ② 一级反应   ③ 二级反应   ④ 无法确定

4. 对于某反应，若反应物反应掉 7/8 所需时间恰是它反应掉 3/4 所需时间的 1.5 倍，则该反应的级数是 _____。

① 一级反应   ② 二级反应   ③ 零级反应   ④ 负一级反应

5. 基元反应：$H \cdot + Cl_2 \longrightarrow HCl + Cl \cdot$ 的反应分子数是 _____。

① 单分子反应   ② 双分子反应   ③ 四分子反应   ④ 三分子反应

6. 基元反应的分子数是个微观的概念，其值 _____。

① 可为 0、1、2、3   ② 只能是 1、2、3 这 3 个数
③ 也可以是小于 1 的数值   ④ 可正、可负、可为零

7. 化学反应的反应级数是个宏观的概念，其值 _____。

① 可为 0、1、2、3   ② 只能是 1、2、3 这 3 个数
③ 可以是小于 1 的数值   ④ 可正、可负、可为零

8. 基元反应的反应级数与反应的分子数相比 _____。

① 总是小   ② 总是大   ③ 总是相等   ④ 不一定

9. 对于一个化学反应，_____，其反应速率越快。

① 活化能越小　　　② $\Delta G^{\ominus}$ 越负　　　③ $\Delta H^{\ominus}$ 越负　　　④ 活化能越大

10. 下列对于催化剂特征的描述不正确的是_____。

① 催化剂只能缩短反应达到平衡的时间而不能改变平衡状态

② 催化剂在反应前后物理性质和化学性质皆不变

③ 催化剂不能改变平衡常数

④ 催化剂加入不能实现热力学上不可能进行的反应

11. 催化剂的作用是_____。

① 加快正反应的速率　　　　　　② 提高反应物的转化率

③ 缩短反应达到平衡的时间　　　④ 使 $\Delta G > 0$ 的反应进行

12. 酶催化反应一般在_____。

① 高温高压下即可进行　　　　　② 常温常压下即可进行

③ 常温低压下即可进行　　　　　④ 低温低压下即可进行

四、计算题

1. 某物质按一级反应进行计算。已知反应完成 40% 需时 50min，试求：(1) 以 s 为单位的速率常数；(2) 完成 80% 反应所需时间。

$$[(1)\ k = 1.70 \times 10^{-4}\,s^{-1}；(2)\ t = 9.47 \times 10^3\,s]$$

2. 某一级反应 600K 时半衰期为 370min，活化能为 2.77×10^5 J/mol，求该反应在 650K 时的速率常数和反应物消耗 75% 所需的时间。

$$(0.1302\,min^{-1}；10.65\,min)$$

3. 某药物在一定温度下，每小时分解率与药物物质的量浓度无关，其速率常数与温度的关系为：$\ln k = -8938/T + 20.44$，问：

(1) 该药物在 30℃ 时，每小时的分解率为多少？　　　　$(1.12 \times 10^{-4}\,h^{-1})$

(2) 若该药物分解 30% 即无效，在 30℃ 下保存的有效期是多少？　　$(3.2 \times 10^3\,h)$

(3) 要使该药的有效期延长至 2 年，保存温度不能超过多少？　　　$(\leqslant 13℃)$

4. 写出下列复杂反应中，物质 A、B、C、D 浓度随时间的变化率。

(1) $A \underset{k_2}{\overset{k_1}{\rightleftharpoons}} 2B$

(2) $A \overset{k_1}{\longrightarrow} B \underset{k_3}{\overset{k_2}{\rightleftharpoons}} C$

　　$\underset{D}{\overset{k_4}{\searrow}}$

$$\left[(1)\ \frac{dc_A}{dt} = -k_1 c_A + k_2 c_B^2，\frac{dc_B}{dt} = 2k_1 c_A - 2k_2 c_B^2；(2)\ \frac{dc_A}{dt} = -k_1 c_A - k_4 c_A、\frac{dc_B}{dt} = \right.$$

$$\left. k_1 c_A - k_2 c_B + k_3 c_C、\frac{dc_C}{dt} = k_2 c_B - k_3 c_C、\frac{dc_D}{dt} = k_4 c_A \right]$$

5. 乙酸乙酯皂化反应 $CH_3COOC_2H_5 + NaOH \longrightarrow CH_3COONa + C_2H_5OH$ 是二级反应，当两反应物的初始浓度都是 0.02mol/L 时，在 294K 反应 25min 时立即中止反应，测得溶液中剩余 NaOH 浓度为 5.29mol/L。

(1) 此反应转化率达 80% 所需时间是多少？

(2) 若反应物初始浓度都是 0.01mol/L，达到同样转化率所需时间是多少？

$$(36.0\,min；71.9\,min)$$

6. 某反应在 15.05℃ 时的反应速率常数为 34.40×10^{-3} dm³/(mol·s)，在 40.13℃ 时的反应速率常数为 189.9×10^{-3} dm³/(mol·s)，求反应的活化能，并计算 25℃ 时的反应速率

常数。

$[51.13kJ/mol；70.12×10^{-3}dm^3/(mol·s)]$

7. $N_2O(g)$ 的热分解反应 $2N_2O(g)\Longrightarrow2N_2(g)+O_2(g)$，在一定温度下，反应的半衰期与初始压力成反比。在 970K 时，$N_2O(g)$ 的初始压力为 39.2kPa，测得半衰期为 1529s；在 1030K 时，$N_2O(g)$ 的初始压力为 48.0kPa，测得半衰期为 212s。

(1) 判断反应级数；

(2) 计算两个温度下的速率常数；

(3) 求反应的活化能；

(4) 在 1030K，当 $N_2O(g)$ 的初始压力为 53.3kPa 时，计算总压达到 64.0kPa 所需的时间。

$[$ (1) 二级反应；(2) $1.7×10^{-8}s^{-1}·Pa^{-1}$；$9.8×10^{-8}s^{-1}·Pa^{-1}$；(3) 242.5kJ/mol；(4) 128.4s$]$

【阅读材料】

电 催 化

电催化是在 20 世纪 50 年代末燃料电池技术研究的刺激及迫切要求下发展起来的新兴边缘领域。当代电催化研究的范围已远远超出燃料电池中的催化反应，具有催化活性的电极表面已引入了一个新的化学合成领域。

一、电催化剂和电催化反应机理

在已有的百余种电合成产品中，相当一部分涉及电催化反应。现有研究较多的电催化反应是氢析出，分子氧还原和析出，氯析出；其次是有机小分子氧化。今后除了继续上述电催化反应的研究外，预计将进一步研究烃、再生气、甲醇和煤等燃料的电催化氧化，CO_2 还原为 CH_3OH，N_2 还原为 NH_3，并强化有机物电催化合成，金属大环化合物电催化和仿生电催化的研究。

二、电催化基本原理

电催化研究促使一些决定电催化剂活性和选择性因素的揭示和提出带有普遍性的规律。例如，电催化剂的电子和几何构型，催化剂的微结构与电催化的结构敏感，载体的作用，催化剂中毒与第三体阻塞效应等。迄今已总结的规律多数是根据常规催化原理提出的，电催化与常规催化有一定的类似性，这种关联在许多场合有其合理性。但是电催化剂既能传递电子，又能对反应底物起活化或促进电子传递反应速率，且电极电位可以方便地改变电化学反应的方向、速率和选择性。例如，电位移动 1V，在常温下大致提高反应速率 10^{10} 倍，这是一般催化反应望尘莫及的。因此，加强电催化反应特殊规律的研究是非常必要的。

中国在小分子燃料、贵金属催化剂（包含单晶电极和无定形结构合金电极）上的电催化研究，在某些有机物分子和生物分子的电催化研究，在电催化过程的解离吸附、毒性中间物的原位谱学电化学技术研究，在利用化学修饰电极进行电催化的分子设计研究等方面，都有一些高水平的成果。但是总的说来有关电催化，尤其是分子电催化以及电催化合成开展得不多，是今后急需加强的研究领域。

第九章　表面现象

学习目标

1. 理解表面张力的定义，掌握其应用。
2. 掌握润湿现象及应用。
3. 掌握表面活性物质的结构特征及主要作用。
4. 理解亚稳态和新相形成。

表面现象是自然界中普遍存在的基本现象，在生物工程及制药工程等领域会经常遇到。例如：植物是否被润湿，叶绿素的光合作用效率，固体催化剂的催化活性，活性炭为什么能脱色，微小液滴易于蒸发等现象都与表面现象有关。产生表面现象的主要原因是处在表面层中物质分子与系统内部分子的受力不同。

存在于两相之间的厚度约为几个分子大小（纳米级）的一薄层，称为界面层，简称界面。通常有液-气、固-气、固-液、液-液、固-固等界面。固-气界面及液-气界面亦称为表面。

表面现象显著的系统也是分散程度高的系统，分散程度的大小可用分散度来表示即物质分散成细小微粒的程度。通常采用体积表面或质量表面来表示分散度的大小，其定义为：单位体积或单位质量的物质所具有的表面积，分别用符号 S_V 及 S_m 表示，即

$$S_V = \frac{A_s}{V}, \quad S_m = \frac{A_s}{m} \tag{9-1}$$

式中　A_s——物质的总表面积，m^2；

　　　V——物质的体积，m^3；

　　　m——物质的质量，kg。

【例题 9-1】　一滴体积 $V = 10^{-6}\,m^3$ 的水滴，当分散为半径分别是 $r_1 = 10^{-3}\,m$、$r_2 = 10^{-4}\,m$、$r_3 = 10^{-6}\,m$ 和 $r_4 = 10^{-8}\,m$ 的小液滴时，分散成的水滴总数、比表面和总表面积各为多少？

解　对半径为 r 的球形粒子，体积 $V = \frac{4}{3}\pi r^3$，表面积 $A = 4\pi r^2$

比表面　$S_V = \dfrac{A}{V} = \dfrac{4\pi r^2}{\frac{4}{3}\pi r^3} = \dfrac{3}{r}$

体积 $V = 10^{-6}\,m^3$ 的水滴，其半径 $r_0 = \sqrt[3]{\dfrac{3V}{4\pi}} = 6.2 \times 10^{-3}\,m$

比表面 $S_V = 4.83 \times 10^2\,m^{-1}$，总表面积 $A = 4.83 \times 10^{-4}\,m^2$

分散成半径为 $r_1 = 10^{-3}\,m$ 的水滴时，分散后的水滴总数

$$n = \frac{\frac{4}{3}\pi r_0^3}{\frac{4}{3}\pi r^3} = \left(\frac{r_0}{r_1}\right)^3 = 2.4 \times 10^2$$

$$S_V = \frac{3}{r_1} = 3 \times 10^3 \, \text{m}^{-1}, \quad A = 4\pi r_1^2 n = 3 \times 10^{-3} \, \text{m}^2$$

其他结果见表 9-1。

由表 9-1 可见，当水滴半径由 10^{-3} m 分散为 10^{-8} m 时，水滴的比表面 S_V 由 3×10^3 m^{-1} 增至 3×10^8 m^{-1}，总表面积由 3×10^{-3} m^2 增加至 3×10^2 m^2，是原来的 10^5 倍。因此，当系统的分散程度很高时，其总表面积是很大的，此时表面现象不能忽略。

表 9-1　水滴半径减小时比表面和总表面增加情况

水滴半径/m	液滴数目	比表面 S_V/m^{-1}	A/m^2
6.2×10^{-3}	1	4.83×10^2	4.83×10^{-4}
10^{-3}	2.4×10^2	3×10^3	3×10^{-3}
10^{-4}	2.4×10^5	3×10^4	3×10^{-2}
10^{-6}	2.4×10^{11}	3×10^6	3
10^{-8}	2.4×10^{17}	3×10^8	3×10^2

许多表面性质同表面活性质点的数量直接关联，而活性质点多，是因为材料表面有大的表面积，即具有大的体积表面或质量表面。例如人的大脑，其总表面积比猿脑的总表面积大 10 倍。据研究资料报道，解剖结果已证明千年伟人、大科学家爱因斯坦的大脑的表面积比常人大脑的表面积大得多。再如叶绿素也具有较大的质量表面，从而可提供较多的活性点，提高光合作用的量子效率。衡量固体催化剂的催化活性，其质量（或体积）表面的大小是重要指标之一，如活性炭的质量表面可高于 10^6 m^2/kg，硅胶或活性氧化铝的质量表面也可达 5×10^5 m^2/kg，纳米级超细颗粒的活性氧化锌由于其巨大的质量表面而可作为隐形飞机的表面涂层。

第一节　表面张力

一、表面张力的概念

表面层分子与体相内分子所处环境不同，图 9-1 可以看出液体表面分子与内部分子受力情况的差别。例如在气-液表面，液相内部的分子受到来自周围分子的作用力，平均来说是对称的，各方向的力彼此抵消。但在液体表面，因气、液两相密度差别较大，表面分子受到来自下面液相分子的吸引力较大，而气体分子对表面分子的引力可以忽略不计。结果，表面层分子主要受到指向液体内部的拉力，使得表层分子有向液体内部迁移、液体表面积自动收缩的趋势。相反，如果要扩大液体表面，即把一些分子从液相内部移到表面上，就必须克服液体内部分子之间的吸引力而对系统做功，此功称为表面

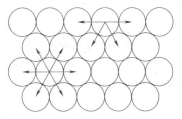

图 9-1　液体表面分子与内部
分子受力情况差别示意

功。在温度、压力和组成恒定时，可逆地扩展液体表面积，环境对系统所做表面功 $\delta W_R'$，应与系统表面积的增量 dA 成正比

$$\delta W_R' = \sigma \, \text{d}A \qquad (9-2)$$

式中 $\delta W'_R$——可逆非体积功；

　　　σ——比例常数。

定温定压下系统扩展表面所得到的表面功应等于吉布斯函数的增加量，$dG = \delta W'_R$。式（9-2）可表示为

$$dG = \sigma dA \quad \text{或} \quad \sigma = \left(\frac{\partial G}{\partial A}\right)_{T,p,n} \tag{9-3}$$

σ 的物理意义是当 T、p 及组成恒定时，增加单位表面积所引起的吉布斯函数的增量。σ 称为比表面吉布斯函数，单位是 J/m^2。当可逆地形成新表面时，环境所做的表面功转化为表面层分子的吉布斯函数。表层分子因此比体相内分子具有更高的能量，σ 也称为表面过剩吉布斯函数，简称表面吉布斯函数。

从另一个角度考虑，如果观察界面现象，特别是气-液表面的一些现象，可以察觉到界面上处处存在着一种张力，称之为界面张力或表面张力。它是垂直作用于表面上单位长度线段上的表面收缩力，其作用的结果使液体表面积缩小，其方向对于平液面是沿着液面并与液面平行（见图9-2），对于弯曲液面则与液面相切（见图9-3）。如图9-2所示，在一金属框上有可以滑动的金属丝，将此丝固定后沾上一层肥皂膜，这时若放松金属丝，该丝就会在液膜的表面张力作用下自动右移，即导致液膜面积缩小。若施加作用力 F 对抗表面张力 σ 使金属丝左移 dl，则液面增加 $dA_s = 2L\,dl$（正、反两个表面），对系统做功 $\delta W'_R = F\,dl = \sigma dA_s = \sigma 2L\,dl$。所以有

$$\sigma = \frac{F}{2L} \tag{9-4}$$

这里 σ 称为表面张力，其单位为 N/m，这是从另一个角度来理解式（9-3），表面吉布斯自由能的单位是 J/m^2，由于 $J = N \cdot m$，所以式（9-3）中 σ 的单位也可以表示为 N/m，所以表面吉布斯自由能也可以看作是垂直作用于单位长度相界面上的力即表面张力。

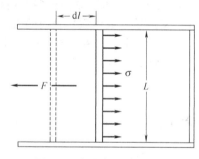

图 9-2　表面张力实验示意

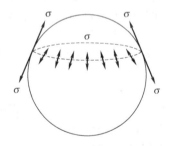

图 9-3　球形液面的表面张力

二、表面张力的影响因素

表面张力是物质表面的一种性质，有多种因素可以影响物质的表面张力。

1. 分子间力的影响

表面张力与物质的本性和与所接触相的性质有关（见表9-2）。液体或固体中的分子间的相互作用力或化学键力越大，表面张力越大。一般符合以下规律：

$$\sigma(\text{金属键}) > \sigma(\text{离子键}) > \sigma(\text{极性共价键}) > \sigma(\text{非极性共价键})$$

同一种物质与不同性质的其他物质接触时，表面层中分子所处力场则不同，导致表面（界面）张力出现明显差异。一般液-液界面张力介于该两种液体表面张力之间。

2. 温度的影响

表面张力一般随温度升高而降低。这是由于随温度升高，液体与气体的密度差别减小，使表面层分子受指向液体内部的拉力减小。当温度接近于临界温度时，气液界面即行消失，表面张力降低为零。

3. 压力的影响

表面张力一般随压力增加而下降。这是由于随压力增加，气相体积质量增大，同时气体分子更多地被液面吸附，并且气体在液体中溶解度也增大，以上三种效果均使 σ 下降。

表 9-2　一些物质的表（界）面张力值

液　体	温度 T/K	$\sigma/(N/m)$	液　体	温度 T/K	$\sigma/(N/m)$
液体-蒸气界面			液体-蒸气界面		
水	293	0.07288	苯	293	0.02888
	298	0.07214		303	0.02756
	303	0.07140	甲苯	293	0.02852
H_2	20	0.00201	乙酸丁酯	293	0.02509
N_2	75	0.00941	液-水界面		
O_2	77	0.01648	正丁醇	293	0.0018
Br_2	20	0.03190	乙酸乙酯	293	0.0068
Hg	293	0.4865	苯	293	0.0350
	298	0.4855	四氯化碳	293	0.0450
$NaNO_3$	581	0.1166	液-汞界面		
$KClO_3$	641	0.081	水	293	0.415
甲醇	293	0.02250	乙醇	293	0.389
乙醇	293	0.02239	正己烷	293	0.357
	303	0.02155	苯	293	0.378
丙醇	293	0.02669			
丁醇	293	0.02651			

第二节　润湿现象

一、润湿

固体、液体表面上的气体被液体取代的过程，称为润湿。它是表面现象的重要内容。

固体、液体表面上的气体能否被液体取代，取决于表面的性质。与其他过程相同，在一定温度和压力下，润湿过程能否进行，可用表面吉布斯函数的变化来衡量。根据润湿程度可以把润湿现象进行分类。

1. 沾湿

液体与固体表面接触时，气-固和气-液两表面转化为固-液界面的过程，称为沾湿。

发生沾湿时液体仅能沾附在与固体的接触面上，而不能向固体表面的其他部位扩展。一定的 T、p 下，单位面积的气-固与气-液表面被单位面积的液-固界面所取代，此过程吉布斯函数变为

$$\Delta G = \sigma_{s\text{-}l} - (\sigma_{s\text{-}g} + \sigma_{l\text{-}g}) = W_R' \tag{9-5}$$

式中　ΔG——单位面积取代过程的吉布斯函数，J/m^2；

$\sigma_{s\text{-}l}$——固-液界面的界面张力，J/m^2；

$\sigma_{s\text{-}g}$——固-气界面的界面张力，J/m^2；

$\sigma_{l\text{-}g}$——液-气界面的界面张力，J/m^2；

W_R'——单位面积取代过程的可逆非体积功，J/m^2。

若沾湿为自发过程，则上式可写成

$$\Delta G = W_R' < 0 \tag{9-6}$$

表示在一定 T、p 下，固-气及液-气表面可被固-液界面取代。ΔG 愈小，则表示沾湿过程愈

易于进行。

2. 浸湿

把固体浸入液体中，气-固表面完全被固-液界面所取代的过程，称为浸湿。在一定 T、p 下，浸湿单位面积的固体表面时过程的吉布斯函数变为

$$\Delta G = \sigma_{s\text{-}l} - \sigma_{s\text{-}g} = W_R'$$

若浸湿为自发过程，则上式也可写成 $\Delta G = W_R' < 0$。

3. 铺展

少量的液体在光滑的固体表面（或液体表面）上自动展开形成一层薄膜的过程，称为铺展。

铺展过程是固-液界面取代固-气表面，同时又增加气-液表面的过程。忽略少量液体集中为小液滴时的表面积，在一定 T、p 下，单位面积的铺展过程的吉布斯函数变为

$$\Delta G = \sigma_{s\text{-}l} + \sigma_{l\text{-}g} - \sigma_{s\text{-}g} = W_R' \tag{9-7}$$

令 $$\varphi = -\Delta G = \sigma_{s\text{-}g} - \sigma_{s\text{-}l} - \sigma_{l\text{-}g}$$

φ 为铺展系数。由式（9-7）可知，在一定 T、p 下，φ 愈大，铺展的性能愈好。

对比上述三式可知：对于指定的系统，沾湿过程的推动力最大，最易于进行，但属最低层次的润湿；铺展过程的推动力最小，而难于进行，但属最高层次的润湿。对于某个指定系统，在一定 T、p 下，若能发生铺展润湿，必能进行浸润，更易于进行沾湿，这是热力学原理说明的必然结果。

二、润湿角

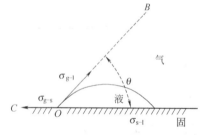

图 9-4   接触角与界面张力的关系

将一滴液体置于水平光滑固体表面上，则往往呈现如图 9-4 所示的形状。此图为过液滴中心并垂直于固体表面的剖面图，其中 O 点为气、液、固三相图的会合点。固-液界面的水平线与气-液表面在 O 点的切线之间的夹角 θ，称为润湿角又叫接触角。有三种力同时作用于 O 点处的液体分子上，当这三种界面张力达平衡，则存在下列关系

$$\sigma_{s\text{-}g} = \sigma_{s\text{-}l} + \sigma_{l\text{-}g}\cos\theta \tag{9-8}$$

式中 $\sigma_{s\text{-}l}$——固-液界面的界面张力，J/m^2；

$\sigma_{s\text{-}g}$——固-气界面的界面张力，J/m^2；

$\sigma_{l\text{-}g}$——液-气界面的界面张力，J/m^2；

θ——接触角，（°）。

1805 年杨氏（T. Young）得到式（9-8），故称其为杨氏方程。由此式可知，在一定的 T、p 下，θ 的大小表示液体在固体表面的状况有如下几种可能。

① 当 $\theta = 0°$ 时，液体可在固体表面上铺展成一层薄膜，为铺展。

② 当 $0° < \theta < 90°$ 时液体能够润湿固体表面，称为润湿。

③ 当 $90° < \theta < 180°$ 时，液体不能润湿固体表面。

④ 当 $\theta = 180°$ 时，液体完全不能润湿固体表面，当液滴很小时，在固体表面上形成圆球状的液滴。

分析可知，接触角 θ 越小，则该液体在固体表面上的润湿性能越好，所以可用接触角 θ 来衡量润湿性能的优劣。例如，水可以润湿玻璃，汞不能润湿玻璃而呈球形等。要改变接触角，就要改变界面张力，而改变界面张力，可以通过表面改性，或者加入表面活性剂等方法

实现。

润湿与铺展在生产实践中有着广泛的应用。例如通过加入表面活性剂，可以使农药喷洒后在植物叶片及虫体上铺展，明显地提高杀虫效果。又例如脱脂棉易被水润湿，但经憎水剂处理后，可使固-液界面张力增大，使 $\theta > 90°$，这时水滴在布上呈球状，而不易进入纺织物的毛细孔中，可用来制作透气防雨的衣物等。另外，在矿物的浮选、机械设备的润滑、注水采油、金属焊接、印染及洗涤、眼镜防雾、涂料、油墨等技术中都涉及润湿理论。

三、润湿现象的应用

润湿现象在实际中有广泛的用途，生产实践中经常遇到需要控制液固之间润湿程度（即人为改变接触角或 σ_{s-l} 和 σ_{l-g}），使用表面活性剂常常可以达到预期的效果。通常把具有润湿作用的表面活性剂称为润湿剂。

1. 泡沫浮选

很多重要的金属（如 Mo、Cu 等）在矿脉中的含量很低，冶炼前必须设法提高其品位，采用的方法常是"泡沫浮选"法。其基本原理是将低品位的原矿磨成粉（0.01～0.1mm），倾入水池中（由于矿粉通常都能被水润湿，故沉入池底），加入一些表面活性剂（在这里称为捕集剂）和起泡剂，捕集剂选择吸附在有用矿石粒子的表面上，使它变为憎水性（即增加其 θ）。表面活性物质的极性基吸附在亲水性矿物表面上，而非极性基朝向水中，于是矿物就具有憎水性的表面了。不断加入捕集剂，固体表面的憎水性随之增强，最后达到饱和，在固体表面形成很强的憎水性薄膜。然后再从水池底部通入气泡，则有用矿石粒子由于其表面的憎水性就附着在气泡上，上升到液面而被捕收，而不含矿的泥沙、岩石等矿渣则留在水底而被除去，从而可将有用的矿物与无用的矿渣分开。若矿粉中含有多种金属，则可用不同的捕集剂和其他助剂使各种矿物分别浮起而被捕收。

2. 采油

原油贮于地下砂岩的毛细孔中，油与砂石的接触角通常都大于水和砂岩的接触角，因此，在生产油井附近钻一些注水井，注入含有润湿剂的"活性水"，以进一步增加水对砂岩的润湿性，从而提高注水的驱油效率，增加原油产量。

3. 农药

喷洒农药消灭虫害时，要求农药对植物叶面和昆虫表面有良好的润湿性，以便药液在叶面上铺展，待水分蒸发后，叶面上留有薄薄一层农药。如果润湿性不好，则药液在叶面上聚成滴状，很容易滚落，造成药液浪费，影响杀虫效果。而且水分蒸发后，叶面上留下若干断续的药剂斑点，对植物叶子造成药害。为解决这个问题，在农药中常加入少量的润湿剂，以增加农药对叶面的润湿性。

其他如防水布的制造，油漆中颜料的分散稳定性，彩色胶片中感光剂的涂布等都要遇到与润湿有关的问题。因此对润湿作用的研究具有很大的实用价值。

第三节 弯曲液面的特征

一、弯曲液面的附加压力

弯曲液面分两种：凸面和凹面，前者如空气中的液滴，后者如液体中的气泡。由于表面张力的作用，在弯曲液面两侧形成的气、液相压力差称为弯曲液面的附加压力，以 Δp 表示

$$\Delta p = p_1 - p_g \tag{9-9}$$

式中　p_1——弯曲液面的液相一侧所承受的压力，Pa；

　　　p_g——弯曲液面的气相一侧所承受的压力，Pa。

如外压为 p_0 时平液面、凸液面和凹液面的受压情况可从图 9-5 看出。

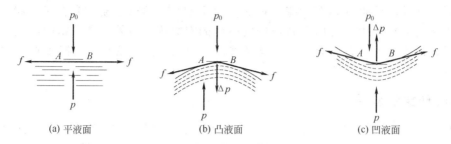

(a) 平液面　　　　　　(b) 凸液面　　　　　　(c) 凹液面

图 9-5　弯曲液面的附加压力

在平液面上观察一小块面积 AB，AB 以外的液体的表面张力对 AB 面周边起作用，作用力的方向与 AB 面平行且四周的作用力相互抵消，合力为零。AB 若为凸面，则周围液体的表面张力方向与 AB 面相切，合力向下，表现为指向液体内部的附加压力

$$\Delta p = p - p_0 > 0$$

AB 若为凹面，则周围液体的表面张力方向仍与 AB 面相切，但合力向上，表现为指向液体外部的附加压力　　　　　　　　$$\Delta p = p - p_0 < 0$$

一定温度下，弯曲液面的附加压力与液体的表面张力成正比，与曲率半径成反比，其关系如下　　　　　　　　　　　　　　$$\Delta p = \frac{2\sigma}{r} \tag{9-10}$$

此式称为拉普拉斯（Laplace）方程。式中 r 为液面的曲率半径，凸面的 r 为正值，凹面的 r 为负值，平面的 $r = \infty$。

结论：

① 水平液面，$r \to \infty$，$\Delta p = 0$；

凸液面，如液滴，$r > 0$，$\Delta p > 0$，液滴所受压力比平面压力大；

凹液面，$r < 0$，$\Delta p < 0$，所受压力比平面液体的小。

② 附加压力的方向总是指向曲面的球心。

③ 对于液泡，由于液泡有两个气液界面，而且这两个球形界面的半径相等，所以液泡内外的压力差为 $\Delta p = \dfrac{4\sigma}{r}$。

二、毛细管现象

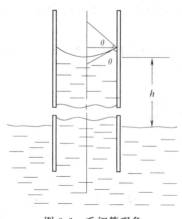

图 9-6　毛细管现象

把一支半径一定的毛细管垂直地插入某液体中，该液体若能润湿管壁，管中的液面将呈凹形，即润湿角 $\theta < 90°$，如图 9-6 所示。由于附加压力 Δp 指向大气，而使凹液面下的液体所承受的压力小于管外平液面下的液体所承受的压力。

在这种情况下，液体将被压入管内，直至上升的液柱所产生的静压力 $\rho g h$ 与附加压力 Δp 在数值上相等时，才可达到力的平衡状态，即

$$\Delta p = \frac{2\sigma}{r_1} = \rho g h$$

可以看出，图中 $\cos\theta = \dfrac{r}{r_1}$，将此式与上式相结合，可得液体在毛细管中上升高度 h 的计算式

$$h = \frac{2\sigma\cos\theta}{r\rho g} \tag{9-11}$$

式中　σ——液体的表面张力，N/m；

　　　ρ——液体的密度，kg/m³；

　　　g——重力加速度，N/kg；

　　　r——毛细管的半径，m；

　　　θ——液体对毛细管内壁的润湿角，(°)。

当液体不能润湿管内壁时，管内液面呈凸液面，$\theta > 90°$，$\cos\theta < 0$，则 h 为负值，表示管内凸液面下降的深度。

【例题 9-2】　20℃时，将半径 $r = 1.20 \times 10^{-4}$ m 的毛细管垂直地插入水中，水对毛细管壁完全润湿。已知 20℃时，水的表面张力 $\sigma = 72.75 \times 10^{-3}$ N/m，水的密度 $\rho = 1 \times 10^3$ kg/m³。试求水在上述毛细管内上升的高度。

解　$g = 9.8$ m/s² $= 9.8$ N/kg。水对毛细管壁完全润湿时 $\theta = 0°$，$\cos\theta = 1$，故水在管内上升的高度由式(9-11)得

$$h = \frac{2\sigma}{r\rho g} = \frac{2 \times 72.75 \times 10^{-3}}{1.20 \times 10^{-4} \times 10^3 \times 9.8} = 0.124 \text{ m}$$

三、弯曲液面的蒸气压

平液面的饱和蒸气压只与物质的本性、温度及压力有关，而弯曲液面的饱和蒸气压不仅与物质的本性、温度及压力有关，而且还与液面弯曲程度（曲率半径 r 的大小）有关。由热力学推导，可以得出液面的曲率半径 r 对蒸气压影响的关系式如下

$$\ln \frac{p_r^*}{p^*} = \frac{2\sigma}{r} \times \frac{M_B}{\rho_B RT} \tag{9-12}$$

式中　p^*——纯物质平液面的饱和蒸气压，Pa；

　　　p_r^*——纯物质弯曲液面的饱和蒸气压，Pa；

　　　M_B——液体的摩尔质量，kg/mol；

　　　ρ_B——液体的密度，kg/m³；

　　　σ——液体表面张力，N/m；

　　　r——弯曲液面的曲率半径，m。

式(9-12)称为开尔文方程（Kelvin equation）。

显然，对小液滴或毛细管中凸液面

$$r > 0, \quad \ln\left(\frac{p_r^*}{p^*}\right) > 0, \quad p_r^* > p^*$$

对小气泡或毛细管中凹液面

$$r < 0, \quad \ln\left(\frac{p_r^*}{p^*}\right) < 0, \quad p_r^* < p^*$$

因此，由开尔文方程可知：p_r^*（液滴）$> p^*$（平液面）$> p_r^*$（气泡），且曲率半径 r 越小，偏离程度越大。如图 9-7 所示。

【例题 9-3】　水的表面张力与温度的关系为 $\sigma = 75.64 - 0.14t$，今将 10kg 纯水在 303K 及 101325Pa 条件下定温定压可逆分散成半径 $r = 10^{-8}$ m 的球形雾滴，计算：(1) 环境所消耗的非体积功；(2) 小雾滴的饱和蒸气压；(3) 该雾滴所受的附加压力。已知 303K、

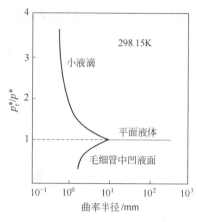

图 9-7　表面曲率半径对水的蒸气压的影响

101325Pa 时，水的密度为 995kg/m³，不考虑分散度对水的表面张力的影响。

解　(1) 本题非体积功即表面功 $W'_R = \sigma A_s$

$$\sigma = 75.64 - 0.14 \times (303 - 273) = 71.44 \times 10^{-3} \text{N/m}$$

设雾滴半径为 r，个数为 N，则总表面积

$$A_s = N4\pi r^2 = \frac{m4\pi r^2}{\frac{4}{3}\pi r^3 \rho_B} = \frac{3m}{r\rho_B}$$

所以　　$W'_R = \frac{3m\sigma}{r\rho_B} = \frac{3 \times 10 \times 71.44 \times 10^{-3}}{1 \times 10^{-8} \times 995} = 215 \text{kJ}$

(2) 根据开尔文方程式 (9-12)

$$\ln\frac{p_r^*}{p^*} = \frac{2\sigma M_B}{r\rho_B RT} = \frac{2 \times 71.44 \times 10^{-3} \times 18 \times 10^{-3}}{1 \times 10^{-8} \times 995 \times 8.314 \times 5303} = 0.1026$$

所以　　　　　　$\frac{p_r^*}{p^*} = 1.108$

$$p_r^* = 1.108 \times 101325 = 1.123 \times 10^5 \text{Pa}$$

(3)　$\Delta p = \frac{2\sigma}{r} = \frac{2 \times 71.44 \times 10^{-3}}{1 \times 10^{-8}} = 1.43 \times 10^7 \text{Pa}$

【例题 9-4】　20℃ 时，苯的蒸气结成雾，雾滴（为球形）半径 $r = 10^{-6}$ m，20℃ 时苯表面张力 $\sigma = 28.9 \times 10^{-3}$ N/m，体积质量 $\rho_B = 879$ kg/m³，苯的正常沸点为 80.1℃，摩尔汽化焓 $\Delta_{vap}H_m^* = 33.9$ kJ/mol，且可视为常数。计算 20℃ 时苯雾滴的饱和蒸气压。

解　设 20℃ 时苯雾滴的饱和蒸气压为 p_B^*，正常沸点时的大气压为 101325Pa，则由克劳修施-克拉贝龙方程式

$$\ln\frac{p_B^*}{101325} = -\frac{\Delta_{vap}H_m^*}{R}\left(\frac{1}{293.15} - \frac{1}{353.25}\right)$$

将 $\Delta_{vap}H_m^* = 33900$ J·mol⁻¹ 和 R 值分别代入上式，求出 $p_B^* = 9506$ Pa

设 20℃ 时，半径 $r = 10^{-6}$ m 的雾滴表面的蒸气压为 $p_{B,r}^*$，根据开尔文方程得

$$\ln\frac{p_{B,r}^*}{9506} = \frac{2 \times 28.9 \times 10^{-3} \times 78.0 \times 10^{-3}}{10^{-6} \times 8.3145 \times 293.15 \times 879} = 2.10 \times 10^{-3}$$

解得　$p_{B,r}^* = 9526$ Pa

四、亚稳态

亚稳态是热力学不稳定状态，如过饱和蒸气、过冷液体、过热液体和过饱和溶液等均是亚稳态。

1. 过饱和蒸气

过饱和蒸气是压力大于同样温度下平液面饱和蒸气压（即通常所说的饱和蒸气压）的蒸气。将饱和蒸气加压或降温，即可得到过饱和蒸气。然而，过饱和蒸气从单一气相中产生液相，要经历一个从无到有、从小到大的过程。最初产生的液滴是最小的，蒸气的压力尽管对平液面达到饱和，但没有对最小液滴达到饱和，因此最小液滴无从产生，也就不会长成较大的液滴。由开尔文方程可以计算，在 25℃ 时要从气相中产生半径为 10^{-9} m 的小水滴，水蒸气的压力约为平液面饱和蒸气压的 3 倍。

但如果蒸气中有尘埃，这些尘埃可以作为蒸气的凝结中心，在其周围成长小液滴，一旦最小的液滴形成，就会很快长大。人工降雨就是在云层中水蒸气达到过饱和而未凝聚时撒入

某些晶体使之降雨。

2. 过热液体

过热液体是指加热到沸点以上也不沸腾的液体。沸腾时，液体生成的微小气泡，液面呈凹面。根据开尔文方程，气泡中的液体饱和蒸气压比平面液体的小，且气泡越小，蒸气压越低。由拉普拉斯公式可知，微小气泡上还承受着很大的附加压力 $\Delta p = \dfrac{2\sigma}{r}$（$r$ 为气泡半径）。

所以，必须升高液体温度，使气泡凹液面的饱和蒸气压等于或超过 $p_{大气压} + \dfrac{2\sigma}{r}$，才能使液体沸腾，这可能引起过热导致溶液暴沸。为降低过热程度，往往在加热液体时，先在其中放入多孔沸石或毛细管，能产生较大气泡而避免生成微小气泡，避免液体过热。

3. 过冷液体

过冷液体是在低于凝固点而仍未凝固的液体。压力在 $10^5\mathrm{Pa}$，温度在 273K 以下的过冷水按理应自发凝结成冰。但因新生成的冰粒极其微小，微小冰粒的蒸气压大于正常冰的蒸气压，也就是大于该温度下液体的饱和蒸气压，即其化学势高于过冷水的化学势，因而在此温度下微晶与液体放在一起，微晶就不能存在。因此很纯的水可以过冷至 $-40\,^{\circ}\mathrm{C}$ 左右而不结冰。但只需加入一点冰晶，或稍加振动这种亚稳状态就会被破坏，过冷水立即结成冰。

4. 过饱和溶液

过饱和溶液是指在一定温度下，溶质浓度高于正常溶解度而不结晶的溶液。产生这种亚稳状态的原因是生成的高度分散的微小晶粒具有较大化学势，溶解度大，因此小晶粒不能稳定存在。相应的开尔文公式可表示为

$$\ln \frac{c_r}{c} = \frac{2\sigma_{sl}M}{RT\rho_s r} \tag{9-13}$$

式中　　c_r, c——平衡时半径为 r 的晶粒与一般晶体（$r \to \infty$）的溶解度；

　　　　σ_{sl}——晶体与溶液的界面张力；

　　　　ρ_s——晶体的密度；

　　　　r——晶体的曲率半径；

　　　　M——溶质的摩尔质量。

晶体曲率半径 r 愈小，相应的溶解度愈大。常采用延长结晶的保温时间，使生成的大小不均的晶体中的小晶体逐渐溶解，大块晶体慢慢长大并趋均一。分析化学中沉淀的"陈化"也与此原理有关。

第四节　溶液的表面吸附

一、溶液的表面张力

在一定温度、压力下，纯液体的表面张力是一定值。溶液的表面张力不仅与温度、压力有关，还与溶质的种类及其浓度有关。在水溶液中，表面张力随组成的变化有三种类型。

第一类，无机盐、非挥发性的酸或碱以及蔗糖、甘露醇等多羟基有机物，其水溶液的表面张力随溶质浓度的增加以近似直线的关系上升，如图 9-8 中曲线Ⅰ。

第二类，短链醇、醛、酮、酸和胺等有机物，随浓度增大，其水溶液的表面张力起初降得较快，随后下降趋势减小而呈图 9-8 中曲线Ⅱ。

第三类，碳原子数为 8 个以上的直长链有机酸碱金属盐、磺酸盐、硫酸盐和苯磺酸盐等，少量的这些物质就能显著地降低溶液的表面张力，到一定浓度后，表面张力不再有明显改变，如图 9-8 中曲线Ⅲ。

第一类物质，如 NaCl，在水溶液中完全电离为正负离子，它们与水发生强烈的水合作

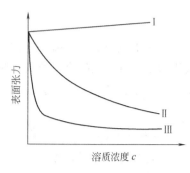

图 9-8 溶液表面张力与浓度的关系

用，体相内正、负离子到表面上去扩大表面积会消耗表面功及克服静电引力做功，使表面能增高。这类物质又称表面惰性物质。

第二类物质的分子是由较小的非极性基团与极性基团或离子所组成，如乙醇。它们和水的作用较弱，很容易吸附到表面上去，使溶液表面能下降，$\Delta G < 0$，系统更稳定。

第三类物质，分子中的非极性基团比第二类的要大，一般为 8 个碳原子以上的直长链。以十二烷基硫酸钠 $C_{12}H_{25}OSO_3Na$ 为例。溶于水后极性的亲水基团"—OSO_3—"与水发生强烈的水合作用；"$C_{12}H_{25}$—"为非极性基团，与水之间仅有范德华力存在且作用微弱，而水分子间的作用力非常强烈，从而将碳氢链部分赶出水相。这种两亲特性使溶质分子集中到两相界面上的趋势增加。只需少量这样的物质，溶液的表面张力就会显著降低，就降低表面张力这一特性而言，我们把能使溶剂的表面张力降低的性质称为表面活性，具有表面活性的物质则称为表面活性物质。上述第二、三类物质具有表面活性，故称为表面活性物质。虽然都具有表面活性，但性质又明显不同。我们把加入少量即能显著降低溶剂表面张力的物质，称为表面活性剂。例如 25℃、$0.008mol/dm^3\ C_{12}H_{25}OSO_3Na$ 水溶液的表面张力为 39mN/m，同温度时纯水的表面张力为 72mN/m。

二、吉布斯吸附等温式

若加入的溶质能降低溶液的表面张力，导致溶质在表面相浓度高于液相内部；反之，当溶质的加入使溶液的表面张力升高时，溶质在表面相浓度低于其在液相内部的浓度。溶液表面层与体相溶液的组成不同的现象称为在表面层发生吸附。

早在 100 年前吉布斯就用热力学方法导出了一定温度下，联系溶液的表面张力、溶液浓度和吸附量的微分方程，通常称为吉布斯吸附等温式。

$$\Gamma = -\frac{c}{RT}\left(\frac{\partial\sigma}{\partial c}\right)_T \tag{9-14}$$

式中　c——吸附平衡时溶液中溶质的浓度，mol/m^3；

　　　σ——溶液的表面张力，N/m；

　　　Γ——单位面积表面相中吸附溶质的过剩量，又称表面过剩量，mol/m^2。

由吉布斯公式可得如下结论：

① 若 $\left(\frac{\partial\sigma}{\partial c}\right)_T < 0$，则 $\Gamma > 0$。即表面张力随着溶质的加入而降低者，Γ 为正值，是正吸附，此时溶质浓度表面层高于体相，例如表面活性物质。

② 若 $\left(\frac{\partial\sigma}{\partial c}\right)_T > 0$，则 $\Gamma < 0$。溶液的表面张力随着溶质的加入而升高时，Γ 为负值，是负吸附。此时表面层中溶质浓度低于体相中溶质的浓度，表面惰性物质即属于这种情况。

三、吸附层上分子的定向排列

通过实验测定不同浓度 c 时对应的溶液表面张力 σ。以 σ 对 c 作图，在 σ-c 曲线上作切线，指定浓度下切线的斜率即为该浓度的 $\left(\frac{\partial\sigma}{\partial c}\right)_T$ 值，再由式(9-14)，即可得浓度 c 时的表面

过剩量 Γ。作 Γ-c 曲线，称吸附等温线。

由图 9-9 可见，溶质浓度很小时，Γ 与 c 的关系近似直线，吸附量随溶质浓度的增加而增大；当浓度足够大时，表面过剩量趋近一极限值 Γ_∞，此时溶液表面的吸附已达饱和。再增加浓度，表面吸附量不再改变，Γ_∞ 为一定值，与浓度无关。Γ_∞ 称为饱和吸附量。

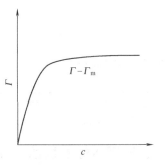

图 9-9　吸附量与浓度的关系

表面活性物质分子具有两亲特性，分子的一端是亲油的非极性基团，另一端是极性基团，其亲水作用使分子的极性端进入水中。当浓度较高，溶质分子在表面层达饱和吸附时，分子在表面定向排列成单分子膜（见图 9-10）。

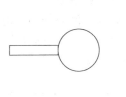 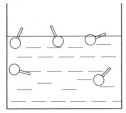 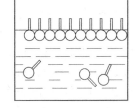

图 9-10　表面活性物质分子结构及在表面层上的状态

当表面活性物质在表面层达饱和吸附时，它在表面层中的浓度远远大于体相内浓度。饱和吸附量 Γ_∞ 可视为单位表面上溶质的总量，从而可以计算出定向排列时每个表面活性物质分子在表面层所占据的面积，即分子截面积 A

$$A=\frac{1}{L\Gamma_\infty} \tag{9-15}$$

式中　L——阿伏伽德罗（Avogadro）常数。

实验表明，直链脂肪酸 RCOOH 不论其碳氢链长度如何（C_2~C_8 之间），它们的 Γ_∞ 是大致相同的。由此算得脂肪酸同系物的分子截面积是相同的，均为 $0.3nm^2$ 左右。这证明在饱和吸附时，表面层上吸附的分子是垂直于液面定向排列的。

第五节　表面活性物质

一、表面活性物质的分类

表面活性物质由极性的亲水基团和非极性的疏水基团共同组成，是具有双重亲液结构的分子。表面活性物质在医药、食品、化妆品、纺织和冶金等领域有着广泛的应用。

表面活性物质的品种繁多，分类方法也很多，普遍按结构特点来分类。以表面活性物质的极性基团是否是离子为依据，分为离子型和非离子型两大类型。在离子型中又按其具有活性作用的离子所荷电性分为阴离子型、阳离子型和两性型等类别，见表 9-3。

表 9-3　表面活性物质的分类

类　　别		实　　例
离子型表面活性物质	阴离子型	羧酸盐 $RCOO^- M^+$，硫酸酯盐 $ROSO_3^- M^+$，磺酸盐 $RSO_3^- M^+$，磷酸酯盐 $ROPO_3^- M^+$
	阳离子型	伯胺盐 $RNH_2 \cdot HX$，季铵盐 $RN^+(CH_3)_3X^-$ 吡啶盐
	两性离子型	氨基酸型 $RNHCH_2CH_2COOH$ 甜菜碱型 $RN^+(CH_3)_2CH_2COO^-$

续表

类　别	实　例
非离子型表面活性物质	聚氧乙烯醚 $RO(CH_2CH_2O)_nH$ 聚氧乙烯酯 $RCOO(CH_2CH_2O)_nH$ 多元醇酯型 $RCOOCH_2C(CH_2CH_2OH)_3$

注：R 一般为 $C_8 \sim C_{18}$ 的碳氢长链的烃基；M^+ 为金属离子或简单的阳离子，如 Na^+、K^+ 或 NH_4^+；X^- 为简单阴离子，如 Cl^-、CH_3COO^-。

二、表面活性物质的 HLB 值

实用中，对一定的系统究竟选择哪种表面活性物质比较合理、效率最高，目前还缺乏理论指导，但从经验上，表面活性物质分子的亲水性和亲油性是一种重要依据。双亲结构赋予表面活性物质特殊的性质和用途，例如，可作为乳化剂、破乳剂、润湿剂和起泡剂等。1949年，Griffin（格里芬）提出用 HLB（hydrophile-lipophile balance），即亲水亲油平衡值来表示表面活性物质的亲水性和亲油性的相对强弱。HLB 值越大，其亲水性越强，HLB 值越小，其亲水性越弱，亲油性越强。

表面活性物质的 HLB 值是个相对值。以没有亲水基、亲油性很强的石蜡（HLB＝0）和亲水性较强的十二烷基硫酸钠（HLB＝40）为标准，其他表面活性物质的 HLB 值可用乳化实验对比其乳化效果决定其值（HLB 在 $1 \sim 40$ 之间）。也可用一些公式进行计算。由HLB 值可以得知表面活性物质的适当用途（见表9-4）。因为 HLB 值的计算或测定均是经验性的，故在应用中选择乳化剂、润湿剂、增溶剂和洗涤剂时，HLB 有一定的指导意义，但不能作为唯一的理论依据，最好结合实际效果进行筛选。

表 9-4　HLB 范围及其主要用途

HLB 值范围	主 要 用 途	HLB 值范围	主 要 用 途
$1 \sim 3$	消泡剂	$12 \sim 15$	润湿剂
$3 \sim 6$	油包水型（W/O）乳化剂	$13 \sim 15$	洗涤剂
$8 \sim 18$	水包油型（O/W）乳化剂	$15 \sim 18$	增溶剂

三、表面活性物质的临界胶束浓度

表面活性物质能使溶液的表面张力显著降低，此时，表面活性物质主要是以单个分子形式分布于溶液的表面，当然也有少数分子在溶液中。当溶质增至一定值，溶液的表面张力降至最低。继续增加溶质的量，表面张力不再下降。在表面层上，物质吸附达饱和，表面活性物质分子形成单分子层。表面层容纳不下的表面活性物质分子在溶液中以疏水基相互靠拢，形成以疏水基朝里、亲水基指向水相的胶束。形成胶束的浓度称为表面活性物质的临界胶束浓度，简称 CMC（critical micelle concentration），相当于图 9-8 中曲线Ⅲ的转折处。超过CMC 后，如果继续增加表面活性物质的量，只能增加溶液中胶束的数量和大小。溶液的表面张力不再下降，在表面张力与浓度关系曲线中，呈水平线段。

胶束的形状有球状、棒状或层状。胶束的形状与形成胶束的浓度有关，胶束的大小则与构成胶束的表面活性物质分子的数目即聚集数有关。例如，十二烷基硫酸钠水溶液在其CMC 时，胶束是对称球形，聚集数为 73。浓度 10 倍于 CMC 值时，胶束为棒状，浓度再增加时，棒状胶束聚集成六角形束，直至最后形成层状胶束。

图 9-11 是十二烷基硫酸钠溶液的物理化学性质随浓度变化的情况。图中，在 CMC（约为 0.008mol/dm^3）附近，表面活性物质的渗透压、浊度、摩尔电导率和去污能力都发生了

突变。其他表面活性物质也有类似情况。

影响 CMC 的因素主要是分子的结构。无论是离子型还是非离子型表面活性剂，其疏水性增强，CMC 值就随之下降。外界条件如温度、电解质等也会影响临界胶束浓度。

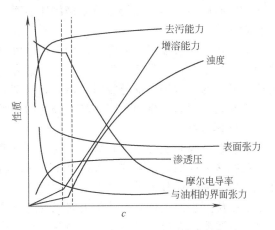

图 9-11　$C_{12}H_{25}OSO_3Na$ 溶液的各种
性质与浓度的关系

四、胶束的应用——增溶作用

表面活性物质水溶液的一个重要应用，是能溶解一些原来不溶或微溶于水的物质。例如，2-硝基二苯胺微溶于水，当加入表面活性物质月桂酸钾浓度达到 CMC（约为 $0.022\text{mol}/\text{dm}^3$）时，2-硝基二苯胺的溶解度为 $0.022\text{g}/\text{dm}^3$，当月桂酸钾浓度增大至两倍于 CMC 时，2-硝基二苯胺的溶解度增加了 30 倍。这种现象称为增溶作用。增溶作用的特征如下。

① 增溶作用必须在 CMC 以上浓度才能发生。即胶束的存在是发生增溶作用的必要条件，而且浓度越大，胶束越多，增溶效果越显著。

② 增溶作用是一热力学自发过程。可使被增溶物（如上例中的 2-硝基二苯胺）的蒸气压下降，化学势降低，增溶后系统更为稳定。

③ 增溶后溶液为透明的系统，而且溶剂的依数性质基本不变。说明增溶并非溶解，溶质在增溶过程中并未在溶剂中分散成分子或离子状态，而是溶入胶束。所以溶液中质点总数未增加，只是胶束胀大。

④ 溶剂作用是一可逆的平衡过程。无论用什么方法，达到平衡后的增溶结果是一样的。

利用增溶作用加快化学反应速率称胶束催化，可用于研究化学反应机理。增溶作用与生命现象密切相关。例如，小肠不能直接吸收脂肪，但胆汁对脂肪的增溶作用，使得小肠能够对脂肪进行吸收。

第六节　气-固界面吸附

一、吸附的概念

一定条件下，相界面上物质的浓度自动发生变化的现象，称为吸附。

吸附可以发生在固-气、固-液、液-液等相界面上。本节将着重讨论气体在固体表面上的吸附作用。例如固体活性炭就有吸附溴气以及从溶液中吸附溶质的特性。在充满溴气的玻璃瓶中，加入一些活性炭，可以看到棕红色的溴蒸气将渐渐消失，这表明活性炭的表面有富集溴分子的能力，这种现象即是吸附。具有吸附能力的物质称为吸附剂或基质，被吸附的物质则称为吸附质。用活性炭吸附溴时，活性炭为吸附剂，溴是吸附质。

固体物质不能像液体那样可通过收缩表面来降低系统的表面吉布斯函数，但它可以通过从周围的介质中吸附其他物质的粒子来减小其表面分子力场不均匀的程度，降低其表面吉布斯函数。

在一定的 T、p 下，被吸附物质的多少将随着吸附面积的增加而加大。因此，为了吸附更多的吸附质，要尽可能增加吸附剂的比表面，许多粉末状或多孔性物质，往往都具有良好的吸附性能。

吸附作用有着很广泛的应用，例如用硅胶吸附气体中的水汽使之干燥；用活性炭吸附糖水溶液中的杂质使之脱色；用分子筛吸附混合气体中某一组分使之分离等。此外，多相催化反应、胶体的结构等也都与吸附作用有着密切的关系。

按吸附作用力性质的不同，吸附分为物理吸附和化学吸附两种。

1. 物理吸附

吸附剂与吸附质分子之间靠分子间力（范德华力）产生的吸附，称为物理吸附。

范德华力很弱，但存在于各种分子之间。所以吸附剂表面吸附了气体分子之后，还可以在被吸附了的气体分子上再吸附更多的气体分子，因此物理吸附可以是多分子层吸附。气体分子在吸附剂表面上依靠范德华力完成的多分子层吸附，与气体凝结成液体的情况相类似，吸附热（吸附质在吸附过程中所放的热）与气体凝结成液体所释放的热有着相同的数量级，它比化学吸附热要小得多。又由于吸附力是分子间力，故物理吸附基本上没有选择性，但临界温度高的气体，即易于液化的气体比较易于被吸附。如 H_2O、Cl_2 的临界温度分别高达 647K 和 417K，而 N_2、O_2 的临界温度分别低至 126K 和 154K，所以吸附剂容易从空气中吸附水蒸气，活性炭可以从空气中吸附氯气而作为防毒面具中的吸附剂，但它不易吸附 N_2 和 O_2。此外，由于吸附力弱，物理吸附也容易解吸（脱附可看做是吸附的逆过程），而且吸附速率快，易于达到吸附平衡。

2. 化学吸附

吸附剂与吸附质分子之间靠化学键力产生的吸附，称为化学吸附。

和物理吸附不同，产生化学吸附的作用力是很强的化学键力。在吸附剂表面与被吸附的气体分子间形成了化学键以后，就不能与其他气体分子形成化学键，故化学吸附是单分子层的，化学吸附过程发生键的断裂与形成，故化学吸附的吸附热在数量级上与化学反应热相当，比物理吸附的吸附热要大得多。由于化学吸附类似于吸附剂与吸附质之间的化学反应，吸附质有的呈分子态，有的则分解为自由基、自由原子等，因而化学吸附有很强的选择性。这样对于反应物之间可发生众多反应的情况，使用选择性强的催化剂，就可以促进期望反应的进行。此外，化学键的生成与破坏比较困难，反应速率很小，因此产生化学吸附的系统往往较难达到化学吸附平衡。

物理吸附与化学吸附有时也不是截然分开的，两者可同时发生，并且在不同的情况下，吸附性质也可以发生变化。如 $CO(g)$ 在 Pd 上的吸附，低温下是物理吸附，高温时则表现为化学吸附。物理吸附与化学吸附的区别列于表 9-5 中。

表 9-5　物理吸附与化学吸附的区别

项　　目	物理吸附	化学吸附
吸附作用力	分子间力	化学键力
吸附选择性	无选择性	有选择性
吸附速度	快,不需活化能	较慢,需活化能
吸附分子层	多分子层	单分子层
吸附热	较小,与液化热相近	较大,与化学反应热相近
吸附稳定性	不稳定,易解吸	比较稳定,不易解吸

二、固体表面对气体分子的吸附

一定 T、p 下，在吸附平衡时，被吸附气体在标准状况下的体积与吸附剂质量之比称为平衡吸附量，简称吸附量。吸附量通常用"Γ"表示，其单位为 m^3/kg，有时也用 mol/kg。

$$\Gamma = \frac{V}{m}, \quad \Gamma = \frac{n}{m}$$

气体的吸附量与气体的温度及压力有关，一般可以表示为

$$\Gamma = f(T, p)$$

为研究方便起见，一般常常固定其中三个变量中的一个，以测定另外两个变量之间的关系。例如恒压下，反映吸附量与温度之间关系的曲线称为吸附等压线；恒温下，反映吸附量与压力之间关系的曲线称为吸附等温线；吸附量恒定时，反映平衡温度与平衡压力之间关系的曲线称为吸附等量线。

1. 等温吸附经验式

弗罗因德利希（Freundlich）提出了如下含有两个常数项的经验式，描述一定温度下吸附量 Γ 与平衡压力 p 之间的定量关系式

$$\Gamma = kp^n$$

式中，k 和 n 是两个常数，与温度有关，通常 $0 < n < 1$。此式称为弗罗因德利希公式，一般只适用于中压范围。

弗罗因德利希经验式也可以适用于溶液中溶质在固体吸附剂上的吸附，这时吸附量的单位为 mol/kg。公式的形式为 $\qquad \Gamma = kc^n$

式中 c——吸附平衡时溶液中溶质的浓度。

2. 单分子层吸附理论——朗缪尔（Langmuir）吸附等温式

气体在吸附剂表面上的吸附等温线大致可分为五种类型，图 9-12 所介绍的是其中最为简单的一种。从图中可以看出，随着横坐标的物理量压力 p 的增大，气体在吸附剂表面上的吸附量逐渐增大，纵坐标上气体在吸附剂表面上的吸附量 Γ 逐渐增大，最后不再有大的变化，呈水平状，为 Γ_∞。

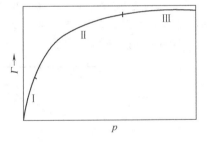

图 9-12 单分子层吸附等温线示意

朗缪尔提出的气体单分子层吸附理论可以比较满意地解释图 9-12 类型的吸附等温线。它是单分子层吸附等温线，表示了在一定温度下吸附剂表面发生单分子层吸附时，平衡吸附量 Γ 随平衡压力 p 的变化关系。这种吸附等温线可以分为三段：线段Ⅰ是压力比较小时，吸附量 Γ 与压力 p 近似成正比关系；线段Ⅱ是压力中等时吸附量 Γ 随平衡压力 p 的增大而缓慢增加成曲线关系；线段Ⅲ是压力 p 较大时，吸附量 Γ 基本上不随压力 p 变化。吸附量 Γ 与压力 p 的关系可用朗缪尔吸附等温式表示

$$\Gamma = \Gamma_\infty \frac{bp}{1+bp} \tag{9-16}$$

式中 Γ——吸附剂表面吸附气体的平衡吸附量，mol/m^2；

Γ_∞——吸附剂表面吸附气体的最大吸附量，mol/m^2；

b——吸附系数，Pa^{-1}。

Γ_∞ 也被称为饱和吸附量，吸附系数 b 表示吸附剂对吸附质吸附能力的强弱。

朗缪尔吸附理论有四个要点。

① 单分子层吸附。固体表面的吸附力场作用范围大约为分子直径大小，只有气体分子进入到固体的空白表面的力场范围内，才有可能被吸附，所以只能发生单分子层吸附。另外吸附量有限，当吸附剂吸附一层后，吸附量也就达到了极限。

② 吸附剂表面是均匀的。固体表面上各个位置吸附能力是相同的，气体分子在吸附剂

表面上的任何位置有相等的机会被吸附。

③ 被吸附的气体分子与其他周围的气体分子无相互作用力。假设气体分子被吸附和解吸与其周围是否存在被吸附的气体分子无关。

④ 吸附平衡是动态平衡。一定温度、压力下达到吸附平衡时,从表面上看吸附量不随时间而改变。实际上气体分子的吸附与解吸仍然在进行,只不过这时单位表面积上的吸附速率与解吸速率相等而已。

朗缪尔吸附等温式对图 9-12 所示的吸附等温线解释如下。

当 p 很小或吸附较弱即 b 很小时,$1 \gg bp$,式(9-16) 变成

$$\Gamma = \Gamma_\infty bp$$

即吸附量与气体压力成正比,为图 9-12 中线段 I 的情形。

当气体压力较大或吸附较强,即 b 很大时,$1 \ll bp$,式(9-16) 变为 $\Gamma = \Gamma_\infty$。表明吸附已经达到饱和,因而吸附量不再随压力而变化。这是图 9-12 中线段 III 的情形。

当压力适中或吸附系数适中时,吸附量与平衡压力的关系成曲线形状,如图 9-12 中的线段 II。

朗缪尔吸附等温式是界面现象中最重要的公式。应用朗缪尔吸附等温式,由多组数据计算 Γ_∞ 和 b 时常采用作图法,Γ_∞ 也可用被吸附气体的体积 V_∞ 表示。

练习题

一、思考题

1. 在两支水平放置的毛细管中间皆放有一段液体,如附图所示,(a) 管内的液体对管内壁完全不润湿,(b) 管中的液体对管内壁完全润湿。若在两管之右端分别加热,管内液体会向哪一端流动?

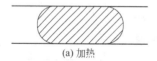 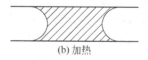

(a) 加热　　　　　　　　　　　(b) 加热

题 1 附图

2. 两块光滑的玻璃在干燥的条件下叠放在一起,很容易上下分开。在两者之间放些水,水能润湿玻璃,如附图所示若使上下分开却很费劲,这是什么原因?

题 2 附图

3. 在一定的温度和大气压下,半径均匀的毛细管下端有两个大小不等的圆球形气泡,如图所示,试问在活塞 C 关闭的情况下,将活塞 A、B 打开,两气泡内的气体相通之后,将会发生什么现象?

4. 在一个底部为光滑平面、抽成真空的玻璃容器中,放有大小不等的圆球形小汞滴,如附图所示。试问经长时间的恒温放置之后,将会出现什么现象?

5. 物理吸附及化学吸附有哪些区别?

6. 表面活性分子结构有何特征?它在溶液本体及表面层如何分布?

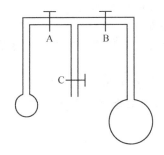

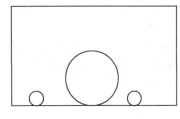

题3附图　　　　　　　　　　　　　　　题4附图

二、填空题

1. 一般物质当温度升高时，表面张力_____，达到_____温度时，表面张力为零。

2. 将一玻璃毛细管垂直插入某液体中，若该液体对毛细管不润湿，则管内液面呈_____形，产生的附加压力的方向指向_____，管内液面_____管外液面。

3. 室温下，水、汞的表面张力分别为 $\sigma(H_2O)=73mN/m$，$\sigma(Hg)=485mN/m$，水-汞的界面张力 $\sigma(H_2O/Hg)=375mN/m$，则水在汞表面上的铺展系数为_____，表面水_____在汞表面上铺展。

4. 在溶剂中加入某溶质 B，能使该溶液表面张力增大，则该溶质的表面浓度_____体相浓度，发生_____吸附，该溶质为表面_____物质。

5. 液体液滴越小，饱和蒸气压越_____；液体里气泡越小，气泡内的液体饱和蒸气压越_____。

6. 由于界面效应引起的亚稳态有_____、_____、_____、_____。

三、选择题

1. 在一定 T、p 下，当润湿角 θ _____时，液体对固体表面不能润湿；当液体对固体表面的润湿角_____时，液体对固体表面能完全润湿。

　① $<90°$　　　　② $>90°$　　　　③ 趋近于零　　　　④ 趋近于 180°

2. 在相同温度下，同一种液体被分散成不同曲率半径的分散系统，以 p（平）、p（凹）及 p（凸）分别表示平面液体、凹面和凸面液体上的饱和蒸气压，则三者之关系为 p（凸）_____ p（平）_____ p（凹）。

　① $<$　　　　　② $>$　　　　　③ $=$　　　　　④ 无一定关系

3. 通常称为表面活性剂的物质，是指当其加入少量后就能_____的物质。

　① 增加溶液的表面张力　　　　　② 改变溶液的导电能力

　③ 显著降低溶液的表面张力　　　④ 使溶液表面发生负吸附

4. 当表面活性剂加入溶液后，所产生的结果是_____。

　① $\left(\dfrac{\partial\sigma}{\partial c}\right)_T>0$，负吸附　　　　　② $\left(\dfrac{\partial\sigma}{\partial c}\right)_T>0$，正吸附

　③ $\left(\dfrac{\partial\sigma}{\partial c}\right)_T<0$，正吸附　　　　　④ $\left(\dfrac{\partial\sigma}{\partial c}\right)_T<0$，负吸附

5. 在一定温度下，液体在能被完全润湿的毛细管中上升的高度反比于_____。

　① 大气的压力　　　　　　　　　② 固-液的界面张力

　③ 毛细管的半径　　　　　　　　④ 液体的表面张力

6. 朗缪尔（Langmuir）等温吸附理论中最重要的基本假设是_____。

① 气体为理想气体　　　　　　② 多分子层吸附

③ 单分子吸附　　　　　　　　④ 固体表面各吸附位置上的吸附能力是不同的

四、计算题

1. 已知 20℃时的水-乙醚、乙醚-汞及水-汞的界面张力分别为 0.0107N/m、0.379N/m 及 0.375N/m。若在乙醚-汞的界面上滴一滴水，试计算在上述条件下，水对汞面的润湿角，并画出示意图。

$$(\theta = 68.05°)$$

2. 水的饱和蒸气压为 2.337kPa，水的密度为 998.3kg/m^3，表面张力为 72.75×10^{-3} N/m。试求 20℃时，半径为 10^{-9}m 的小水滴的饱和蒸气压为若干？

$$(6.863kPa)$$

3. 用毛细管上升法可测定液体的表面张力。在一定温度下，某液体的密度 $\rho = 0.790$g/cm^3，在半径 $r = 0.2351 \times 10^{-3}$m 的玻璃毛细管中上升的高度 $h = 2.56 \times 10^{-2}$m，假设该液体可完全润湿毛细管的内壁，求液体的表面张力。

$$(23.3mN/m)$$

4. 20℃时，水和汞的表面张力分别为 72.8×10^{-3} N/m 及 483×10^{-3} N/m，而汞-水的界面张力为 375×10^{-3} N/m。通过计算说明水能否在汞的表面上铺展？

$$(可以)$$

第十章 胶体化学

学习目标

1. 掌握胶体系统的定义及分类。
2. 了解胶体的制备方法和性质。
3. 会写胶团结构的表达式和溶胶的稳定性及聚沉。
4. 理解高分子化合物的分子量。

"胶体"一词最早由英国科学家格雷阿姆（Graham）提出。19世纪60年代，格雷阿姆应用分子运动论研究溶液中溶质的扩散情况时发现，有些物质，如蔗糖、氯化钠等在水中扩散快，易透过羊皮纸（半透膜），将水蒸去后呈晶体析出；另一些物质如明胶、氢氧化铝等在水中扩散慢，不能透过羊皮纸，蒸去水后呈黏稠状。格雷阿姆将前者称为晶体，后者称为胶体。20世纪初，俄国化学家法伊曼（Banmapmh）试验了二百多种物质，发现同一种物质在适当条件下，既可表现为晶体，又可表现为胶体。例如，氯化钠在水中具有晶体的特性，分散在无水乙醇中则表现为胶体。据此得出结论：胶体是物质的一种特殊分散状态，是一种或几种物质以一定分散度分散于另一种物质中构成的分散系统（见表10-1）。

表 10-1　分散系统按线度大小的分类

分 散 系 统	粒子的线度/m	实　　例
分子分散	$<10^{-9}$	乙醇的水溶液、空气
胶体分散	$10^{-9} \sim 10^{-7}$	AgI 或 Al(OH)$_3$
粗分散	$>10^{-7}$	牛奶、豆浆

胶体系统因高度分散和巨大表面积而具有许多独特性质，研究这些独特性质的胶体化学已发展成现代化学的一门重要分支学科。

胶体化学原理广泛应用于制药工程、生物工程及医药学等领域。尤其是近年来发展起来的超微技术、纳米材料的制备已成为化学和物理学研究的新热点。掌握胶体化学知识对指导制药工业的生产和研究具有重要意义。

第一节　分散系统的分类及其主要特征

把一种或几种物质分散在另一种物质中所构成的系统称为分散系统。根据被分散物质粒子的大小，分散系统一般分为溶液、胶体及粗分散系统（见表10-1）。

若被分散的物质粒子的线度小于10^{-9}m，呈分子、原子或离子的分散系统，称为溶液。被分散的物质称为分散质或溶质；连续分布的物质称为分散介质或溶剂。溶液为均相系统，液态溶液一般都表现为透明、不能发生光的散射、扩散速度快、溶质与溶剂皆可通过半透膜等特征；在一定条件下，溶质与溶剂不能自动地分离成两相，是热力学稳定系统。

分散在分散介质中的物质粒子的线度在 $10^{-9} \sim 10^{-7}$ m（即 $1 \sim 100$ nm）之间，这种分散系统称为胶体分散系统，简称为胶体。在胶体范围内，被分散的粒子是大量的分子、原子或离子的聚集体，它们与分散介质之间存在着明显的相界面，这种情况下的分散质才可称为分散相。用上述界限来定义胶体，完全是人为的大致划分，不同的书中往往采用不同的界限。

若分散相粒子的线度大于 10^{-7} m，则称为粗分散系统。例如悬浊液、乳浊液、泡沫等皆为粗分散系统。由于它们与胶体有许多共同的特性，故常将其作为胶体化学的研究对象。

在胶体系统中，分散相的物质粒子是构成胶团的核心，常简称其为胶核，它具有很大的比表面积 A_s。设分散相与分散介质之间的界面张力为 σ，在 T、p 恒定条件下，指定胶体系统的表面吉布斯函数变可表示为

$$dG_s = A_s d\sigma + \sigma dA_s \tag{10-1}$$

式(10-1)表明，分散相的表面积增加得愈多，系统的表面吉布斯函数就愈大，该系统就愈不稳定，在一定条件下，微小粒子自动聚集成大颗粒、缩小表面积的趋势就愈大，故高度分散的多相系统必然是热力学不稳定系统。式(10-1)还表明，在 T、p 及 A 恒定的条件下，界面张力降低也是可自动进行的过程。大量实验事实表明，胶核可从溶液中有选择地吸附某种离子而带电，这样可使胶核表面的不饱和力场得到一定程度的补偿，从而达到相对稳定的状态。胶体粒子的大小要比一般小分子大千百倍。与溶液中的溶质相比较，胶体粒子具有扩散速度慢、渗透压低、不能透过半透膜等特征。

总之，高度分散的多相性和热力学不稳定性既是胶体系统的主要特征，又是产生其他现象的依据。在研究胶体系统的性质、形成、稳定与破坏时，就应从这些特点出发。

胶体系统可以按分散相与分散介质聚集状态的不同来分类，并常以分散介质的相态命名。

若分散介质为液态，分散相可以是气态、固态或另一种与分散介质互不相溶（或相互溶解度都很小）的液态物质，此类溶胶称为液溶胶，常简称其为溶胶。它是胶体系统的典型代表，是本章研究的重点。

若分散介质为固态，分散相可以是气体、液体或另一种互不相溶的固态物质，此类胶体系统称为固溶胶。

若分散介质为气态，分散相只能是液体和固体，此类胶体系统，称为气溶胶。

综上所述，气、液、固三种物质能构成 8 种胶体系统。表 10-2 分别列出分散系统按聚集状态的分类。

表 10-2　分散系统按聚集状态的分类

分 散 介 质	分 散 相	名 称	实 例
液	气 液 固	液溶胶	肥皂泡沫 含水原油，牛奶 金溶胶、泥浆、油墨
固	气 液 固	固溶液	浮石，泡沫玻璃 珍珠 某些合金，染色的塑料
气	液 固	气溶液	雾，油烟 粉尘，烟

还有一类物质，如蛋白质、淀粉、动物胶等天然高分子及众多的合成高分子化合物，它们至少在某个方向上的线度达到胶体分散的范围，它们与水或其他溶剂具有很强的亲和力，故曾称其为亲液溶胶。相对而言，其他溶胶的分散相都具有明显的憎水性，故称其为憎液溶胶。许多高分子（又称大分子）化合物，都可自动地呈分子或离子状态溶在水或其他介质中

而形成均相的真溶液，若设法使它沉淀，则当除去沉淀剂，重加溶剂后大分子化合物又可以自动再溶解，故高分子溶液是热力学的稳定系统，它与溶胶具有本质的差别。由于高分子化工的迅速发展，高分子已从胶体化学中分离出来，形成一门独立的学科，在第六节简要阐述。亲液溶胶一词已被高分子溶液所取代，由于习惯，憎液溶胶一词在许多书中仍被沿用。

第二节　溶胶的制备与净化

一、溶胶的制备

溶胶的制备方法有如下几种。

① 由小分子溶液用凝聚法（小变大），包括物理凝聚法、化学反应法及更换溶剂法制备成溶胶。例如，将松香的乙醇溶液加入水中，由于松香在水中的溶解度低，则松香以溶胶颗粒大小析出，形成松香的水溶胶（更换溶剂法）。再如

$$FeCl_3(稀水溶液)+3H_2O \xrightarrow{煮沸} Fe(OH)_3(溶液)+3HCl(化学反应法)$$

② 由粗分散系统用分散法（大变小），包括研磨法、电弧法及超声分散法制备成溶胶。上述两种方法可示于图 10-1。

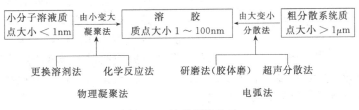

图 10-1　溶胶制备方法

二、溶胶的净化

未经净化的溶胶往往含有很多电解质或其他杂质。少量的电解质可以使溶胶质点因吸附离子而带电，因而对于稳定溶胶是必要的；过量的电解质对溶胶的稳定反而有害。因此，溶胶制得后需经净化处理。

最常用的净化方法是渗析，它利用溶胶质点不能透过半透膜，而离子或小分子能透过膜的性质，将多余的电解质或低分子化合物等杂质从溶胶中除去，常用的半透膜有火棉胶膜、醋酸纤维膜等。

净化溶胶的另一种方法是超过滤法。超过滤是用孔径极小而孔数极多的膜片作为滤膜，利用压差使溶胶流经超过滤器。这时，溶胶质点与介质分开，杂质透过滤膜而除掉。

第三节　溶胶的性质

一、溶胶的光学性质

溶胶的光学性质是其高分散度和不均匀性（多相）性质的反映。通过溶胶光学性质的研究，不仅可以解释溶胶的一些光学现象，而且在观察胶体粒子的运动，研究它们的大小和形状方面也有重要的用途。

1. 丁达尔效应

1869 年丁达尔（Tyndall）发现将一束光线透过溶胶，在光束的垂直方向观察，可以在

光透过溶胶的途径上看到一个光柱，这就是丁达尔效应。

当光线照射到微粒上时，可能发生三种情况：

① 若微粒（大小）大于入射光波长很多倍时，则发生光的反射（或折射）；

② 若微粒的大小尺度与入射光的波长相近时，发生光的衍射；

③ 若微粒小于入射光波长时，则发生光的散射，即光在绕过微粒前进的同时，又会从粒子的各个方向散射，散射出来的光叫乳光。根据光的电磁理论，散射光之所以发生，是由于入射光引起微粒中电子的跃迁，跃迁到高能级的电子回复到低能级时，即向各个方向发射出光波，这就是光的散射。丁达尔效应就是光的散射所引起的。溶胶是多相分散系统，其中溶胶粒子常小于可见光的波长（$4 \times 10^{-7} \sim 7 \times 10^{-7}$ m）。因此当光透过溶胶时产生散射作用，每个粒子向各个方向散射出乳光，这就是从侧面可看到的光柱的原因。对粗分散系统，例如乳状液，看到的是呈浑浊状的反射光。所以较强的光散射是溶胶的主要特征。

丁达尔效应（见图 10-2）有一个奇特的现象，就是胶体溶液带色。例如迎着透射光看

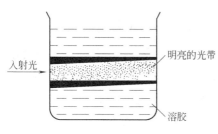

图 10-2 丁达尔效应

到的氯化银、溴化银等胶体溶液，是红黄色的，而从垂直于入射光的方向观察，这些胶体溶液则是带蓝色的。这种蓝色，在胶体化学上称为丁达尔蓝。氯化银、溴化银本身不带色，做成胶体溶液后就带了色，且随着观察方向的不同而呈现不同的颜色。

2. 丁达尔效应的规律

英国人雷莱（Rayleigh）从光的电磁理论出发，发现溶胶的散射光强度决定于溶胶中粒子的大小、单位体积内粒子数目的多少、入射光的波长、入射光的强度以及分散相物质与分散介质的折射率等因素。导出了雷莱光散射公式

$$I = \frac{9\pi^2 c V^2}{2\lambda^4 r^2} \left(\frac{n_2^2 - n_1^2}{n_2^2 + 2n_1^2} \right) I_0 (1 + \cos^2\theta) \qquad (10\text{-}2)$$

式中 I——散射角为 θ、散射距离为 r 处的溶胶的散射光强度；

I_0——入射光强度；

λ——入射光波长；

c——分散系统中单位体积中的粒子数；

V——每个粒子的体积；

n_1，n_2——分散相和分散介质的折射率。

由雷莱公式可以看出：

① 散射光的强度与入射光波长的 4 次方成反比。因此，入射光中波长越短的光，散射光越强。如果入射光为白光，则其中波长较短的蓝色和紫色光散射作用最强，而波长较长的红色光散射较弱且大部分将透过溶胶。因此，当白光照射溶胶时，从侧面（垂直于入射光方向）看，散射光呈蓝紫色；而透过光呈橙红色。晴朗的天空呈现蓝色是由于空气的尘埃粒子和小水滴散射太阳光（白光）而引起的；海水之蓝的原因也在于此；而晨曦和晚霞呈现火红色，是由于透射光引起的。

② 散射光的强度与分散相和分散介质的折射率有关，当分散相与分散介质折射率相差越大时，散射光越强，相差越小散射光就越弱。因此溶胶和高分子溶液的丁达尔效应就具有极为明显的区别，前者表现出强烈的散射光，而后者却不明显，这是因为，高分子溶液中被分散物与分散介质之间具有极强的结合力，二者的折射率极为接近，所以丁达尔效应很弱。利用丁达尔效应可区分溶胶和高分子溶液。

③ 散射光的强度与粒子体积的平方成正比，即散射光强度与系统的分散度有关。小分

子溶液的粒子太小，虽有乳光，但微弱。所以当光通过小分子溶液时，无光柱可见。悬浮液的粒子大于可见光的波长，故没有乳光，只有反射光。只有溶胶才有明显的乳光产生，因此可以用丁达尔效应来鉴别溶胶和小分子溶液。

④ 散射光的强度与粒子浓度成正比。胶体溶液的乳光强度又称浊度。利用此性质制成测定胶体溶液浓度的仪器为浊度计，可测定污水中悬浮杂质的含量等，称为浊度分析。

⑤ 散射光强度与入射光强度成正比。入射光强度越大，散射光强度就越大，因此在超显微镜下观察胶体粒子时常用聚敛光。

二、溶胶的动力学性质

溶胶是一种高度分散的多相系统，具有很大的表面积和表面吉布斯函数，在热力学上是不稳定的。所以，一般的溶胶易受外界干扰（加热或加入电解质等），长时间放置会发生聚沉。但是有一些溶胶，如制备得当，却又很稳定，其主要原因之一是由于胶体粒子的高度分散性而引起的动力学性质。

1. 布朗运动

1827 年，英国植物学家布朗（Brown）用显微镜观察到悬浮在水中的花粉不断地作不规则运动。后来用超显微镜观察到溶胶中胶粒在介质中也有同样的现象，这种现象称为布朗运动。对于某一种粒子，每隔一段时间观察并记录它的位置，可以得到类似图 10-3 所示的完全不规则运动轨迹。

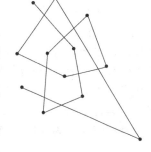

图 10-3 布朗运动

产生布朗运动的原因是分散介质分子对胶粒撞击的结果。胶体粒子处在介质分子包围之中，而介质分子由于热运动不断地从各个方向同时撞击胶粒，由于胶粒很小，在某一瞬间，它所受撞击力不会互相抵消，加上粒子自身的热运动因而使它在不同时刻以不同速度、不同方向作不规则运动。在超显微镜下，介质分子是看不见的，而胶粒的布朗运动却是可见的。实验结果表明：粒子越小，温度越高，介质的黏度越小则布朗运动越激烈。1905 年爱因斯坦（Einstein）利用分子运动论的一些基本概念和公式，推导出布朗运动的公式

$$X = \left(\frac{RT}{L} \frac{t}{3\pi\eta r} \right)^{\frac{1}{2}} \tag{10-3}$$

式中 X——粒子的平均位移，m；

t——观察间隔时间，s；

R——气体常数；

η——介质的黏度，Pa·s；

r——粒子的半径，m；

L——阿伏伽德罗（Avogadro）常数。

这个公式把粒子的位移与粒子的大小、介质的黏度、温度以及观察的时间等联系起来。许多实验都证实了爱因斯坦公式的正确性。1908 年贝林（Perrin）、1911 年威斯德伯格（Westgren）等用大小不同的粒子（分别用藤黄和金溶胶），黏度不同的介质，取不同的观察时间 t，测定了平均位移 X，然后利用式(10-3)，求得 L 接近于 6.023×10^{23}，说明了式(10-3) 的正确性。

2. 扩散

溶胶和溶液相比较，除了溶胶的粒子远大于溶液中的分子或离子，浓度又远低于稀溶液外，并没有其他本质上的不同。所以稀溶液的一些性质在溶胶中也有所表现，因此溶胶也应该具有扩散作用和渗透压。溶胶的扩散作用是通过布朗运动的方式来实现的。即胶粒能自发

地从高浓度处向低浓度处扩散。1905 年，爱因斯坦假定粒子为球形，导出了粒子在 t 时间的平均位移（X）和扩散系数（D）之间的关系式

$$X^2 = 2Dt \tag{10-4}$$

由式(10-3)和式(10-4)可得

$$D = \frac{RT}{6\pi\eta rL} \tag{10-5}$$

式中　D——扩散系数，它的物理意义是在单位浓度梯度下，单位时间内，通过单位面积的质量。

从 D 可以求得粒子的大小。粒子的半径越小、介质的黏度越小、温度越高，则 D 越大，粒子就越易扩散。

3. 沉降与沉降平衡

与分散系统动力稳定性直接有关的因素是粒子的大小。对于分子分散系统来说，由于分子激烈的热运动，克服了地球对它的引力，因而能够自如地活动在分散介质所允许的范围之内。对于粗分散系统，由于介质分子对它的撞击力相互抵消，粒子的布朗运动太弱，以致无法克服重力的影响，粒子向下沉降，直至最后全部沉降。而胶体分散系统粒子的大小介于这两种系统之间，势必会形成粒子分布的浓度梯度，下部浓，上部稀。粒子可由浓度较大处向浓度较小处扩散。粒子同时受到两种力即重力与扩散力的作用，两种力相等时，粒子处于平衡状态，称为沉降平衡，这是一种动态平衡。沉降与扩散是矛盾的两个方面，构成了胶体系统的动力稳定状态。

若胶体粒子为球形，半径为 r，密度为 ρ，分散介质的密度为 ρ_0，则沉降重力 F_1 为

$$F_1 = \frac{4}{3}\pi r^3(\rho - \rho_0)g$$

式中　g——重力加速度。

粒子以速度 v 下沉，按斯托克斯（Stokes）定律所受阻力 F_2 为

$$F_2 = 6\pi\eta rv$$

当 $F_1 = F_2$ 时，粒子以匀速沉降，则

$$v = \frac{2r^2(\rho - \rho_0)g}{9\eta} \tag{10-6}$$

从式(10-6)可以看到，沉降速度 v 与 r^2 成正比，所以粒子的大小对沉降速度的影响很大。根据此式可以计算出各种大小粒子上升（或下降）0.01m 所需的时间，以金和苯的粒子为例，列于表 10-3 中。

表 10-3　悬浮在水中的粒子上升或下降 0.01m 所需时间

粒子的半径/m	金	苯	粒子的半径/m	金	苯
10^{-3}	2.5s	6.3min	10^{-6}	29d	12a
10^{-4}	42min	10.6h	1.5×10^{-7}	3.5a	540a
10^{-5}	7h	44d			

由表 10-3 中可以看出，粒子越小，其沉降速率越慢。大于 10^{-5} m 的粒子，放置一段时间以后似乎都可以下沉到容器的底部。但实际情况并非如此。因为式(10-6)的计算，是假定系统处在静止、孤立的平衡状态下，而实际上还有外界条件的影响，如温度的对流、机械振动等，都会阻止沉降。特别是粒子小于 10^{-5} m 时，还应考虑与沉降作用相对抗的扩散作用。因此，当粒子下沉到某一程度，所产生的浓度梯度，使得这两种作用相等，系统处于沉降平衡状态。

三、溶胶的电学性质

胶体是高度分散的多相热力学不稳定系统，有自发聚结变大最终下沉的趋势。但是，事实上不少胶体可以存放几年甚至几十年都不聚沉。研究表明，使胶体稳定存在的因素除了胶体粒子的布朗运动以外，最主要的是由于胶体粒子带电。

1. 电泳

在外电场作用下，分散相粒子在分散介质中定向移动的现象，称为电泳。中性粒子在电场中不可能发生定向移动，所以胶体的电泳现象说明胶体粒子是带电的。

观察电泳现象的实验装置如图 10-4 所示。如要作 $Fe(OH)_3$ 溶胶的电泳实验，则在 U 形管中先放入棕红色的 $Fe(OH)_3$ 溶胶，然后在溶胶液面上小心地放入无色的 NaCl 溶液（其电导率与溶胶电导率相同），使溶胶与 NaCl 溶液之间有明显的界面。在 U 形管的两端各放一根电极，通入直流电一定时间后，可见 $Fe(OH)_3$ 溶胶的棕红色界面在负极一侧上升，而在正极一侧下降，这说明 $Fe(OH)_3$ 胶粒是带正电荷的。由于整个胶体系统是电中性的，所以胶粒带正电，介质必定带负电。

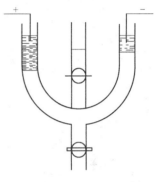

图 10-4　电泳示意

胶体粒子的电泳速率与粒子所带电量及外加电势梯度成正比，而与介质黏度及粒子大小成反比。胶体粒子比离子大得多，但实验表明胶体电泳速率与离子电迁移速率数量级大体相当，由此可见胶体粒子所带电荷的数量是相当大的。

研究电泳现象不仅有助于了解胶体粒子的结构及电性质，在生产和科研试验中也有许多应用。例如根据不同蛋白质分子、核酸分子电泳速率的不同来对它们进行分离，已成为生物化学中一项重要实验技术；医学中利用血清的"纸上电泳"可以协助诊断患者是否有肝硬化；电泳技术在农业（如基因分析、遗传育种、种子纯度等）和法医（如亲子鉴定、指纹分析）等方面有着重要应用。陶瓷工业用的优质黏土是利用电泳进行精选得到的；电镀橡胶就是利用橡胶微粒带负电的电泳而获得橡胶制品（如医用橡胶手套）。

电泳只是胶体的电学性质之一，此外还有电渗、沉降电势及流动电势等。这四种现象的本质均说明分散相带电。

2. 胶体粒子带电的原因

（1）吸附　胶体分散系统有巨大的比表面和表面能，所以胶体粒子有吸附其他物质以降低表面吉布斯函数的趋势。如果溶液中有少量电解质，胶体粒子就会有选择地吸附某种离子而带电。吸附正离子时，胶体粒子带正电，称为正溶胶；吸附负离子时，胶体粒子带负电，称为负溶胶。胶体粒子表面究竟吸附哪一类粒子，取决于胶体粒子的表面结构及被吸附粒子的本性。在一般情况下，胶体粒子总是优先吸附构晶离子或能与构晶离子生成难溶物的离子。例如，用 $AgNO_3$ 和 KI 溶液制备 AgI 溶胶时，若 $AgNO_3$ 过量，则介质中有过量的 Ag^+ 和 NO_3^-，此时 AgI 粒子将吸附 Ag^+ 而带正电；若 KI 过量，则 AgI 粒子将吸附 I^- 而带负电。表面吸附是胶体粒子带电的主要原因。

（2）电离　胶体粒子表面上的分子与水接触时发生电离，其中一种离子进入介质水中，结果胶体粒子带电。如硅溶胶的粒子是由许多 SiO_2 分子聚集而成的，其表面分子发生水化作用

$$SiO_2 + H_2O \longrightarrow H_2SiO_3$$

若溶液显酸性，则

$$H_2SiO_3 \longrightarrow HSiO_2^+ + OH^-$$

生成的 OH^- 进入溶液，结果胶体粒子带正电。若溶液显碱性，则

$$H_2SiO_3 \longrightarrow HSiO_3^- + H^+$$

生成的 H^+ 进入溶液，结果胶体粒子带负电。由此例可知，介质条件（如 pH）改变时，胶体粒子的带电正负及带电程度都可能发生变化。

3. 胶体粒子的结构

由于吸附或电离，胶体粒子成为带电粒子，而整个溶胶是电中性的，因此分散介质必然带有等量的相反电荷的粒子。与电极-溶液界面处相似，胶体分散相粒子周围也会形成双电层，其反电荷离子层也是由紧密层与扩散层两部分构成。紧密层中反电荷离子被牢固地束缚在胶体粒子的周围，若处于电场之中，将随胶体粒子一起向某一电极移动；扩散层中反电荷离子虽受到胶体粒子静电引力的影响，但可脱离胶体粒子而移动，若处于电场中，则会与胶体粒子反向朝另一电极移动。

图 10-5　AgI 胶团剖面

根据上述胶体粒子带电原因及形成双电层的道理，可以推断胶体粒子的结构。以 $AgNO_3$ 溶液与过量 KI 溶液反应制备 AgI 溶胶为例，其胶体粒子结构如图 10-5 所示。首先，m 个 AgI 分子形成 AgI 晶体微粒 $(AgI)_m$，称为胶核，胶核吸附 n 个 I^- 而带负电。带负电的胶核吸引溶液中的反电荷离子 K^+，使 $n-x$ 个 K^+ 进入紧密层，其余 x 个 K^+ 则分布在扩散层中。胶核、被吸附的离子以及在电场中能被带着一起移动的紧密层共同组成胶粒，而胶粒与扩散层一起组成胶团。整个胶团是电中性的。胶粒是溶胶中的独立移动单位。通常所说的胶体带正电或带负电，是指胶粒而言的。在一般情况下，由于紧密层中反电荷离子的电荷总数小于胶核表面被吸附离子的电荷总数，所以胶体粒子带电符号取决于被吸附离子，而带电程度则取决于被吸附离子与紧密层中反电荷离子的电荷之差。胶团的结构也可以表示为

$$\underbrace{\underbrace{[\underbrace{(AgI)_m}_{胶核} \cdot \underbrace{nI^-}_{\substack{吸附\\离子}} \cdot \underbrace{(n-x)K^+}_{紧密层}]^{x-}}_{胶粒} \cdot xK^+}_{胶团}$$

m 为胶核中 AgI 的分子数，此值一般很大（在 10^3 左右）；n 为胶核所吸附的离子数，n 的数值比 m 小得多；$n-x$ 是包含在紧密层中的反电荷离子的数目；x 为扩散层中反电荷离子数目。对于同一胶体中不同胶团，其 m、n 和 x 的数值是不同的。也就是说，胶团没有固定的直径、质量和形状。由于离子溶剂化，因此胶粒和胶团也是溶剂化的。

4. 热力学电势和电动电势

胶核表面与溶液本体之间的电势差称为热力学电势，用符号 "φ_0" 表示。

与电化学中电极-溶液界面电势差相似，热力学电势 φ_0 只与被吸附的或电离下去的那种离子在溶液中的活度有关，而与其他离子的存在与否及浓度大小无关。如图 10-6 所示。

紧密层外界面（也称为滑动面）与溶液本体之间的电势差，称为电动电势，用符号 "ζ" 表示，常称电动电势为 ζ 电势。由于紧密层中的反电荷离子部分抵消了胶核表面所带电荷，故 ζ 电势的绝对值一般小于热力学电势的绝对值。胶粒带正电，则 ζ 电势为正值；胶粒带负电，则 ζ 电势为负值。胶粒带电荷越多即胶团结构式中 x 值越大，ζ 电势越大，电泳速率越快。ζ 电势与电泳或电渗速率的定量关系为

$$\zeta=\frac{\eta u}{\varepsilon_0\varepsilon_r E} \tag{10-7}$$

式中　ε_0——真空的介电常数，$\varepsilon_0=8.854\times10^{-12}\mathrm{F/m}$；

ε_r——分散介质的相对介电常数；

η——分散介质的黏度系数，$\mathrm{Pa\cdot s}$；

u——电泳或电渗的速率，$\mathrm{m/s}$；

E——单位距离的电势差（即电势梯度），$\mathrm{V/m}$；

ζ——电动电势，V。

一般胶体粒子的 ζ 电势约为几十毫伏。

介质中外加电解质的种类及浓度能明显影响 ζ 电势。当外加电解质浓度变大时，会使进入紧密层中的反电荷离子增加，从而使扩散层变薄，ζ 电势下降，如图 10-7 所示。当电解质浓度增加达一定值（如图中 c_3 时），扩散层厚度变为零，ζ 电势也变为零。这就是胶体电泳速率随电解质浓度增大而变小，甚至变为零的原因。$\zeta=0$ 时，为该胶体的等电点，胶粒不带电。此时胶体最不稳定，易发生聚沉。

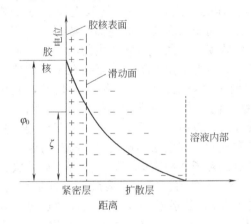

图 10-6　双电层与 ζ 电势

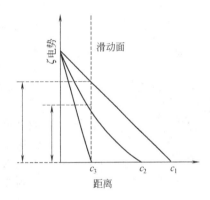

图 10-7　电解质浓度对 ζ 电势的影响

【例题 10-1】　在 298K 时测得 $Fe(OH)_3$ 水溶液的电泳速率为 $1.65\times10^{-5}\mathrm{m/s}$，两极间的距离为 0.2m，所加电压为 110V，水的相对介电常数为 81，黏度为 $0.0011\mathrm{Pa\cdot s}$，求 ζ 电势近似值。

已知 $T=298\mathrm{K}$，$u=1.65\times10^{-5}\mathrm{m/s}$，$l=0.2\mathrm{m}$，$U=110\mathrm{V}$，$\eta=0.0011\mathrm{Pa\cdot s}$，$\varepsilon_r=81$，求 ζ。

解　电势梯度 $E=\dfrac{U}{l}=\dfrac{110}{0.2}=550\mathrm{V/m}$

将有关数据代入 ζ 与 u 的关系式

$$\zeta=\frac{\eta u}{\varepsilon_0\varepsilon_r E}=\frac{0.0011\times1.65\times10^{-5}}{81\times8.854\times10^{-12}\times550}=0.046\mathrm{V}$$

第四节　溶胶的稳定性与聚沉

一、溶胶的稳定性

溶胶在热力学上是不稳定的。然而经过净化后的溶胶，在一定的条件下，却能在相当长的时间内稳定存在。

使溶胶能相对稳定存在的原因如下。

① 胶粒的布朗运动使溶胶不至于因重力而沉降，即动力学稳定性。

② 由于胶团双电层结构的存在，胶粒都带相同的电荷，相互排斥，故不易聚沉。这是使溶胶稳定存在的最重要的原因。

③ 在胶团的双电层中反离子都是水化的，因此在胶粒的外面有一层水化膜，它阻止了胶粒的互相碰撞而导致胶粒结合变大。

使溶胶稳定存在的原因是胶粒之间的排斥作用；而使溶胶聚沉的原因则是胶粒的吸引作用。20 世纪 40 年代，苏联人 Derjaguin 和 Landau、荷兰人 Verwey 和 Overbeek，各自独立地提出溶胶稳定性理论，称 DLVO 理论。这是目前对溶胶稳定性和电解质的影响解释的比较完善的理论。该理论从分析胶粒间的范德华引力和双电层的排斥力入手，导出两个粒子间的势能曲线，从理论上解释了溶胶的稳定性。其基本要点如下。

① 粒子间的吸引力。溶胶粒子间的吸引力在本质上和分子间的范德华引力相似。粒子间的吸引力与距离的 3 次方成反比。

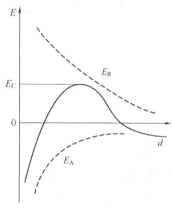

图 10-8　粒子间的势能
与距离关系图

② 粒子间的排斥力。当粒子间的距离较大时，其双电层未重叠，没有排斥力。当粒子靠近使双电层部分重叠时，由于重叠部分中离子浓度比未重叠部分浓度大，离子将从高浓度处向低浓度处扩散，由此产生的渗透压，使粒子间发生相互排斥。根据上述分析，可得到粒子间的势能 $E(E_A+E_R)$ 与距离关系的曲线，如图 10-8 所示，其中 E_A 为粒子间的吸引能，E_R 为粒子间的排斥能。由图 10-8 可见，当距离较大时，双电层未重叠，吸引力起作用，势能是负值。粒子靠近时，双电层逐渐重叠，排斥力起主要作用，势能为正值。粒子间距离缩短到一定程度后，吸引力又占优势，势能又为负值。因此当溶胶粒子欲聚结时，必须要越过势能峰 E_C。当胶粒的动能不足以越过势能峰 E_C 时，溶胶能稳定存在而不聚结。如果在溶液中加入电解质，使胶粒的 ζ 电势降低，双电层厚度变薄，排斥作用就大大地减弱，胶粒动能超越 E_C，布朗运动引起粒子的碰撞，将导致粒子聚结，最后当粒子聚结变大到一定大小时，就要沉淀析出，称为溶胶的聚沉作用。

二、影响溶胶聚沉的因素

1. 电解质的聚沉作用

溶胶聚沉在外观上的表现一般是颜色的改变，产生浑浊最后出现沉淀。电解质对溶胶的聚沉能力通常用聚沉值来表示。聚沉值是使一定量的某种溶胶，在规定的时间内发生明显聚沉所需电解质的最小浓度。聚沉值愈小，电解质对胶体溶液聚沉力量愈强。聚沉能力是聚沉值的倒数。由于溶胶制备条件的不同，各人判断标准的差异，聚沉值的数值不尽相同。表 10-4 列出几种电解质的聚沉值。

表 10-4　电解质对溶胶的聚沉值　　　　　　　　　　单位：mmol/dm³

As_2S_3（负溶胶）		Au（负溶胶）		$Fe(OH)_3$（正溶胶）		Al_2O_3（正溶胶）	
LiCl	58	NaCl	24	NaCl	9.25	NaCl	43.5
NaCl	51	KNO_3	25	KCl	9.0	KCl	46
KCl	49.5	$1/2K_2SO_4$	23	KBr	12.5	KNO_3	60
KNO_3	50	—	—	KI	16	KCNS	67

续表

As₂S₃（负溶胶）		Au（负溶胶）		Fe(OH)₃（正溶胶）		Al₂O₃（正溶胶）	
$CaCl_2$	0.65	$CaCl_2$	0.41	K_2SO_4	0.205	K_2SO_4	0.30
$MgCl_2$	0.72	$BaCl_2$	0.35	$K_2Cr_2O_7$	0.159	$K_2Cr_2O_7$	0.63
$MgSO_4$	0.81	—	—	$MgSO_4$	0.22	$K_2C_2O_4$	0.69
$AlCl_3$	0.093	$1/2Al_2(SO_4)_3$	0.009	—	—	$K_3[Fe(CN)_6]$	0.08
$1/2Al_2(SO_4)_3$	0.096	$Ce(NO_3)_3$	0.003	—	—	—	—
$Th(NO_3)_4$	0.009	—	—	—	—	—	—
氯化吗啡	0.42	氯化吗啡	0.54	—	—	苦味酸钠	4.7
苯胺硝酸盐	0.09	碱性新品红	0.002	—	—		

电解质的聚沉作用大体上有如下一些规律。

① 不同价离子的影响。电解质对溶胶的聚沉作用，主要是由离子引起的。反离子的价数越高，其聚沉能力越大，聚沉值越小。与溶胶具有相同电荷离子价数越高，电解质聚沉能力越弱。

② 同价离子的影响。其聚沉能力虽然接近，但也有差别。若用碱金属离子聚沉负溶胶时，其聚沉能力的次序为　　　　　$Cs^+ > Rb^+ > K^+ > Na^+ > Li^+$

而用不同 1 价负离子聚沉正溶胶时，其聚沉能力次序为

$$Cl^- > Br^- > NO_3^- > I^-$$

这类次序称为感胶离子序。

③ 混合电解质对溶胶的聚沉作用有四种情况。一是离子的加合作用。即混合电解质的聚沉作用，表现为两种离子的聚沉值之和。这种情况只出现在起聚沉作用的离子价数相同，且水化程度相近。如用 NaCl 与 KCl 来聚沉负电的 As_2S_3 溶胶，当用 NaCl 聚沉值的 40% 时，再用 KCl 聚沉值的 60%，刚好使 As_2S_3 溶胶聚沉。二是离子的敏化作用。表现为两种离子的聚沉能力增加。如用 LiCl 和 KCl 来聚沉负电的 Au 溶胶，发现当用 LiCl 聚沉值的 20% 时，要使 Au 溶胶聚沉所需 KCl 的用量不是其聚沉值的 80%，而只需 66%，就能使 Au 溶胶聚沉，即电解质的用量减少了，也就是说，一种电解质的存在，使得胶体溶液对于另一种电解质的作用敏感了。三是离子的对抗作用。它与敏化作用相反，表现出两种离子的聚沉能力互相削弱。同样用 LiCl 和 KCl 来聚沉负电的 Au 溶胶时，发现当用 LiCl 聚沉值的 80% 时，要使 Au 溶胶聚沉所需 KCl 的用量不是其聚沉值的 20%，而是 33%，方能使 Au 溶胶聚沉，显然电解质的用量增加了。对抗作用在生物科学上有着重要的意义，如单独一种电解质对生物细胞常起有害作用，称为单盐毒害，如果加入另一种适当的电解质，则可使其毒害作用消失。四是有机化合物的离子都具有很强的聚沉能力，这可能是与其具有很强的吸附能力有关。

2. 相互聚沉现象

把两种带有相反电荷的溶胶适量混合，也会发生聚沉作用，称为相互聚沉。其条件是两者的用量比例适当，总电荷量相等时才会完全聚沉。聚沉作用力为静电吸引力。表 10-5 为正电性的氧化铁（3.036g/L）与负电性的硫化砷（2.07g/L）溶胶按各种比例量相互混合相互聚沉时观察到的情况。

相互聚沉常见于土壤中，一般土壤中存在的胶体物质，有正电的 $Fe(OH)_3$、Al_2O_3 等，负电的硅酸、腐殖质，它们之间的相互聚沉有利于土壤团粒结构的形成。天然水中常含有 SiO_2 负溶胶，若加入明矾 $[KAl(SO_4)_2 \cdot 12H_2O]$，明矾水解后形成 $Al(OH)_3$ 正溶胶，二者相互中和，以达到净化水的目的。

此外，升高温度或增加溶胶的浓度也能促使溶胶聚沉。

表 10-5 溶胶的相互聚沉

混合量/mL		观 察 记 录	混合后粒子的带电性
氧化铁	硫化砷		
9	1	无变化	正
8	2	放置一定时间后略带浑浊	正
7	3	立即浑浊发生沉淀	正
5	5	立即沉淀但不完全	正
3	7	几乎完全沉淀	零
2	8	立即沉淀但不完全	负
1	9	立即沉淀但不完全	负
0.2	9.8	只出现浑浊但不沉淀	负

【例题 10-2】 在三个盛有 $0.02dm^3 Fe(OH)_3$ 溶胶的烧杯中，分别加入 $NaCl$、Na_2SO_4、Na_3PO_4 溶液使其在一定时间内明显聚沉，最少需加入电解质的数量为：（1）$1mol/dm^3 NaCl$ 溶液 $21cm^3$；（2）$0.005mol/dm^3 Na_2SO_4$ 溶液 $125cm^3$；（3）$0.0033mol/dm^3 Na_3PO_4$ 溶液 $7.4cm^3$。计算上述电解质的聚沉值、聚沉能力之比，指出溶胶带电的符号。

解 （1）根据聚沉值的定义：使一定量的溶胶在一定时间内明显聚沉所需电解质的最小浓度，上述电解质的聚沉值分别为

$$c(NaCl) = \frac{1 \times 21}{20+21} \times 10^3 = 512.2 \text{mmol/dm}^3$$

$$c(Na_2SO_4) = \frac{0.005 \times 125}{20+125} \times 10^3 = 4.31 \text{mmol/dm}^3$$

$$c(Na_3PO_4) = \frac{0.0033 \times 7.4}{20+7.4} \times 10^3 = 0.90 \text{mmol/dm}^3$$

聚沉值之比为 $c(NaCl):c(Na_2SO_4):c(Na_3PO_4) = 512.2:4.31:0.90 \approx 569:4.8:1$

（2）聚沉能力之比　已知聚沉能力 $F \propto \dfrac{1}{\text{聚沉值}}$，所以聚沉能力之比为

$$F(NaCl):F(Na_2SO_4):F(Na_3PO_4) = 1:4.8:569$$

由此可知聚沉能力顺序为：$F(NaCl) < F(Na_2SO_4) < F(Na_3PO_4)$。因三者具有相同正离子，所以对溶胶聚沉起主要作用的是负离子，胶粒带有正电荷，为正溶胶。

第五节　乳　状　液

乳状液是由一种或几种液体以小液滴的形式分散于另一种与其互不相溶的液体中形成的多相分散系统。其中小液滴直径一般都大于 $10^{-7}m$，用显微镜可以清楚地观察到。由于液滴对可见光的反射和折射，大部分乳状液外观上为不透明或半透明的乳白色。

乳状液在化工生产和日常生活中有着广泛的应用。例如，油田钻井用的油基泥浆是一种用有机黏土、水和原油构成的乳状液；在纺织工业中，用乳状液处理纤维以减少其相互间的黏附与静电效应，防止纺纱时的断裂；农药工业中，为了节约药量、提高药效，常将农药配制成乳状液使用；许多食品和化妆品也都制成乳状液的形式。有时，乳状液的形成不仅无利反而有害。例如，原油是水分散在油中的乳状液，加工之前必须设法除去水分；许多工业污水也是乳状液，排放之前必须将其破坏，以消除污染。由此可见，乳状液的形成、性质及破坏等都是具有重要实际应用价值的研究内容。

一、乳状液的类型与鉴别

1. 乳状液的类型

乳状液是由两种液体所构成的分散系统。通常将形成乳状液是以小液滴形式存在的液体称为内相（或分散相、不连续相），另一种液体则称为外相（或分散介质、连续相）。乳状液有一相是水或水溶液，称为水相，用符号 W 表示；另一相则是与水不相互溶的有机液体，一般统称为"油"相，用符号 O 表示。乳状液存在着两种不同类型，外相为水，内相为油的乳状液叫做水包油型乳状液，用符号油/水或 O/W 表示，如牛奶、豆浆、生橡胶液等；若外相为油，内相为水，则称为油包水型乳状液，用符号水/油或 W/O 表示，如天然原油、芝麻酱等。影响乳状液类型的因素很多。最初人们认为凡是量多的液体均为外相，而量少的则为内相，即相体积是决定乳状液类型的主要因素。但事实证明，这种看法是片面的，现在已经可制成内相体积为 90％以上的乳状液。乳状液的类型主要与制备溶液时所添加的乳化剂的性质有关。

2. 乳状液类型的鉴别

O/W 型和 W/O 型这两种不同类型的乳状液，在外观上并无明显的区别，通过下列几种方法加以鉴别。

（1）稀释法　乳状液可以被外相液体所稀释，将少量乳状液滴入水中能稀释为 O/W 型乳状液，加入油中能稀释为 W/O 型乳状液。即加水到 O/W 型乳状液中，乳状液被稀释，不影响其稳定性；若加水到 W/O 型乳状液中，乳状液变稠，甚至被破坏。例如，牛奶能被水稀释，所以牛奶是 O/W 型乳状液。

（2）染色法　将少量油溶性染料加到乳状液中如红色的苏丹Ⅲ，振荡后取样在显微镜下观察，如果乳状液外相（分散介质）染上了红色，说明油是外相，乳状液是 W/O 型；如果内相（分散相）被染上红色，则说明油是内相，乳状液是 O/W 型。若采用水溶性染料进行判断，其结果恰好相反。常用的油溶性染料有红色的苏丹Ⅲ，水溶性染料有亚甲基蓝、荧光红等。

（3）电导法　水溶液具有导电能力，油导电能力差，O/W 型乳状液的导电能力比 W/O 型乳状液要大得多。利用这一性质可以区别乳状液的类型。如果乳状液的电导率比较大，则它是 O/W 型乳状液。但乳状液中存在着离子型乳化剂时，W/O 型乳状液也有较好的导电性，不能用此方法鉴别。

（4）滤纸润湿法　由于滤纸容易被水所润湿，因此，将 O/W 型乳状液滴在滤纸上后会立即铺展开来，而在中心留下一油滴；如果不能立即铺展开来，则为 W/O 型。对于易在滤纸上铺展的油，如苯、环己烷等，不宜采用此法来鉴别它们的类型。

二、乳状液的稳定性与乳化

直接把水和油混合在一起振摇，虽然可以使其相互分散，但静置后很快又会分成两层，不能形成稳定的乳状液。例如，将苯和水共同振摇时可得到白色的混合液体，静置不久后又会分层。如果加入少量合成洗涤剂再摇动，就会得到较为稳定的乳白色液体，苯以很小的液珠分散在水中，形成了 O/W 型乳状液。为了形成稳定的乳状液所必须加入的第三组分称为乳化剂。乳化剂的种类很多，通常是表面活性剂，可以是阳离子型、阴离子型或非离子型。有些天然产物如蛋白质、树胶、明胶、磷脂，以及某些固体如碳酸钙、炭黑、黏土的粉末等，也可以作为乳化剂。乳化剂的乳化作用可以归结如下。

（1）降低油-水界面张力　乳状液是一个表面吉布斯函数高的热力学不稳定系统，加入表面活性剂作为乳化剂时，乳化剂吸附在油水界面上，亲水的极性基团浸在水中，亲油的非极性基团伸向油中，形成定向的界面膜，降低了油-水系统的界面张力，使乳状液变得较为稳定。由于乳状液是一个多相分散系统，表面吉布斯函数总是存在的，因此降低界面张力只是减小其不稳定的程度。

（2）形成坚固的界面膜　乳化剂分子在油-水界面上的定向排列，形成一层具有一定机械强度的界面膜，可以将分散相液滴相互隔开，防止其在碰撞过程中聚结变大，从而得到稳定的乳状液。界面膜的机械强度是决定乳状液稳定性的主要因素。为了提高界面膜的机械强度，有时使用混合乳化剂，不同乳化剂分子间的相互作用，可以使界面膜更坚固，从而使乳状液更稳定。

（3）液滴双电层的排斥作用　对于用离子型表面活性剂作为乳化剂的乳状液，其液滴常常带有电荷，在其周围可以形成双电层。由于同性电荷之间的静电斥力，阻碍了液滴之间的相互聚结，从而使乳状液稳定。

（4）固体粉末的稳定作用　固体粉末作乳化剂时，粉末在油-水界面上形成保护膜而使乳状液稳定。根据固体粉末对水或油润湿的程度不同，可以形成不同类型的乳状液。亲水性固体如二氧化硅、蒙脱土等可作为制备 O/W 型乳状液的乳化剂；憎水性固体如石墨可作为 W/O 型乳化剂。这是因为，固体粉末乳化剂的亲水性大，则其大部分进入水中，在油-水界面上形成的保护膜应当是凸向水相，凹向油相的，这样就把油分散成滴并很好地保护起来而形成了 O/W 型乳状液，如图 10-9（a）所示。油-水界面上的这层保护膜可以防止油滴在碰撞过程中相互聚结。

反之，设想形成了 W/O 型乳状液，如图 10-9（b）所示，则水滴表面仍有相当部分没有被保护起来，以致其在碰撞过程中很容易聚结变大，因而就不会稳定地存在。如果固体粉末乳化剂是憎水性的，则与上述情况正好相反，保护膜应凸向油相而凹向水相，使水分散成滴并被保护起来，从而形成稳定的 W/O 型乳状液。

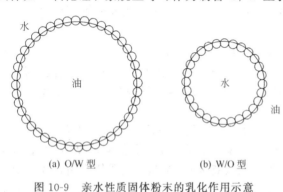

(a) O/W 型　　　　(b) W/O 型

图 10-9　亲水性质固体粉末的乳化作用示意

三、乳状液的转型与破坏

1. 乳状液的转型

乳状液的转型是指在外界某种因素的作用下，乳状液由 O/W 型变成 W/O 型，或者由 W/O 型变成 O/W 型的过程，又称为转型。实质上，转型过程是原来被分散的液滴聚结成连续相，而原来连续的分散介质分裂成液滴的过程。

转型通常是由于外加物质使乳化剂的性质发生改变而引起的。例如用钠皂可以形成 O/W 型乳状液，但若加入足量的氯化钙，则可生成钙皂而使乳状液转型为 W/O 型。又如当用二氧化硅粉末作乳化剂时，可形成 O/W 型乳状液，但若加入足够数量的炭黑或钙皂，则可使乳状液转变为 W/O 型。应当说明的是，在这些例子中，如果生成或加入的相反类型的乳化剂的量太少，则乳状液的类型是不发生转换的；而如果用量适中，则两种相反类型的乳化剂同时起相反的效应，从而使得乳状液不稳定乃至被破坏。例如 $15cm^3$ 的煤油与 $25cm^3$ 的水用 0.8g 炭粉作乳化剂时，可以得到 W/O 型乳状液，若向其中加入 0.1g 二氧化硅粉末，该乳状液则被破坏了；若所加二氧化硅多于 0.1g，则可以转化成 O/W 型乳状液。

此外，温度的改变有时也会造成乳状液的转型，尤其是对于那些使用非离子型表面活性剂作为乳化剂的乳状液。当温度升高时，乳化剂分子的亲水性变差，亲油性增强，在某一温度时，由非离子型表面活性剂稳定的 O/W 型乳状液将转变为 W/O 型乳状液，这一温度称为转型温度（phase inversion temperature，简称 PIT）。

2. 乳状液的破坏

有时候希望破坏乳状液，以使其中的油、水两相分离（层），这就是所谓破乳。为破乳而加入的物质称为破乳剂。例如石油原油和橡胶类植物乳浆的脱水，自牛奶中提取奶油等都是破乳过程。

破乳可以用物理方法。例如用离心机分离牛奶中的奶油。原油脱水可利用静电破乳，即在高压电场下带电的水珠在电极附近放电，聚结成大液滴后沉降，从而达到水、油分离目的。用加热的方法也可以破坏乳状液，因为升高温度可以降低分散介质的黏度，并增加液滴间相互碰撞的强度而降低乳化剂的吸附性能，从而降低了乳状液的稳定性。因此可把升温作为一种人为的破坏力，以此来评价乳状液的稳定性。

另一类破乳方法是化学方法。其原则是破坏乳化剂的乳化能力，从而使水、油两相分层析出。常用的有以下几种方法。

① 用不能生成牢固保护膜的表面活性物质来代替原来的乳化剂，从而破坏保护膜，使乳状液失去稳定性。例如异戊醇的表面活性大，能代替原有的乳化剂，但因其碳氢链较短，不足以形成牢固的保护膜，从而起到破乳作用。

② 用试剂破坏乳化剂。例如用皂类作乳化剂时，若加入无机酸，皂类就变成脂肪酸而析出，使乳状液失去乳化剂的稳定作用而遭到破坏。又如加酸破坏橡胶树浆而得到橡胶。

③ 加入适当数量起相反效应的乳化剂，在转型过程中使乳状液破坏。此外，对于用固体粉末作乳化剂的乳状液，还可加入润湿剂，使固体粉末完全被一相所润湿，从而脱离水-油界面进入水相或油相。这样，就破坏了其在界面上所形成的保护膜，达到破乳的目的。当然，所加入的润湿剂本身不应有强的乳化能力。

四、微乳状液

Schulman 发现，在由水、油和乳化剂所形成的乳状液中加入第 4 种物质（通常是醇），当用量适当时可以形成一种外观透明均匀的液-液分散系统，这就是微乳状液。加入的第 4 种物质称为辅助表面活性剂。例如在苯或十六烷中加入约 10% 的油酸，再加氢氧化钾水溶液搅拌混合，可得到浑浊的乳白色乳状液，然后逐滴加入正己醇，并时加搅拌，当达到一定浓度后，就得到外观透明并长期稳定存在的微乳状液。经大量研究发现，此微乳状液的分散相颗粒很小，常为 10～200nm。此种由水、油、表面活性剂和助表面活性剂 4 种组分以适当比例自发形成的透明或半透明稳定系统，称之为微乳状液，简称微乳液或微乳。

由于界面张力的急剧降低，所以，微乳状液的热力学稳定性很高，还能自动乳化，长时间存放也不会分层破乳，甚至用离心机离心也不会使之分层，即使能分层，静置后还会自动均匀分散。微乳状液中液滴的大小在 10nm 左右，介于一般的乳状液和胶束溶液之间，有时被称为膨大了的胶束溶液。但从本质上看，微乳状液不同于胶束的增溶，其差异表现在如下两个方面：

① 测定结果表明胶束比微乳状液的液滴更小，通常小于 10nm，并且不限于球形结构。

② 制备微乳状液时，除需要大量表面活性剂外，还需加辅助剂。但是胶束溶液的表面活性剂的量只要超过临界胶束浓度以后，就可以形成胶束，并具有增溶能力。

微乳状液的另一特点是低黏度，它比普通乳状液的黏度小得多。二者在性质上虽有差别，但对于乳状液的形成、类型等规律都是适用的。例如乳化剂易溶于油者形成 W/O 型微乳状液，易溶于水者形成 O/W 型微乳状液。

微乳状液在许多情况下的应用是和乳状液的应用联系在一起的。许多配方实际上是形成宏乳状液。微乳状液只有在一定条件下才获得稳定、高分散度的系统，并在某些特定方面取得良好效果。

（1）化妆品　乳状液的稳定性不是令人满意的，若更换成微乳状液则不论是稳定性还是外观（透明性）和功能都会有改善。

（2）脱模剂　过去用无机粉体做脱模剂较多，给操作人员带来不便。现今在橡胶、塑料等行业改用喷涂宏乳状液或微乳状液，既提高了工效、改善了成品质量，又减少了环境污染，深受欢迎。

（3）洗井液　油井在生产一段时间以后，由于蜡、沥青、胶质等的黏附，使出油量下降，这就需要用一种液体注入井中清洗，使出油量恢复正常。洗井液的配方很多，而微乳状液是其中之一，它对地层压力较低的油井更为有利，因为它的密度低且不使地层膨胀。

（4）三次采油　油井自喷称为一次采油。注水、注蒸汽、火烧、动力机械抽油等依附于动力而出油的措施称为二次采油。在注水驱油等方法中，再附加化学药剂或生物药剂而出油的措施称为三次采油。三次采油的方法也是多种多样的，微乳状液是办法之一，且成功的希望较大。因为微乳状液在一定范围内既能和水又能和油混溶，能消除油水间的界面张力，故洗油效率最高。德国、美国等都已有单井成功的先例。我国除石油系统外，山东大学胶体化学研究所、中国科学院感光化学研究所等单位和油田结合，在这方面也开展了许多工作，取得不少成果。但它能否大面积推广使用，则受技术和经济上诸多因素制约。不过，三次采油势在必行，因为三次采油所采收的是残存于油层中多达 60% 以上的原油。21 世纪将会有更多的石油开采人员从事这方面的工作。

（5）超细粒子及复杂形态无机材料的制备　将微乳状液作为微反应器可进行纳米粒子制备。在 Triton X-100/n-己醇/环己烷/水的 W/O 型微乳状液中制备了球形和立方形硫酸钡纳米粒子。在双连续相的微乳状液通道中进行矿化反应制备了纳米级网状结构的磷酸钙。在双连续相微乳薄膜中制备出文石型碳酸钙蜂窝状薄膜。

（6）微乳状液中的催化作用　某些发生在有机物和无机物之间的反应，由于它们在水和有机溶剂中溶解度相差太大，难以找到适当的反应介质。在微乳状液中却可使这类反应进行。微乳状液使某些化学反应得以进行和加速的原因有：

① 微乳液系统对有机物和无机盐都有良好的溶解能力，且微乳状液为高度分散的系统，有极大的相接触面积，对促使反应物接触和反应十分有利。例如，在 O/W 型微乳状液中，半芥子气氧化为亚砜的反应仅需 15s，而在相转移催化剂作用下的两相系统中反应需 20min。

② 某些极性有机物在微乳状液中可以一定的方式定向排列，从而可控制反应的方向。如在水溶液中苯酚硝化得到邻硝基苯酚的比例为 1：2。在 AOT 参与形成的 O/W 型微乳状液中苯酚以其酚羟基指向水相，因而使水相中的 NO_2^+ 易攻击酚羟基的部位，可得到 80% 邻硝基苯酚。

③ 微乳状液中表面活性剂端基若带有电荷，常可使有一定电荷分布的有机反应过渡态稳定，而过渡态稳定利于反应进行和速率常数增大。例如，已知苯甲酸乙酯水解反应的过渡态是负电分散的，实验测得在阳离子表面活性剂十六烷基三甲基溴化铵参与形成的 O/W 型微乳状液中，该反应的活化能大大降低。表面活性剂、辅助表面活性剂的性质，微乳状液的组成比，外加电解质等都可影响微乳状液对化学反应的作用。这些影响都表现在改变微乳状液相区的面积和形状，以及改变微乳状液滴的大小和界面性质。

第六节　高分子溶液

一般有机化合物的分子量约在 500 以下，可是某些有机化合物如橡胶、蛋白质、纤维素等的分子量很大，有的甚至达到几百万。斯陶丁格把分子量大于 10^4 的物质称之为高分子。这种物质的分子比较大，单个分子的大小就能达到胶体颗粒大小的范围，可表现出胶体的一些性质。但由于高分子在溶液中是以单分子而存在，其结构与胶体颗粒不同，其性质也不同于胶体而类似于分子量较低的溶质。按其来源不同，常将高分子化合物分成天然高分子和合成高分子两大类。天然高分子化合物主要存在于自然界中的动植物体内，如纤维素、淀粉、天然橡胶、蛋白质和核酸等，此类高分子化合物与生命科学密切相关。合成高分子则是指一定单体通过化学反应（缩合反应、加成反应等）得到的聚合物，如塑料、聚丙烯酰胺、聚丙烯酸等。

多数高分子化合物的分子结构是由许多链节连接而成。由同一种链节连接而成的高分子化合物称为均聚物，如聚丙烯酰胺等；而由多种链节连接而成的高分子化合物称为共聚物，如蛋白质分子便是由许多不同的氨基酸以酰胺键连接而成。高分子化合物的性质不仅取决于其组成链节的种类，而且还与其链节数量、连接次序等因素有关，因此，高分子化合物的性质要比小分子物质复杂得多。

一、高分子化合物的分子量

高分子化合物的分子量是表征高分子化合物行为的重要参数之一。高分子化合物的许多性能取决于高分子化合物的分子量和其分子量的分布情况。与小分子化合物相比，高分子化合物分子量不仅远大于小分子化合物，而且同一高分子化合物所包含的高分子大小不等，分子量并不均匀。即使是比较纯的高分子化合物，通常也只是不同聚合度分子的混合体。因此，高分子化合物的分子量是其统计平均值，此统计平均值称为高分子化合物的均分子量。值得注意的是，即使对同一高分子化合物样品，由于测定的实验方法不同，所得均分子量的含义和数值也往往不同，这是由于不同的实验测定方法代表不同的统计平均结果。

测定高分子化合物均分子量的实验方法很多，现将常用的几种实验测定方法的适用范围及所测均分子量的类型列于表 10-6。

表 10-6　高分子化合物均分子量的测定

测 定 方 法	适用的均分子量范围	均分子量的类型
渗透压法	$3 \times 10^4 \sim 10^6$	$\overline{M}_n$
沸点升高法		
端基分析法		
凝固点降低法	$< 3 \times 10^4$	$\overline{M}_n$
蒸气压下降法		
光散射法	$10^4 \sim 10^6$	$\overline{M}_m$
超速离心沉降平衡法及扩散速度法	$10^4 \sim 10^7$	$\overline{M}_m$ 或 $\overline{M}_Z$
黏度法	$10^4 \sim 10^7$	$\overline{M}_\eta$
凝胶渗透色谱法	$< 10^6$	各种均分子量

1. 高分子化合物的均分子量

设某多分散的高分子化合物样品（由不同分子量的级分组成）的总质量为 m，分子总数为 N；其中分子量为 M_B 级分的分子数为 N_B，其质量为 m_B，则该级分的分子分数为 $x_B = \dfrac{N_B}{N}$；其质量分数为 $w_B = \dfrac{m_B}{m}$，$N = \sum_B N_B$，$m = \sum_B m_B$，$m_B = N_B M_B$，据此，几种常用的均分子量可表示如下。

（1）数均分子量 $\overline{M}_n$ $\qquad \overline{M}_n = \dfrac{\sum\limits_B N_B M_B}{N} = \sum x_B M_B$ $\qquad(10\text{-}8)$

在数均分子量的统计过程中，分子量小的级分对 $\overline{M}_n$ 的贡献较大。用渗透压法、凝固点降低法等依数性测定方法测定的是数均分子量。

（2）重均分子量 $\overline{M}_m$

$$\overline{M}_m = \frac{\sum\limits_B m_B M_B}{m} = \sum w_B M_B = \sum_B \frac{m_B M_B}{\sum\limits_B m_B} = \frac{\sum\limits_B N_B M_B^2}{\sum\limits_B N_B M_B} = \frac{\sum\limits_B x_B M_B^2}{\sum\limits_B x_B M_B} \qquad(10\text{-}9)$$

在重均分子量的统计过程中，分子量大的级分对 $\overline{M}_m$ 的贡献较大。用光散射法测得的是重均分子量。

（3）黏均分子量 $\overline{M}_\eta$

$$\overline{M}_\eta = \left(\sum_B w_B M_B^\alpha \right)^{1/\alpha} = \left(\frac{\sum\limits_B x_B M_B^{\alpha+1}}{\sum\limits_B x_B M_B} \right)^{1/\alpha} \qquad(10\text{-}10)$$

式中　α——经验常数，其值一般在 $0.5\sim1.0$ 之间。

在黏均分子量的统计过程中，分子量较大的级分对 $\overline{M}_\eta$ 的贡献介于 $\overline{M}_m$ 与 $\overline{M}_n$ 之间。黏度法测定的是黏均分子量。

（4）Z 均分子量 $\overline{M}_Z$ $\qquad \overline{M}_Z = \dfrac{\sum\limits_B w_B M_B^2}{\sum\limits_B w_B M_B} = \dfrac{\sum\limits_B x_B M_B^3}{\sum\limits_B x_B M_B^2}$ $\qquad(10\text{-}11)$

在 Z 均分子量的统计过程中，分子量大的级分对 $\overline{M}_Z$ 的贡献大于 $\overline{M}_m$。用超速离心沉降平衡法测得的是 Z 均分子量。

对同一多分散的高分子化合物，采用不同的统计平均方法，所得均分子量的数值并不相同，其大小顺序为 $\overline{M}_Z > \overline{M}_m > \overline{M}_\eta > \overline{M}_n$。只有对单分散的高分子化合物（由单一分子量的分子组成），其 $\overline{M}_n$、$\overline{M}_m$、$\overline{M}_\eta$、$\overline{M}_Z$ 的数值才是相等的。对不同的多分散高分子化合物，分子量分布愈宽，其各种均分子量的差值愈大。因此，表征多分散高分子化合物的均分子量时，不仅要了解其均分子量的大小，还要了解其分子量的分布情况。

2. 高分子化合物的分子量分布

高分子化合物的分子量分布情况可用分布宽度指数（D）来描述。

$$D = \frac{\overline{M}_m}{\overline{M}_n} \qquad(10\text{-}12)$$

对单分散的高分子化合物，$\overline{M}_n = \overline{M}_m$，$D=1$；对多分散的高分子化合物，分别测得其 $\overline{M}_n$ 和 $\overline{M}_m$，由式（10-12）可求得其 D 值。

样品的分子量分布愈宽，其 D 值愈大，故可用 D 值来衡量多分散样品的分子量分布情况。值得注意的是，若采用不同实验方法测得 $\overline{M}_n$ 和 $\overline{M}_m$，由此计算的 D 值往往误差较大。利用凝胶渗透色谱（GPC）技术可在同一次实验中测得 $\overline{M}_n$ 和 $\overline{M}_m$，所求得的 D 值准确度较高。

用 D 来代表分子大小的分布情况是有缺陷的，一方面它不能详细了解各种分子量的化合物各占多少，另一方面有时候分子量的分布很不同的两种试样倒有了相同的比值，所以较好的方法还是应当详细了解分子量的分布情况，即将高分子化合物按分子量的大小分成不同级分，画出各级分分子量的积分分布曲线和微分分布曲线，即可了解分子量的分布情况。

测定高分子化合物分子量分布的方法大致可分为如下几类：

① 利用高分子化合物的溶解度与分子大小之间的依赖关系，把试样分成分子量较均一的级分来测定分子量的分布。如沉淀分级、柱上溶解分级、梯度淋洗分级等。

② 利用高分子化合物分子大小不同，动力性质也不同从而得出分子量的分布情况，如超离心沉降法。

③ 根据高分子化合物分子大小不同而得到分子量分布的情况，如电子显微镜法、凝胶色谱法等。

二、高分子溶液的性质

1. 高分子溶液与溶胶和小分子溶液的异同点

高分子化合物在适当的介质中自发形成的溶液称为高分子溶液。由于高分子溶液中的溶质分子与溶胶中的分散相粒子大小相当，并且具有某些与溶胶相似的物理化学性质，因此，早期人们一直将高分子溶液看作典型的胶体溶液，并称之为"亲液溶胶"。随着科学的发展，已经逐渐认识到高分子溶液与溶胶间有着本质的差异。

（1）高分子溶液与溶胶的相同点

① 高分子溶液中的溶质分子与溶胶中的分散相粒子的大小均在 $1nm\sim1\mu m$ 的范围内。

② 高分子溶液中溶质的分子量与溶胶中分散相粒子的相对粒子质量皆不均匀，且呈一定分布。

③ 高分子溶液中的溶质分子与溶胶中的分散相粒子的扩散速度都比较缓慢，且均不能透过半透膜。高分子溶液中溶质分子与溶胶中分散相粒子大小相当是可利用胶体化学手段来研究高分子溶液的主要原因之一。

（2）高分子溶液与溶胶的差异

① 热力学稳定性不同。高分子溶液中分散质粒子是单个大分子或数个大分子组成的束状物，不存在相界面，属分子分散体系，故其为热力学稳定的均相体系；溶胶中分散相与分散介质间存在着巨大的相界面和相当大的界面能，分散相粒子趋向于自发聚结，故其为热力学不稳定的多相体系。

② 分散机理不同。高分子溶液的形成是靠高分子化合物与溶剂间的亲和力自发地溶解于溶剂中，其溶解过程中体系的吉布斯函数降低，所形成的溶液完全服从相律；溶胶则由于分散相与分散介质互不相溶，分散过程中必须对体系做功，即只有借助外力的作用并采用适当的方法，甚至有稳定剂存在时才能将分散相物质分散在分散介质中。在分散过程中，体系的吉布斯函数增大，过程不自发，所得体系亦不服从相律。

③ 受外加电解质的影响不同。溶胶中，由于界面能的存在，多靠双电层的排斥作用来维持其聚结稳定性，因此，溶胶对电解质的加入非常敏感，加入为数不多的电解质即可导致其双电层破坏，胶粒发生聚结；高分子溶液是分子分散体系，对电解质的加入很不敏感，大量电解质的加入也只能是影响其溶剂化程度等，间接地影响高分子物质的溶解度。热力学稳定性的不同是高分子溶液和溶胶间的根本区别。

虽然高分子溶液和小分子溶液同属于分子分散体系，但由于高分子溶液中，溶质质点特别"大"，因此，高分子溶液与小分子溶液在性质上也有许多不同之处。现将高分子溶液、溶胶、小分子溶液的某些特性列于表 10-7。

表 10-7 高分子溶液、溶胶、小分子溶液的性质比较

溶 胶	高 分 子 溶 液	小 分 子 溶 液
分散相粒子的粒径为 1nm～1μm	溶质分子尺寸为 1nm～1μm	溶质分子尺寸小于 1nm
通常粒子质量不均一，为多分散体系	通常分子量不均一，为多分散体系	通常分子量是单一的，为单分散体系
扩散比较缓慢	扩散比较缓慢	扩散快
不能透过半透膜	不能透过半透膜	能透过半透膜
制备过程吉布斯自由能升高，不是自发过程	制备过程吉布斯自由能降低，为自发过程	制备过程吉布斯自由能降低，为自发过程
热力学不稳定体系	热力学稳定体系	热力学稳定体系
多相体系，分散质为多个小分子或原子的聚集体	均相体系，分散质为单个大分子或数个大分子组成的束状物	均相体系，分散质为单个的小分子
非平衡体系，不服从相律	平衡体系，服从相律	平衡体系，服从相律
丁达尔效应强	丁达尔效应较弱	丁达尔效应弱
黏度较小	黏度大	黏度小
对外加电解质敏感	对外加电解质不很敏感	对外加电解质不敏感

2. 高分子溶液的渗透压

在高分子溶液中，由于其溶质分子的柔性和溶剂化，其渗透压要比相同浓度的小分子溶液大。麦克米伦-梅耶（MacMillan）将 van't Hoff 公式进行修正，得到高分子稀溶液的渗透压公式

$$\Pi = RT \left(\frac{c}{M} + A_2 c^2 \right) \tag{10-13}$$

式中 Π——高分子稀溶液的渗透压；

R——气体常数；

T——热力学温度；

c——高分子溶液的浓度，kg/m^3；

M——高分子化合物的分子量，对多分散的高分子化合物，M 为数均分子量。

$$A_2 = \frac{0.5 - \chi_1}{\rho_p^2 V_m} \tag{10-14}$$

式中 ρ_p——溶液中高分子无规线团的密度；

V_m——纯溶剂的摩尔体积；

χ_1——Huggins 常量，其值与高分子的溶剂化作用有关；

A_2——第二维利（Virial）系数，其值与溶液中高分子的形态及高分子与溶剂间的相互作用有关。

式(10-13) 表明，高分子溶液的渗透压不仅取决于高分子化合物的分子量，还与溶液中高分子的形态有关。对良溶剂 $\chi_1 < 0.5$，$A_2 > 0$，此时 A_2 值愈大，ρ_p 值愈小，说明溶液中高分子无规线团愈柔顺松散，高分子溶液的渗透压愈大。值得注意的是，当 $\chi_1 = 0.5$ 时 $A_2 = 0$，此时 ρ_p 不变，高分子溶液的渗透压与溶液中高分子的形态无关，此时溶液中高分子的形态处于"无干扰"的理想状态，其溶剂称为 θ 溶剂。例如 1:9 的甲醇-丁酮即为聚苯乙烯的 θ 溶剂。在 θ 溶剂的条件下，测定高分子化合物的分子量非常方便。在一定温度下，只需测得某个浓度高分子溶液的渗透压，即可求得其分子量。

将式(10-13) 整理得

$$\frac{\Pi}{c} = RT \left(\frac{1}{M} \right) + A_2 c \tag{10-15}$$

根据式(10-15)，一定温度下，测得不同浓度（c）高分子溶液的渗透压（Π），以 $\dfrac{\Pi}{c}$ 对 c 作图得一直线，从直线的斜率和截距可求得高分子化合物的数均分子量及 A_2 值。

3. 高分子溶液的黏度

高分子溶液的黏度很大，是高分子溶液的重要特性之一。高分子溶液具有高黏性的主要原因如下。

① 溶液中高分子的柔性使得无规线团状的高分子在溶液中所占体积很大，对介质的流动形成阻碍。

② 高分子的溶剂化作用，使大量溶剂束缚于高分子无规线团中，流动性变差。

③ 高分子溶液中不同高分子链段间因相互作用而形成一定结构，流动阻力增大，导致黏度升高。这种由于在溶液中形成某种结构而产生的黏度称为结构黏度。当对溶液施以外加切力时，会引起溶液中结构变化，导致结构黏度改变，因此，高分子溶液的流变行为一般不服从牛顿黏性定律。

高分子溶液的黏度远大于纯溶剂的黏度，如 1% 的橡胶-苯溶液，其黏度是纯苯的十几倍。为了研究方便，高分子溶液的黏度常采用另外几种表示方法，如表 10-8 所示。

表 10-8 高分子溶液黏度的表示方法

名　称	符　号	数学表达式	物　理　意　义
相对黏度	η_r	η/η_0	溶液黏度 η 对溶剂黏度 η_0 的相对值
增比黏度	η_{sp}	$\dfrac{\eta-\eta_0}{\eta_0}$ 或 η_r-1	高分子溶质对溶液黏度的贡献
比浓黏度	$\dfrac{\eta_{sp}}{c}$	η_{sp}/c	单位浓度高分子溶质对溶液黏度的贡献
特性黏度	$[\eta]$	$\lim\limits_{c\to 0}\dfrac{\eta_{sp}}{c}$	单个高分子溶质分子对溶液黏度的贡献

比浓黏度 $\dfrac{\eta_{sp}}{c}$ 反映了在浓度为 $c(\mathrm{kg/m^3})$ 的情况下单位浓度高分子溶质对溶液黏度的贡献，其值与浓度有关。

$$\frac{\eta_{sp}}{c}=[\eta]+k[\eta]^2 c \tag{10-16}$$

式中　k——比例常数。

根据式(10-16)，一定温度下，测得不同浓度高分子溶液的比浓黏度，以 $\dfrac{\eta_{sp}}{c}$ 对 c 作图得一直线，从其延长线在纵轴上的截距可求得高分子溶液的特性黏度 $[\eta]$。

高分子溶液的特性黏度 $[\eta]$ 反映了单个高分子与溶剂分子间的内摩擦情况，对一定的高分子-溶剂体系，在一定温度下，其 $[\eta]$ 值一定。线型高分子溶液的 $[\eta]$ 与溶液中高分子化合物的分子量及其在溶液中的形态有关，其定量关系可用斯道丁格-马克-霍温克 (Staudinger-Mark-Houwink) 经验公式来描述。

$$[\eta]=KM^{\alpha} \tag{10-17}$$

式中　K——比例常数；

　　　α——与溶液中高分子形态有关。

线型高分子的 α 值一般在 0.5～1.0 之间。溶液中高分子无规线团愈舒展松散，其 α 值愈大，特性黏度愈高。在 θ 溶剂的条件下，其 α 值最小，约为 0.5。对一定的高分子-溶剂体系，一定温度下，其 K 和 α 值一定。表 10-9 列出了几种常见高分子化合物-溶剂体系的 K、α 值。

表 10-9　几种高分子化合物-溶剂体系的 K、α 值

高分子化合物	溶　剂	温度/℃	$K/(m^3/kg)$	α
醋酸纤维直链淀粉	丙酮	25.0	9.0×10^{-6}	0.90
	0.33　mol/dm³ KCl 水溶液	25.0	1.13×10^{-4}	0.50
聚 γ-苯甲基 - 左旋谷氨酸盐	二氯乙酸	25.0	2.78×10^{-6}	0.87
聚乙烯醇	水	25.0	2.0×10^{-5}	0.76
聚苯乙烯	苯	25.0	9.5×10^{-6}	0.74
天然橡胶	甲苯	25.0	5.0×10^{-5}	0.67
聚丙烯酰胺	1　mol/dm³ NaNO₃ 水溶液	30.0	3.73×10^{-5}	0.66

对某高分子-溶剂体系，若 K、α 已知，一定温度下测得其 $[\eta]$，由式(10-17)可求得高分子化合物的分子量，对多分散的高分子化合物，所求 M 值为黏均分子量。

【例题 10-3】　25.0℃ 下，测得分子量为 1.52×10^4 的天然橡胶在甲苯中的 $[\eta] = 0.0317 m^3/kg$；分子量为 6.69×10^5 的天然橡胶在甲苯中的 $[\eta]$ 为 $0.400 m^3/kg$。求：(1) 25℃ 下，天然橡胶-甲苯溶液的经验公式 $[\eta] = KM^\alpha$ 中的 K、α 值；(2) 在 25.0℃ 下，测得另一天然橡胶样品在甲苯中的 $[\eta] = 0.200 m^3/kg$，试求其黏均分子量。

解　(1) 分别将 $M = 1.52 \times 10^4$、　$[\eta] = 0.0317 m^3/kg$，$M = 6.69 \times 10^5$、　$[\eta] = 0.400 m^3/kg$ 代入 $[\eta] = KM^\alpha$ 得

$$0.0317 = K \times (1.52 \times 10^4)^\alpha$$
$$0.400 = K \times (6.69 \times 10^5)^\alpha$$

解此方程组得 $K = 5.0 \times 10^{-5} m^3/kg$，$\alpha = 0.67$

(2) 将 $[\eta] = 0.200 m^3/kg$，$K = 5.0 \times 10^{-5} m^3/kg$，$\alpha = 0.67$ 代入 $[\eta] = KM^\alpha$

解得　$M = 2.38 \times 10^5$

高分子溶液的黏度还与高分子自身的结构形状有关。一般体型高分子溶液（如 γ-球蛋白溶液）的黏度要比线型高分子溶液（如 DNA 溶液）小得多；体型高分子溶液黏度随浓度变化甚微，而线型高分子溶液浓度升高时，其黏度剧增。这可能与线型高分子溶液浓度增大时，溶液内部的高分子易于形成结构所致。

三、高分子电解质溶液

高分子电解质溶液由于其溶质分子链上带有电荷，其溶液的许多性质与溶质分子链上所带电荷的符号、电荷数量及电荷分布情况密切相关。根据高分子链上所带电荷的不同，可将高分子电解质分成三类：

① 阳离子高分子电解质，如聚溴化 4-乙烯-N-正丁基吡啶；

② 阴离子高分子电解质，如聚丙烯酸钠；

③ 两性高分子电解质，如蛋白质。以蛋白质为代表的两性分子电解质尤其重要，将重点进行讨论。

1. 溶液中蛋白质分子的带电状况

溶液中蛋白质分子的带电符号、电荷数量、电荷分布情况与溶液的 pH 密切相关。在等电 pH 下，溶液中蛋白质分子所带正、负电荷数量相等，净电荷为零。不同蛋白质分子上的酸性基团（羧基）和碱性基团（氨基）的数量不同，其等电 pH 亦不相同。如血清蛋白的等电 pH 为 4.9，而血红蛋白的等电 pH 为 6.8。当溶液 pH 大于等电 pH 时，蛋白质分子上的负电荷数量大于正电荷，整个蛋白质分子处于荷负电状态；而 pH 小于等电 pH 时，蛋白质分子上正电荷数量大于负电荷数量，蛋白质分子处于荷正电状态。溶液 pH 偏离等电 pH 愈

多，蛋白质分子所带净电荷的数量愈大。因此，溶质带电状况对蛋白质溶液性质的影响直接表现为 pH 的影响。蛋白质溶液的许多性质，如线型蛋白质在溶液中的柔性、溶解度、黏度等均与溶液 pH 有关。

2. 溶液中线型蛋白质分子的形态

溶液中线型蛋白质分子的形态与溶液 pH 有关。在等电 pH 时，蛋白质分子上等数目的正、负电荷相互吸引，无规线团紧缩，柔性最差；当溶液 pH 偏离等电 pH 时，蛋白质分子上同号电荷间的静电斥力使得其分子线团舒展伸张，柔性较好，如图 10-10 所示。溶液 pH 与等电 pH 偏离愈大，线型蛋白质分子在溶液中的柔性愈好。

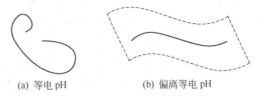

(a) 等电 pH　　　　(b) 偏离等电 pH

图 10-10　溶液 pH 对线型蛋白质分子在溶液中形态的影响

3. 蛋白质在水中的溶解度

蛋白质在水中的溶解度与溶液 pH 有关。在等电 pH 时，溶液中蛋白质分子所带净电荷为零，与水分子间的作用力最弱，水化程度最差，溶解度最小。当溶液 pH 偏离等电 pH 时，蛋白质分子上净电荷数量增加，水化作用增强，其溶解度增大。因此，在制备蛋白质饮料时，为防止蛋白质从溶液中沉淀析出，须将饮料的 pH 调至远离其等电 pH。

4. 蛋白质溶液的黏度及溶解度

蛋白质溶液的黏度也与溶液 pH 有关。在等电 pH 下，蛋白质溶液的黏度最小。溶液

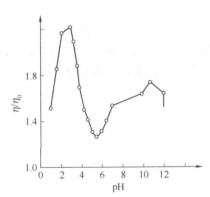

图 10-11　溶液 pH 对 0.67% 动物胶水溶液黏度的影响

pH 偏离等电 pH 时，蛋白质溶液的黏度明显增大，如图 10-11 所示。一般认为，溶液 pH 偏离等电 pH 时，蛋白质分子上带有一定数量的净电荷，溶液流动时，溶液中的反离子与蛋白质分子间的静电引力会对流动形成阻碍，使其黏性阻力增大；蛋白质分子上的净电荷使其水化作用增强，且蛋白质分子上同号电荷间的排斥使得分子体积膨大，溶剂化作用又使得大量"自由水"束缚于蛋白质分子中，导致溶液黏度增大。而在等电 pH 时，蛋白质分子上等数量的正、负电荷相互吸引，分子卷曲，刚性变强，流动阻力最小，黏度最低。蛋白质溶液黏度随 pH 的这种变化还可用于蛋白质等电 pH 的测定。在 pH 很小或很大时，有时会出现其溶液黏度减小的现象，这可能是因为此时过量反离子的存在，使蛋白质的电离受到抑制其有效电荷减少。

5. 蛋白质溶液的电泳

偏离等电 pH 时，蛋白质分子上带有一定数量的净电荷，在电场作用下，溶液中的蛋白质分子便可定向移动。不同蛋白质所带电荷的数量不同，等电 pH 不同，其电泳速度亦不相同，从而可分离、分析不同蛋白质，其常用的实验方法有纸电泳与等电聚焦两种。

（1）纸电泳　纸电泳是分离、鉴别蛋白质的最简便方法之一。将一条用缓冲液浸湿过的滤纸条放在一个支架上，两头搭在缓冲液内，将样品点在滤纸条一定的位置上，接通电源后，不同蛋白质分子由于其大小、带电状况不同，其电泳速度不同，一段时间后，不同蛋白质便分布在滤纸条的不同位置上，从而达到使不同蛋白质分离的目的。若同时在试样旁点上已知样品，通过比较试样与已知样品移动后的位置，便可鉴定出试样中所含蛋白质的种类。铁西里乌斯（Tiselius）就是利用这种方法分离了血清中的清蛋白和 α-球蛋白、β-球蛋白、

γ-球蛋白。

（2）等电聚焦　等电聚焦是近年发展起来的一项新技术。在一个直立的柱状容器中，介质的 pH 自上而下均匀递增，即形成一个均匀的 pH 梯度。将待分离的蛋白质溶液加入柱中，在柱的上端装上正极，下端装上负极，接通电源后，在电场力的作用下，蛋白质分子定向泳动。假设样品中有一种等电 pH 为 6 的蛋白质，当其处于 pH＞6 的介质中时，分子因荷负电而向上泳动；若其处于 pH＜6 的介质中，则分子因荷正电而向下迁移，最终到达等电 pH 时，蛋白质分子因失去净电荷而聚焦于等电 pH 处。这种蛋白质在等电 pH 处聚焦的现象称为等电聚焦。如果试样中含有不同蛋白质，由于其等电 pH 不同，聚焦的位置也不相同，从而可将其分离。等电聚焦的分辨率很高，不同蛋白质只要其等电 pH 相差 0.01～0.02，即可将其分离开。例如将血清用等电聚焦分离，可分离出 40 多种蛋白质。在利用等电聚焦分离蛋白质时，要注意防止对流和维持 pH 梯度的稳定，以免已分离的物质再度混合。

四、高分子对胶体稳定性的影响

将高分子加入溶胶中，高分子与胶粒间会发生相互作用（如静电作用、氢键作用、范德华力作用等），形成高分子在胶粒表面上的吸附。由于高分子自身结构的复杂性，高分子在胶粒表面上的吸附会导致溶胶性能的改变，如稳定性提高或发生絮凝等。研究表明，高分子对溶胶性能的影响与高分子在胶粒表面上的吸附情况及吸附高分子在溶液中的形态等因素有关。

1. 高分子在固液界面上的吸附

高分子的吸附不同于小分子，具有长链结构的线型高分子可含有多个吸附基团，每个吸附基团都有在固液界面吸附的可能性，且溶液中的高分子又具有柔性，因此，吸附在固液界面上的高分子会呈现出各种不同的形态。高分子化合物在固液界面上的吸附形态主要取决于以下几个因素：

① 固体表面的活化点位数；

② 高分子中可被吸附的官能团数；

③ 高分子在溶液中的柔性；

④ 溶剂分子的吸附；

⑤ 高分子中吸附基团的位置等。

通过测定高分子在固液界面上的吸附点位数可估测被吸附高分子的形态。也可通过测定一些表观吸附性质（如饱和吸附量与分子量的关系等），来推测被吸附高分子的形态。

2. 高分子对溶胶的稳定作用

在溶胶中加入一定量的高分子，能显著提高溶胶的聚结稳定性。近期研究表明，高分子对溶胶的这种稳定作用来自于胶粒表面上的高分子吸附层对聚结的阻碍，称之为空间稳定作用。具有空间稳定作用的高分子化合物叫做高分子稳定剂。

高分子对溶胶的稳定作用除与高分子在胶粒表面上的吸附形态有关外，还与高分子稳定剂自身的结构、分子量及其浓度有关。

（1）高分子稳定剂的结构　作为稳定剂的高分子化合物必须含有两种性能不同的基团，一种是能够稳定地在胶粒界面吸附的基团，另一种是溶剂化作用很强的基团，而且两种基团的比例要适当。

（2）高分子稳定剂的分子量　一般来说，在不发生多个胶粒吸附在同一个高分子上的情况下，高分子化合物的分子量愈大，其在胶粒界面上的吸附层愈厚，稳定效果愈好。但其分子量太大时，溶解困难，使用不便。

（3）高分子的浓度　只有当高分子的浓度足够大时，即高分子足以在胶粒界面形成一个致密吸附层时，才能起到稳定作用。高分子浓度过低或过高都不利于溶胶的稳定。

高分子稳定剂不仅可用于稳定水溶胶，也可用于非水体系。近年来，高分子稳定剂被广泛用于食品、农药、涂料等工业中。

3. 高分子对溶胶的絮凝作用

向溶胶中加入少量可溶性高分子，有时会使溶胶出现絮状沉淀，这种现象称为絮凝作用。具有絮凝能力的高分子化合物称为高分子絮凝剂。关于高分子对溶胶的絮凝机理一般认为是：多个胶粒同时吸附在一个线型高分子链上，从而限制了胶粒的自由活动，其作用相当于几个胶粒以较远的距离聚集起来，最后失去动力学稳定性而下沉。高分子对溶胶的这种絮凝机理很像高分子长链在多个胶粒间架起了一座桥，常将其称为桥联机理。

高分子对溶胶的絮凝不同于电解质对溶胶的聚沉。其主要区别如下。

① 电解质的聚沉作用是通过压缩其双电层使胶粒合并而下沉；絮凝则是通过高分子在胶粒间桥联，使胶粒聚集而下沉。

② 电解质使溶胶聚沉的过程缓慢，沉淀颗粒紧密，体积小；而高分子对溶胶的絮凝过程快，沉淀疏松，易于过滤分离。

③ 用电解质使溶胶聚沉时，其加入量较大；而用高分子使溶胶絮凝，其加入量较小。

高分子絮凝剂的絮凝能力与高分子自身的结构、分子量、浓度等因素有关，现简述如下。

（1）高分子絮凝剂的结构　作为絮凝剂的高分子化合物，一般都具有长链结构，在线型长链上连有多个能吸附于胶粒界面的基团，如—COONa、—CONH$_2$、—OH、—SO$_3$Na等。高分子链在溶液中伸展性好，有利于絮凝。例如，用聚丙烯酰胺絮凝黏土时，高分子链上的酰氨基部分水解成羧酸盐，分子内的静电引力使分子链伸展，其絮凝能力明显提高。当高分子链上连有支链时，不利于桥联，其絮凝能力明显降低。

（2）高分子絮凝剂的分子量　线型高分子的分子量愈大，其絮凝能力愈强。一般作为絮凝剂的高分子化合物，其分子量在 $3 \times 10^6 \sim 5 \times 10^6$ 的范围内为宜。

（3）高分子絮凝剂的浓度　高分子的加入浓度对其絮凝效果也有影响。一般当高分子在胶粒上的吸附量为其饱和吸附量的一半时，其桥联效果最好，絮凝能力最强。浓度太大或太小，都不利于絮凝。

近几十年来，高分子絮凝剂广泛用于污水处理、造纸和食品等工业领域。除淀粉、动物胶、蛋白质等天然高分子絮凝剂外，还人工合成了许多新型高分子絮凝剂，如聚丙烯酰胺、聚丙烯酸等。

五、高分子物质的降解

在物理和化学作用下，高分子物质主链上化学键断裂，形成低分子量碎片的过程称为高分子物质的降解。早期人们将高分子物质的降解看作是其功能劣化或变性的表现。近年来，随着高分子材料合成工业的发展，合成高分子材料广泛用于工农业生产及人们的日常生活，但同时也带来了大量固体废物，严重污染了人类的生态环境，高分子物质的降解成为研究的热点。

1. 化学降解

化学降解是指高分子物质在某些化学品的直接作用下而引起的降解。化学降解过程的活化能一般较高，降解速率受温度影响甚大，温度升高时，降解速率明显增大。

2. 光降解

光降解是指高分子物质在光的照射下，引发光化学反应而引起的降解。根据光化学原理，只有被物质吸收的光才能引起光化学反应。目前，人们正在研究在合成高分子的主链上适度引入光敏基团（如酮基等），用这种高分子物质制成的塑料在阳光下曝晒一定时间后，光敏基团吸光并发生光化学反应，高分子物质降解为小分子碎片，这种塑料称为光降解塑料。用这种塑料制成的农用薄膜，根据农作物培育和生长的需要，一定时间自动降解为 CO_2 和 H_2O，不会对环境造成污染。

3. 热降解

有机高分子物质只有在低于一定温度（通常为 $100\sim200℃$）下，才是稳定的。当温度高于其热稳定温度的极限时，在热能的作用下，高分子主链上的化学键发生断裂，引起热降解。热降解涉及高分子材料的耐热性，也有人利用热降解将高分子材料的下脚料、废弃物回收再利用。

4. 生物降解

高分子物质在生物的侵蚀、代谢下，形成小分子碎片的过程称为生物降解。高分子物质与活的有机体间的作用方式可分为化学和机械两种。所谓化学方式是指高分子物质在高等有机生命的消化道中受微生物的作用引起的降解。在化学方式的生物降解中，通常有酶的参与，降解过程条件温和，具有相当的专一性。生物降解的机械方式是指某些啮齿类动物等对高分子物质的侵袭，这类动物出于某种需要，对高分子物质咬啮或咀嚼，使其成为小分子碎片。还有其他动物，如白蚁对木头的侵袭。

生物降解是消除高分子材料废弃物污染的重要途径之一。目前，人们正在研究和生产可被生物降解的高分子材料，以便从根本上消除合成高分子材料废弃物对生态环境的污染。

高分子化合物的降解是近年来为环境保护而提出的研究课题。了解高分子的降解方式和原理，对合成和使用降解性高分子物质具有重要意义。对此方面知识的详细了解可参阅有关高分子物质降解的文献和书籍。

练习题

一、思考题

1. 胶体系统的主要特征是什么？

2. 憎液溶胶在热力学上是不稳定的，但为什么能够相对稳定存在？

3. 在一定温度下，破坏憎液溶胶的有效方法是什么？

4. 胶粒带电的原因是什么？

5. 高分子化合物有哪几种常用的分子量？为什么同一高分子化合物具有不同的分子量数值？

6. 高分子溶液具有哪些性质？与溶胶有哪些异同之处？

二、填空题

1. 溶胶系统所具有的三个基本特征分别是 _____、_____、_____。

2. 在空气、蔗糖水溶液、高分子溶液和硅胶溶胶等分散系统中丁达尔效应最强的是 _____，其次是_____。

3. 用 $AgNO_3$ 和 KI 反应制备 AgI 溶胶，当 KI 过量时，胶团结构为 _____。当 $AgNO_3$ 过量时，胶团结构是_____，在电泳实验中该溶胶的胶粒向_____移动。

4. 用等体积的 $0.08mol/dm^3$ $AgNO_3$ 和 $0.10mol/dm^3$ KBr 溶液制备 AgBr 溶胶，其胶团结构为_____，请标出胶核、胶粒、胶团。上述溶胶中加入

KCl、$MgCl_2$、$AlCl_3$ 时，聚沉值最大的是_____。

5. 在外加电场作用下，胶粒在分散介质中移动称为_____。

6. 溶胶在制备中常常需要用渗析等方法净化，其目的是_____。

7. 通常用的破乳的方法有_____、_____和_____。

三、选择题

1. 溶胶的基本特征之一是_____。

① 热力学上和动力学上皆稳定的系统

② 热力学上和动力学上皆不稳定的系统

③ 热力学上稳定而动力学上不稳定的系统

④ 热力学上不稳定而动力学上稳定的系统

2. 下列各性质中，属于溶胶的动力学性质的是_____。

① 布朗运动　　　② 电泳　　　③ 丁达尔现象　　　④ 流动电势

3. 引起溶胶聚沉的诸因素中，最重要的是_____。

① 温度的变化　　　　　　② 溶胶浓度的变化

③ 非电解质的影响　　　　④ 电解质的影响

4. 在测定高分子溶液中高分子的平均分子量的方法中，不宜采用的方法是_____。

① 渗透压法　　② 冰点降低法　　③ 黏度法　　④ 光散射法

5. 等体积 $0.10mol/dm^3$ KI 和 $0.12mol/dm^3$ 的 $AgNO_3$ 溶液混合制成的 AgI 溶胶，下列电解质中，聚沉能力最强的是_____。

① Na_2SO_4　　② $MgSO_4$　　③ $K_3[Fe(CN)_6]$　　④ $FeCl_3$

6. 丁达尔现象是光照射到溶胶粒子上发生的（　　）现象。

①反射　　　②折射　　　③散射　　　④透射

7. 某溶胶在重力场中沉降达平衡时，应（　　）。

①各不同高度处浓度相等　　　　②各不同高度处粒子大小相等

③沉降速率和扩散速率相等　　　④不同大小粒子沉降速率相等

8. 在电泳实验中，观察到胶粒向阳极移动，表明（　　）。

①胶粒带正电荷　　　　　　　②胶团的扩散层带负电荷

③胶团的扩散层带正电荷　　　④ξ电位相对于溶液本体为正值

四、计算题

1. 欲制备带负电荷的 AgI 溶胶，在 $25×10^{-3}dm^3$，$c=0.020mol/dm^3$ 的 KI 水溶液中，应加入多少 $c=0.0064mol/dm^3$ 的 $AgNO_3$ 溶液？

（小于 $78×10^{-3}dm^3$）

2. 试写出由 $FeCl_3$ 水解制备 $Fe(OH)_3$ 溶胶的胶团结构。已知稳定剂为 $FeCl_3$。

3. 在 H_3AsO_3 的稀溶液中通入 H_2S 气体，可制得 As_2S_3 溶胶。已知溶于溶液中的 H_2S 可电解成 H^+ 和 HS^-。试写出 As_2S_3 溶胶的胶团结构表示式。

【阅读材料】

微 胶 囊

　　将药物装在预先制好的胶囊中（即胶囊化），可以掩盖药物的苦味和刺激性气味，使人们乐于服用，此法已有 150 多年的历史，而微胶囊化则始于 20 世纪 30 年代。微胶囊最早的产品是压敏复写纸，1968 年已成功实现商品化。由此开始，微胶囊化技术不断发展。

从广义上说，微胶囊化是这样一项技术，首先把被包敷的物料分散形成细粒（滴），然后以细粒为核心，在其上沉积膜材料。该过程中形成的细小囊体称为微胶囊，微胶囊可包封和保护囊中的物质细粒（称之为芯、核、内相等）。囊壁通常由无缝、坚固的薄膜构成（称之为皮、壳或膜），特殊用途时，可有意识地形成微孔（孔的大小也可指定），以使内相扩散。

微胶囊的大小一般在 $5\sim200\mu m$ 范围内。微胶囊的形状可随芯材和制法的不同而异，大多为球状、粒状、絮状或块状，以平滑的膜壳型较常见。

微胶囊按芯材粒子个数可分为单核微囊、多核微囊、微囊簇和子母囊；按壁壳结构又可分为单层、双层和多层结构。

微胶囊作为具有壁壳的微小容器，不仅能够保持芯材的微细分散状态，还具有提高芯材稳定性、减少芯材挥发、掩盖芯材异味及控制芯材释放等功能。

正是因为微胶囊具有这些功能，使得微胶囊广泛应用于医药、食品、农用化学品、胶黏剂、液晶等各个领域。如在农业方面，将部分杀虫剂、杀鼠剂、除草剂以及微生物或病毒农药微胶囊化，可以降低有效成分的挥发、分解，可延长残效，还可降低毒性及药害；微胶囊化肥料释放缓慢，提高了利用率。食品工业方面，将某些风味提取物、营养物质、色素等制成微胶囊可免受不良环境影响，使食品保持原有色、香、味，并掩盖本身异味。医药工业方面，药用微胶囊作为近年发展起来的一种新剂型，具有稳定原药、延缓释放、掩味、改变给药途径等多种用途，已有许多药物被包囊后制成缓释剂、长效制剂、掩味片剂、散剂、混悬注射剂等。

第十一章　实验基础知识与实验技术

化学是一门实验科学，物理化学实验是化学实验科学的重要分支，是物理化学的重要组成部分，它综合了化学领域中各分支所需要的基本研究工具和方法，通过实验的手段，深入化学现象的本质，从而揭示化学反应的规律。

第一节　实验基础知识

一、实验目的和要求

1. 实验目的

① 初步了解物理化学的研究方法，巩固和加深对某些重要理论和概念的理解。

② 了解物理化学实验的基本实验方法和实验要求，掌握常用仪器的构造和使用方法，培养学生眼、手、脑并用的能力。

③ 通过对实验条件的选择、实验现象的记录、实验数据的处理和可靠程度的判断、实验结果的归纳和分析等，增强学生分析和解决实际化学问题的能力，使学生养成勤奋思考、求实认真、勤俭节约的良好的科学态度和作风。

2. 实验要求

要达到以上实验目的，在进行每一个具体实验时，要求做到：

（1）实验前预习　学生应事先仔细阅读实验教材及教科书中相关实验内容，了解实验目的、要求，写出预习报告，包括实验所依据的基本原理和实验技术、实验操作步骤、实验注意事项、数据记录格式、预习中产生的问题等，写在专用的预习报告本上，指导教师应检查学生的预习情况，进行必要的提问并解答疑难问题，学生达到预习要求后方可进行实验。

（2）实验操作

① 学生进入实验室后应检查实验仪器和试剂是否符合实验要求，发现问题及时向指导教师提出，在教师指导下，做好实验的各种准备工作，并记录实验的条件。

② 具体操作时，要求严格按照操作规程进行实验，不得随意改动。对于实验操作步骤，应通过预习做到心中有数，严禁"照方抓药"式实验。

③ 实验过程中要仔细观察实验现象，严格控制实验条件，将实验数据随手记录在预习报告本上，建议采用表格形式，要求实事求是，准确详细，且注意整洁清楚，不许涂改，要养成良好的记录习惯。如遇异常现象，应仔细查明原因或请指导教师帮助分析处理。

④ 实验结束后，应将实验数据交指导教师审查，合格后，方可拆卸实验装置，不合格者需重做或补做。然后检查水、电是否切断，仪器是否清理归位，清洁实验台面，经指导教师同意后，关好门窗方可离开实验室。

（3）实验报告　实验报告是物理化学实验中的重要环节，一份好的实验报告，应字迹清楚、文字通顺、条理分明、逻辑性强、原始数据测量准确、数据处理及结论正确合理，要求实验报告独立完成，不得合写一份报告。

实验报告的内容一般包括：

① 实验题目、日期、实验条件（室温、大气压）和实验者及同组人姓名。

② 实验目的及简明原理（包括必要的计算公式）。

③ 实验仪器装置和试剂。可用简图（如方块图）表示实验仪器装置，并注明各部分的名称和型号。

④ 操作步骤。若实际步骤与指导书相同，则写出摘要；若与指导书不同，则应写出具体操作步骤。

⑤ 数据处理。数据处理应有原始数据记录表和计算结果表示表（有时二者可合二为一）。对于计算的数据须列出算式，作图时须用坐标纸，并标明坐标及图名。实验报告数据处理中，不仅包括表格、作图和计算，还应有必要的文字说明，如"所得数据列入××表"，"由××表中数据作图×-×"等，若用计算机处理实验数据，则应附上计算机的打印记录。

⑥ 结果及讨论。包括实验过程特殊现象的分析和解释，查阅文献的情况，误差分析和计算，对实验方法、操作步骤及仪器装置等的改进意见，实验应用及心得体会等。

二、实验室安全知识

在实验室中存在许多的安全隐患，化学实验中，经常使用易破碎的玻璃仪器，易燃、易爆、有毒性（腐蚀性）的化学药品，电器设备及煤气等，所以也就潜伏着发生诸如爆炸、着火、中毒、灼伤、割伤、触电等事故的危险性，防止事故的发生和妥善处理发生的事故是每一个化学工作者的必备素质，以下主要针对物理化学实验的特点，简要介绍使用化学药品和电器仪表的安全知识。

1. 使用化学药品的安全防护

大多数化学药品有毒、易燃、易爆、具有腐蚀性。

实验开始前要了解实验中所使用化学药品的规格、性能以及可能发生的危险，做好防范措施。

（1）防毒　化学药品中大多数是有毒物质，毒物可通过皮肤、呼吸道和消化道进入人体，对人体造成不同程度的伤害，因此，在实验中应正确使用化学药品，将其对人体造成的伤害降到最低。

实验开始前，必须事先了解实验中所使用化学药品的规格、性质以及可能产生的毒性，做好防范措施。在进行有毒气体（如 H_2S、Cl_2 和 HF 等）的操作时，应在通风橱内进行。苯、四氯化碳、乙醚等蒸气大量吸入人体会引起中毒，虽然它们有特殊气味，但是久嗅会使人的嗅觉减弱，所以使用时要特别注意，最好在通风良好的环境中使用。

对于化学药品中的剧毒物质，如氰化物、高汞盐、重金属盐、可溶性钡盐、三氧化二砷等，实验室中应有专人负责保管，严格规范使用条件，并做必要的回收。大多数有机药品会对人体造成伤害，汞在人体内会日积月累，造成中毒，所以应尽量避免实验中化学药品与人体的接触，不在实验室中饮水、吃东西、吸烟或存放食物，不用实验器皿盛放食物，也不用饮食用具盛放药品，杜绝药品入口。实验完毕，应认真洗手。

（2）防爆　可燃气体与空气相混合，当二者比例达到爆炸极限时，若受到热源诱发（如电火花等），就会引起爆炸。表 11-1 列出常见气体与空气混合物的爆炸极限。

因此，应尽量避免可燃性气体散发到空气中，同时，要保持良好通风。使用大量易爆气体时，严禁明火，杜绝一切可能发生火花的因素出现。另外，有些药品如高氯酸盐、过氧化物、乙炔铜等受震动或受热时容易引起爆炸，金属钾、钠遇水发生爆炸，所以，使用时要特别小心。乙醚久置后会产生易爆的过氧化物，使用前要除去生成的过氧化物。杜绝强氧化剂和强还原剂放在一起。若进行容易引起爆炸的实验时，应有防爆措施。

表 11-1　与空气相混合的某些气体的爆炸极限（20℃，101.325kPa）

气　体	爆炸高限（体积分数）/%	爆炸低限（体积分数）/%	气　体	爆炸高限（体积分数）/%	爆炸低限（体积分数）/%
氢	74.2	4.0	乙酸	—	4.1
乙烯	28.6	2.8	乙酸乙酯	11.4	2.2
乙炔	80.0	2.5	一氧化碳	74.2	12.5
苯	6.8	1.4	水煤气	72.0	7.0
乙醇	19.0	3.3	煤气	32.0	5.3
乙醚	36.5	1.9	氨	27.0	15.5
丙酮	12.8	2.6			

（3）防火　常用有机溶剂如丙酮、苯、乙醇、乙醚等都是易燃物，所以使用这类溶剂时，要杜绝室内明火、电火花或静电放电，且不可过多存放这类药品，用后要及时回收，不可倒入下水道，以免聚集引起火灾。还有一些物质如磷、金属钠、钾、电石及金属氢化物等在空气中易氧化自燃，应妥善保管，小心使用，万一着火，不要惊慌，应冷静判断情况，采取得力措施，可以采取隔氧、降低燃烧物温度、将可燃物与火焰分开等方法。常用来灭火的有：水、沙、二氧化碳灭火器、四氯化碳灭火器、泡沫灭火器和干粉灭火器等，可根据起火原因和场所选择使用。

（4）防腐蚀，防灼伤　强酸、强碱、强氧化剂、磷、钠、钾、冰醋酸等都会腐蚀皮肤，尤其防止它们溅入眼内。液氧、液氮等低温物也会严重灼伤皮肤，所以使用时要小心，万一灼伤，应快速清除药品，及时治疗。

2. 实验室用电时的安全防护

物理化学实验会用到各种各样的电器，要做好实验者的人身防护和电器设备的安全防护，在实验中应做到：

① 认真阅读电器的使用说明书，弄清其性能、使用范围及安全防护措施；
② 电器接好线路后仔细检查，经教师确认无误后方可通电；
③ 清楚实验室电源总开关的位置，便于一旦发生事故，能及时切断电源；
④ 及时更换损坏的接头及电线；
⑤ 不要用潮湿的手接触电器；
⑥ 金属外壳的电器设备应接地线；
⑦ 一旦有人触电或电器着火，应立即切断电源。

第二节　物理化学实验技术

一、温度测量技术

热是能量交换的一种形式，是在一定时间内以热流形式进行的能量交换量，热量的测量一般是通过温度的测量来实现的，温度表征了物体的冷热程度，是表述宏观物质系统状态的一个基本物理量，温度的高低反映了物质内部大量分子或原子平均动能的大小。在物理化学实验中许多热力学参数的测量、实验系统动力学或相变化行为的表征都涉及温度的测量问题。

1. 温标

温度量值的表示方法叫温标，目前，物理化学中常用的温标有两种：热力学温标和摄氏温标。

热力学温标也称开尔文温标，是一种理想的绝对的温标，单位为 K，用热力学温标确定的温度称为热力学温度，用 T 表示。定义：在 610.62Pa 时纯水的三相点的热力学温度为 273.16K。

摄氏温标使用较早，应用方便，符号为 t，单位为℃。定义：101.325kPa 下，水的冰点为 0℃。

$$T/K = 273.15 + t/℃$$

2. 水银温度计

水银温度计是常用的测量工具，其优点是结构简单、价格便宜、精确度高、使用方便等；缺点是易损坏且无法修理，其读数易受许多因素的影响而引起误差。一般根据实验的目的不同，选用合适的温度计。

（1）水银温度计的种类和使用范围

① 常用 $-5 \sim 150℃$、$-5 \sim 250℃$、$-5 \sim 360℃$ 等，最小分度为 1℃或 0.5℃。

② 量热用 $0 \sim 15℃$、$12 \sim 18℃$、$15 \sim 21℃$、$18 \sim 24℃$、$20 \sim 30℃$，最小分度为 0.01℃或 0.002℃。

③ 测温差用贝克曼温度计。移液式的内标温度计，温差量程 $0 \sim 5℃$，最小分度值为 0.01℃。

④ 石英温度计。用石英做管壁，其中充以氮气或氢气，最高可测温 800℃。

（2）水银温度计的校正　大部分水银温度计是"全浸式"的，使用时应将其完全置于被测体系中，使两者完全达到热平衡。但实际使用时往往做不到这一点，所以在较精密的测量中需作校正。

① 露茎校正。全浸式水银温度计如有部分露在被测体系之外，则读数准确性将受两方面的影响：第一是露出部分的水银和玻璃的温度与浸入部分不同，且受环境温度的影响；第二是露出部分长短不同受到的影响也不同。为了保证示值的准确，必须对露出部分引起的误差进行校正。其方法如图 11-1 所示，用一支辅助温度计靠近测量温度计，其水银球置于测量温度计露茎高度的中部，校正公式如下：

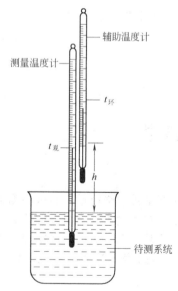

图 11-1　温度计露茎校正

$$\Delta t_{露茎} = kh(t_{观} - t_{环})$$

式中　k——常数，$k = 0.00016$；

　　　　h——露茎长度；

　　　　$t_{观}$——测量温度计读数；

　　　　$t_{环}$——辅助温度计读数。

测量系统的正确温度为

$$t = t_{观} + \Delta t_{露茎}$$

② 零点校正。由于玻璃是一种过冷液体，属热力学不稳定系统，水银温度计下部玻璃受热后再冷却收缩到原来的体积，常常需要几天或更长时间，所以，水银温度计的读数将与真实值不符，必须校正零点，校正方法是把它与标准温度计进行比较，也可用纯物质的相变点标定校正。

$$t = t_{观} + \Delta t_{示}$$

式中　$t_{观}$——温度计读数；

　　　　$\Delta t_{示}$——示值校正值。

3. 贝克曼温度计

物理化学实验中常用贝克曼温度计精密测量温差，其构造如图 11-2 所示。它与普通水银温度计的区别在于测温端水银球内的水银量可以借助毛细管上端的 U 形水银贮槽来调节。贝克曼温度计上的刻度通常只有 5℃或 6℃，每 1℃刻度间隔 5cm，中间分为 100 等份，可直接读出 0.01℃，用放大镜可估读到 0.002℃，测量精密度高。主要用于量热技术中，如凝固点降低、沸点升高及燃烧热的测定等精密测量温差的工作中。

贝克曼温度计在使用前需要根据待测系统的温度及误差的大小、正负来调节水银球中的水银量，把温度计的毛细管中水银端面调整在标尺的合适范围内。使用时，首先应将它插入一个与所测系统的初始温度相同的系统内，待平衡后，如果贝克曼温度计的读数在所要求刻度的合适位置，则不必调节，否则，按下列步骤进行调节：

① 用右手握住温度计中部，慢慢将其倒置，用手轻敲水银贮槽，此时，贮槽内的水银会与毛细管内的水银相连，将温度计小心正置，防止贮槽内的水银断开。

② 调节烧杯中水温至所需的测量温度。设要求欲测温度为 t 时，使水银面位于刻度"1"附近，则使烧杯中水温 $t'=t+4+R$（R 为 H 点到 A 点这一段毛细管所相当的温度，一般约为 $2℃$）。将贝克曼温度计插入温度为 t' 的盛水烧杯中，待平衡后取出（离实验台稍远些），右手握住贝克曼温度计的中部，左手沿温度计的轴向轻轻敲击右手腕部位，振动温度计，使水银在 A 点处断开，这样就使温度计置于温度 t' 的系统中时，毛细管中的水银面位于 A 点处，而当系统温度为 t 时，水银面将位于 $3℃$ 附近。

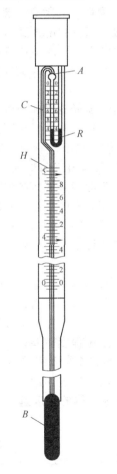

图 11-2　贝克曼温度计

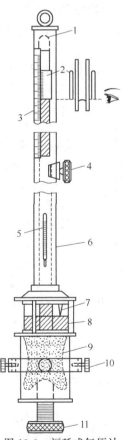

图 11-3　福廷式气压计

1—封闭的玻璃管；2—游标尺；3—主标尺；4—游标尺
调节螺丝；5—温度计；6—黄铜管；7—零点象牙针；
8—汞槽；9—羚羊皮袋；10—铅直调节固定螺丝；
11—汞槽液面调节螺丝

　　贝克曼温度计较贵重，下端水银球尺寸较大，玻璃壁很薄，极易损坏，使用时不要与任何物体相碰，不能骤冷骤热，避免重击，不要随意放置，用完后，必须立即放回盒内。

二、压力测量技术

　　压力是描述系统状态的重要参数，许多物理化学性质，如蒸气压、沸点、熔点等都与压力有关，因此，正确掌握压力的测量方法和技术是十分必要的。

1. 压力的单位和定义

　　在国际单位制中，压力单位是"帕"，用"Pa"表示。其定义为 1N 的力作用于 $1m^2$ 的面积上所形成的压强（压力）。

2. 压力计

　　(1) 福廷式气压计　测量大气压强的仪器称为气压计，实验室最常用的气压计是福廷式气压计。其构造见图 11-3。

　　福廷式气压计的外部为一黄铜管，内部是一顶端封闭的装有汞的玻璃管，玻璃管插在下部汞槽内，玻璃管上部为真空。在黄铜管的顶端开有长方形窗口，并附有刻度标尺，在窗口内放一游标尺，转动螺丝可使游标上下移动，这样可使读数的精确度达到 0.1mm 或 0.05mm。黄铜管的中部附有温度计，汞槽的底部为一柔性皮袋，下部由调节螺丝支持，转动螺丝可调节汞槽内汞液面的高低，汞槽上部有一个倒置固定的象牙针，其针尖即为主标尺的零点。

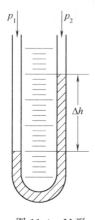

　　福廷式气压计使用时按下列步骤进行。垂直放置气压计，旋转底部调节螺旋，仔细调节水银槽内汞液面，使之恰好与象牙针尖接触（利用槽后面的白瓷板的反光仔细观察），然后转动游标尺调节螺旋，调节游标尺，直至游标尺两边的边缘与汞液面的凸面相切，切点两侧露出三角形的小空隙，这时，游标尺的零刻度线对应的标尺上的刻度值即为大气压的整数部分，从游标尺上找出一个恰与标尺上某一刻度线相吻合的刻度，此游标尺上的刻度值即为大气压的小数部分。记下读数后，转动螺丝，使汞液面与象牙针脱离，同时记录气压计上的温度和气压计本身的仪器误差，以便进行读数校正。

　　(2) U 形压力计　U 形压力计是物理化学实验中用得最多的压力计，其优点是构造简单，使用方便，能测量微小压力差。缺点是测量范围较小，示值与工作液的密度有关，也就是与工作液的种类、纯度、温度及重力加速度有关，且结构不牢固，耐压程度较差。

图 11-4　U 形压力计

　　U 形压力计由两端开口的垂直 U 形玻璃管及垂直放置的刻度标尺构成，管内盛有适量工作液体作为指示液。构造如图 11-4 所示。

　　图 11-4 中 U 形管的两支管分别连接于两个测压口，因为气体的密度远小于工作液的密度，因此，由液面差 Δh 及工作液的密度 ρ 可得下列公式：

$$p_1 - p_2 = \rho g \Delta h$$

这样，压力差 $p_1 - p_2$ 的大小即可用液面差 Δh 来度量，若 U 形管的一端是与大气相通的，则可测得系统的压力与大气压力的差值。

三、电化学测量技术

　　电化学测量技术在物理化学实验中占有重要地位，常用它来测量电导、电动势等参数，更是热化学中精密温度测量和计量的基础。

1. 电导的测量

电导这个物理化学参数不仅反映出电解质溶液中离子状态及其运动的许多信息，而且由于它在稀溶液中与离子浓度之间的简单线性关系，被广泛用于分析化学和化学动力学过程的测试中。

电导的测量除用交流电桥法外，还可用电导仪进行，目前广泛使用的是 DDS 型和 DDS-11A 型电导率仪，下面介绍 DDS-11A 型电导率仪。

（1）测量原理　DDS-11A 型电导率仪原理见图 11-5。

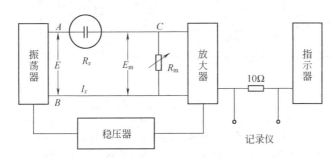

图 11-5　DDS-11A 型电导率仪原理

稳压电源输出一个稳定的直流电压，供给振荡器和放大器，使它们工作在稳定状态。振荡器由于采用了电感负载式的多谐振荡电路，具有很低的输出阻抗，其输出电压不随电导池电阻 R_x 的变化而变化，从而为电阻分压回路提供一个稳定的标准电动势 E，电阻分压回路由电导池 R_x 和电阻箱 R_m 串联组成，E 加在该回路 AB 两端，产生测量电流 I_x，根据欧姆定律：

$$I_x = \frac{E}{R_x + R_m} = \frac{E_m}{R_m}$$

由于 E 和 R_m 恒定不变，设 $R_m \ll R_x$，则

$$I_x \propto \frac{1}{R_x}$$

由上式可看出，测量电流 I_x 的大小正比于电导池两极间溶液的电导：

$$E_m = I_x R_m = \frac{E R_m}{R_x + R_m}$$

$$G = \frac{1}{R_x}$$

$$E_m = \frac{E R_m}{\frac{1}{G} + R_m}$$

由于 E 和 R_m 不变，所以电导 G 只是 E_m 的函数，E_m 经放大检波后，在显示仪表上，用换算成的电导值或电导率值显示出来。

（2）使用方法　DDS-11A 型电导率仪的面板如图 11-6 所示。

① 接通电源前，观察表针是否指零，若不指零，可调节表头螺丝，使其指零。

② 接通电源打开开关，预热数分钟。

③ 将校正、测量开关 4 扳到"校正"位置，调节校正调节器 9 使电表满刻度指示。

④ 若待测液体的电导率低于 $300\mu S/cm$ 时，开关 3 在"低周"位置，若待测液体的电导率为 $300\sim 10^5 \mu S/cm$ 时，开关在"高周"位置。

⑤ 将量程选择开关 5 扳到所需要的测量范围，若预先不知被测液体电导率的大小，应

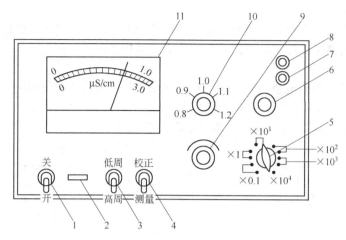

图 11-6　DDS-11A 型电导率仪的面板
1—电源开关；2—指示灯；3—高周、低周开关；4—校正、测量开关；
5—量程选择开关；6—电容补偿开关；7—电极插口；8—10mV
输出插口；9—校正调节器；10—电极常数调节器；11—表头

先扳在最大电导率挡，然后逐挡下降。

⑥ 根据液体电导率的大小选用不同电极。当待测液体的电导率低于 $10\mu S/cm$ 时，使用 DJS-1 型光亮电极；当待测液体的电导率为 $10\sim10^4\mu S/cm$ 时，使用 DJS-1 型铂黑电极；当待测液体的电导率大于 $10^4\mu S/cm$ 时，可选用 DJS-10 型铂黑电极。

⑦ 电极在使用时，用电极夹夹紧电极的胶木帽，并通过电极夹把电极固定在电极杆上，将电插头插入电极插口内，旋紧插口上的紧固螺丝，再将电极浸入待测溶液中。

⑧ 将校正、测量开关 4 扳向"测量"，这时指针指示读数乘以量程开关的倍率，即为待测

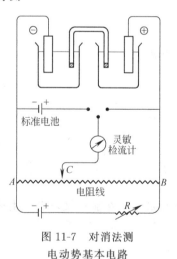

图 11-7　对消法测
电动势基本电路

液的实际电导率。

（3）注意事项

① 电极应完全浸入电导池溶液中。

② 保证待测系统的温度恒定。

③ 电导电极插头绝对防止受潮。

④ 电导池常数应定期进行复查和标定。

2. 电池电动势的测量

电池电动势的测量必须在可逆条件下进行。所谓可逆条件，一是要求电池本身的各个电极过程可逆，二是要求测量电池电动势时，电池几乎没有电流通过，即测量回路中 $I=0$。为此可在测量装置上设计一个与待测电池的电动势数值相等而方向相反的外加电动势，以对消待测电池的电动势，这种测电动势的方法称为对消法。

（1）测量原理　电位差计就是根据对消法原理而设计的，线路如图 11-7 所示。

图中整个 AB 线的电势差可等于标准电池的电势差。这可通过"校准"的步骤来实现，标准电池的负端与 A 相连（即与工作电池是对消状态），而正端串联一个检流计，通过并联直达 B 端，调节可调电阻，使检流计指针为零，即无电流通过，这时 AB 线上的电势差就等于标准电池的电势差。

测未知电池时，负极与 A 相连接，而正极通过检流计连接到探针 C 上，将探针 C 在电阻线 AB 上来回滑动，找到使检流计指针为零的位置，此时

$$E_X = AC/AB$$

（2）UJ-25 型电位差计 直流电位差计是测量电池电动势的仪器，可分为高阻型和低阻型两种，使用时可根据待测系统的不同而加以选择，低阻型用于一般的测量，高阻型用于精确测量。UJ-25 型电位差计是高阻型，与标准电池、检流计等配合使用，可获得较高精确度。图 11-8 是其面板示意。

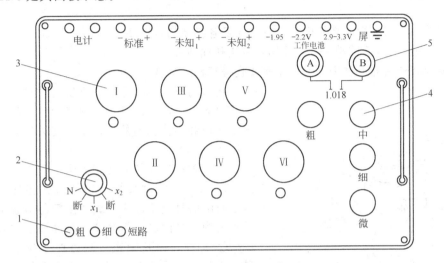

图 11-8 UJ-25 型电位差计面板
1—电计按钮（共 3 个）；2—转换开关；3—电势测量旋钮（共 6 个）；
4—工作电流调节旋钮（共 4 个）；5—标准电池温度补偿旋钮

使用步骤如下：

① 连接线路。首先将转换开关 2 扳到"断"的位置，电计按钮 1 全部松开，然后按图 11-7 将标准电池、工作电池、待测电池及检流计分别用导线连接在"标准"、"工作"、"未知 1"或"未知 2"及电计接线柱上，注意正、负极不要接反。

② 标定电位差计。调节工作电流，先读取标准电池上所附温度计的温度值，并按公式计算标准电池的电动势（V）。

$$E_{MF} = E_{MF}(20℃) - 4.05×10^{-5}(t-20) - 9.5×10^{-7}(t-20)^2 - 1×10^{-8}(t-20)^3$$

将标准电池温度补偿旋钮 5 调节在该温度下电池电动势处，再将转换开关 2 置于"N"的位置，按下电计按钮 1 的"粗"按钮，调节工作电流调节旋钮 4，使检流计示零，然后按下"细"按钮，再调节工作电流使检流计示零，此时工作电流调节完毕。由于工作电池的电动势会发生变化，所以在测量过程中要经常标定电位差计。

③ 测量未知电动势。松开全部按钮，若待测电动势接在"未知 1"，则将转换开关 2 置于"x_1"位置。从左到右依次调节各测量旋钮，先将电计按钮 1 的"粗"按钮按下时，使检流计示零，然后松开"粗"按钮，随即按下"细"按钮，使检流计示零。依次调节各个测量旋钮，至检流计光点示零。6 个测量旋钮下的小窗孔内读数总和即为待测电池的电动势。

（3）注意事项

① 测量时，电计按钮按下时间应尽量短，以防止电流通过而改变电极表面的平衡状态。

② 电池电动势与温度有关，若温度改变，则要经常标定电位差计。

③ 测量时，若发现检流计受到冲击，应迅速按下短路按钮，以保护检流计。

四、光学测量技术

1. 折射率的测量

（1）折射率与浓度的关系　折射率是物质的特性常数，纯物质具有确定的折射率，但如果混有杂质其折射率会偏离纯物质的折射率，杂质越多，偏离越大。纯物质溶解在溶剂中，折射率也发生变化。当溶质的折射率小于溶剂的折射率时，浓度越大，混合物的折射率越小；反之亦然。所以，测定物质的折射率可以定量地求出该物质的浓度或纯度，其方法如下：

① 制备一系列已知浓度的样品，分别测量各样品的折射率；

② 以样品浓度 c 和折射率 n_D 作图得一工作曲线；

③ 据待测样品的折射率，由工作曲线查得其相应浓度。

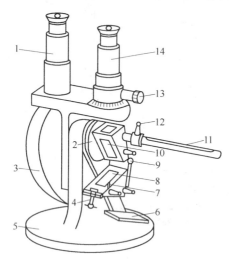

图 11-9　阿贝折光仪外形
1—读数望远镜；2—转轴；3—刻度盘罩；4—锁钮；5—底座；6—反射镜；7—加液槽；8—辅助棱镜（开启状态）；9—铰链；10—测量棱镜；11—温度计；12—恒温水入口；13—消色散手柄；14—测量望远镜

用折射率测定样品的浓度所需试样量少，且操作简单方便，读数准确。实验室中常用阿贝折光仪测定液体和固体物质的折射率。阿贝折光仪的外形见图 11-9。

（2）阿贝折光仪的使用方法

① 安装。将阿贝折光仪放在光亮处，但避免置于直晒的日光下，用超级恒温槽将恒温水通入棱镜夹套内，其温度以折光仪上温度计读数为准。

② 加样。松开锁钮，开启辅助棱镜，使其磨砂斜面处于水平位置，滴几滴丙酮于镜面，可用镜头纸轻轻揩干。滴加几滴试样于镜面上（滴管切勿触及镜面），合上棱镜，旋紧锁钮。若液样易挥发，可由加液小槽直接加入。

③ 对光。转动镜筒使之垂直，调节反射镜使入射光进入棱镜，同时调节目镜的焦距，使目镜中十字线清晰明亮。

④ 读数。调节读数螺旋，使目镜中呈半明半暗状态。调节消色散棱镜至目镜中彩色光带消失，再调节读数螺旋，使明暗界面恰好落在十字线的交叉处。若此时呈现微色散，继读调节消色散棱镜，直到色散现象消失为止。这时可从读数望远镜中的标尺上读出折射率 n_D。为减少误差每个样品需重复测量三次，三次读数的误差应不超过 0.002，再取其平均值。

（3）注意事项

① 使用时必须注意保护棱镜，切勿用其他纸擦拭棱镜，擦拭时注意指甲不要碰到镜面，滴加液体时，滴管切勿触及镜面。保持仪器清洁，严禁油手或汗触及光学零件。

② 使用完毕后要把仪器全部擦拭干净（小心爱护），流尽金属套中恒温水，拆下温度计，并将仪器放入箱内，箱内放有干燥剂硅胶。

③ 不能用阿贝折光仪测量酸性、碱性物质和氟化物的折射率，若样品的折射率不在 1.3～1.7 范围内，也不能用阿贝折光仪测定。

2. 旋光度的测量

（1）旋光度与浓度的关系　许多物质具有旋光性。所谓旋光性就是指某一物质在一束平面偏振光通过时，能使其偏振方向转一个角度的性质。旋光物质的旋光度，除了取决于旋光物质的本性外，还与测定温度、光经过物质的厚度、光源的波长等因素有关，若被测物质是溶液，当光源波长、温度、厚度恒定时，其旋光度与溶液的浓度成正比。

①测定旋光物质的浓度。配制一系列已知浓度的样品，分别测出其旋光度，作浓度-旋光度曲线，然后测出未知样品的旋光度，从曲线上查出该样品的浓度。

②根据物质的比旋光度，测出物质的浓度。旋光度可以因实验条件的不同而有很大的差异，所以又提出了"比旋光度"的概念，规定：以钠光 D 线作为光源，温度为 20℃ 时，一根 10cm 长的样品管中，每厘米溶液中含有 1g 旋光物质时所产生的旋光度，即为该物质的比旋光度，用符号 $[\alpha]$ 表示。

$$[\alpha]=\frac{10\alpha}{lc}$$

式中　α——测量所得的旋光度值；

　　　　l——样品管的管长，cm；

　　　　c——浓度，g/cm^3。

比旋光度 $[\alpha]$ 是度量旋光物质旋光能力的一个常数，可由手册查出，这样测出未知浓度的样品的旋光度，代入上式可计算出浓度 c。

（2）旋光仪的结构原理　测定旋光度的仪器叫旋光仪，物理化学实验中常用 WXG-4 型旋光仪测定旋光物质的旋光度的大小，从而定量测定旋光物质的浓度，其光学系统见图 11-10。

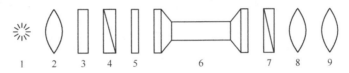

图 11-10　旋光仪的光学系统

1—钠光灯；2—透镜；3—滤光片；4—起偏镜；5—石英片；

6—样品管；7—检偏镜；8，9—望远镜

旋光仪主要由起偏器和检偏器两部分构成。起偏器是由尼科尔棱镜构成，固定在仪器的前端，用来产生偏振光。检偏器也是由一块尼科尔棱镜组成，由偏振片固定在两保护玻璃之间，并随刻度盘同轴转动，用来测量偏振面的转动角度。

旋光仪就是利用检偏镜来测定旋光度的。如调节检偏镜使其透光的轴向角度与起偏镜的透光轴向角度互相垂直，则在检偏镜前观察到的视场呈黑暗，再在起偏镜与检偏镜之间放入一个盛满旋光物的样品管，则由于物质的旋光作用，使原来由起偏镜出来的偏振光转过了一个角度 α，这样视野不呈黑暗，必须将检偏镜也相应地转过一个 α 角度，视野才能重又恢复黑暗。因此检偏镜由第一次黑暗到第二次黑暗的角度差，即为被测物质的旋光度。

如果没有比较，要判断视场的黑暗程度是困难的，为此设计了三分视野法，以提高测量准确度。即在起偏镜后中部装一狭长的石英片，其宽度约为视野的 1/3，因为石英也具有旋光性，故在目镜中出现三分视野。如图 11-11 所示。当三分视野消失时，即可测得被测物质旋光度。

（3）WXG-4 型旋光仪的使用方法

①接通电源，开启钠光灯，约 5min 后，调节目镜焦距，使三分视野清晰。

②仪器零点校正。在样品管中装满蒸馏水（无气泡），调节检偏镜，使三分视野消失，记下角度值，即为仪器零点，用于校正系统误差。

③测定旋光度。在样品管中装入试样，调节检偏镜，使三分视野消失，读取角度值，将其减去（或加上）零点值，即为被测物质的旋光度。

④测量完毕后，关闭电源，将样品管取出，洗净擦干后放入盒内。

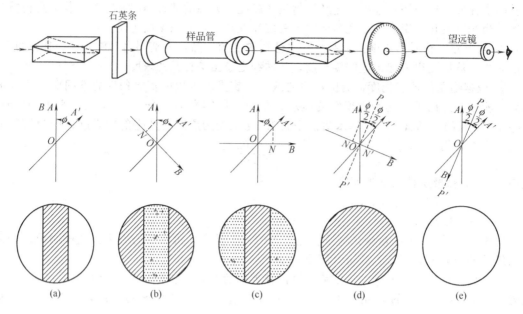

图 11-11　旋光仪三分视野

第十二章 基本实验

实验一 燃烧焓的测定

一、实验目的

1. 掌握量热技术的基本原理，学会测定萘的燃烧热。
2. 了解氧弹式量热计主要部件的作用，掌握氧弹式量热计的实验技术。
3. 学会雷诺图解法校正温度改变值。

二、预习指导

1. 掌握实验原理，了解实验操作步骤。
2. 了解氧弹式量热计的原理、构造和使用方法。

三、实验原理

燃烧热是指 1mol 物质完全燃烧时所放出的热量。在恒容条件下测得的燃烧热称为恒容燃烧热（Q_v），恒容燃烧热等于这个过程的内能变化（ΔU）。在恒压条件下测得的燃烧热称为恒压燃烧热（Q_p），恒压燃烧热等于这个过程的热焓变化（ΔH）。若把参加反应的气体和反应生成的气体作为理想气体处理，则有下列关系式：

$$\Delta_c H_m = Q_p = Q_v + \Delta n R T \tag{12-1}$$

本实验采用氧弹式量热计（如图 12-1）测量萘的燃烧热。测量的基本原理是将一定量待测物质样品在氧弹中完全燃烧，燃烧时放出的热量使量热计本身及氧弹周围介质（本实验用水）的温度升高。

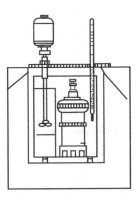

图 12-1 氧弹式量热计

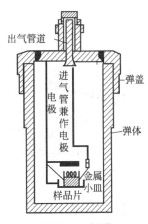

图 12-2 氧弹

氧弹是一个特制的不锈钢容器（见图 12-2）。为了保证样品在其中完全燃烧，氧弹中应充以高压氧气（或者其他氧化剂），还必须使燃烧后放出的热量尽可能全部传递给量热计本身和其中盛放的水，而几乎不与周围环境发生热交换。放出热（样品＋点火丝）＝吸收热（水、氧弹、量热计、温度计）。

在盛有水的容器中，样品物质的量为 n mol，放入密闭氧弹充氧，使样品完全燃烧，放出的热量传给水及仪器各部件，引起温度上升。设系统（包括内水桶、氧弹本身、测温器件、搅拌器和水）的总热容为 C（通常称为仪器的水当量，即量热计及水每升高 1K 所需吸收的热量），假设系统与环境之间没有热交换，燃烧前、后的温度分别为 T_1、T_2，则此样品的恒容摩尔燃烧热为：

$$Q_{v,\mathrm{m}} = -C(T_2 - T_1)/n \qquad (12\text{-}2)$$

式中，$Q_{v,\mathrm{m}}$ 为样品的恒容摩尔燃烧热，J/mol；n 为样品的物质的量，mol；C 为仪器的总热容，J/K 或 J/℃。

上述公式是最理想、最简单的情况。但是，由于氧弹式量热计不可能完全绝热，热漏在所难免。因此，燃烧前后温度的变化不能直接用测到的燃烧前后的温度差来计算，必须经过合理的雷诺校正才能得到准确的温差变化。另外，多数物质不能自燃，如本实验所用萘，必须借助电流引燃点火丝，再引起萘的燃烧，因此，式(12-2)左边必须把点火丝燃烧所放热量考虑进去，如下等式：

$$-nQ_{v,\mathrm{m}} - m_{点火丝}Q_{点火丝} = C\Delta T \qquad (12\text{-}3)$$

式中，$m_{点火丝}$ 为点火丝的质量；$Q_{点火丝}$ 为点火丝的燃烧热；ΔT 为校正后的温度升高值。

仪器热容的求法是用已知燃烧焓的物质（如本实验用苯甲酸），放在量热计中燃烧，测其始、末温度，经雷诺校正后，按式(12-3)即可求出 C。

雷诺校正：消除体系与环境间存在热交换造成的对体系温度变化的影响。热量的散失仍然无法完全避免，这可以是由于环境向量热计辐射进热量而使其温度升高，也可以是由于量热计向环境辐射出热量而使量热计的温度降低。因此燃烧前后温度的变化值不能直接准确测量，而必须经过作图法进行校正（见图 12-3）。校正方法：将燃烧前后历次观察的温度对时间作图，连成线。有时量热计的绝热情况良好，热漏小，而搅拌器功率大，不断稍微引进热量，使得燃烧后的最高点不出现，按同法校正。

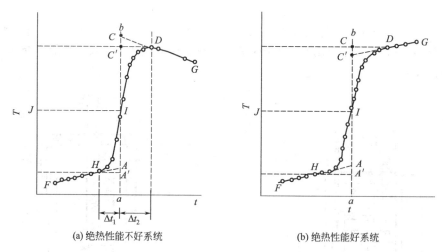

(a) 绝热性能不好系统   (b) 绝热性能好系统

图 12-3 雷诺校正图

四、实验仪器和试剂

（1）仪器 氧弹式量热计 1 套；温度计（0～50℃，分度值为 0.1℃）1 支；贝克曼温度计 1 支；电吹风 1 个；氧气瓶（附氧气表）1 个；万用电表 1 台；压片机 2 台；小镊子 1 把；

1000mL 烧杯 1 只；引火丝若干；分析天平 1 台；台秤 1 台。

（2）试剂　苯甲酸（分析纯）；萘（分析纯）。

五、实验步骤

1. 测定量热计的热容 C

（1）压片

① 将 16cm 长的燃烧丝，放在干的燃烧杯中，用电子天平称量，记录质量。

② 用托盘天平称取约 $0.7 \sim 0.8g$ 的苯甲酸，在压片机中与点火丝一起压成片状。

③ 将此药片放在电子天平中称量，记录样品与点火丝的总质量，进而可以得到样品质量。

（2）充氧

① 把氧弹的弹头放在弹头架上，将装有样品的燃烧杯放在燃烧杯架上，把燃烧丝的两端分别紧绕在氧弹中的两根电极上（要注意将点火丝绑紧，再检查是否有短路的地方并及时排除）。

② 把弹头放入弹杯中，用手将其拧紧。再用万用表检查两电极之间是否通路，若电阻趋向于零，则充氧。

③ 开始先充少量氧气（约 $0.5MPa$），然后用放气装置放气，借以赶出氧弹中空气。然后充入氧气（$1.5MPa$）。

④ 充好氧气后，再用万用表检查两电极间电阻，趋向于零时，说明通路可用，将氧弹放入内筒。

（3）注水

① 用量筒取 2200mL 蒸馏水加入内筒，寻找插头插紧在两电极上，盖上盖子。注意不要让水溅到电极接头。

② 将温差测量仪探头插入内筒水中。

（4）点火

① 打开 ZR-3R 型燃烧热实验装置的总电源开关，打开搅拌开关，待马达运转 $2 \sim 3min$ 后，每隔 30s 记录水温一次，直至连续 5 次水温有规律微小变化，按下点火按钮。

② 当数字显示开始明显升温时，表示样品已燃烧。杯内样品一经燃烧，水温很快上升，每 30s 记录温度一次，当温度变化缓慢后，可以再记录 10 次，停止实验。

③ 实验停止后，取出温差测量仪探头。取出氧弹，用放气阀将氧弹内余气放出，最后旋下氧弹盖，检查样品燃烧结果。若氧弹中没有什么燃烧残渣，表示燃烧完全，若留有许多黑色残渣表示燃烧不完全，实验失败。

④ 用水冲洗氧弹及燃烧杯，把氧弹用抹布擦干，待用。

2. 测量萘的燃烧热

用台秤称取 $0.4 \sim 0.5g$ 的萘，压片并用电子天平称重。重复上述步骤，并将萘片放于苯甲酸片下方，用苯甲酸做引燃剂。

六、数据处理

1. 苯甲酸和萘的雷诺图

2. 计算水的热容

苯甲酸的燃烧反应方程式为：

$$2C_7H_6O_2(s) + 15O_2(g) \longrightarrow 14CO_2(g) + 6H_2O(l) \quad \Delta_cH_m^{\ominus} = -3226.0kJ/mol$$

根据基尔霍夫定律：

$$\Delta C_{p,m}=14C_{p,m}(\mathrm{CO_2,g})+6C_{p,m}(\mathrm{H_2O,l})-2C_{p,m}(苯甲酸,\mathrm{s})-15C_{p,m}(\mathrm{O_2,g})$$

3. 计算萘的恒容摩尔燃烧热

根据公式：
$$-nQ_{v,m}-m_{点火丝}Q_{点火丝}=C\Delta T$$

4. 计算萘的恒压摩尔燃烧热

萘燃烧的化学方程式为：$\mathrm{C_{10}H_8(s)+12O_2(g)\longrightarrow 10CO_2(g)+4H_2O(l)}$

$$\sum\nu_\mathrm{B}(\mathrm{g})=-2$$

根据基尔霍夫定律：

$$\Delta C_{p,m}=10C_{p,m}(\mathrm{CO_2,g})+4C_{p,m}(\mathrm{H_2O,l})-C_{p,m}(萘,\mathrm{s})-12C_{p,m}(\mathrm{O_2,g})$$

5. 由基尔霍夫定律将 $\Delta_cH_m(T)$ 换成 $\Delta_cH_m(298.15K)$，并与文献比较

文献值

恒压燃烧热	kJ/mol	J/g	测定条件
苯甲酸	−3226.9	−26410	标准压力,25℃
萘	−5153.8	−40205	标准压力,25℃

$C_{p,m}(\mathrm{H_2O,l})=75.291\mathrm{J/(mol\cdot K)}$ \qquad $C_{p,m}(\mathrm{O_2,g})=29.36\mathrm{J/(mol\cdot K)}$

$C_{p,m}(\mathrm{CO_2,g})=37.11\mathrm{J/(mol\cdot K)}$ \qquad $C_{p,m}(苯甲酸,\mathrm{s})=146.8\mathrm{J/(mol\cdot K)}$

$C_{p,m}(萘,\mathrm{s})=165.7\mathrm{J/(mol\cdot K)}$

七、思考题

1. 实验测量的温差值为何要经过雷诺作图法校正，还有哪些误差来源会影响测量结果？
2. 欲测定液体样品的燃烧热，你能想出测定方法吗？
3. 燃烧皿和氧弹每次使用后，应如何操作？
4. 氧弹准备部分，引火丝和电极需注意什么？

实验二　双液系汽-液平衡相图的测绘

一、实验目的

1. 掌握用阿贝折光仪测定透明液体折射率。
2. 掌握乙醇-环己烷双液系温度-组成图绘制方法。
3. 测绘乙醇-环己烷系统的相图并确定其恒沸组成和最低恒沸点。

二、预习指导

1. 了解绘制双液系平衡相图的原理和方法。
2. 了解实验中可能存在和应注意的问题，学会如何判断气、液两相平衡。
3. 了解阿贝折光仪的使用。

三、实验原理

在恒定压力下，二组分系统气、液达到平衡时，表示液态混合物的沸点与组成关系的相图称为温度（沸点）-组成图，也称为蒸馏曲线图。乙醇-环己烷二组分系统温度-组成相图为具有最低恒沸点的汽-液平衡相图（见图12-4）。

根据相律，对二组分体系，当压力恒定时，在气液二相共存区域中，自由度数等于1，若温度一定，气液两相成分也就确定。当总成分一定时，由杠杆原理知，两相的相对量也一

定。反之，在一定的实验装置中，利用回流冷凝的方法保持气液两相相对量一定，则体系的温度恒定，即为沸点（图中 C、D 两点纵坐标）。此时，取出两相的样品，用物理方法或化学方法分析两相的组成，可得出在该温度时气液两相平衡组成的坐标点（图中 C、D 两点横坐标）。改变体系的系统组成，用上法可找出另一对坐标点，这样测得若干对坐标后，分别按气相点和液相点连成气相线和液相线，即得双液系的温度-组成相图。

本实验采用测定折射率来间接确定乙醇-环己烷混合物的方法。因为乙醇和环己烷折射率相差较大，而且它们液态混合物的折射率与其浓度有线性关系。要由折射率找出对应的未知组成，则需绘制出工作曲线。可先配制乙醇质量分数为 0％、20％、40％、60％、80％、100％等一系列已知浓度的乙醇-环己烷溶液，在恒定温度下测其折射率，绘制出组成-折射率工作曲线（见图 12-5）。物质的折射率是一特征数值，它不仅与物质的浓度有关，还与温度有关。大多数液态有机化合物的折射率的温度系数为 -0.0004，因此在测量物质的折射率时要求温度恒定，能从阿贝折光仪上准确测到小数点后 4 位有效数字。

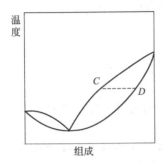

图 12-4 乙醇-环己烷系统沸点-组成图

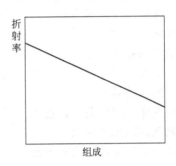

图 12-5 组成-折射率工作曲线

阿贝折光仪使用方法：打开棱镜，用洗耳球将上下两棱镜镜面吹干。将被测液体用干净滴管滴加在折射棱镜表面，并将上棱镜盖上，用左侧手轮锁紧。旋转右侧下方大手轮，在目镜视场中找到上白下黑界线的位置。旋转右侧上方小手轮，使明暗分界线既不偏红也不偏蓝，微调右侧下方大旋转手轮，使分界线位于视野中的交叉线的中心。此时目镜视场下方显示的两行数值中的下行即为被测液体的折射率，上行为蔗糖水溶液的浓度。折射率的读数精确到小数点后面 4 位。

本实验中可由 FDY 型双液系沸点测定仪面板上直接读出沸点数值。沸点仪结构见图 12-6。

四、实验仪器和试剂

（1）仪器 沸点仪 1 套；阿贝折光仪 1 台；温度计（50～100℃，分度为 0.01℃）1 支；稳流电源 1 台；超级恒温槽 1 台；移液管（干燥）20 根；小漏斗 1 个；分析天平 1 台。

（2）试剂 乙醇（分析纯）；环己烷（分析纯）。

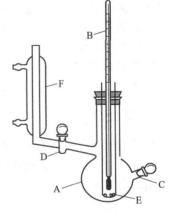

图 12-6 沸点仪

A—烧瓶；B—温度计（或温度传感器）；

C—支管（加液口，液相取样口）；

D—小槽（以液态存在的气相样品）；

E—电热丝；F—冷凝管

五、实验步骤

1. 组装仪器

将温度传感器插头插入后面板上的"传感器"插座。将 220V 交流电源接入后面板上的电源插座。连好沸点仪实验装置，温度传感器勿与加热丝相碰。接通冷却水。打开超级恒温槽的总电源、加热电源、循环泵,至阿贝折光仪上温度计显示为设定温度:25℃。

2. 工作曲线测定

测定滴瓶内乙醇-环己烷标准溶液的折射率($W_{乙醇}=0\%$、20%、40%、60%、80%、100%)。并在表 12-10 中记录数据。

3. 测定纯乙醇沸点

量取 20mL 乙醇从支管加入烧瓶内,并调节传感器及电热丝高度使之浸入溶液内。打开电源开关,调节"加热电源调节"旋钮,调节直流电源电压为 15V 左右,缓慢加热液体至沸腾。待温度示数稳定后,在表 12-11 中记录温度。关闭电源开关。

4. 改变系统组成

待液体适当冷却后,用胶头滴管将小槽内残余液移至烧瓶内。用移液管移取 0.5mL 环己烷,从支管加入烧瓶内。打开电源开关,缓慢加热液体至沸腾。待温度示数稳定后,在表 12-11 中记录温度。关闭电源开关,并适当冷却后,用胶头滴管吸取小槽中的气相样品,在阿贝折光仪中测定气相折射率。再用胶头滴管从支管处吸取烧瓶中的液相样品,在阿贝折光仪中测定液相折射率,并在表 12-11 中记录数据。

5. 改变系统组成

依次加入 1mL、3mL、5mL、7mL、10mL 环己烷重复第 4 步。

6. 连接实验装置

将沸点仪中溶液倒入回收瓶,用吹风机吹干蒸馏瓶,并连接好实验装置。

7. 测定纯环己烷沸点

量取 20mL 环己烷从支管加入烧瓶内,打开电源开关,缓慢加热液体至沸腾。待温度示数稳定后,在表 12-12 中记录沸点温度。关闭电源开关。

8. 改变系统组成

待液体适当冷却后,用移液管移取 0.5mL 乙醇,从支管加入烧瓶内。用胶头滴管将小槽内残余液移至烧瓶内。打开电源开关,缓慢加热液体至沸腾。待温度示数稳定后,记录沸点温度。关闭电源开关,适当冷却后,用胶头滴管吸取小槽中气相样品,在阿贝折光仪中测定气相折射率。再用胶头滴管从支管处吸取液相样品,在阿贝折光仪中测定液相折射率。在表 12-12 中记录数据。

9. 改变系统组成

依次加入 0.5mL、1mL、3mL、5mL 乙醇,重复第 8 步骤。

六、数据处理

1. 根据表 12-10 数据描点法绘制工作曲线。函数关系式为:_____。

2. 根据表 12-11、表 12-12 数据及 1. 中得到的函数关系式,把折射率转化成乙醇质量分数并填入表 12-1。

表 12-1 乙醇-环己烷沸点-组成

序号	沸点/℃	气相组成(乙醇质量分数/%)	液相组成(乙醇质量分数/%)
1			
2			
3			
4			
5			

序号	沸点/℃	气相组成(乙醇质量分数/%)	液相组成(乙醇质量分数/%)
6			
7			
8			
9			
10			
11			
12			
13			

3. 根据 2. 中得到的表格数据绘制乙醇-环己烷沸点-组成图。

4. 根据 3. 中的相图读出：恒沸组成_____，最低恒沸点温度_____。

七、思考题

1. 小槽中有残留液就进行下次测量，是否影响实验的准确度？

2. 沸点仪用水清洗后是否要烘干？为什么？

3. 常压下能否用精馏的方法实现乙醇-环己烷混合液的分离？为什么？

实验三　凝固点下降法测定物质的摩尔质量

一、实验目的

1. 掌握纯液体与溶液凝固点测定技术。

2. 掌握依数性测定样品分子量原理。

二、预习指导

1. 了解稀溶液的依数性质。

2. 掌握凝固过程中的过冷现象。

三、实验原理

少量非挥发性溶质溶解在纯溶剂中，形成稀溶液，稀溶液的凝固点较纯溶剂的凝固点有所降低，其凝固点降低值只取决于溶液中溶质的分子数目。

$$\Delta T_f = T_f^* - T_f = K_f b_B \tag{12-4}$$

式中 　ΔT_f——凝固点降低值；

　　T_f^*——纯溶剂的凝固点；

　　T_f——溶液的凝固点；

　　b_B——溶质的质量摩尔浓度；

　　K_f——溶剂的凝固点下降常数，其数值只与溶剂本性有关，可查阅相关资料。

又知

$$b_B = \frac{W_B \times 1000}{M_B W_A} \tag{12-5}$$

由式(12-4) 和式(12-5) 可得出，溶质 B 的摩尔质量 M_B 为

$$M_B = K_f \frac{W_B \times 1000}{\Delta T_f W_A} \tag{12-6}$$

式中　W_A、W_B——溶剂和溶质的质量，g。

可见若已知 K_f，实验测得 ΔT_f，即可利用式(12-6)求算出物质 B 的摩尔质量 M_B(g/mol)。

纯溶剂的凝固点为其液相和固相共存的平衡温度。若将液态的纯溶剂逐步冷却，在未凝固前温度将随时间均匀下降，开始凝固后因放出凝固热而补偿了热损失，体系将保持液-固两相共存的平衡温度而不变，直至全部凝固，温度再继续下降。其冷却曲线如图 12-7 中"1"所示。但实际过程中，当液体温度达到或稍低于其凝固点时，晶体并不析出，这就是所谓的过冷现象。此时若加大搅拌或加入晶种，促使晶核产生，则大量晶体会迅速形成，并放出凝固热，使体系温度迅速回升到稳定的平衡温度；待液体全部凝固后温度再逐渐下降。冷却曲线如图 12-7 中"2"。

溶液的凝固点是该溶液与溶剂的固相共存的平衡温度，其冷却曲线与纯溶剂不同。当有溶剂凝固析出时，剩余溶液的浓度逐渐增大，因而溶液的凝固点也逐渐下降（稀溶液依数性）。因有凝固热放出，冷却曲线的斜率发生变化，即温度的下降速度变慢，如图 12-7 中"3"所示。本实验要测定已知浓度溶液的凝固点。如果溶液过冷程度不大，析出固体溶剂的量很少，对原始溶液浓度影响不大，则以过冷回升的最高温度作为该溶液的凝固点，如图 12-7 中"4"所示。若过冷现象严重，溶液浓度变化较大，则测量值偏低，需如图 12-7 中"5"所示进行校正。

外推法求纯溶剂和溶液的凝固点如图 12-8 所示。

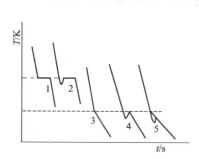

图 12-7　溶剂和溶液的步冷曲线

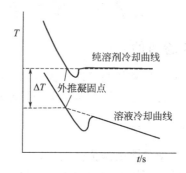

图 12-8　外推法求纯溶剂和溶液的凝固点

四、实验仪器和试剂

(1) 仪器　凝固点降低实验装置 1 套；贝克曼温度计 1 支；0～15℃普通温度计 1 支；600mL 烧杯 1 个；25mL 移液管 1 支；分析天平 1 台；放大镜 1 个；压片机 1 台。

(2) 试剂　萘（分析纯）；环己烷（分析纯）。

五、实验步骤

1. 溶剂凝固点测定

① 连接好仪器（见图 12-9）。

② 取出搅拌器连同样品测定管及玻璃套管，打开仪器上盖，向冰浴玻璃容器中加入冰水混合物，开动冰浴场磁力搅拌，加入水或冰控制水浴温度低于溶剂凝固点 2～3℃。

③ 向样品测定管中小心注入 25mL 纯环己烷，将测定管与搅拌器、温度传感器组装，直接放入冰水浴中。将玻璃套管置于右侧测量口中。

④ 打开电源开关，将温差测量仪置零，通过窗口看搅拌情况。当刚有固体析出时，观察精密温差测量仪的数显值，直至温度稳定，即为环己烷的凝固点参考温度。

⑤ 取出测定管，用手捂热，同时搅拌，使管中固体完全熔化，再将测定管直接插入冰浴中，缓慢搅拌，使环己烷迅速冷却，当温度降至高于凝固点参考温度 0.5℃时，迅速取出测定管，擦干，放入空气套管中，缓慢搅拌，使环己烷温度均匀下降。当温度低于凝固点参考温度时，应急速搅拌（防止过冷超过 0.5℃），促进固体析出，温度开始上升，搅拌减慢，注意观察温差测量仪的数值变化，直至稳定，记录数据，此即为环己烷的凝固点。

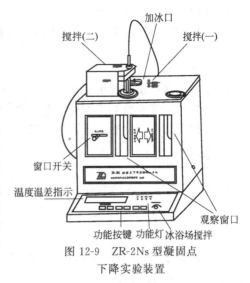

图 12-9 ZR-2Ns 型凝固点
下降实验装置

2. 溶液的凝固点测定

① 取出测定管，使管中的环己烷熔化，加入事先压成片状的 0.2～0.3g 的萘，使之完全溶解。

② 采用上述方法，测定溶液的凝固点。溶液凝固点是取过冷后温度回升所达的最高温度。

六、数据处理

1. 计算所取环己烷的质量 W_A

室温 t 时环己烷密度（g/cm³）计算公式为：$\rho_t = 0.7971 - 0.8879 \times 10^{-3} t/℃$

环己烷质量为：$W_A = V\rho_t$

2. 计算凝固点降低值 ΔT_f

3. 计算萘的摩尔质量，并计算与理论值的相对误差

$$K_f = 20K \cdot kg/mol$$

$$M_B = \frac{K_f W_B}{\Delta T_f W_A} \times 10^3$$

4. 实验值与理论值的相对误差为：＿＿＿＿＿＿

文献值：萘的摩尔质量为 128.18g/mol

七、思考题

1. 若溶质在溶液中有离解现象或缔合现象，对摩尔质量的测定值有何影响？
2. 冰浴温度过高或过低有什么不好？
3. 测定凝固点时，纯溶剂温度回升后有一恒定阶段，而溶液没有，为什么？
4. 测定溶液的凝固点时析出固体较多，测得的凝固点准确吗？

实验四　电导率的测定及其应用

一、实验目的

1. 用电导法测定乙酸的电离平衡常数。

2. 了解电导的基本概念。

3. 掌握 DDS-11A 型电导率仪的使用方法。

二、预习指导

1. 了解电解质溶液的电导率、摩尔电导的定义。

2. 了解用电导率仪测定电导率的原理和方法。

3. 了解电离平衡常数与电导的关系。

三、实验原理

乙酸在水溶液中达到电离平衡时，其电离平衡常数与浓度 c 及电离度 α 有如下关系：

$$K_c^{\ominus} = \frac{\alpha^2}{1-\alpha} \times \frac{c}{c^{\ominus}} \tag{12-7}$$

在一定温度下，$K_c^{\ominus}$ 是一个常数，因此，可通过测定乙酸在不同浓度下的电离度 α，代入式(12-7) 求得 $K_c^{\ominus}$ 值。

乙酸的电离度可用电导法来测定。电解质溶液的导电能力可用电导 G 来表示：

$$G = \kappa \frac{A}{l} = \frac{\kappa}{K_{(l/A)}} \tag{12-8}$$

式中，$K_{(l/A)}$ 为电导池常数；κ 为电导率。

电导率的物理意义：两极板面积和距离均为单位数值时溶液的电导。电导率 κ 与温度、浓度有关，当温度一定时，对一定电解质溶液，电导率只随浓度而改变，因此，引入了摩尔电导率的概念。

$$\Lambda_m = \frac{\kappa}{c} \tag{12-9}$$

式中，Λ_m 为摩尔电导率，c 为电解质溶液的物质的量浓度，mol/m^3。

弱电解质的电离度与摩尔电导率的关系为：

$$\alpha = \Lambda_m / \Lambda_m^{\infty} \tag{12-10}$$

不同温度下乙酸溶液的 Λ_m^{∞}（无限稀释摩尔电导率）值，见表 12-2。

表 12-2　不同温度下乙酸溶液的 Λ_m^{∞}

$t/℃$	$\Lambda_m^{\infty} \times 10^2$ /(S·m²/mol)	$t/℃$	$\Lambda_m^{\infty} \times 10^2$ /(S·m²/mol)	$t/℃$	$\Lambda_m^{\infty} \times 10^2$ /(S·m²/mol)
20	3.615	24	3.841	28	4.079
21	3.669	25	3.903	29	4.125
22	3.738	26	3.960	30	4.182
23	3.784	27	4.009		

将式(12-10) 代入式(12-7) 得

$$K_c^{\ominus} = \frac{\Lambda_m^2}{\Lambda_m^{\infty}(\Lambda_m^{\infty} - \Lambda_m)} \times \frac{c}{c^{\ominus}} \tag{12-11}$$

测量不同浓度的电解质溶液的摩尔电导率，即可计算求得电离平衡常数 $K_c^{\ominus}$。

四、实验仪器和试剂

(1) 仪器　恒温槽 1 套；电导率仪及配套电极 1 套；25mL 移液管 3 支；50mL 移液管 1

支；锥形瓶 3 个。

（2）试剂　KCl（$c = 0.0100 \text{mol/dm}^3$）溶液；CH$_3$COOH（$c = 0.1000 \text{mol/dm}^3$）溶液；电导水。

五、实验步骤

1. 实验准备

调节恒温槽的温度为指定温度（25℃或 30℃±0.01℃），将电导率仪的"校正、测量"开关扳在"校正"位置，打开电源，预热数分钟，移取 25mL 0.0100mol/dm^3 KCl 溶液，放入锥形瓶中，置于恒温槽内，恒温 5～10min。

2. 电导池常数的测定

将电导电极用 0.0100mol/dm^3 的 KCl 溶液淋洗三次，置入已恒温的 KCl 溶液中，将电导率仪的频率开关拨至"高周"挡。将电导率仪的量程开关拨至"×10^3"挡，调整电表指针至满刻度后，将"校正、测量"开关扳到"测量"位置上，测量 0.0100mol/dm^3 的 KCl 溶液的电导，读取数据 3 次，取平均值。由不同温度下标准氯化钾溶液的电导率查出实验温度下标准氯化钾溶液的电导率值，求出电导池常数 $K_{(l/A)}$。将"电极常数调节器"旋在已求得的电导池常数的位置，重新调整电表指针满刻度。此时仪表示值应与该实验温度下 0.0100mol/dm^3 的 KCl 溶液电导率的文献值一致，若不一致，应重复上述操作，进行调整。调整好后，注意在整个实验过程中不能再触动"电极常数调节器"。

3. 测定乙酸水溶液的电导率

① 用移液管准确吸收 0.100mol/dm^3 的乙酸溶液 25.00mL，放入锥形瓶中，放入恒温槽 5min。

② 将电导电极分别用蒸馏水和 0.100mol/dm^3 的乙酸溶液各淋洗三次，用滤纸吸干后，置入已恒温的乙酸溶液中，测定其电导率，测量读取该溶液的电导率值三次。依次分别加入 25.0mL、50.0mL、25.0mL 的电导水，恒温 5min，分别测量不同浓度的乙酸的电导率。

实验结束后，将电导电极用电导水洗净，并养护在电导水中，关闭各仪器开关。

六、数据处理

见表 12-3。

表 12-3　电导率测定数据

c/(mol/dm^3)	κ/(S/m)	Λ_m/(S·m^2/mol)	α	$K_c^{\ominus}$
0.100				
0.050				
0.025				
0.020				

七、思考题

1. 为何要测定电导池常数？
2. 若乙酸水溶液中的水纯度不高，将会对实验结果产生怎样的影响？

实验五　电池电动势的测定及其应用

一、实验目的

1. 掌握波根多夫对消法测定电池电动势的原理和方法。
2. 掌握 UJ-25 型直流电位差计和检流计使用方法。
3. 掌握可逆电池电动势计算。

二、预习指导

1. 了解电池种类和电极种类。
2. 掌握标准电池电动势的测定原理和测定方法。

三、实验原理

电极电势绝对值不可测，电化学中将标准氢电极的电极电势定为零，其他电极的电极电势值是与标准氢电极比较得到的相对值。由于标准氢电极条件要求苛刻难于实现，常用一些制备简单、电势稳定的可逆电极替代，如甘汞电极、银-氯化银电极。温度 t 下饱和甘汞电极电势计算公式为：　　　　　　$E = 0.2438 - 6.5 \times 10^{-4}(t - 25)$

式中，t 的单位为℃；E 的单位为 V。

电池电动势不能直接用伏特计来测量，因伏特计与电池接通后，必须有适量的电流通过才能使伏特计显示，这时电池已是不可逆电池。另外电池本身有内阻，伏特计测量的是两电极的电势降，所以测量可逆电池的电动势必须在几乎没有电流通过的情况下进行。测定电动势常用波根多夫（Poggendoff）对消法进行。

对消法原理如图 12-10 电路所示。图中，E 为工作电源，E_x 为待测电池电动势，E_N 为标准电池电动势。标准电池结构如图 12-11 所示。

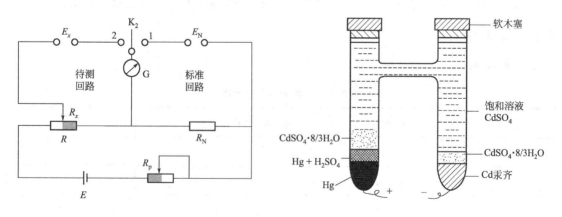

图 12-10　对消法原理电路图　　　　　　　　图 12-11　标准电池

本实验用对消法可测定四个电池的可逆电池电动势，也可以根据甘汞电极电势，得到锌电极、铜电极电极电势。

由于两种不同电解质溶液接触，有液接电势的存在，所以制备电池时应使用盐桥。本实验采用装有饱和氯化钾溶液的玻璃瓶作为盐桥。

电位差计就根据上电路图设计，面板如图 12-12 所示。

图 12-12　UJ-25 型直流电位差计面板示意图

1—电计按钮（共三个）；2—转换开关；3—电势测量旋钮（共六个）；

4—工作电流调节旋钮（共四个）；5—标准电池温度补偿旋钮

四、实验仪器和试剂

（1）仪器　UJ-25 型电位差计 1 套；检流计 1 台；标准电池 1 个；恒温槽 1 个；电流表（50mA）1 只；精密稳压电源（30V）1 台；饱和甘汞电极、银-氯化银电极各 1 支。

（2）试剂　KCl 饱和溶液。

五、实验步骤

1. 连接电路

① 将电位差计上的"转换开关"转到"断"的位置，"电计按钮"全部松开。检流计挡位转到"×0.01"，检流计开关置于"6V"。将检流计的电源插入插座。

② 利用导线将"标准电池"正负极与电位差计上的"标准"接线柱相连；将两个 1.5V 甲种电池串联后与电位差计上"－""2.9～3.3V"两个接线柱相连；将检流计与电位差计上的"指零仪"接线柱相连。

2. 校正工作电流

① 先读取标准电池上所附温度计的温度值（或实验室温度）T，然后按下式计算出该温度 T 下标准电池电动势 E_T，并记录在实验数据记录表格中。

$$E_T=1.018646-[40.6(T-20)+0.95(T-20)^2-0.01(T-20)^3]\times10^{-6} \quad (12-12)$$

式中，T 的单位为℃；E_T 的单位为 V。

② 调节标准电池温度补偿旋钮，使其读数值与计算得出的 E_t 值一致。

③ 将检流计开关打到"220V"，检查光标是否在零刻线。

④ 将电位差计的"转换开关"置于"标准"的位置，按下"粗"电计按钮。调节工作电流调节旋钮，使检流计光点距离零刻线 1 小格以内。

⑤ 松开电计按钮"粗"，按下"细"电计按钮，调节工作电流调节旋钮，直至检流计光标距离零刻线 5 小格范围内。

⑥ 将电位差计的"转换开关"置于"断"的位置，将检流计挡位打到"×0.1"。将转换开关置于"标准"的位置，转动工作电流调节旋钮，直至检流计光标距离零刻线 2 小格范围内。

⑦ 将电位差计的"转换开关"置于"断"的位置，将检流计挡位打到"×1"。将转换开关置于"标准"的位置，转动工作电流调节旋钮，准确调节检流计光标至零刻线位置。

⑧ 工作电流调节结束。将电位差计转换开关置于"断"，将电计按钮"细"逆时针旋转松开。将检流计挡位打到"×0.01"，将检流计开关打到"6V"。

3. 制备电池

① 制备铜电极。将铜棒用砂纸打磨至亮黄色，在干净电极管内装入相应浓度的 $CuSO_4$ 溶液，铜电极插入电极管内，塞紧胶塞。调整至支管内无气泡、不漏液。

② 制备锌电极。将锌电极上裸露的锌棒用砂纸打磨光亮，在干净电极管内装入相应浓度的 $ZnSO_4$ 溶液，锌电极插入电极管内，塞紧胶塞。调整至支管内无气泡、不漏液。

③ 制备盐桥。向小玻璃瓶中加入饱和氯化钾溶液，至瓶容积的 3/4 处。

④ 甘汞电极泡在饱和氯化钾溶液中，可直接取用。

⑤ 将准备好的正负电极插入盐桥，即组成待测电池。

4. 测量未知电动势

① 利用一端带有鳄鱼夹的导线将待测电池1连接在"未知1"两接线柱上。

② 计算待测电池1标准电池电动势 $E^\ominus$，调节电势测量旋钮所示电压值为 $E^\ominus$。将检流计开关打到"220V"。将电位差计上的"转换开关"置于"未知1"的位置。按下电计按钮"粗"，顺时针旋转卡住。调节电势测量旋钮，使检流计光标距离零刻线3小格以内。

③ 逆时针旋转松开电计按钮"粗"，按下电计按钮"细"，顺时针旋转卡住。调节电势测量旋钮，使检流计光标距离零刻线2小格以内。

④ 将电位差计"转换开关"置于"断"的位置，将检流计挡位打到"×0.1"。将电位差计"转换开关"置于"未知1"的位置，调节电势测量旋钮，直至检流计光标距离零刻线0.5小格范围内。

⑤ 将电位差计"转换开关"置于"断"的位置，将检流计挡位打到"×1"。将电位差计"转换开关"置于"未知1"的位置，转动电势测量旋钮，准确调节检流计光标至零刻线位置。此时六个电势测量旋钮所示的电压值，即为被测电池的可逆电池电动势。

⑥ 将电位差计转换开关置于"断"，将电计按钮"细"逆时针旋转松开。将检流计挡位打到"×0.01"，将检流计开关打到"6V"，松开待测电池上的鳄鱼夹。

⑦ 在实验数据记录表格中记录数据。

5. 重复第4步，将其余待测电池电动势测定出。

6. 拆除导线线路，整理实验装置。

六、数据处理

1. 计算待测电池电动势理论值。

2. 计算饱和甘汞电极温度校正后电极电势 $\varphi =$ _____ V

$$\varphi_{\text{饱和甘汞电极}}/V = 0.2415 - 7.61 \times 10^{-4}(T/K - 298)$$

3. 计算铜电极、锌电极电极电势测定值（含计算过程）。

七、思考题

1. 能不能用伏特表直接测量电池电动势？

2. 测量过程中若检流计指针总向一边偏，可能是什么原因？若检流计指针一直不动，可能是什么原因？

3. 使用盐桥的目的是什么？本实验中所用氯化钾溶液是否必须饱和？为什么？

4. 为什么电极管支管中不能有气泡，也不能漏液？

实验六　一级反应——蔗糖水解速率常数的测定

一、实验目的

1. 掌握利用旋光仪测定溶液旋光度的方法。
2. 掌握蔗糖水解速率常数测定方法。

二、预习指导

1. 了解偏振光及比旋光度定义。
2. 掌握比旋光度与浓度间的正比关系。

三、实验原理

蔗糖水溶液在有氢离子存在时发生水解反应：

$$C_{12}H_{22}O_{11} + H_2O \longrightarrow C_6H_{12}O_6 + C_6H_{12}O_6$$

　　　　蔗糖　　　　　　　　　葡萄糖　　　果糖

蔗糖水解的反应为准一级反应，其速率方程可写成

$$\ln \frac{c_{A,0}}{c_A} = kt$$

$$\ln c_A = -kt + \ln c_{A,0} \tag{12-13}$$

式中　　$c_{A,0}$——蔗糖的初浓度；

　　　　c_A——反应进行到 t 时刻蔗糖的浓度。

$\ln c_A$-t 呈线性，其直线斜率即为速率常数 k。

蔗糖、葡萄糖、果糖都是旋光物质，它们的比旋光度分别为：$[\alpha_{蔗}]_D^{20} = 66.65°$、$[\alpha_{葡}]_D^{20} = 52.5°$ 和 $[\alpha_{果}]_D^{20} = -91.9°$。这里的 α 表示在20℃时用钠黄光作光源测得的旋光度。正值表示右旋，负值表示左旋。由于蔗糖的水解是能进行到底的，又由于生成物中果糖的左旋远大于葡萄糖的右旋，所以生成物呈左旋光性。随着反应的进行，系统逐渐由右旋变为左旋，直至左旋最大。设反应开始测得的旋光度为 α_0，经 t min 后测得的旋光度为 α_t，反应完毕后测得的旋光度为 α_∞。当测定是在同一台仪器、同一光源、同一长度的旋光管中进行时，则浓度的改变正比于旋光度的改变，且比例常数相同。

$$(c_{A,0} - c_\infty) \propto (\alpha_0 - \alpha_\infty)$$

$$(c_A - c_\infty) \propto (\alpha_t - \alpha_\infty)$$

又　　　　　　　　　　　　　　$c_\infty = 0$

所以　　　　　　　　$c_{A,0}/c_A = (\alpha_0 - \alpha_\infty)/(\alpha_t - \alpha_\infty) \tag{12-14}$

将式(12-14) 代入式(12-13) 得

$$\ln(\alpha_t - \alpha_\infty) = -kt + \ln(\alpha_0 - \alpha_\infty) \tag{12-15}$$

式中 $\alpha_0 - \alpha_\infty$ 为常数。用 $\ln(\alpha_t - \alpha_\infty)$ 对 t 作图，所得直线的负斜率即为速率常数 k。

由于仪器轴承不能让转盘和轴严格同心，当存在偏心情况时，单用一个游标度数会导致偏心带来的误差，也就是偏心差，这时候和该游标对称的另外一个游标也会出现同样大小的偏心差，而且两个误差方向相反，这一点恰好可以被利用，两个度数相加抵消掉偏心差。本实验忽略偏心差。用一侧读数即可。

四、实验仪器和试剂

(1) 仪器　旋光仪1台；秒表1块；50mL 容量瓶1个；锥形瓶若干；烧杯若干；移液

管若干；分析天平或台秤 1 台；恒温槽 1 个。

（2）试剂　蔗糖（分析纯）；3mol/dm³ HCl 溶液。

五、实验步骤

1. 配制蔗糖溶液

用台秤称取 5g 蔗糖，用量筒量取 25mL 去离子水，放入 200mL 烧杯中。用玻璃棒搅拌，使蔗糖完全溶解。

2. 旋光仪准备

接通旋光仪电源，约点亮 10min，待完全发出钠黄光后，才可观察使用。并且在测量过程中一直保持接通电源状态。

3. 旋光仪零点校正

把去离子水盛入旋光管，并将两端残液用滤纸擦拭干净。打开镜盖，把旋光管有圆泡一

(a)　　　　(c)　　　　(b)

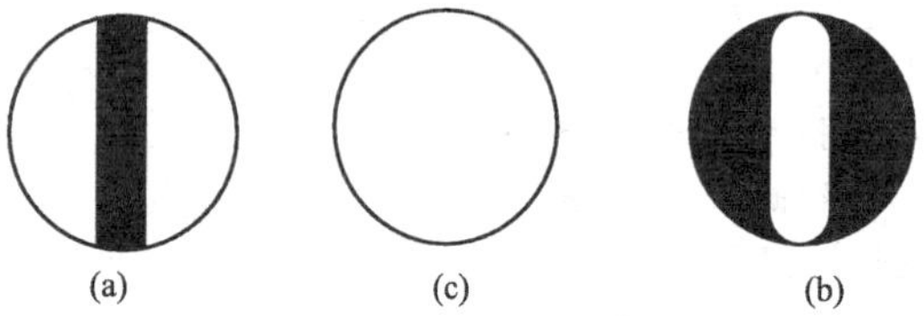

图 12-13　旋光仪视场变化

端朝上放入镜筒中，盖上镜盖。调节视度螺旋至视场中三分视界清晰时止。转动度盘手轮，至视场出现夹在两种三分视野 [如图 12-13(a)、(b)] 之中的全视野时止 [如图 12-13(c)]。从放大镜中读出度盘所旋转的角度 α 并记录，作为零点误差，可作数值校正。

4. 加入催化剂

用移液管移取 25mL 3mol/dm³ HCl 溶液，快速置入烧杯中与蔗糖溶液混合，同时用玻璃棒搅拌，使蔗糖溶液与酸均匀混合。加入一半酸时开始计时，作为反应起始时刻。

5. 旋光度测定

将搅拌均匀的酸、蔗糖混合液迅速装入旋光管，如步骤 3 测量旋光度。从反应开始，每隔 5min 测量一次混合液的旋光度 α，并记录数据，共记录 12 次。

6. 关闭旋光仪电源。用洗衣粉水清洗旋光管、烧杯、玻璃棒、量筒，并用去离子水洗净。整理仪器、试验台和地面。将实验数据记录表格交实验指导老师检查并签字。

六、数据处理

1. 实验数据记录于表 12-4。

表 12-4　旋光度数据

t	$\ln[\alpha(t)-\alpha(t+\Delta)]$	t	$\ln[\alpha(t)-\alpha(t+\Delta)]$
5		20	
10		25	
15		30	

2. 根据表 12-4 描点法作出直线。

3. 确定直线斜率 $-k$。

七、思考题

1. 不做零点校正，是否影响本实验结果？

2. 分析本实验产生误差的主要原因，并提出改善实验方案。

3. 蔗糖水解速率与哪些因素有关？速率常数与哪些因素有关？

实验七 溶液表面张力的测定

一、实验目的

1. 用最大气泡法测定正丁醇水溶液的表面张力。
2. 学会用图解法计算不同浓度下溶液的表面吸附量。

二、预习指导

1. 掌握最大气泡法测定表面张力的原理。
2. 进一步了解吉布斯吸附等温式的意义及吸附量的求算方法。

三、实验原理

恒温恒压下的纯溶剂的表面张力为一定值，若在纯溶剂中加入能降低其表面张力的溶质时，则表面层中溶质的浓度比溶液内部浓度高；若加入能增大其表面张力的溶质时，则溶质在表面层中的浓度比溶液内部浓度低。这种现象称为表面吸附。

吉布斯以热力学方法导出了溶液浓度、表面张力和吸附量之间的关系，称为吉布斯吸附等温式。

对二组分稀溶液，则有
$$\Gamma = -\frac{c}{RT}\left(\frac{\partial \sigma}{\partial c}\right)_T \tag{12-16}$$

式中　Γ——吸附量，mol/m^2；

σ——表面张力，N/m；

c——溶液浓度，mol/m^3；

T——热力学温度，K；

R——气体常数，$8.314J/(mol \cdot K)$。

当 $\frac{\partial \sigma}{\partial c} < 0$ 时，$\Gamma > 0$，称为正吸附；$\frac{\partial \sigma}{\partial c} > 0$ 时，$\Gamma < 0$，称为负吸附。为了求得表面吸附量，需先作出 σ-c 的等温曲线，根据曲线，求出 $\Gamma = f(c)$ 的关系式。如图 12-14 所示。

在 $\sigma = f(c)$ 曲线上取相应的点 a，通过 a 点作曲线的切线和平行于横坐标的直线，分别交纵轴于 b 和 b'。令 $bb' = Z$，则

$$Z = -c\frac{\partial \sigma}{\partial c} \tag{12-17}$$

由式(12-17) 可得，$\Gamma = \frac{Z}{RT}$，取曲线上不同的点，就可以得出不同的 Z 和 Γ 值，从而可做出吸附等温线。

本实验采用最大气泡法测定液体表面张力，其原理如下。

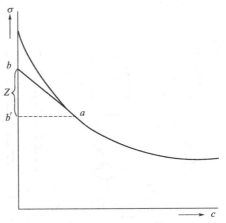

图 12-14　表面张力和浓度的关系

从浸入液面下的毛细管端鼓出空气泡时，需要高于外部大气压的附加压力以克服气泡的表面张力，则有

$$\Delta p = \frac{2\sigma}{r} \qquad (12\text{-}18)$$

式中，Δp 为附加压力；σ 为表面张力，r 为气泡曲率半径。

如果毛细管半径很小，则形成的最大气泡可视为是球形的。当气泡开始形成时，表面几乎是平的，这时的曲率半径最大。随着压力差增大，气泡曲率半径逐渐变小，当曲率半径 r 减小到等于毛细管的半径 r_0，即气泡呈半球时，压力差达到最大值，其数值可由 U 形压力计测得。根据式(12-18)

$$\Delta p_m = \frac{2\sigma}{r_0}$$

或

$$\sigma = \frac{r_0}{2}\Delta p_m \qquad (12\text{-}19)$$

当所用压力计介质的密度为 ρ 时，则：

$$\Delta p_m = \Delta h_m \rho g \qquad (12\text{-}20)$$

所以

$$\sigma = \frac{r_0}{2}\rho g \Delta h_m$$

对同一毛细管和同一压力计来说，r_0 和 ρ 是常数，将 $\frac{r_0}{2}\rho g$ 合并为常数 K，得

$$\sigma = K\Delta h_m \qquad (12\text{-}21)$$

式中，K 为仪器常数，可用已知表面张力的标准物质标定求得。

四、实验仪器和试剂

（1）仪器　具支管试管，毛细管，分液漏斗，小烧杯，T 形管，U 形乙醇压力计，恒温槽。

（2）试剂　正丁醇（分析纯）。

五、实验步骤

1. 测定仪器常数 K

实验仪器装置如图 12-15 所示。

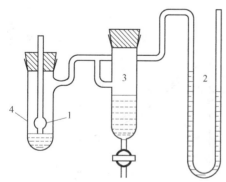

图 12-15　测定表面张力装置
1—毛细管；2—压力计；
3—分液漏斗；4—具支管试管

毛细管和容器在实验前按要求清洗干净，用水作标准物质，测定 K 值。在具支管试管中加入蒸馏水，使毛细管刚好与液面接触，按图 12-15 接好全部仪器，置于恒温槽中，达到指定温度后，打开分液漏斗的活塞，使气泡从毛细管端尽可能缓缓地鼓出，以每分钟 5～10 个为宜。注意读取压力计上的最大压差 Δh_m 值，测定三次，取其平均值，查得水在实验温度下的表面张力 σ，根据 $K = \dfrac{\sigma}{\Delta h_m}$ 计算常数 K。

2. 测定不同浓度正丁醇的水溶液的表面张力

配制一系列不同浓度的正丁醇水溶液，按由稀到浓的顺序，依上法测定其表面张力，更换溶液时，需用待测液淌洗毛细管和具支管试管三次，并注意保护毛细管尖端。

实验完毕后，拆下毛细管，用蒸馏水将试管和毛细管洗净，试管中装好蒸馏水，并将毛

细管浸入水中保存。

该实验也可在室温下直接测定。

六、数据记录与处理

1. 根据查得水的表面张力求得 K，计算各不同浓度正丁醇水溶液的表面张力 σ。

2. 将实验数据填入表 12-5。

表 12-5　不同浓度正丁醇水溶液的表面张力

待测液 读数	纯水	正丁醇水溶液 $c/(\mathrm{mol/dm^3})$						
		0.020	0.050	0.100	0.200	0.250	0.300	0.350
$\Delta h_{\mathrm{m}}/\mathrm{mm}$								
$\sigma/(\mathrm{N/m})$								

3. 用坐标纸作 $\sigma\text{-}c$ 光滑曲线，在曲线的整个浓度范围内取 10 个左右的点作切线，求得 Z 值，计算 Γ 值，将所得数据填入表 12-6。

表 12-6　Γ 值的计算

$c/(\mathrm{mol/dm^3})$							
$\dfrac{\partial\sigma}{\partial c}$							
Z							
$\Gamma/(\mathrm{mol/m^2})$							

4. 作出 $\Gamma\text{-}c$ 图，即吸附等温线。

七、思考题

1. 哪些因素影响本实验的测定结果？如何减少或清除这些因素？

2. 本实验不用抽气鼓泡，改用压气鼓泡可以吗？

3. 乙醇 U 形压力计可否更换为水银 U 形压力计？

实验八　铋-镉金属相图的测定

一、实验目的

1. 掌握用热分析法测绘 Bi-Cd 二组分固-液相图的方法。

2. 掌握热分析法测量技术。

3. 确定 Bi-Cd 二组分固-液相图低共熔点及低共熔组成。

二、预习指导

1. 了解热分析法测定 Bi-Cd 相图的方法。

2. 掌握步冷曲线的校正方法。

三、实验原理

对于蒸气压较小的二组分凝聚系统相图常用温度-组成图来描述。

热分析法是绘制温度-组成相图常用的基本方法之一。这种方法是通过观察系统在冷却

（或加热）时温度随时间的变化关系，来判断有无相变的发生。通常做法是先将体系全部熔化，然后让其在一定环境中自行冷却，并每隔一段时间（30s 或 1min）记录一次温度，以温度为纵坐标，以时间为横坐标，画出步冷曲线的 T-t 图。若系统不发生相变，则温度随时间变化是均匀的，冷却也较快（lm、op）。若在冷却过程中发生相变，由于相变的热效应，会使系统温度随时间的变化速度发生变化，系统冷却速度减慢，步冷曲线出现转折（mn）。当熔液继续冷却至低共熔温度时，组成已经成为低共熔混合物组成，故有低共熔混合物析出，此时系统温度不变，步冷曲线出现平台（no）。

实际测量中会出现转折点不明确，平台区出现明显过冷现象。可以用直线反向延长来校正（如图 12-16）。

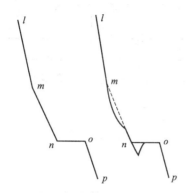

图 12-16　步冷曲线

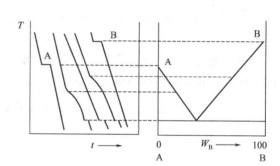

图 12-17　步冷曲线与相图

作出一系列组成不同的 Bi-Cd 系统的步冷曲线，找出各转折点和最低共熔温度，即能画出 Bi-Cd 固-液系统的温度-组成相图（如图 12-17）。

热分析法测绘相图时，被测系统必须时时处于或接近相平衡状态。因此，系统的冷却速度必须足够慢，才能得到较好的结果。

本实验系统温度采用 SWKY-Ⅰ型数字控温仪测定。本实验 Bi-Cd 系统熔化用 KWL-09 型可控升温电炉（见图 12-18）实现。

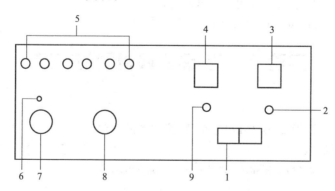

图 12-18　KWL-09 型可控升温电炉

1—电源开关；2—加热量调节旋钮；3—电压表；4—电压表，显示冷风机的电压值；

5—实验样品试管摆放区；6—传感器插孔；7—控温区电炉；8—测试区电炉；9—冷风量调节旋钮

四、实验仪器和试剂

（1）**仪器**　KWL-09 型可控升温电炉 1 台；SWKY-Ⅰ型数字控温仪 1 台；样品管。

（2）**试剂**　金属铋；金属镉。

五、实验步骤

1. 连接仪器

将温度传感器Ⅰ和Ⅱ的插头、加热器对接线、220V交流电源线分别与SWKY-Ⅰ型数字控温仪后面板的"传感器插座""加热器电源""电源插座"对应连接。将220V电源线与KWL-09型可控升温电炉后面板上"电源插座"连接，用加热器对接线将数字控温仪与可控升温电炉连接。将温度传感器Ⅰ插入控温传感器插孔，将温度传感器Ⅱ插入测试区电炉。

2. 样品充分熔化

① 用夹子将系统组成小于40％的铋、镉混合物的样品管放入控温区电炉。

② 打开数字控温仪电源开关。前面板显示初始状态，温度显示Ⅰ为设定温度，温度显示Ⅱ为测试区电炉温度，"置数"指示灯亮。依次按"×100""×10""×1""×0.1"设置"温度显示Ⅰ"的百位、十位、个位及小数点位的数字，每按动一次，显示数码按0～9依次递增循环。设置控温设定温度为300℃。设置完毕，再按一下"工作/置数"按键，转换到工作状态。温度显示Ⅰ从设置温度转换为控温区电炉温度当前值，工作指示灯亮，此时控温区电炉开始加热。

③ 当控温电炉温度稳定在300℃±1℃后，再恒温10min，让样品充分熔化。

3. 测定步冷曲线

① 当样品充分熔化后，手动调节加热调节旋钮，使测试区电炉温度达到300℃。

② 将温度传感器Ⅱ放入样品管，用夹子将样品管连同温度传感器Ⅱ一起移至测试区电炉内。关闭控温区电炉。将测试区电炉的加热电压调为0V，将冷风机电压调至2.5V。

③ 观察温度显示Ⅱ示数下降时，开始记录，并1min记录一次温度数值。直至样品温度降至110℃以下停止记录。将样品管放回样品管摆放区。

4. 用夹子将系统组成大于40％的铋镉混合物的样品管放入控温区电炉。重复2、3步骤。

5. 将冷风机电压调至最大，温度显示Ⅱ接近室温时，将样品管放回样品管摆放区。关闭控温仪、电炉电源。整理实验仪器、实验台、地面。

六、数据处理

1. 绘制步冷曲线、Bi-Cd 温度-组成相图在一张坐标纸上（已知纯 Bi 熔点 273℃）。

2. 从相图中读出结论：

最低共熔点_____；最低共熔组成_____；

纯 Cd 熔点_____。

七、思考题

1. 温度传感器为什么不直接插入金属中而要插入套管中？

2. 为什么在步冷曲线上会出现转折点？纯金属、合金的步冷曲线形状有什么不同？

3. 为什么在步冷曲线上存在过冷现象？应如何处理？

4. 用加热曲线是否可以作相图。

实验九　液体饱和蒸气压的测定

一、实验目的

1. 明确液体饱和蒸气压的定义，了解纯液体的饱和蒸气压与温度的关系以及克劳修斯-

克拉佩隆（Clausius-Clapeyron）方程（简称克-克方程）的定义。

2．掌握用静态法测定饱和蒸气压的方法，学会用图解法求被测液体在试验温度范围内的平均摩尔汽化焓。

3．初步掌握真空实验技术，了解恒温槽的使用方法。

二、预习指导

1．了解饱和蒸气压的定义
2．了解克-克方程的适用条件。

三、实验原理

通常温度下（距离临界温度较远时），在一真空的密闭容器中，液体很快和它的蒸气建立动态平衡，即蒸气分子向液面凝结和液体分子从液面逃逸的速率相等。此时液面上的蒸气压就是液体在此温度时的饱和蒸气压。蒸发 1mol 液体所吸收的热量称为该温度下液体的摩尔汽化焓。液体的蒸气压与温度有关。温度升高，分子运动加剧，单位时间内从液面逸出的分子数量增多，蒸气压增大；反之，温度降低时，蒸气压减小。当蒸气压等于外界蒸气压时，液体便沸腾，此时的温度称为沸点。外压不同时，液体沸点将相应改变。当外压力为 1atm（101.325kPa）时，液体的沸点称为该液体的正常沸点。

液体的饱和蒸气压与温度的关系用克拉佩隆方程式表示：

$$\frac{\mathrm{d}p}{\mathrm{d}T} = \frac{\Delta_{vap} H_m^*}{T \Delta V_m} \tag{12-22}$$

式中，T 为热力学温度；$\Delta_{vap} H_m^*$ 为在温度 T 时纯液体的摩尔蒸发焓；$\Delta V_m = V_m(g) - V_m(l)$。对于包括气相的纯物质两相平衡系统，由于 $V_m(g)$ 远远大于 $V_m(l)$，故 $\Delta V_m \approx V_m(g)$。将气体视为理想气体，则可得克劳修斯-克拉佩龙方程式：

$$\frac{\mathrm{d}p}{\mathrm{d}T} = \frac{p \Delta_{vap} H_m^*}{R T^2} \tag{12-23}$$

式中，R 为摩尔气体常数。假定 $\Delta_{vap} H_m^*$ 与温度无关，或因温度变化范围较小，$\Delta_{vap} H_m^*$ 可以近似视为常数，积分上式，得

$$\ln \frac{p}{[p]} = \frac{-\Delta_{vap} H_m^*}{RT} + C \tag{12-24}$$

式中，p 为液体在温度 T 时的蒸气压；$[p]$ 为压力 p 的量纲，Pa；C 为积分常数。由此式可以看出，测定不同温度 T 下液体的蒸气压 p，以 $\ln(p/[p])$ 对 $1/T$ 作图，应为一直线，直线的斜率为 $-\dfrac{\Delta_{vap} H_m^*}{R}$，由直线斜率可求算液体的摩尔蒸发焓 $\Delta_{vap} H_m^*$。

测定饱和蒸气压的方法有以下三种：①静态法，即在不同温度下直接测定液体的饱和蒸气压；②动态法，即在不同外界压力下测定其沸点；③饱和气流法，该法是使干燥的惰性气流通过被测物质，并控制气流流速使其为被测物质所饱和。然后测定所通过的气体中被测物质蒸气的含量，就可以根据分压定律算出此被测物质的饱和蒸气压。本实验采用静态法利用等压计测定水在不同温度下的饱和蒸气压。

静态法的实验装置主要有：恒温与测温系统、真空系统、测压系统和等压计，见图 12-19～图 12-21。

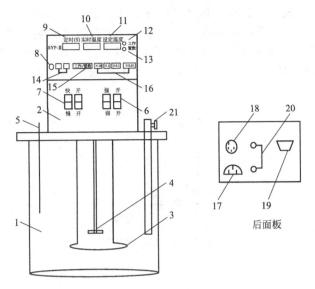

图 12-19 SYP-Ⅲ型玻璃恒温水浴

1—玻璃缸体；2—控温机箱；3—加热器；4—搅拌器；5—温度传感器；6—加热器电源开关；7—搅拌器电源开关；
8—温度控制器电源开关；9—定时显示窗口；10—实时温度显示窗口；11—设定温度显示窗口；12—工作指示灯；
13—置数指示灯；14—定时设定值增、减键；15—工作/置数转换按键；16—温度设置增、减键；17—电源插座；
18—温度传感器接口；19—RS-232C 串行口；20—保险丝座；21—可升降支架

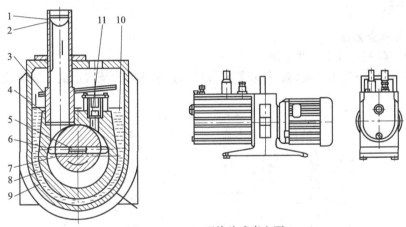

图 12-20 2XZ型旋片式真空泵

1—进气嘴；2—滤网；3—挡油板；4—进气嘴 O 形密封圈；5—旋片弹簧；
6—旋片；7—转子；8—泵身；9—油箱；10—1 号真空泵油；11—排气阀片

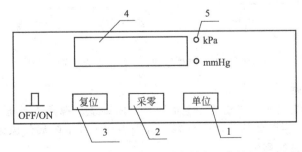

图 12-21 DP-AF型精密数字压力计

1—单位键（选择所需要的计量单位）；2—采零键［扣除仪表的零压力值（即零点漂移）］；3—复位键（程序有误时
重新启动 CPU）；4—数据显示屏（显示被测压力数据）；5—指示灯（显示不同计量单位的信号灯）

等压计如图 12-22 所示，U 形等压计的小球 3 中盛装的是被测样品（水），U 形管内用样品本身（水）做液封。在某一温度下若小球液面上方仅有被测物质的蒸气，那么在等压计 U 形管右支液面上所受到的压力就是其蒸气压。当这个压力与 U 形管左支液面上的压力相平衡（U 形管两液面齐平）时，就可从与等压计相接的压力计测出在此温度下的饱和蒸气压。

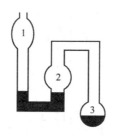

图 12-22　U 形等压计

四、实验仪器

SYP-Ⅲ型玻璃恒温水浴 1 台，DP-AF 型精密数字压力计 1 台，缓冲储气罐 1 台，2XZ-4 型旋片式真空泵 1 台，DP-A（YW）型精密数字气压温度计 1 台，缓冲瓶 1 个，干燥塔 1 个。

五、实验步骤

1. 组装并检查系统

① 读取实验室大气压，并记录。

② 连接系统，按照图 12-23，用软管将各仪器连接成饱和蒸气压的实验装置。

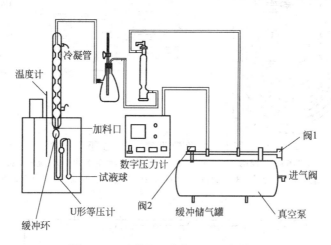

图 12-23　液体饱和蒸气压的测定装置

2. 检查系统气密性

启动油泵，给系统减压。减压至一定负压，关闭系统，观察数字压力计，若显示数字上升值小于 $0.01kPa/s$，说明整体气密性良好。否则需查找并清除漏气原因，直至合格。

3. 排净样品球上方的空气

① 当恒温水浴温度为 30℃时，开动真空泵，接通冷却水，开启进气阀，关闭阀 1，开启"阀 2"，开始缓慢抽气，U 形等压计 1 球中气泡单个上升，至液柱整体上下波动，关闭

进气阀，关闭真空泵。若上下波动持续，即为沸腾现象。

② 反复多次，会观察到液柱消失，1 球上方持续冒泡，此即为常见的暴沸现象。原因是油泵减压过度。应关闭进气阀，关闭真空泵，打开阀 1，缓慢放入气体，至观察到液柱。重复上一步。

③ 令 1 球中沸腾现象持续 3～4min，此时试液球中空气排净。一旦空气冲破封闭液柱进入 2 球，需重新排净 3 球上方的空气。

4. 测定水在 30℃的饱和蒸气压

小心调节阀 1 和进气阀，直至 U 形等压计内双臂的液面等高为止，记录压差值。可参考理论数值，如果偏大很多则说明 3 球中空气未排净。

5. 测量饱和蒸气压和沸点

① 设定恒温水浴温度为 60℃，开动慢搅拌，加热器设为"强"。

② 小心调节阀 1，使 U 形管左右液面相平。记录此时温度及压强差。待左右液面明显有差距时，一般记录完数据即可发现。继续小心调节阀 1，使左右液面相平。记录此时温度及压强差。期间可视压差情况打开进气阀和油泵减压。

③ 连续调节、记录至 60℃，大概记录 40 次，实验结束。

六、数据处理

1. 以 $1/T$ 为横坐标，$\ln p$ 为纵坐标作图，得到直线，斜率为 K。

2. 结论：

直线斜率 $K=$ _____

实验室大气压下水的沸点：_____

七、思考题

1. 何谓饱和蒸气压？何谓沸点？它们与温度和压力有何关系？

2. 如何判断等压计中的空气已被抽尽？

3. 实验测定时放入空气太多会出现什么情况？出现这种情况应当怎么办？

4. 为什么弯管中的空气要排干净？怎样操作？

5. U 形管中封闭液体所起的作用是什么？

实验十　氢氧化铁胶体电动电势的测定（电泳法）

一、实验目的

1. 掌握电泳法测定 $Fe(OH)_3$ 溶胶 ζ 电势的原理和方法。

2. 通过实验观察并熟悉胶体的电泳现象。

3. 掌握氢氧化铁胶体的制备与渗析。

二、预习指导

1. 了解电动电势的定义。

2. 了解氢氧化铁胶团结构。

3. 掌握火棉胶成分组成。

三、实验原理

在胶体溶液中，分散在介质中的微粒由于自身的电离或表面吸附其他粒子而形成带一定电荷的胶粒，同时在胶粒附近的介质中必然分布有与胶粒表面电性相反而电荷数量相同的反离子，形成一个扩散双电层。

在外电场作用下，荷电的胶粒携带起周围一定厚度的吸附层向带相反电荷的电极运动，在荷电胶粒吸附层的外界面与介质之间相对运动的边界处相对于均匀介质内部产生一电势，为 ζ 电势。它随吸附层内离子浓度、电荷性质的变化而变化。它与胶体的稳定性有关，ζ 绝对值越大，表明胶粒电荷越多，胶粒间斥力越大，胶体越稳定。

本实验用界面移动法测该胶体的电势。在胶体管中，以 KCl 为介质，用 $Fe(OH)_3$ 溶胶通电后移动，借助测高仪测量胶粒运动的距离，用秒表记录时间，可算出运动速度 u。

当带电胶粒在外电场作用下迁移时，胶粒电荷为 q，两极间的电势梯度为 E，则胶粒受到静电力为

$$f_1 = Eq \tag{12-25}$$

胶粒在介质中受到的阻力为

$$f_2 = K\pi\eta ru \tag{12-26}$$

式中，K 是与粒子有关的常数；η 为介质黏度；r 为胶粒半径；u 为胶粒运动速率。

若胶粒运动速率 u 恒定，则 $f_1 = f_2$，即：

$$qE = K\pi\eta ru \tag{12-27}$$

根据静电学原理

$$\zeta = q/(\varepsilon r) \tag{12-28}$$

将式（12-28）代入式（12-27）得

$$u = \zeta\varepsilon E/(K\pi\eta) \tag{12-29}$$

利用界面移动法测量时，测出时间 t 时胶体运动的距离 s，两铂电极间的电压 Φ 和电极间的距离 L，则有

$$E = \Phi/L \tag{12-30}$$

$$u = s/t \tag{12-31}$$

将式（12-30）、式（12-31）代入式（12-29）得

$$s = \frac{\zeta\Phi\varepsilon}{K\pi\eta L}t \tag{12-32}$$

根据式（12-32）作 s-t 图，得直线斜率，查表得 ε 和 η，用线绳测定 L，可求 ζ 电势。

四、实验仪器和试剂

（1）仪器　DYJ-Ⅲ型电泳实验装置 1 套；WYJ-G 型高压数显稳压电源 1 台；DDS-11A 型电导率仪 1 台；213 型铂电极 2 支；DJS-1 型铂黑电极 1 支；量筒（100mL、10mL 各 1 个）；胶头滴管 2 支；移液管（1mL）1 支；线绳；直尺。

（2）试剂　4％ $FeCl_3$ 水溶液；1％ $AgNO_3$ 溶液；0.1mol/dm³ KCl 辅助溶液。

五、实验步骤

1. 制备胶体

（1）粗溶胶的制备　250mL 烧杯中加入 100mL 蒸馏水，在电炉上煮沸。在搅拌的情况下将滴加 4％ $FeCl_3$ 溶液 5mL，即制得 $Fe(OH)_3$ 溶胶。

（2）半透膜的制备　将约 30mL 火棉胶倒入干净的 500mL 锥形瓶内，小心转动锥形瓶使瓶内壁均匀铺展一层液膜，倾出多余的棉胶液至回收瓶中，将锥形瓶倒置于铁圈上。待溶剂挥完，此时胶膜已不沾手，并且无乙醚的臭味。将锥形瓶中加满蒸馏水。10min 后倒出水，并用小刀割开瓶口膜，将蒸馏水注入胶膜与瓶壁之间，使胶膜与瓶壁分离。快注 2/3 水时，半透膜会上浮，将其从锥形瓶中取出，然后注入蒸馏水检查胶袋是否有漏洞，如无，则

浸入蒸馏水待用。

（3）溶胶的净化 将冷至约 70℃ 的 $Fe(OH)_3$ 溶胶转移到火棉胶袋，在 1000mL 烧杯中加 500mL 蒸馏水，在 70～80℃ 恒温水浴中恒温，约 10min 换水 1 次，渗析 5 次。并用 $AgNO_3$ 检测氯离子是否存在，无沉淀时，说明渗析完成。

2. 辅助液的配制

（1）胶体电导率的测定 将渗析好的 $Fe(OH)_3$ 溶胶冷至室温，测其电导率。

（2）氯化钾溶液的稀释 用 0.1mol/L KCl 溶液和蒸馏水配制与溶胶电导率相同的辅助液。

3. 仪器准备与加液

（1）清洗与润洗 用洗液和蒸馏水把 U 形管洗干净，三个活塞涂好凡士林（见图 12-24）。关闭活塞"1"。用少量 $Fe(OH)_3$ 溶胶洗涤 U 形管 3 次，并将 U 形管固定在铁架台上。

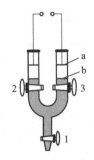

图 12-24 电泳仪

（2）加胶体 用移液管注入 $Fe(OH)_3$ 溶胶直至胶液面高出活塞至刻线 b，关闭活塞"2""3"。

（3）加辅助液 沿器壁滴加辅助液至刻线 a。打开活塞"2""3"。

（4）准备直流电源 将高压数显稳压电源的粗、细调节旋钮逆时针旋到底。接通电源后调节电压为 50V，后关闭电源。

（5）按"＋""－"极性将输出线与负载相接，把铂电极跟电源输出线连接起来。将两铂电极插入支管内，其中正极插入界面较清晰的那一边。

4. 电泳

① 打开稳压电源，将电源调至 50V，观察溶胶面移动现象及电极表面现象。

② 界面上升 1mm，即最小的一格刻度，记录一次时间，直至上升端出现絮状沉淀结束。

③ 关闭电源。

④ 用线绳和尺子量出两电极间的距离。

六、数据处理

1. 用位移（s）对时间（t）作图得一直线。

2. 结论

直线函数表达式：_____　　直线斜率：_____

$\zeta=$_____（写明计算过程）

水的黏度公式如下，黏度数据见表 12-7。

$$\eta_{水}=80-0.4(T/K-293)$$

表 12-7 水的黏度 η （0～40℃）

温度 T/℃	Pa·s 或 N·s/m²	温度 T/℃	Pa·s 或 N·s/m²
0	1.7921×10^{-3}	20.2	1.0000×10^{-3}
1	1.7313×10^{-3}	21	0.9810×10^{-3}
2	1.6728×10^{-3}	22	0.9579×10^{-3}
3	1.6191×10^{-3}	23	0.9358×10^{-3}
4	1.5674×10^{-3}	24	0.9142×10^{-3}
5	1.5188×10^{-3}	25	0.8937×10^{-3}
6	1.4728×10^{-3}	26	0.8737×10^{-3}
7	1.4284×10^{-3}	27	0.8545×10^{-3}
8	1.3860×10^{-3}	28	0.8360×10^{-3}
9	1.3462×10^{-3}	29	0.8180×10^{-3}
10	1.3077×10^{-3}	30	0.8007×10^{-3}
11	1.2713×10^{-3}	31	0.7840×10^{-3}
12	1.2363×10^{-3}	32	0.7679×10^{-3}
13	1.2028×10^{-3}	33	0.7523×10^{-3}
14	1.1709×10^{-3}	34	0.7371×10^{-3}
15	1.1404×10^{-3}	35	0.7225×10^{-3}
16	1.1111×10^{-3}	36	0.7085×10^{-3}
17	1.0828×10^{-3}	37	0.6947×10^{-3}
18	1.0559×10^{-3}	38	0.6814×10^{-3}
19	1.0299×10^{-3}	39	0.6685×10^{-3}
20	1.0050×10^{-3}	40	0.6560×10^{-3}

七、思考题

1. 何谓电泳？胶体移动速度和哪些因素有关？
2. 电泳辅助溶液的作用是什么？电泳辅助液的选择根据什么条件？
3. 电泳仪中两极距离是指两极间的最短距离吗？两极间距离是怎样量出来的？
4. 制成的胶体为什么要纯化？

实验数据记录表格

　　　　　　　　　　　　　　　　　　　　　　　　　　　年　月　日

＿＿＿＿＿＿班　学　号＿＿＿＿＿＿	室　温＿＿＿＿＿℃	成　绩＿＿＿＿＿
姓名＿＿＿＿＿＿＿＿＿＿＿	大气压＿＿＿＿＿kPa	课　程＿＿＿＿＿＿
同组＿＿＿＿＿＿＿＿＿＿＿	湿　度＿＿＿＿＿%	指导教师＿＿＿＿＿

实验名称：＿＿＿＿＿＿＿＿＿＿＿＿ 实验一 燃烧焓的测定 ＿＿＿＿＿＿＿＿＿＿＿

1．第一组测定的数据：苯甲酸

表 12-8 燃烧热测量数据

点火丝：＿＿＿g 苯甲酸＋点火丝（精测）：＿＿＿g

读数序号	1	2	3	4	5	6	7	8
温度 $T/℃$								
读数序号	9	10	11	12	13	14	15	16
温度 $T/℃$								
读数序号	17	18	19	20	21	22	23	24
温度 $T/℃$								

2．第二组测定的数据：萘

表 12-9 燃烧热测量数据

点火丝：＿＿＿g 苯甲酸＋点火丝（精测）：＿＿＿g 萘：＿＿＿g

读数序号	1	2	3	4	5	6	7	8
温度 $T/℃$								
读数序号	9	10	11	12	13	14	15	16
温度 $T/℃$								
读数序号	17	18	19	20	21	22	23	24
温度 $T/℃$								

实验数据记录表格

年 月 日

＿＿＿＿＿＿＿班 学号＿＿＿＿＿＿ 室 温＿＿＿＿＿℃ 成 绩＿＿＿＿＿

姓名＿＿＿＿＿＿＿＿＿＿＿＿ 大气压＿＿＿＿＿kPa 课 程＿＿＿＿＿

同组＿＿＿＿＿＿＿＿＿＿＿＿ 湿 度＿＿＿＿＿％ 指导教师＿＿＿＿＿

实验名称：＿＿＿＿＿＿＿＿ 实验二 双液系汽-液平衡相图的测绘 ＿＿＿＿＿＿＿＿

表 12-10 乙醇-环己烷标准溶液的折射率与组成

阿贝折射仪恒温温度＿＿＿＿＿℃

乙醇质量分数/％	0（环己烷）	20	40	60	80	100
折射率						

表 12-11 乙醇-环己烷系统沸点、折射率

乙醇/mL	环己烷/mL	沸点/℃	液态存在的气相样品折射率	液相折射率
20	0		—	—
	0.5			
	1			
	3			
	5			
	7			
	10			

表 12-12 乙醇-环己烷系统沸点、折射率

环己烷/mL	乙醇/mL	沸点/℃	液态存在的气相样品折射率	液相折射率
20	0		—	—
	0.5			
	0.5			
	1			
	3			
	5			

实验数据记录表格

年　月　日

_____班　学号_____　　室　温_____℃　　成　绩_____

姓名_____　　大气压_____kPa　　课　程_____

同组_____　　湿　度_____%　　指导教师_____

实验名称：_____实验三　凝固点下降法测定物质的摩尔质量

环己烷体积：_____mL　萘片的质量：_____g

表 12-13 凝固点数值

试样	精确测量次数	凝固点/℃
环己烷	1	
	2	
	3	
萘-环己烷	1	
	2	
	3	

实验数据记录表格

年 月 日

_____班 学号_____ 室 温_____℃ 成 绩_____

姓名_____ 大气压_____kPa 课 程_____

同组_____ 湿 度_____% 指导教师_____

实验名称：_____实验四 电导率的测定及其应用_____

恒温槽温度_____

表 12-14 电导率测定数据

$c/(mol/dm^3)$	次数	$\kappa/(S/m)$
0.100	1	
	2	
	3	
0.050	1	
	2	
	3	
0.025	1	
	2	
	3	
0.020	1	
	2	
	3	

实验数据记录表格

年 月 日

_____班 学号_____ 室 温_____℃ 成 绩_____

姓名_____ 大气压_____kPa 课 程_____

同组_____ 湿 度_____% 指导教师_____

实验名称：_____实验五 电池电动势的测定及其应用_____

标准电池的电池电动势 $E_T=$_____V

表 12-15　待测电池标准电池电动势 $E^{\ominus}$

序号	电池表达式	$E^{\ominus}/V$
I	$Zn(s)\mid ZnSO_4(0.1mol/kg)\parallel CuSO_4(0.1mol/kg)\mid Cu(s)$	
II	$Zn(s)\mid ZnSO_4(0.1mol/kg)\parallel KCl(饱和)\mid Hg_2Cl_2(s)\mid Hg(l)$	
III	$Hg(l)\mid Hg_2Cl_2(s)\mid KCl(饱和)\parallel CuSO_4(0.1mol/kg)\mid Cu(s)$	
IV	$Cu(s)\mid CuSO_4(0.01mol/kg)\parallel CuSO_4(0.1mol/kg)\mid Cu(s)$	

表 12-16　待测电池电动势 E 测量值

待测电池	待测电池电动势测定值 E/V		
	1	2	3
I			
II			
III			
IV			

实验数据记录表格

　　　　　　　　　　　　　　　　　　　　　　　　年　　月　　日

_____班　学号_____　　室　温_____℃　　成　绩_____

姓名_____　　大气压_____kPa　　课　程_____

同组_____　　湿　度_____%　　指导教师_____

实验名称：_____实验六　一级反应——蔗糖水解速率常数的测定

表 12-17　旋光度数据

t/min	$\alpha(t)/(°)$	$(t+\Delta)/min$	$\alpha(t+\Delta)/(°)$
5		35	
10		40	
15		45	
20		50	
25		55	
30		60	

实验数据记录表格

年 月 日

_____班 学号_____　　室　温_____℃　　成　绩_____

姓名_____　　大气压_____kPa　　课　程_____

同组_____　　湿　度_____%　　指导教师_____

实验名称：_____实验七　溶液表面张力的测定_____

恒温槽温度_____；水的表面张力_____

表 12-18　表面张力的测定数据

待测液 读数		纯水	正丁醇水溶液 $c/(\mathrm{mol/dm^3})$						
			0.020	0.050	0.100	0.200	0.250	0.300	0.350
$h_{左}/\mathrm{mm}$	1								
	2								
	3								
$h_{右}/\mathrm{mm}$	1								
	2								
	3								

实验数据记录表格

年 月 日

_____班 学号_____　　室　温_____℃　　成　绩_____

姓名_____　　大气压_____kPa　　课　程_____

同组_____　　湿　度_____%　　指导教师_____

实验名称：_____实验八　铋-镉金属相图的测定_____

表 12-19　温度随时间变化测定数据

$w(\mathrm{Cd})=$_____%　　（<40%）

时间/min	1	2	3	4	5	6	7	8	9	10	11	12	13	14	15
温度/℃															
时间/min	16	17	18	19	20	21	22	23	24	25	26	27	28	29	30
温度/℃															
时间/min	31	32	33	34	35	36	37	38	39	40	41	42	43	44	45
温度/℃															

表 12-20 温度随时间变化测定数据

$w(Cd) = \underline{\hspace{2cm}}\%$ （>40%）

时间/min	1	2	3	4	5	6	7	8	9	10	11	12	13	14	15
温度/℃															
时间/min	16	17	18	19	20	21	22	23	24	25	26	27	28	29	30
温度/℃															
时间/min	31	32	33	34	35	36	37	38	39	40	41	42	43	44	45
温度/℃															

实验数据记录表格

年　月　日

_____班 学号_____	室　温_____℃	成　绩_____	
姓名_____	大气压_____kPa	课　程_____	
同组_____	湿　度_____%	指导教师_____	

实验名称：_____实验九　液体饱和蒸气压的测定

表 12-21 液体饱和蒸气压的测定数据

序号	温度/℃	压差值 E/kPa	序号	温度/℃	压差值 E/kPa
1			21		
2			22		
3			23		
4			24		
5			25		
6			26		
7			27		
8			28		
9			29		
10			30		
11			31		
12			32		
13			33		
14			34		
15			35		
16			36		
17			37		
18			38		
19			39		
20			40		

实验数据记录表格

年　月　日

_____班　学号_____	室温_____℃	成　绩_____
姓名_____	大气压_____kPa	课　程_____
同组_____	湿　度_____%	指导教师_____

实验名称：＿＿＿＿实验十　氢氧化铁胶体电动电势的测定（电泳法）＿＿＿＿＿

胶体电导率：＿＿＿＿μS/cm；电压：＿＿＿＿V；两极间距离 L：＿＿＿cm

表 12-22　氢氧化铁胶体电动电势的测定数据

位移/mm	1	2	3	4	5	6	7
时间/s							

附 录

附录一 某些气体的摩尔定压热容与温度的关系

$$C_{p,m}=a+bT+cT^2+dT^3$$

物　　质	a $/[J/(mol \cdot K)]$	$b \times 10^3$ $/[J/(mol \cdot K^2)]$	$c \times 10^6$ $/[J/(mol \cdot K^3)]$	$d \times 10^9$ $/[J/(mol \cdot K^4)]$	温度范围/K
氢(H_2)	26.88	4.347	-0.3265		273~3800
氟(F_2)	24.433	29.701	-23.759	6.6559	273~1500
氯(Cl_2)	31.696	10.144	-4.038		300~1500
溴(Br_2)	35.241	4.075	-1.487		300~1500
氧(O_2)	28.17	6.297	-0.7494		273~3800
氮(N_2)	27.32	6.226	-0.9502		273~3800
氯化氢(HCl)	28.17	1.810	1.547		300~1500
水(H_2O)	29.16	14.49	-2.022		273~3800
硫化氢(H_2S)	26.71	23.87	-5.063		298~1500
氨(NH_3)	27.550	25.627	-9.9006	-6.6865	273~1500
二氧化硫(SO_2)	25.76	57.91	-38.09	8.606	273~1800
一氧化碳(CO)	26.537	7.6831	-1.172		300~1500
二氧化碳(CO_2)	26.75	42.258	-14.25		300~1500
二硫化碳(CS_2)	30.92	62.30	-45.86	11.55	273~1800
四氯化碳(CCl_4)	38.86	213.3	-239.7	94.43	273~1100
甲烷(CH_4)	14.15	75.496	-17.99		298~1500
乙烷(C_2H_6)	9.401	159.83	-46.229		298~1500
丙烷(C_3H_8)	10.08	239.30	-73.358		298~1500
正丁烷(C_4H_{10})	18.63	302.38	-92.943		298~1500
正戊烷(C_5H_{12})	24.72	370.07	-114.59		298~1500
乙烯(C_2H_4)	11.84	119.67	-36.51		298~1500
丙烯(C_3H_6)	9.427	188.7	-57.488		298~1500
1-丁烯(C_4H_8)	21.47	258.40	-80.843		298~1500
顺-2-丁烯(C_4H_8)	6.799	271.27	-83.877		298~1500
反-2-丁烯(C_4H_8)	20.78	250.88	-75.927		298~1500
乙炔(C_2H_2)	30.67	52.810	-16.27		298~1500
丙炔(C_3H_4)	26.50	120.66	-39.57		298~1500
1-丁炔(C_4H_6)	12.541	274.170	-154.394	34.4786	298~1500
2-丁炔(C_4H_6)	23.85	201.70	-60.580		298~1500
苯(C_6H_6)	-1.71	324.77	-110.58		298~1500
甲苯($C_6H_5CH_3$)	2.41	391.17	-130.65		298~1500
甲醇(CH_3OH)	18.40	101.56	-28.68		273~1000
乙醇(C_2H_5OH)	29.25	166.28	-48.898		298~1500
正丙醇(C_3H_7OH)	16.714	270.52	-87.384	-5.93232	273~1000
正丁醇(C_4H_9OH)	14.6739	360.174	-132.970	1.47681	273~1000
二乙醚[$(C_2H_5)_2O$]	-103.9	1417	-248		300~400
甲醛(HCHO)	18.82	58.379	-15.61		291~1500
乙醛(CH_3CHO)	31.05	121.46	-36.58		298~1500
丙酮[$(CH_3)_2CO$]	22.47	205.97	-63.521		298~1500
甲酸(HCOOH)	30.7	89.20	-34.54		300~700
乙酸(CH_3COOH)	8.5404	234.573	-142.624	33.557	300~1500
氯仿($CHCl_3$)	29.51	148.94	-90.734		273~773

附录二　某些物质的标准摩尔生成焓、标准摩尔生成吉布斯函数、标准熵及热容（25℃）

（标准态压力 $p^{\ominus}=100kPa$）

物　　质	$\Delta_f H_m^{\ominus}$ /(kJ/mol)	$\Delta_f G_m^{\ominus}$ /(kJ/mol)	$S_m^{\ominus}$ /[J/(mol·K)]	$C_{p,m}^{\ominus}$ /[J/(mol·K)]
Ag(s)	0	0	42.55	25.35
AgCl(s)	−127.07	−109.8	96.2	50.79
Ag₂O(s)	−31.0	−11.2	121	65.86
Al(s)	0	0	28.3	24.4
Al₂O₃(s,刚玉)	−1676	−1582	50.92	79.04
Br₂(l)	0	0	152.23	75.689
Br₂(g)	30.91	3.11	245.46	36.0
HBr(g)	−36.4	−53.45	198.70	29.14
Ca(s)	0	0	41.6	26.4
CaC₂(s)	−62.8	−67.8	70.3	
CaCO₃(方解石)	−1206.8	−1128.8	92.9	
CaO(s)	−635.09	−604.2	40	
Ca(OH)₂(s)	−986.59	−896.69	76.1	
C(石墨)	0	0	5.740	8.527
C(金刚石)	1.897	2.900	2.38	6.1158
CO(g)	−110.52	−137.17	197.67	29.12
CO₂(g)	−393.51	−394.36	213.7	37.1
CS₂(l)	89.70	65.27	151.3	75.7
CS₂(g)	117.4	67.12	237.4	83.05
CCl₄(l)	−135.4	−65.20	216.4	131.8
CCl₄(g)	−103	−60.60	309.8	83.30
HCN(l)	108.9	124.9	112.8	70.63
HCN(g)	135	125	201.8	35.9
Cl₂(g)	0	0	223.07	33.91
Cl(g)	121.67	105.68	165.20	21.84
HCl(g)	−92.307	−95.299	186.91	29.1
Cu(s)	0	0	33.15	24.43
CuO(s)	−157	−130	42.63	42.30
Cu₂O(s)	−169	−146	93.14	63.64
F₂(g)	0	0	202.3	31.3
HF(g)	−271	−273	173.78	29.13
Fe(s)	0	0	27.3	25.1
FeCl₂(s)	−341.8	−302.3	117.9	76.65
FeCl₃(s)	−399.5	−334.1	142	96.65
FeO(s)	−272			
Fe₂O₃(赤铁矿)	−824.2	−742.2	87.40	103.8
Fe₃O₄(磁铁矿)	−1118	−1015	146	143.4
FeSO₄(s)	−928.4	−820.8	108	100.6
H₂(g)	0	0	130.68	28.82
H(g)	217.97	203.24	114.71	20.786
H₂O(l)	−285.83	−237.13	69.91	75.291
H₂O(g)	−241.82	−228.57	188.83	33.58
I₂(s)	0	0	116.14	54.438
I₂(g)	62.438	19.33	260.7	36.9
I(g)	106.84	70.267	180.79	20.79
HI(g)	26.5	1.7	206.59	29.16

物　　质	$\Delta_f H_m^{\ominus}$ /(kJ/mol)	$\Delta_f G_m^{\ominus}$ /(kJ/mol)	$S_m^{\ominus}$ /[J/(mol·K)]	$C_{P,m}^{\ominus}$ /[J/(mol·K)]
Mg(s)	0	0	32.5	
MgCl$_2$(s)	−641.83	−592.3	89.5	
MgO(s)	−601.83	−569.55	27	
Mg(OH)$_2$(s)	−924.66	−833.68	63.14	
Na(s)	0	0	51.0	
Na$_2$CO$_3$(s)	−1131	−1048	136	
NaHCO$_3$(s)	−947.7	−851.8	102	
NaCl(s)	−411.0	−384.0	72.38	
NaNO$_3$(s)	−466.68	−365.8	116	
Na$_2$O(s)	−416	−377	72.8	
NaOH(s)	−426.73	−379.1		
Na$_2$SO$_4$(s)	−1384.5	−1266.7	149.5	
N$_2$(g)	0	0	191.6	29.12
NH$_3$(g)	−46.11	−16.5	192.4	35.1
N$_2$H$_4$(l)	50.63	149.3	121.2	98.87
NO(g)	90.25	86.57	210.76	29.84
NO$_2$(g)	33.2	51.32	240.1	37.2
N$_2$O(g)	82.05	104.2	219.8	38.5
N$_2$O$_3$(g)	83.72	139.4	312.3	65.61
N$_2$O$_4$(g)	9.16	97.89	304.3	77.28
N$_2$O$_5$(g)	11	115	356	84.5
HNO$_3$(g)	−135.1	−74.72	266.4	53.35
HNO$_3$(l)	173.2	−79.83	155.6	
NH$_4$HCO$_3$(s)	−849.4	−666.0	121	
O$_2$(g)	0	0	205.14	29.35
O(g)	249.17	231.73	161.06	21.91
O$_3$(g)	143	163	238.9	39.2
P(α,白磷)	0	0	41.1	23.84
P(红磷,三斜)	−18	−12	22.8	21.2
P$_4$(g)	58.91	24.5	280.0	67.15
PCl$_3$(g)	−287	−268	311.8	71.84
PCl$_5$(g)	−375	−305	364.6	112.8
POCl$_3$(g)	−558.48	−512.93	325.4	84.94
H$_3$PO$_4$(s)	−1279	−1119	110.5	106.1
S(正交)	0	0	31.8	22.6
S(g)	278.81	238.25	167.82	23.67
S$_8$(g)	102.3	49.63	430.98	156.4
H$_2$S(g)	−20.6	−33.6	205.8	34.2
SO$_2$(g)	−296.83	−300.19	248.2	39.9
SO$_3$(g)	−395.7	−371.1	256.7	50.67
H$_2$SO$_4$(l)	−813.989	−690.003	156.90	138.9
Si(s)	0	0	18.8	20.0
SiCl$_4$(l)	−687.0	−619.83	240	145.3
SiCl$_4$(g)	−657.01	−616.98	330.7	90.25
SiH$_4$(g)	34	56.9	204.6	42.84
SiO$_2$(石英)	−910.94	−856.64	41.84	44.43
SiO$_2$(s,无定形)	−903.49	−850.70	46.9	44.4
Zn(s)	0	0	41.6	25.4
ZnCO$_3$(s)	−394.4	−731.52	82.4	79.71
ZnCl$_2$(s)	−415.1	−369.40	111.5	71.34
ZnO(s)	−348.3	−318.3	43.64	40.3

物　　　质	$\Delta_f H_m^{\ominus}$ /(kJ/mol)	$\Delta_f G_m^{\ominus}$ /(kJ/mol)	$S_m^{\ominus}$ /[J/(mol·K)]	$C_{p,m}^{\ominus}$ /[J/(mol·K)]
甲烷[CH₄(g)]	−74.81	−50.72	188.0	35.31
乙烷[C₂H₆(g)]	−84.68	−32.8	229.6	52.63
丙烷[C₃H₈(g)]	−103.8	−23.4	270.0	
正丁烷[C₄H₁₀(g)]	−124.7	−15.6	310.1	
乙烯[C₂H₄(g)]	52.26	68.15	219.6	43.56
丙烯[C₃H₆(g)]	20.4	62.79	267.0	
1-丁烯[C₄H₈(g)]	1.17	72.15	307.5	
乙炔[C₂H₂(g)]	226.7	209.2	200.9	43.93
苯[C₆H₆(l)]	48.66	123.1		
苯[C₆H₆(g)]	82.93	129.8	269.3	
甲苯[C₆H₅CH₃(g)]	50.00	122.4	319.8	
甲醇[CH₃OH(l)]	−238.7	−166.3	127	81.6
甲醇[CH₃OH(g)]	−200.7	−162.0	239.8	43.89
乙醇[C₂H₅OH(l)]	−277.7	−174.8	161	111.5
乙醇[C₂H₅OH(g)]	−235.1	−168.5	282.7	65.44
正丁醇[C₄H₉OH(l)]	−327.1	−163.0	228	177
正丁醇[C₄H₉OH(g)]	−274.7	−151.0	363.7	110.0
二甲醚[(CH₃)₂O(g)]	−184.1	−112.6	266.4	64.39
甲醛[HCHO(g)]	−117	−113	218.8	35.4
乙醛[CH₃CHO(l)]	−192.3	−128.1	160	
乙醛[CH₃CHO(g)]	−166.2	−128.9	250	57.3
丙酮[(CH₃)₂CO(l)]	−248.2	−155.6		
丙酮[(CH₃)₂CO(g)]	−216.7	−152.6		
甲酸[HCOOH(l)]	−424.72	−361.3	129.0	99.04
乙酸[CH₃COOH(l)]	−484.5	−390	160	134
乙酸[CH₃COOH(g)]	−432.2	−374	282	66.5
环氧乙烷[(CH₂)₂O(l)]	−77.82	−11.7	153.8	87.95
环氧乙烷[(CH₂)₂O(g)]	−52.63	−13.1	242.5	47.91
1,1-二氯乙烷[CHCl₂CH₃(l)]	−160	−75.6	211.8	126.3
1,1-二氯乙烷[CHCl₂CH₃(g)]	−129.4	−72.52	305.1	76.23
1,2-二氯乙烷[CH₂ClCH₂Cl(l)]	−165.2	−79.52	208.5	129
1,2-二氯乙烷[CH₂ClCH₂Cl(g)]	−129.8	−73.86	308.4	78.7
1,1-二氯乙烯[CCl₂=CH₂(l)]	−24	24.5	201.5	111.3
1,1-二氯乙烯[CCl₂=CH₂(g)]	2.4	25.1	289.0	67.07
甲胺[CH₃NH₂(l)]	−47.3	36	150.2	
甲胺[CH₃NH₂(g)]	−23.0	32.2	243.4	53.1
尿素[(NH₂)₂CO(s)]	−332.9	−196.7	104.6	93.14

注：此表数据摘自 Joho A Dean. Lange's Handbook of Chemistry, 11th ed., (1973), 9-3~71，并按 1cal=4.184J 换算，标准态压力 $p^{\ominus}$ 由 101.325kPa 换为 100kPa。

附录三　某些有机化合物的标准摩尔燃烧焓（25℃）

物　　　质	$\Delta_c H_m^{\ominus}$ /(kJ/mol)	物　　　质	$\Delta_c H_m^{\ominus}$ /(kJ/mol)
甲烷(CH_4)	890.31	环戊烷(C_5H_{10})	3290.9
乙烷(C_2H_6)	1559.8	环己烷(C_6H_{12})	3919.9
丙烷(C_3H_8)	2219.9	苯(C_6H_6)	3267.5
正戊烷(C_5H_{12})	3536.11	萘($C_{10}H_8$)	5153.9
正己烷(C_6H_{14})	4163.1	甲醇(CH_3OH)	726.51
乙烯(C_2H_4)	1411.0	乙醇(C_2H_5OH)	1366.8
乙炔(C_2H_2)	1299.6	正丙醇(C_3H_7OH)	2019.8
环丙烷(C_3H_6)	2091.5	正丁醇(C_4H_9OH)	2675.8
环丁烷(C_4H_8)	2720.5	二乙醚[$(C_2H_5)_2O$]	2751.1
甲醛(HCHO)	570.78	苯酚(C_6H_5OH)	3053.5
乙醛(CH_3CHO)	1166.4	苯甲醛(C_6H_5CHO)	3528
丙醛(C_2H_5CHO)	1816	苯乙酮($C_6H_5COCH_3$)	4148.9
丙酮[$(CH_3)_2CO$]	1790.4	苯甲酸(C_6H_5COOH)	3226.9
甲酸(HCOOH)	254.6	邻苯二甲酸[$C_6H_4(COOH)_2$]	3223.5
乙酸(CH_3COOH)	874.54	苯甲酸甲酯($C_6H_5COOCH_3$)	3958
丙酸(C_2H_5COOH)	1527.3	蔗糖($C_{12}H_{22}O_{11}$)	5640.9
丙烯酸($CH_2CHCOOH$)	1368	甲胺(CH_3NH_2)	1061
正丁酸(C_3H_7COOH)	2183.5	乙胺($C_2H_5NH_2$)	1713
乙酸酐[$(CH_3CO)_2O$]	1806.2	尿素[$(NH_2)_2CO$]	631.66
甲酸甲酯($HCOOCH_3$)	979.5	吡啶(C_5H_5N)	2782

注：此表数据摘自 Weast R G. Handbook of Chemistry and Physics，(1986)，D—272～278，并按 1cal = 4.184J 计算。

参 考 文 献

[1] 王正烈编. 物理化学. 北京：化学工业出版社，2001.
[2] 肖衍繁等编. 物理化学. 第2版. 天津：天津大学出版社，2004.
[3] 董元彦等编. 物理化学. 第2版. 北京：科学出版社，2001.
[4] 王振琪等编. 物理化学. 北京：化学工业出版社，2002.
[5] 付玉普编. 物理化学简明教程. 大连：大连理工大学出版社，2003.
[6] 王光信等编. 物理化学. 第2版. 北京：化学工业出版社，2001.
[7] 印永嘉等编. 物理化学简明教程. 第3版. 北京：高等教育出版社，1992.
[8] 沈钟等编. 胶体与表面化学. 第3版. 北京：化学工业出版社，2004.
[9] 王正烈编. 物理化学. 第4版. 北京：高等教育出版社，2001.
[10] 万洪文等编. 物理化学. 北京：高等教育出版社，2002.
[11] 天津大学物理化学教研室编. 物理化学：上、下册. 第3版. 北京：高等教育出版社，1993.
[12] 傅献彩，沈文霞，姚天扬编. 物理化学：上、下册. 第4版. 北京：高等教育出版社，1990.
[13] 徐彬，邬宪伟编. 物理化学. 北京：化学工业出版社，1991.
[14] 邬宪伟编. 物理化学. 北京：化学工业出版社，2002.
[15] 蔡炳新编. 基础物理化学：上册. 北京：科学出版社，2001.
[16] 陈启元，梁逸曾编. 医科大学化学：上册. 北京：化学工业出版社，2003.
[17] 姚广伟，卜平宇编. 物理化学实验. 北京：中国农业出版社，2003.
[18] 淮阴师范学院化学系编. 物理化学实验. 第2版. 北京：高等教育出版社，2003.
[19] 张春晖，赵谦编. 物理化学实验. 南京：南京大学出版社，2003.
[20] 高职高专化学教材编写组编. 物理化学. 第2版. 北京：高等教育出版社，2002.
[21] 廖雨郊等编. 物理化学. 北京：高等教育出版社，1994.
[22] 薛方渝等编. 物理化学：下册. 北京：中央广播电视大学出版社，1995.
[23] 刘幸平，胡润淮，杜薇编. 物理化学. 北京：科学出版社，2002.
[24] 刘彬，卢荣. 物理化学. 武汉：华中科技大学出版社，2008.
[25] 傅献彩. 物理化学辅导与习题详解. 第5版. 北京：高等教育出版社，2008.
[26] 侯新朴. 物理化学. 北京：人民卫生出版社，2003.
[27] 重庆大学物理化学教研室. 物理化学. 重庆：重庆出版社，2008.
[28] 王淑兰. 物理化学. 第3版. 北京：冶金工业出版社，2007.
[29] 杨一平等编. 物理化学. 第3版. 北京：化学工业出版社，2015.
[30] 商秀丽编. 物理化学. 北京：化学工业出版社，2012.
[31] 闫碧莹编. 物理化学. 北京：化学工业出版社，2013.
[32] 高职高专化学教材编写组. 物理化学. 北京：化学工业出版社，2013.